Teubner Studienbücher Chemie

Fritz Vögtle, Gabriele Richardt, Nicole Werner

Dendritische Moleküle

Teubner Studienbücher Chemie

Herausgegeben von

Prof. Dr. rer. nat. Christoph Elschenbroich, Marburg
Prof. Dr. rer. nat. Dr. h.c. Friedrich Hensel, Marburg
Prof. Dr. phil. Henning Hopf, Braunschweig

Die Studienbücher der Reihe Chemie sollen in Form einzelner Bausteine grundlegende und weiterführende Themen aus allen Gebieten der Chemie umfassen. Sie streben nicht die Breite eines Lehrbuchs oder einer umfangreichen Monographie an, sondern sollen den Studenten der Chemie – aber auch den bereits im Berufsleben stehenden Chemiker – kompetent in aktuelle und sich in rascher Entwicklung befindende Gebiete der Chemie einführen. Die Bücher sind zum Gebrauch neben der Vorlesung, aber auch anstelle von Vorlesungen geeignet. Es wird angestrebt, im Laufe der Zeit alle Bereiche der Chemie in derartigen Lehrbüchern vorzustellen. Die Reihe richtet sie auch an Studenten anderer Naturwissenschaften, die an einer exemplarischen Darstellung der Chemie interessiert sind.

Fritz Vögtle, Gabriele Richardt, Nicole Werner

Dendritische Moleküle

Konzepte, Synthesen, Eigenschaften, Anwendungen

Teubner

Bibliografische Information der Deutschen Nationalbibliothek
Die Deutsche Nationalbibliothek verzeichnet diese Publikation in der Deutschen Nationalbibliografie; detaillierte bibliografische Daten sind im Internet über <http://dnb.d-nb.de> abrufbar.

Prof. Dr. Fritz Vögtle
Studium der Chemie und Medizin in Freiburg und Heidelberg; 1965 Promotion bei Prof. Dr. Dr. Heinz Staab in Heidelberg; nach der Habilitation 1969 Professur in Würzburg; seit 1975 Lehrstuhlinhaber für das Fach Organische Chemie am Kekulé-Institut der Universität Bonn; Autor von in mehrere Fremdsprachen, darunter Chinesisch und Japanisch, übersetzten Büchern („Supramolekulare Chemie", „Reizvolle Moleküle in der Organischen Chemie" und andere); Forschung im Bereich der Supramolekularen Chemie, Dendrimere, Molekulare Knoten, Gelatoren, Topologische Chiralität, Pyrolyse, Umlagerungen; Literaturpreis des Fonds der Chemischen Industrie, Lise Meitner-Alexander von Humboldt-Preis (Israel), IBC-Award for Macrocyclic Chemistry (USA), Ehrendoktorwürde der Universität Jyväskylä (Finnland), Adolf von Baeyer-Gedenkmünze der GDCh.

Dr. Gabriele Richardt
Studium der Chemie an der Rheinischen Friedrich-Wilhelms Universität Bonn; Promotion am Kekulé-Institut für Organische Chemie und Biochemie bei Prof. Dr. H. Wamhoff auf dem Gebiet der Nukleosid-Chemie; von 2002 bis Ende 2006 wissenschaftliche Mitarbeiterin in der Arbeitsgruppe von Prof. Dr. F. Vögtle mit Schwerpunkt wissenschaftliche Betreuung von EU-Projekten; seit 2007 wissenschaftliche Angestellte an der Universität Bonn in der Polymerforschungsgruppe von Prof. Dr. S. Höger.

Dr. Nicole Werner
Studium der Chemie und Biologie in Bonn, 1999 Diplom in Chemie, von 2001 bis 2004 Graduiertenkolleg-Stipendiatin, Promotion 2004 bei Prof. Dr. F. Vögtle auf dem Gebiet dendritischer Moleküle, von 2004 bis 2006 Assistentin am Kekulé-Institut für Organische Chemie und Biochemie der Universität Bonn; seit 2006 Referendarin für Sek. II am Gymnasium für die Fächer Chemie und Physik.

1. Auflage Juni 2007

Alle Rechte vorbehalten
© B.G. Teubner Verlag / GWV Fachverlage GmbH, Wiesbaden 2007

Der B.G. Teubner Verlag ist ein Unternehmen von Springer Science+Business Media.
www.teubner.de

Umschlaggestaltung: Ulrike Weigel, www.CorporateDesignGroup.de
Druck und buchbinderische Verarbeitung: Strauss Offsetdruck, Mörlenbach
Gedruckt auf säurefreiem und chlorfrei gebleichtem Papier.
Printed in Germany

ISBN 978-3-8351-0116-6

Vorwort

Die Idee zu diesem Studienbuch wurde während eines von der *„Leopoldina* Akademie der Wissenschaften" in der Universität Heidelberg im März 2005 von *Prof. L. Gade* ausgerichteten Symposiums geboren. Sein Titel "Dendrimers: Platform for Chemical Functionality" verdeutlicht den inzwischen erreichten Stellenwert dieses Molekültyps.

Dass dendritische Moleküle eines der aktiv beforschten Gebiete der modernen Chemie geworden sind, spiegeln abgesehen von regelmäßigen internationalen Dendrimer-Symposien auch die zahlreichen Originalveröffentlichungen und Übersichten hohen Niveaus zu allen Aspekten der Dendrimer-Chemie wider. Obwohl sich die Vielzahl der bisherigen Erkenntnisse und Erfolge in umfangreichen speziellen Werken niedergeschlagen hat, fehlt bisher ein kompaktes Buch aus einem Guss, das zudem die inzwischen angefallenen Forschungsergebnisse berücksichtigt.

Professor Elschenbroich regte bei obiger Gelegenheit an, diesen Mangel durch ein Teubner-Studienbuch zu beheben und die Dendrimer-Chemie damit auch der Lehre besser zugänglich zu machen. In der Tat hat dieses Gebiet an verschiedenen Universitäten in Vorlesungen, Seminaren und Praktika zunehmend Eingang gefunden. Da in Bonn die Voraussetzungen gegeben waren, dieses Vorhaben umzusetzen, entstand der Plan, ein einführendes und verständliches Studienbuch zu schreiben, das die wichtigsten Ideen, Konzepte, Strategien, Errungenschaften und Anwendungen der Dendrimer-Chemie im Überblick, graphisch aufbereitet, zu einem vernünftigen Preis bieten könnte. Dabei sollte auch aus heutiger Sicht auf in Praxis und Forschung wichtige Probleme der Reinheit, Perfektheit, das Verhältnis zu hochverzweigten Polymeren und auf bisher nicht vollständig geklärte Fragen der Definition und Nomenklatur eingegangen werden.

In den Kapiteln zur Synthese, Charakterisierung und Analytik werden viele Bereiche der Chemie gestreift und fachübergreifend Verbindungen zur Polymerchemie, anorganischen und physikalischen Chemie und Physik geknüpft. Das Buch macht auch in anderen Abschnitten deutlich, dass die dendritischen Moleküle keineswegs auf die organische Chemie begrenzt sind, sondern weit in die Supramolekulare Chemie bis in die Lebenswissenschaften und Medizin hineinreichen und wegen ihrer Nanometer-Dimension und -Funktion in der Materialforschung (Grenzflächen, Photonik, molekulare Elektronik) erste Anwendungen gefunden haben.

Das so entstandene Buch ist das erste über Dendrimere in deutscher Sprache überhaupt, aus der Feder einer Pioniergruppe. Es soll zugleich Einführung und Lehrbuch sein: Einerseits wurde versucht, mit anschaulichen Formeln, Schemata und Bildern in die einzelnen Kapitel und Abschnitte einzuleiten, Zusammenhänge verständlich zu erläutern und mit reichlich Literatur zu belegen, anderseits wurden besonders wichtig erscheinende Resultate und Neuerungen ausführlich beschrieben und zum tieferen Eindringen (etwa zum Ausarbeiten von Seminaren) mit neuester Literatur und Nomenklatur versehen. Bei den Literaturzitaten – alle mit Anfangs- und Endzahlen – sind dementsprechend Monographien und Übersichtsartikel in bekannteren Zeitschriften angegeben und als solche deklariert. Für Forschung und Lehre wurde zusätzlich speziellere Literatur zu allen Themen zitiert.

Der Band enthält erstmals eine Zusammenstellung „Dendritischer Effekte" und der *Röntgen-Kristallstrukturanalysen* jeweiliger Generationen.

Bei zusammengesetzten vielsilbigen Worten, die zudem chemische Fachbegriffe enthalten, haben wir an vernünftig erscheinender Stelle einen Trennungsstrich gesetzt, auch wenn sich so Abweichungen von der üblichen Rechtschreibung ergeben können. Der guten Lesbarkeit und dem raschen Verständnis wurde dabei Vorrang eingeräumt (Beispiele: Adamantyl-Endgruppen, Polyurethan-Lacke, Kohlenhydrat-Analoga, Schaumstoff-Formulierung, Dendrimermolekül-Oberfläche, Polynukleotid-Dendrimer; aber: Witterungsbeständigkeit, Automobilherstellung). Anstelle von Ethylen, Styrol, Benzol, Toluol, Naphthalin, Azobenzol haben wir konsequent die international übliche Schreibweise Ethen, Styren, Benzen, Toluen, Naphthalen, Azobenzen verwendet.

Den früheren Mitarbeitern *Dr. J. Friedhofen, Dr. J. van Heyst, Dr. J. Brüggemann* und *Dr. K. Portner* sind wir für einige graphische Beiträge oder Literaturrecherchen dankbar. *Prof. A. D. Schlüter, Prof. R. Haag, Prof. U. Lüning* und *Prof. J.-P. Sauvage* sind wir für das Mitteilen unveröffentlichter Ergebnisse dankbar. *Prof. K. H. Dötz* und *Prof. S. Höger* danken wir für die guten Rahmenbedingungen im Kekulé-Institut. Es ist uns ein Anliegen, *Prof. V. Balzani, Dr. P. Ceroni* (Bologna), *Prof. L. De Cola* (Münster) und *Prof. F.-G. Klärner* (Essen) für lang andauernde Forschungskooperationen zu danken. Unser Dank gilt nicht zuletzt Frau *U. Blank* und Frau *S. Rabus* für Schreibarbeiten. Dem Fonds der Chemischen Industrie verdanken wir die Unterstützung von Farbabbildungen. Dem Teubner-Verlag, insbesondere Herrn *U. Sandten* und Frau *K. Hoffmann*, möchten wir für die unkomplizierte Zusammenarbeit unseren Dank aussprechen.

Wir hoffen, dass diese kritische Sichtung und kompakte Beschreibung der dendritischen Moleküle auf dem derzeitigen Wissensstand für Ausbildung, Lehre, Forschung und Anwendung nützlich sein wird und zur weiteren Entwicklung dieses spannenden und inspirierenden – „vielarmigen und vielfach verzweigten" – Forschungsgebiets beiträgt.

Fritz Vögtle, Gabriele Richardt, Nicole Werner

Kekulé-Institut der Rheinischen Friedrich-Wilhelms-Universität Bonn

Bonn, im Frühjahr 2007

Inhaltsverzeichnis

1. Einleitung

1.1 Historie – Kaskaden-Moleküle und Dendrimere

Als erste konkrete Vertreter sich immer von neuem verzweigender Verbindungen beschrieben *Vögtle et al.*[1] 1978 eine Serie von synthetischen „Kaskaden-Molekülen".[2-4] *Via* „Kaskaden-Synthese" wurden dabei, ausgehend von diversen primären Mono- und Diaminen, Verlängerungs-Einheiten (Spacer) mit Propylenamin-Struktur angeheftet, deren N-Atome – bei jedem repetitiven Folgeschritt[5] – als 1→2-Verzweigungsstellen dienten (eine Bindung verzweigt sich formal in zwei neue).

Konkret führte im einfachsten Fall die Umsetzung eines primären *Mono*-Amins über eine zweifache *Michael*-Reaktion mit Acrylnitril (Bis-Cyanoethylierung) zum *Di*nitril (**Bild 1-1**). Anschließende Reduktion beider Nitril-Funktionen – durch Hydrierung mit Natriumborhydrid in Gegenwart von Cobalt(II)-Ionen – ergab das entsprechende endständige *Di*amin. Durch Wiederholung (Repetition, Iteration) dieser Synthesesequenz, bestehend aus *Michael*-Addition und nachfolgender Reduktion, gelangte man erstmals – und hinsichtlich der Struktur variabel – zu regelmäßig verzweigten vielarmigen Molekülen.

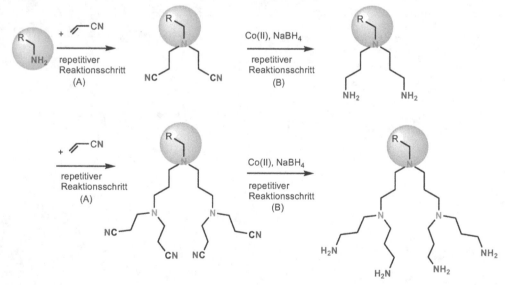

Bild 1-1 Erste Synthese von Kaskaden-Molekülen (nach *Vögtle et al.*)

Von demselben Arbeitskreis waren bereits einige Jahre zuvor (1974) vielarmige, wenn auch nicht verzweigte Moleküle als „Krakenmoleküle" (*octopus molecules*) publiziert worden,[6] deren gleichfalls zahlreiche Arme zur Komplexierung von Metall-Ionen genutzt wurden (**Bild**

1-2). Diese Krakenmoleküle können als Vorläufer der Stickstoff-haltigen Propylenamin-Kaskaden-Moleküle angesehen werden, da sie die Nützlichkeit vieler benachbarter funktioneller Arme – wie sie durch Verzweigungen noch stärker erreichbar sind – zum Beispiel für Wirt-Gast-Wechselwirkungen, bereits demonstrierten.[6]

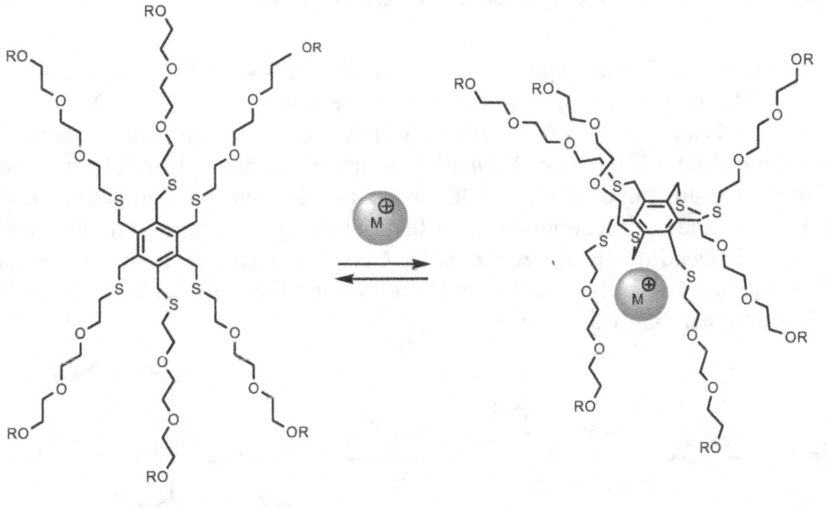

Bild 1-2 Krakenmolekül (links): Wirt-Gast-Wechselwirkung mit Metall-Ionen (schematisch; nach *Vögtle, Weber*)

Die Weiterentwicklung hochverzweigter (kaskadenartiger, dendritischer) Moleküle verlief anfangs über viele Jahre schleppend, was wohl auf die damaligen synthetischen und analytischen Schwierigkeiten mit dieser an der Grenze zwischen den nieder- und hochmolekularen Verbindungen liegenden Spezies zurückzuführen ist.

Denkewalter et al. beschrieben 1981 in Patenten einen Zugang zu Polylysin-Dendrimeren (**Bild 1-3**) *via* divergenter Synthese (s. *Kapitel 2.1*).[7]

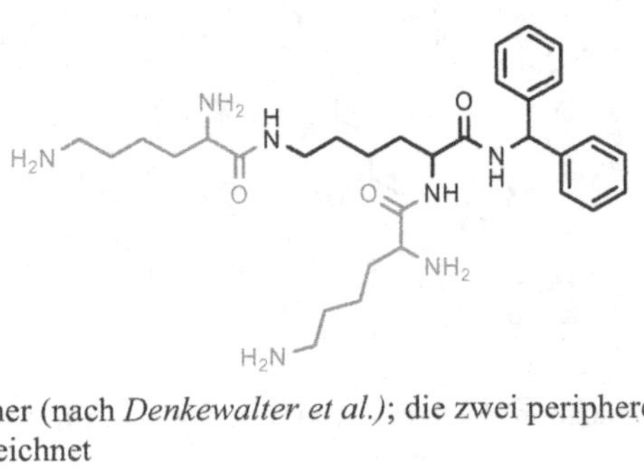

Bild 1-3 Polylysin-Dendrimer (nach *Denkewalter et al.)*; die zwei peripheren der drei Lysin-Einheiten sind grün gekennzeichnet

Maciejewski entwickelte 1982 ein Konzept der dichtesten Packung von kaskadenartig aufgebauten Polymeren.[8] *De Gennes* (Nobelpreis für Physik 1991) und *Hervet* zeigten 1983 in statistischen Betrachtungen Grenzfaktoren (*starburst-limited generation*) beim Wachstum verzweigter Moleküle auf, wobei sie den Einfluss sterischer Hinderung berücksichtigten.[9] Weitere statistische Modell-Berechnungen wurden mit der „Kaskaden-Theorie" kombiniert.[10] Nach *de Gennes* werden hochverzweigte Moleküle zur „weichen Materie" gezählt.[11]

Tomalia entwickelte 1985 verzweigte *Poly(ami*doam*ine)* (PAMAM), die er auch „Starburst-Dendrimere" (**Bild 1-4**) nannte und propagierte allgemein den Namen „Dendrimer" (von griech. *dendron* = Baum und *meros* = Teil).[12] Der Aufbau wurde analog zur ersten Kaskaden-Synthese gleichfalls über eine *Michael*-Addition (von Methylacrylat an Ammoniak) durchgeführt. Der resultierende Ester wurde mit überschüssigem Ethylendiamin zum primären Triamin umgewandelt. Wiederholung der Reaktionsabfolge (Iteration) analog der Kaskaden-Synthese ließ Dendrimere bis zur zehnten Generation entstehen – mit abnehmender Rein- und Perfektheit (siehe *Abschnitt 1.3*). Die einzelnen Ester-Stufen bezeichnete *Tomalia* als halbe Generationen (0.5, 1.5, 2.5).[13]

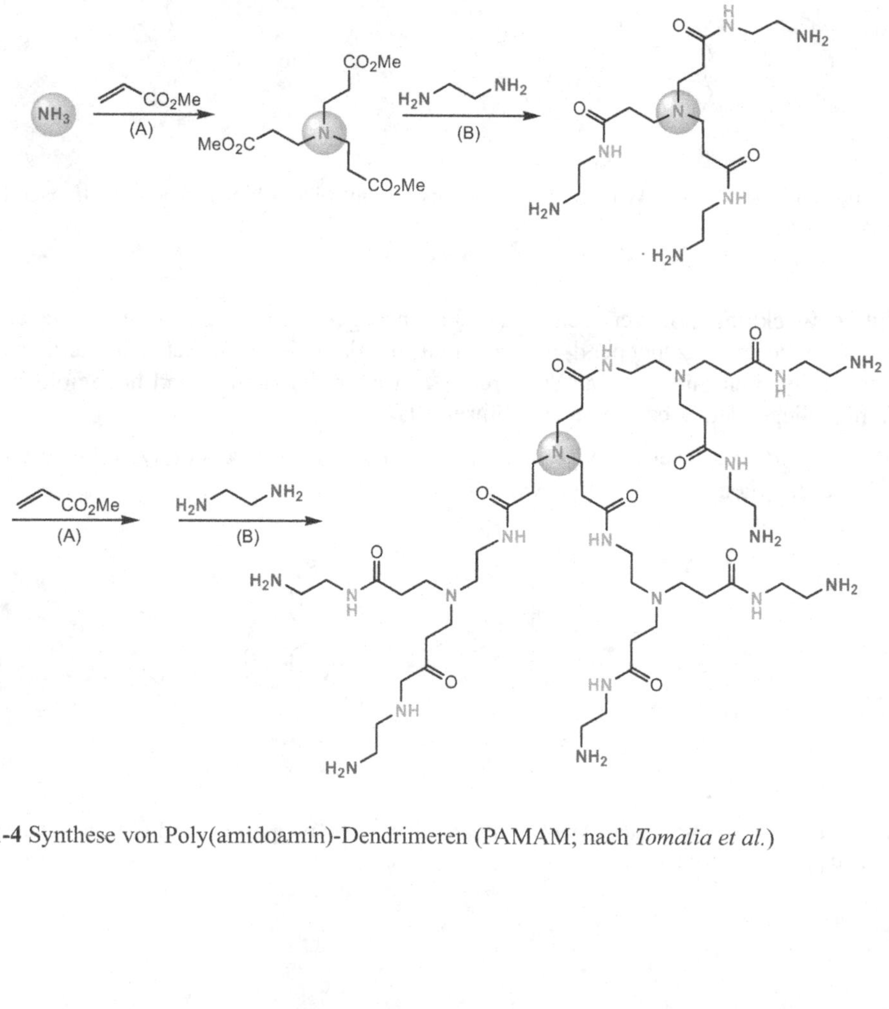

Bild 1-4 Synthese von Poly(amidoamin)-Dendrimeren (PAMAM; nach *Tomalia et al.*)

Gleichfalls im Jahr 1985 stellten *Newkome et al.* über eine divergente Synthese den Zugang zu wasserlöslichen hochverzweigten „Arborol-Systemen" (**Bild 1-5**) mit endständigen Hydroxylgruppen vor, deren Name sich vom lateinischen *arbor* = Baum ableitet.[14]

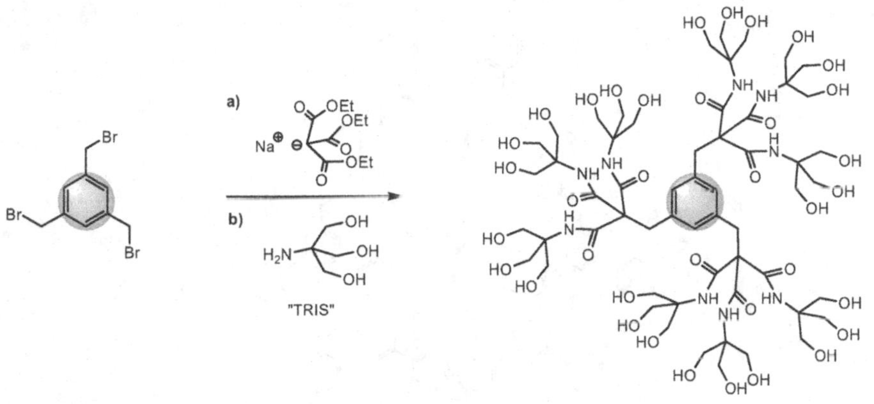

Bild 1-5 Arborol (nach *Newkome et al.*)

Eine ausführliche, farbig illustrierte Übersichtsveröffentlichung *Tomalias*[10] trug sehr zum Bekanntheitsgrad der hochverzweigten Verbindungen bei – und zur Durchsetzung des einprägsamen Familiennamens „Dendrimere".

Im gleichen Jahr beschrieben *Fréchet* und *Hawker* den ersten konvergenten Aufbau von Dendrimeren. Sie synthetisierten Polyarylether-Architekturen „von außen nach innen" (**Bild 1-6**; s. *Kapitel 2.2*).[15]

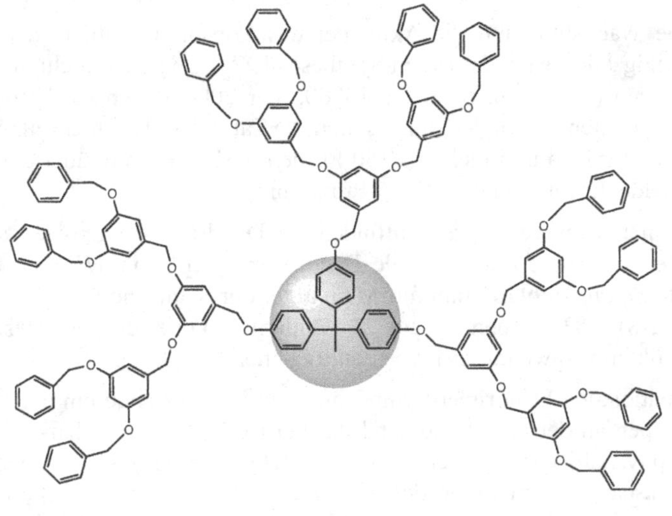

Bild 1-6 *Fréchet*-Dendrimer

Miller und *Neenan* gelang es im gleichen Jahr, ebenfalls mit der konvergenten Synthesestrategie,[16] die ersten ausschließlich auf Aren-Einheiten basierenden Kohlenwasserstoff-Dendrimere herzustellen (**Bild 1-7**).

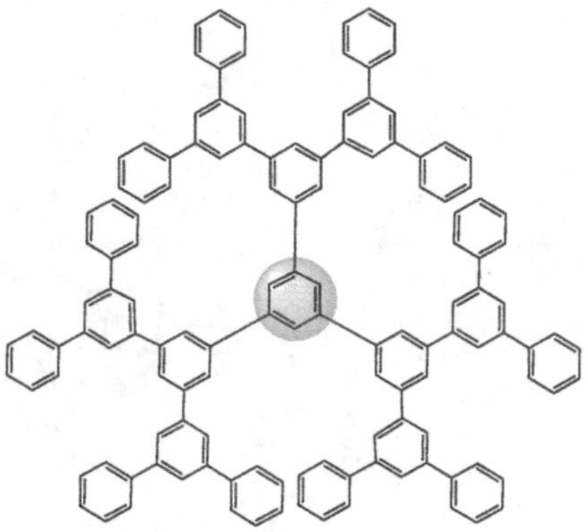

Bild 1-7 Kohlenwasserstoff-Dendrimer (nach *Miller* und *Neenan)*

Die Historie der dendritischen Moleküle sei hier einleitend auf ihre anfängliche Entwicklung beschränkt. Ergänzend sei darauf hingewiesen, dass theoretische Abhandlungen über unendliche (polymere) Netzwerke von *Flory* bis 1941 zurückverfolgt werden können.[17]

Über weitere Pionierarbeiten und deren Urheber auf dem Gebiet der Dendrimere wird in den *Kapiteln 2* und *4* berichtet, in denen im Zusammenhang mit Synthesemethoden und Dendrimer-Typen auch auf neuere Entwicklungen eingegangen wird.

Das exponentielle Wachstum und die Aktualität des Forschungsgebiets der dendritischen Moleküle fast dreißig Jahre nach der ersten Synthese (1978) zeigt sich nicht nur in einer Vielzahl an Publikationen (insgesamt mehr als 10000; seit 2004 waren es jährlich über 1000, dazu jeweils ca. 150 Patente), sondern auch schon die Tatsache, dass mehr als 8000 Forscher auf diesem Gebiet tätig sind und mehr als 150 Firmen bereits Patente über dendritische Verbindungen angemeldet haben (Quelle: IDS-5-Programm).

Auch die 1999 im Zweijahresturnus stattfindenden Dendrimer-Symposien spiegeln diese Entwicklung wider: Das erste *I*nternationale *D*endrimer-*S*ymposium (*IDS*-1) wurde, initiiert durch *Vögtle* und *Müllen*, 1999 in Frankfurt/Main unter der Schirmherrschaft der DECHEMA abgehalten (**Bild 1-8**). 183 Teilnehmer aus 21 Ländern diskutierten über Design, Synthese, Strukturen, Analytik und Anwendungen von dendritischen Molekülen.[18]

Im zweiten Internationalen Dendrimer-Symposium wurde unter anderem die Vervielfachung funktioneller Gruppen an der Peripherie dendritischer Moleküle unter dem Gesichtspunkt der Verstärkung von physikalischen und chemischen Effekten herausgestellt. Ebenso wurde der Einschluss von Gastspezies im Sinne der Supramolekularen Chemie diskutiert. Als Gäste wurden auch Wirkstoffe (z. B. Cytostatika) in Betracht gezogen, die an bestimmten Orten des Organismus gezielt aus der „Umarmung" des Dendrimers freigesetzt werden könnten (*drug targeting; drug release;* s. *Kapitel 8*).

Bild 1-8 „Flyer" und „Logos" der ersten vier Dendrimer-Symposien in:
Frankfurt, 1999 (Organisation: *F. Vögtle, K. Müllen, DECHEMA*)
Tokio, 2001 (Organisation: *T. Aida, M. Ueda*, DECHEMA)
Berlin, 2003 (Organisation: *A. Schlüter, F. Vögtle, E. W. Meijer, A. Hult, DECHEMA*)
Michigan, 2005 (Organisation: *D. Tomalia, J.-F. Stoddart, F. Swenson, J. F. Fréchet*);
(*IDS*-5: *Toulouse*, 2007 (Organisation: *J.-P. Majoral, A.-M. Caminade*))

Das dritte Internationale Dendrimer-Symposium fand 2003 in der Technischen Universität Berlin statt. Fachübergreifende Vorträge zeigten, wie weit „verzweigt" dendritische Moleküle auch in andere naturwissenschaftliche Bereiche, wie Physik, Biologie, Medizin und Ingenieurwissenschaften ausstrahlen. Die Funktionalisierungs- und die darauf basierenden Anwendungsmöglichkeiten im Hinblick auf die Industrie waren Schwerpunkte dieses Symposiums. So wurden beispielsweise Nano-dimensionierte Kontrastmittel auf Dendrimer-Basis als *Multilabel* zur Visualisierung von Blutgefäßen vorgestellt (s. *Kapitel 8*). Potentielle Anwendungen dendritischer Materialien als Lumineszenz-Marker in der Diagnostik fanden reges Interesse (s. *Kapitel 8*). Das Abwägen der Unterschiede zwischen Dendrimeren und hyperverzweigten Polymeren unter dem Gesichtspunkt ihrer kostengünstigen Verwendbarkeit war ebenso ein Thema.[18]

Beim vierten Internationalen Dendrimer-Symposium 2005 in Mount Pleasant, Michigan/USA mit 81 internationalen Vortragenden wurde der Schwerpunkt auf das Anwendungspotenzial von dendritischen Molekülen gelegt. Dies wurde nicht zuletzt durch die strikte Einteilung der Vorträge nach kommerziellen Anwendungsmöglichkeiten als (Nano-) Materialien (Displays, optische Sensoren) oder in der Medizin (s. *Kapitel 8*) deutlich.

1.2 Dendritische Architekturen

Der Name Dendrimere, der die ursprüngliche Bezeichnung *Kaskaden-Moleküle* inzwischen weitgehend verdrängt hat, leitet sich vom griechischen *dendron* und *meros* ab, was die baumartig verzweigte Struktur dieser Verbindungsklasse veranschaulichen soll (siehe *Abschnitt 1.1*).

Vielfach verzweigte (dendritische) Gebilde sind in Natur, Wissenschaft, Technik, Kunst und im Alltag häufig anzutreffen. Naheliegende Beispiele für natürlich vorkommende dendritische Strukturen sind Baum- und Wurzel-Verästelungen (**Bild 1-9**), Blutgefäße, Nervenzellen, Flüsse, Blitze, Korallen, Schneeflocken.[19a] An Elektroden oder Edelmetallen abgeschiedene Metalle[19b] zeigen öfters Verzweigungen, ebenso wie Fasern und Gele.[20] Die Fußspitzen von Geckos bestehen aus Millionen von vielfach aufspaltenden dünnen Haar-Enden, um das Klettern an – spiegelglatten – Wänden und Decken zu ermöglichen.[21a,b] Nach diesem Vorbild – und dem von Fliegen, Spinnen und anderen Tieren – wurde am Max-Planck-Institut für Metallforschung in Stuttgart ein wieder ablösbarer Klebstoff entwickelt, der z. B. Kühlschrankmagnete ersetzen soll.[21c] Selbst die Evolution lässt sich dendritisch veranschaulichen.[21b, 22-23] Vielarmige Gottheiten spielen in manchen Religionen eine besondere Rolle. Ein individuell zu einer Netzstruktur form- und verknüpfbarer Raumteiler wurde in den Handel gebracht.[24]

Bild 1-9 Dendritische Strukturen in der Natur: Verästelungen von Bäumen, vor und nach Aufnahme von „Gästen" (Mistel-Bewuchs) in den Zwischenräumen [25a]

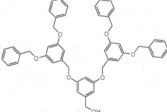

Bild 1-10 In dendritischen Mustern kristallisierende Substanz[25b] (*Fréchet*-Dendron zweiter Generation)

Fraktale sind mathematisch definierte selbstähnliche Strukturen (**Bild 1-11**).[26] Das Gerüst von Kaskaden- oder dendritischen Molekülen ist fraktal, wenn die Atome als Punkte und Bindungen als seitlich nicht ausgedehnte Linien angenommen werden. Selbstähnlichkeit bedeutet, dass sich Strukturelemente in verschiedenen Größenstufen wiederholen. Während die Selbstähnlichkeit der mathematisch errechneten Konstrukte in **Bild 1-11** eher zu erahnen ist, lässt sich ihr Prinzip anschaulich mit dem *Sierpinski*-Dreieck[27] erläutern. Verbindet man in dem in **Bild 1-12** links gezeigten gleichschenkligen Dreieck die Mitten seiner drei Seiten, so erhält man ein weiteres gleichseitiges Dreieck, das gegenüber dem ursprünglichen um den Faktor ¼ verkleinert ist. Nach dessen Entfernen verbleibt die mittlere Figur in **Bild 1-12**. Wendet man diese Vorgehensweise nun auf die mittlere Figur an, so erzeugt man die Darstellung rechts außen. Bei jeder Wiederholung dieser Prozedur resultiert eine neue Generation des *Sierpinski*-Dreiecks. Die Ausgangsfigur nennt man erste Generation.

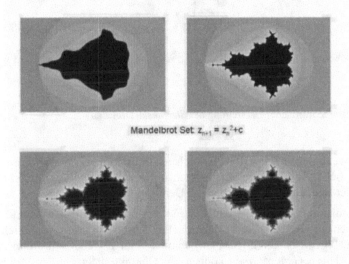

Bild 1-11 Fraktale Strukturen (Computer-berechnet)[28]: Die vier Teilbilder zeigen (von links nach rechts) eine Folge von *Mandelbrot*-Mengen[26] nach 5, 10, 50 und 150 Iterationen. Für jede Iteration dient das Zwischenergebnis als Ausgangswert (Die Einzelbilder wurden vielfarbig erzeugt, konnten hier jedoch nur modifiziert wiedergegeben werden)

Modifiziert man die graphische Darstellung des *Sierpinski*-Dreiecks, indem man die Dreiecke nicht mehr als geometrische Körper, sondern nur noch die Verbindungslinien der Mittelpunkte der entfernten Dreiecke einzeichnet, so ergibt sich **Bild 1-13**. Man erkennt jetzt gut die dendritischen Verästelungen und dass die Länge der Äste insgesamt mit jeder hinzukommenden Generation zunimmt.

Bild 1-12 Prinzip der Selbstähnlichkeit, demonstriert am Beispiel der ersten drei Generationen des *Sierpinski*-Dreiecks

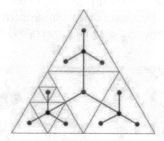

Bild 1-13 Modifizierte (dendritische) Darstellung des *Sierpinski*-Dreiecks

Ersetzt man das zweidimensionale Dreieck durch einen dreidimensionalen Körper, z. B. einen Tetraeder, so liegen die Verzweigungsstellen auf einer imaginären Kugel-Oberfläche. Daraus lässt sich der schalenförmige Aufbau der Dendrimere ableiten.

Dendrimere sind molekulare (Nano-)Architekturen von gut definierter Größe und Anzahl der Endgruppen. Ausgehend von einer multi-funktionellen Kerneinheit verzweigt sich die Struktur – oft in regelmäßigen Schichten (Schalen) ähnlich einer Zwiebel – dreidimensional von innen nach außen. Diese *Generationen* können zur Charakterisierung der Molekülgröße – innerhalb eines Dendrimer-Typs – dienen. Die segmentförmig an die Zentraleinheit geknüpften Verzweigungen werden als *Dendrons* bezeichnet. An der – formal gedachten – Oberfläche des Dendrimers, die oft auch als *Peripherie* bezeichnet wird, befinden sich die Endgruppen, die ihrerseits „terminale funktionelle Gruppen" sein können (**Bild 1-14**). Diese sind – bei konformativ flexiblen Dendrimeren mit überwiegend aliphatischem Gerüstaufbau – allerdings im zeitlichen Mittel oft ins Molekül-Innere zurückgefaltet und bilden daher weder eine homogene äußerste Schale noch definierte freie Poren (siehe *Kapitel 7.6.3.2*).

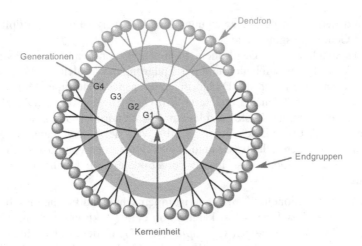

Bild 1-14 Dendrimer-Gerüst – mit drei Dendrons (schematisch, idealisiert)

Je nach Art der Endgruppen variieren die Eigenschaften des Dendrimers in Gestalt, Stabilität, Löslichkeit, konformativer Rigidität/Flexibilität und Viskosität. Mit zunehmendem Generationsgrad steigt die Anzahl der Endgruppen mit den gegebenen Funktionalitäten. Dies kann zur Verstärkung bestimmter Phänomene, wie Lichtsammel-Effekte (*Kapitel 5*), oder auch – wie in *Kapitel 8* beschrieben – zur Signalverstärkung genutzt werden (*Amplifikations-Effekt*). Durch die Anpassung von Design und Synthese eines Dendrimers können so bestimmte Eigenschaften – in gewissen Grenzen – gesteuert und eventuell maßgeschneidert werden.

Aufgrund ihrer selbstähnlichen (fraktalen) Struktur lässt sich die Anzahl der Endgruppen eines Dendrimers einer beliebigen Generation mit der folgenden Formel berechnen:

$$n_G = F_k \, (F_v - 1)^G \qquad\qquad (1.1)$$

n_G : Anzahl der Endgruppen in der G-ten Generation

F_k : Funktionalität des Kerns (= Zahl der vom Kern ausgehenden Bindungen)

F_v : Funktionalität der Verzweigungseinheit (Anzahl der von einer Verzweigung ausgehenden Bindungen)

G : Generation des Dendrimers

Diese Gleichung drückt letztlich nichts anderes aus, als dass die Anzahl der terminalen Gruppen in Abhängigkeit von der Zahl der (ehemaligen) funktionellen Gruppen des Kerns (Kern-

Multiplizität) und derjenigen der Verzweigungseinheiten (Verzweigungsmultiplizität) exponentiell mit dem Generationsgrad steigt.

Die mechanische Stabilität eines Dendrimers ist abhängig von der konformativen Flexibilität/Rigidität der Verzweigungseinheiten und der Endgruppen. Werden die Verzweigungseinheiten modifiziert, so ändert sich die Dichte im Inneren des Dendrimer-Moleküls. Dies ist wichtig für die in *Kapitel 6.2* genauer erläuterte Wirt/Gast-Chemie, die sich Areale mit geringerer Dichte zunutze macht, um Gäste einzulagern. Das Dendrimer-Gerüst wirkt hier als eine Art – reversible – „dendritische Box". Durch gezielte Wahl der Verzweigungs-Bausteine kann es dementsprechend gelingen, selektiv Gastmoleküle – abgesehen vom Lösungsmittel – in ein Dendrimer einzuschließen, ohne dass hierzu vorgebildete *freie* Hohlräume oder Nischen erforderlich wären.

Die oligo- oder multi-funktionelle Kerneinheit ist mitentscheidend für die räumliche Ausdehnung eines Dendrimers. Der Kern selbst kann schon eine Funktion ausüben, wie beispielsweise die Metallo-Dendrimere zeigen (s. *Kapitel 4.1.11*), in denen der Metallion-Kern in einer supramolekular oder Koordinations-chemisch aufgebauten Architektur die Verzweigungs-Einheiten um sich herum koordiniert – und auf diese Weise katalytische und photochemische Prozesse beeinflussen kann.

Die Möglichkeiten, über die einzelnen Struktureinheiten eines Dendrimers Einfluss auf dessen Eigenschaften auszuüben, sind in **Tabelle 1.1** allgemein zusammengestellt.

Tabelle 1.1 Einflüsse der verschiedenen Bauteile von Dendrimeren

Kern	Verzweigungseinheit	Oberfläche	Endgruppe
beeinflusst			
Form	Form	Form	Form
Größe	Größe	Größe	Stabilität
Multiplizität	Dichte/Nischen	Flexibilität	Löslichkeit
Funktionen	Gastaufnahme	Eigenschaften	Viskosität

Ein Spezifikum dendritischer Moleküle ist, dass sie in Lösung eine niedrigere Viskosität aufweisen als entsprechende weniger verzweigte Verbindungen. Eine charakteristische Größe hierfür ist der *Staudinger-Index* η (Dimension ml/g). Hierzu wird die Änderung der Viskosität einer Lösung mit verschiedener Dendrimer- (oder Polymer-)Konzentration bestimmt, um dann mit Hilfe von empirischen Gleichungen auf die Konzentration null extrapoliert zu werden. Die Abhängigkeit des *Staudinger*-Index von der Molekularmasse wird als *intrinsische Viskosität* oder auch *Grenzviskosität* bezeichnet und lässt sich durch die *Mark-Houwink-Beziehung* definieren:

$$[\eta] = K \, M^{\alpha}$$ (1.2)

η: *Staudinger*-Index

K: System-abhängige Konstante

M: Molekülmasse

α: Exponent, der von der Form des gelösten Dendrimers abhängt; er kann zwischen 0 und 2 betragen

Anders als bei linearen Polymeren wächst die *intrinsische Viskosität* von Dendrimeren nicht linear (**Bild 1-15**) mit ihrer Molmasse, sondern erreicht bei einer bestimmten Generation (Grenzgeneration) ein Maximum, um dann bei höheren Generationen wieder abzunehmen (*Dendrimer-Effekt*). Die intrinsische Viskosität der hyperverzweigten Polymere (*Kapitel 4.1.5.4* und *2.7*) steigt ebenfalls mit zunehmender Molmasse.[29]

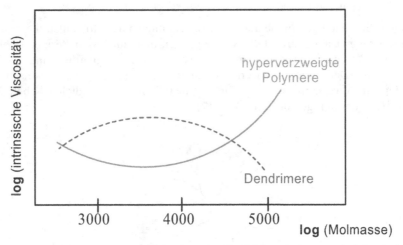

Bild 1-15 Intrinsische Viskosität von Dendrimeren – im Vergleich zu Polymeren (schematisch)[10, 30]

Dieses Phänomen ist durch den allmählichen Übergang von einer nahezu offenen Struktur der niederen Generationen der Dendrimere zu einer fast globulären Gestalt der höheren Generationen zu erklären (**Bild 1-16**).[31]

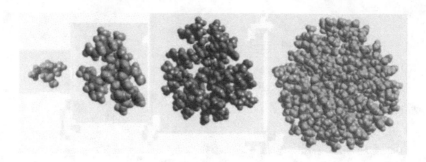

Bild 1-16 Zunehmend globuläre Gestalt mit ansteigendem Generationsgrad am Beispiel eines Carbosi-
lan-Dendrimers der 0.-3. Generation (von links nach rechts; nach *Frey et al.*[31b])

Aus diesem Grund weisen Dendrimere höherer Generationen auch ein kleineres Volumen als
entsprechende lineare Polymere auf. Desweiteren zeigen sie ein besseres Lösungsverhalten in
organischen Solventien und kristallisieren in der Regel nur schwierig.

Dendrimere können aufgrund ihres Molekülbaus in eher starre (z. B. „Polyphenylen-
Dendrimere"; *Kapitel 4.1.5*) und eher flexible (z. B. POPAM-, PAMAM-Dendrimere; *Kapitel 4.1.1* und *4.1.2*) unterteilt werden.

De Gennes und *Hervet* gingen in theoretischen Betrachtungen der Molekülstruktur von einem
idealen Dendrimer mit ausgestreckten Verzweigungen aus, an dessen Peripherie alle Endgruppen in einer Art „äußerem Ring" um den Dendrimer-Kern angeordnet sind.[9] Nach diesem Modell sollten Dendrimere im Kern eine geringere Segmentdichte aufweisen, die zur
Peripherie hin ein Maximum annimmt. Diese Vorstellung ist als „dichte Schale-Modell"
(engl. *dense-shell*) bekannt geworden (**Bild 1-17**).

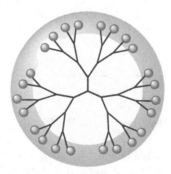

Bild 1-17 Zur Segmentdichte-Verteilung eines Dendrimer-Moleküls nach dem „dichte Schale-Modell"
(schematisch)

Lescanec und *Muthukumar* befürworteten in dem von ihnen postulierten „dichter Kern-
Modell" (*dense-core*) einen gegensätzlichen Verlauf der Segmentdichte-Verteilung.[32] Hier

wird ein Maximum der Dichte am Kern des Dendrimers postuliert und eine Abnahme der Segmentdichte proportional zur Entfernung vom Kern angenommen. Die Abnahme der Segmentdichte in Richtung der Peripherie wird durch eine partielle *Rückfaltung* (engl. *backfolding*) von Endgruppen in das Dendrimer-Innere hinein verursacht (**Bild 1-18**).

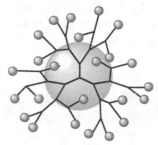

Bild 1-18 Zur Segmentdichte-Verteilung im „dichter Kern-Modell" (schematisch)

Die meisten Untersuchungen teils an Modellmolekülen,[33] aber auch an real existierenden POPAM- und PAMAM-Dendrimeren unterstützen letztere Modellvorstellung.[34] Sorgfältige Untersuchungen der räumlichen Struktur flexibler Dendrimere in Lösung wurden von *Ballauff et al.* mittels *SANS* (*Small Angle Neutron Scattering*) durchgeführt[35] (siehe *Kapitel 7.6*).

1.3 Perfcktheit, Defekte, Dispersität

Ein Kriterium zur Klassifizierung dendritscher Moleküle im Hinblick auf ihre Perfektheit ist der von *Fréchet et al.* definierte *Verzweigungsgrad DB* (*Degree of Branching*).[36]

$$DB = \frac{I_T + I_D}{I_T + I_D + I_L}$$

(1.3)

I_T: Anzahl der (terminalen) endständigen Monomer-Einheiten

I_D: Anzahl der dendritschen Monomer-Einheiten

I_L: Anzahl der linearen Monomer-Einheiten

Im Gegensatz zu perfekten Dendrimeren mit einem Verzweigungsgrad von 100% zeigen hyperverzweigte Polymere (*Kapitel 2.7* und *4.1.5.4*) je nach Monomer – beispielsweise ob AB$_2$- oder AB$_8$-Monomere als Edukte eingesetzt wurden – Verzweigungsgrade zwischen 50-85%.[37]

Ab einer bestimmten Dendrimergröße ist mit Erreichen einer Grenzgeneration ein perfekter Aufbau eines Dendrimers nicht mehr möglich. Erfolgt der Dendrimer-Aufbau von innen nach außen (divergent; siehe *Abschnitt 2.1*), so wächst der für die terminalen Gruppen benötigte Raum mit dem Quadrat des Dendrimer-Radius **r**. Die Anzahl der Endgruppen steigt jedoch exponentiell mit $(F_v-1)^G$ (s. Gl. 1.1). Das heißt, mit jeder hinzukommenden Generation wächst – formal – die Belegung der Oberfläche mit Endgruppen, was zu einer Verdichtung der äußeren Schale(n) des Dendrimers führt.

$$\text{Fläche pro Endgrupppe} = \frac{\text{Dendrimer-Oberfläche}}{\text{Zahl der Endgruppen}} \approx \frac{4\pi\, r^2}{F_k \cdot F_v^{\,G}}$$

(1.4)

F_k: Funktionalität des Kerns

F_v: Funktionalität der Verzweigungseinheit

G: Generation des Dendrimers

Auch wenn die oben erwähnte Rückfaltung peripherer Gruppen berücksichtigt wird, ist deshalb ab einer bestimmten Grenzgeneration (**Bild 1-19**) eine Weiterreaktion – z. B. eine quantitative chemische Umsetzung der Endgruppen – aufgrund sterischer Effekte behindert, so dass es zu einem fehlerhaften Wachstum kommt. Dieses Phänomen ist auch unter dem Begriff *Starburst-Limit-Effekt*[9] bekannt. Ideal verzweigte 5. Generationen von Polyethylenimin-Dendrimeren (PEI)[38] sind nach *Tomalia* aufgrund von *„starburst dense packing"* verboten.[10]

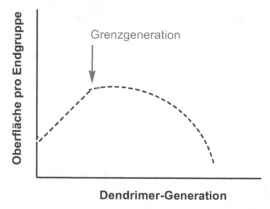

Bild 1-19 Erreichen der Grenzgeneration beim Dendrimer-Wachstum aufgrund des Starburst-Grenzeffekts (schematisch; idealisiert)

In direktem Zusammenhang mit der Strukturperfektheit dendritischer Moleküle steht ihre *Polydispersität*, die in Form ihres *Polydispersitäts-Index* (**PDI**) definiert ist und eine Messgröße für die Molekulargewichts-Verteilung darstellt.

$$PDI = M_w/M_n \tag{1.5}$$

M_w entspricht dem Mittel der Molmasse (z. B. durch Sedimentationsgleichgewichts-Messungen)

M_n gibt das Zahlenmittel der Molmasse wieder (z. B. durch Endgruppen-Bestimmung).[14b, 39]

Nimmt der Polydispersitäts-Index (**PDI**) den Wert 1 an, so wird die Substanz als *monodispers* bezeichnet. Die *Monodispersität* gilt als eine Eigenschaft der *Cascadane* (defektfreie dendritische Moleküle; vgl. *Abschnitt 1.4*) und nahezu perfekter Dendrimere. Sie ist bisher aufgrund ihres Zugangs über eine iterative Synthesemethode meist auf niedrige Generationen beschränkt. Gelingt es, beim Aufbau eines Dendrimers alle Reaktanden und Nebenprodukte der einzelnen Syntheseschritte immer wieder abzutrennen, so resultieren strukturperfekte Dendrimere.

Hingegen ist die *Polydispersität* ein Charakteristikum hyperverzweigter dendritischer Polymere, deren Ursache in der Bildung von Nebenprodukten infolge von Cyclisierungen und sterischer Hinderung während der Polymerisation liegt. Eine *monodisperse* Substanz besteht immer aus Molekülen homogener Größe, in *polydispersen* Verbindungen ist hingegen die Masse der einzelnen Moleküle unterschiedlich (heterogen). In geringem Maße tragen Verzweigungsdefekte zur Polydispersität bei, jedoch wird sie hauptsächlich durch Verknäuelungen, Verbrückungen (Ringbildung) und unregelmäßiges Wachstum verantwortet.

1.4 Definition und Einteilung dendritischer Moleküle

Die ersten korrekt dendritisch verzweigten Moleküle wurden als *Kaskaden-Moleküle* bezeichnet und konnten über eine *Kaskaden-Synthese* divergent dargestellt werden (*Abschnitt 1.1*).

Dendritische Moleküle (*Kaskaden-Moleküle*) sind wiederholt (repetitiv) verzweigte Verbindungen, unter deren Oberbegriff sich die *Dendrimere* gliedern. Letztere weisen meist „fast" perfekte Strukturen auf und zeigen für monodisperse Verbindungen charakteristische Eigenschaften (siehe auch *Abschnitt 1.3*). Dendrimere sind hinsichtlich der Molekülmassen der niedermolekularen bis hochmolekularen Chemie zuzurechnen.

Cascadane bestehen ausschließlich aus gleichartigen, gleichmassigen Molekülen bei korrekter, regulärer Verzweigung, respektive perfekter, defektfreier Struktur.[40]

Dagegen zeigen die *hyperverzweigten* Verbindungen, die aufgrund ihrer Synthese grundsätzlich nicht perfekt aufgebaut sind, polydisperse Eigenschaften, da sie Moleküle unterschiedlicher Massen enthalten.

Fungieren Teile von Dendrimeren und Cascadanen als Substituenten oder funktionelle Gruppen von Molekülen, so werden sie *Dendrons*, beziehungsweise – wenn defektfrei – *Cascadons* genannt.

Bilden Cascadane Wirt/Gast-Komplexe, beispielsweise durch Einlagerung kleinerer Gastmoleküle, so werden diese als *Cascadaplexe* bezeichnet; entsprechende Komplexe auf Dendrimer-Basis sind *Dendriplexe* (**Bild 1-20**).[40]

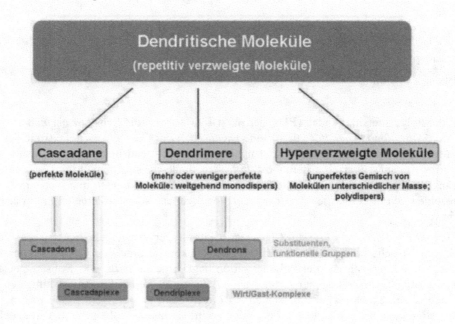

Bild 1-20 Klassifizierung dendritischer Moleküle[40, 45]

1.5 Nomenklatur dendritischer Moleküle

Dendritische Moleküle lassen sich wie andere bekannte (Makro-)Moleküle (z. B. Molekulare Knoten,[41] Catenane, Rotaxane[42] nach den *IUPAC*-Nomenklaturregeln definieren. Nicht immer sind diese Regeln aber umfassend genug, um sehr komplexe Strukturen wie die dendritischen Moleküle ausreichend, eindeutig und übersichtlich zu benennen.[43]

1.5.1 *Newkome*-Nomenklatur

Auf dem Familiennamen der Kaskaden-Moleküle baute *Newkome*[44] 1993 eine Dendrimer-Nomenklatur auf. Diese baukastenartig (modular) zusammengesetzte Namensgebung für dendritische Moleküle und deren Fragmente (Dendrons, Dendryl-/Cascadyl-Substituenten) beginnt mit der Angabe der Anzahl der peripheren Endgruppen, so dass am Beginn des Namens bereits die Vielarmigkeit überblickt werden kann. Gefolgt von der Klassenbezeichnung „Cascade", werden dann vom „Kern" ausgehend („divergent") die einzelnen Zweige aufgezählt (Kohlenstoff- und Heteroatome; Anzahl der Zweige als hochgestellter Index), wobei die einzelnen Generationen durch Doppelpunkte getrennt werden. Anschließend werden die Endgruppen charakterisiert. Die danach gebildeten Namen sind dementsprechend folgendermaßen aufgebaut:

$$\textbf{Z-Cascade: Kernbaustein } [N_{Kern}]\textbf{: (Verzweigungseinheit)}^{G}\textbf{: Endgruppen} \qquad (1.6)$$

Z: Anzahl der Endgruppen
N_{Kern}: Kernmultiplizität
G: Anzahl der Generationen mit Verzweigungsbausteinen

Als Beispiel für eine konkrete Namensgebung sei im **Bild 1-21** ein POPAM-Dendrimer der 2. Generation angeführt (vgl. **Bild 1-14**), welches nach *Newkome* **16-Cascade:1,4-diaminobutan[4-N,N,N′,N′]:(1-aza-butyliden)^{2}:aminopropan** heißt.

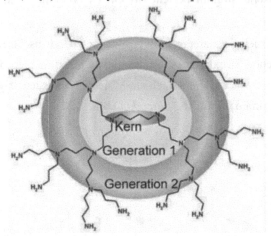

Bild 1-21   POPAM-Dendrimer nach der *Newkome*-Nomenklatur:
16-Cascade:1,4-diaminobutan[4-N,N,N′,N′]:(1-aza-butyliden)^{2}:aminopropan[45]

1.5.2 Cascadan-Nomenklatur

Bei komplexen Dendrimeren mit unterschiedlichen Verzweigungen oder unterschiedlichen Dendryl-Substituenten an einem nicht dendritischen Gerüst müssen weitere Details im Namen berücksichtigt werden, weshalb kürzlich eine detailliertere *„Cascadan-Nomenklatur"* [45] entwickelt wurde, wonach z. B. obiges POPAM folgendermaßen heißt:

1,4-Diaminobutan[N,N,N´,N´]:{4-azabutyl(4,4)} $^{G1,G2}_{4n,8n}$:3-aminopropyl$_{16}$-cascadan.

Dabei werden die Generationen (G_1 und G_2) mit jeweiliger Anzahl der Verzweigungen (4 bzw. 8) als hoch- und tiefgestellte Indizes leicht ersichtlich. Auch die Anzahl der Endgruppen (16) wird tiefgestellt. Die Klassenbezeichnung Cascadan erscheint am Ende des Namens. In runden Klammern stehen die Nummern (Lokanten 4,4) der beiden Verzweigungsatome.

Solche Nomenklaturen sind naturgemäß wegen der komplexen Molekülstrukturen nicht unkompliziert und erfordern viele Regeln, aber sie erlauben – anders als die *IUPAC-*[46] oder die *Nodal-Nomenklatur*[47] – aufgrund ihres Baukasten-Aufbaus ein rascheres Erkennen einzelner wichtiger Charakteristika (Generationszahl, Anzahl der Endgruppen), was sowohl im Laboralltag als auch bei Computer-Recherchen Vorteile bietet.

Die einzelnen Regeln seien hier auf das Wesentlichste reduziert; für genauere Informationen wird auf die Originalliteratur[45] verwiesen.

1. Regel: Dendritische Strukturen bestehen aus selbstähnlichen Einheiten (*Fraktale*).

2. Regel: Eine dendritische Struktur besteht aus einer Kerneinheit und einer dendritischen Einheit.

3. Regel: Enthält ein Molekül eine oder nur verschiedene dendritische Struktur(en), werden die dendritischen Strukturen (= Dendrons) als Substituenten behandelt und erhalten das Suffix *-cascadyl*. Sind in einem Molekül mindestens zwei Dendrons gleich, erhält es im Namen das Suffix *-cascadan* (**Bild 1-22**).

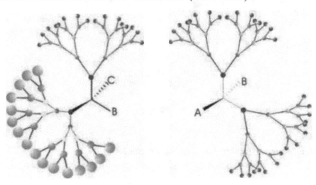

Bild 1- 22 *Cascadyl* (links), *Cascadan* (rechts)[45]

4. Regel: Das Auflisten mehrerer unterschiedlicher Dendrons beginnt mit demjenigen Dendron, das die längste Kette in der ersten Generation besitzt. Bei Gleichheit entscheidet die nächste Generation.

5. Regel: Der Name der Kerneinheit in Dendrimeren wird von der kürzesten unverzweigten Kette abgeleitet, welche die gleichen Dendrons miteinander verbindet. Die Positionen, an denen die Dendrons an die Kerneinheit gebunden sind, werden in runden Klammern hinter dem Namen der Kerneinheit aufgeführt (**Bild 1-23**).

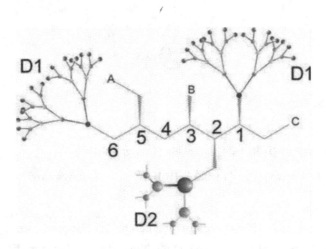

Bild 1-23 5-(A-methyl)-3-B-1-(C-methyl)-2-(D2-cascadyl)-hexan(1,6)[45]

6. Regel: Die Gerüstatome in den Ästen werden von innen nach außen nummeriert, wobei die innen liegende Verzweigung nicht mitgezählt wird. Die Länge der Kette stellt die kürzeste Verbindung zwischen den Verzweigungsstellen dar.

7. Regel: Mit jeder Verzweigungseinheit wird eine Generation abgeschlossen. Die Endgruppen [Suffix (end)] bilden keine Generation.

8. Regel: Dem Namen der Kerneinheit folgen die Namen der Gerüsteinheiten. Diese stehen in geschweiften Klammern. Hinter dem geschweiften Klammerterm steht als Exponent die Ordnungszahl der Generation, als Index die Summe der Gerüsteinheiten gefolgt von einem „n" in der entsprechenden Generation. Die einzelnen Generationen werden durch Doppelpunkte voneinander und von den Endgruppen getrennt. Die Anzahl der Endgruppen wird durch einen Index angegeben.

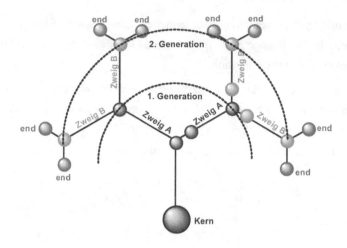

Bild 1-24 Dendritische Einheit

Der Name dieses Beispiels (**Bild 1-24**) lautet also (allgemein):

„**Kern (1,1)** :{**Zweig A (A,A)**} $_{2n}^{G1}$: {**Zweig B (B,B)**} $_{4n}^{G2}$: **end$_8$-cascadan**"

9. Regel: Wiederholt sich eine Einheit in mehreren Generationen, werden diese durch Kommata getrennt in den Exponenten hinter der *geschweiften Klammer* aufgelistet. In analoger Reihenfolge wird die Anzahl der Gerüsteinheiten in den entsprechenden Generationen geschrieben.

10. Regel: Kommen Wiederholungen nicht direkt aufeinander folgender Generationen vor, werden diese wie in der 9-ten Regel beschrieben aufgeführt. Der Term, der die Generation beinhaltet, welche die dendritische Struktur abschließt, steht unmittelbar vor den Endgruppen.

11. Regel: Sind verschiedene Gerüsteinheiten symmetrisch in einer Generation verteilt, beinhaltet der Term in den *geschweiften Klammern* ihre Namen, die in *spitze Klammern* geschrieben und nach zunehmender Kettenlänge sortiert werden. Hinter den *spitzen Klammern* steht als Index, gefolgt von einem „n", die Anzahl der Wiederholungen. Der Index hinter den geschweiften Klammern gibt die Summe der Gerüsteinheiten in der Generation wieder. Sind die verschiedenen Gerüsteinheiten nicht symmetrisch im Gerüst verteilt, muss das Gerüst in kleinere Dendrons zerlegt werden. Ist eine genaue Ortsangabe der Gerüsteinheiten erforderlich, werden die entscheidenden Verzweigungsstellen mit Exponenten versehen. Bei gleichen Verzweigungseinheiten werden diese durch Schrägstriche voneinander getrennt. Diese Verzweigungsstellen werden dem Namen der an sie geknüpften Gerüsteinheit der Folgegeneration vorangestellt. Kommt eine Gerüsteinheit mehrfach vor, werden dem Namen alle Bindungsstellen an die vorhergehende Generation vorangestellt. Die Summe der Wiederholungen steht als Index, gefolgt von einem „n" hinter der eckigen Klammer.

12. Regel: Aren-Einheiten werden in Anlehnung an die *Nodal*-Nomenklatur[47] als ein Kettenglied gezählt. Die Ringatome werden nach den *IUPAC*-Regeln nummeriert.

Die Namen enthalten damit folgendes allgemeine Aussehen:

> **Kern(a,b):{<Zweig A(c,d)><Zweig B(e,f)}$_{2n}^{G1}$:{c,d,e<Zweig C(g,h)>$_{3n}$ f<Zweig D(x,x)>}$_{4n}^{G2}$: end$_8$-cascadan**

Zur Veranschaulichung seien weitere Beispiele der Cascadan-Nomenklatur gegeben. Für weitere Erläuterungen und Regeln wird auf die Originalliteratur verwiesen.[45]

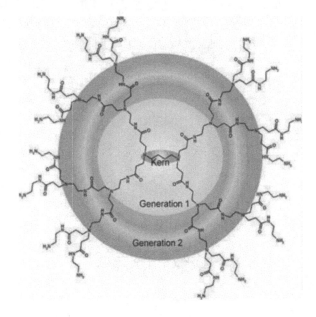

Bild 1-25 Zweite Generation eines PAMAM-Dendrimers[45]

Nach der Cascadan-Nomenklatur heißt das in **Bild 1-25** gezeigte PAMAM-Dendrimer der zweiten Generation:

1,4-Diaminobutan[N,N,N′,N′]:{4,7-diaza-3-oxoheptyl(7,7)} $_{4n,8n}^{G1,G2}$:3-aminoethyl$_{16}$-cascadan.

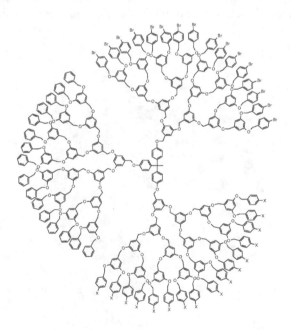

Bild 1-26 Hexan(1,1,1):{2-oxapentyl(3,3,3)} $_{3n}^{G1}$:{1-oxo-2-azapropyl(3,3,3)} $_{9n}^{G2}$:hydroxymethyl$_{27}$-cascadan[45]

Bild 1-27 Für X = H: 1-(Phenyl (4′):{1-oxa-3-(phenyl-3′,5′-diyl)propyl(3′,5′)} $_{1n,2n,4n,8n}^{G1,G2,G3,G4}$: (1-oxa-4′-brombenzyl)$_{16}$-cascadyl)ethan-1,1-dibenzenol(4′′,4′′′):{1-oxa-3-(phenyl-3′,5′-diyl)propyl(3′,5′)} $_{2n,4n,8n,16n}^{G1,G2,G3,G4}$:(1-oxa-benzyl)$_{32}$-cascadan[45]

Literaturverzeichnis und Anmerkungen zu *Kapitel 1*

„Einleitung"

*Übersichtsartikel sind durch ein vorgestelltes fett gedrucktes Übersicht(en) bzw. **Buch (Bücher)** gekennzeichnet.*

[1] E. Buhleier, W. Wehner, F. Vögtle, *Synthesis* **1978**, 155-158.

[2] Der Begriff „Kaskade" wurde gewählt, weil er Analogien zu der sich immer wiederholenden Verzweigung der Molekülarme zeigt, etwa zu der Wasserkaskade eines Brunnens, in dem von dem oberen kleineren Wasserbecken zu den zunehmend größeren unteren die Anzahl der „Wasserfälle" – im vom Konstrukteur steuerbaren Ausmaß – immer mehr zunimmt.

[3] Mit einiger Berechtigung hätte man diesen Molekültyp damals schon als dendritisch (s. Titel dieses Buchs) bezeichnen können, in Anspielung auf entsprechende Nervenzellen, die allerdings eher statistische Verzweigungen aufweisen. Von entsprechenden Baumverästelungen ausgehend leitete *Tomalia* einige Jahre später den Begriff „Dendrimere" ab.[12] Wir selbst benutzten später diese neue Bezeichnung gleichsinnig mit „Kaskaden-Moleküle", da sie aufgrund der *Angew. Chem.*-Übersicht[10] wohl einprägsamer war und auch von anderen übernommen wurde. Obwohl es Tendenzen gibt, den Namen Dendrimere eher für hochmolekulare Substanzen zu reservieren[39a], verwenden wir die beiden Begriffe gleichlautend: Unseres Erachtens sind dendritische Moleküle keineswegs auf die Polymerchemie beschränkt, wie die Endsilbe des Names Dendrimere suggerieren könnte, sondern spielen eine große Rolle in der niedermolekularen Chemie, die in Zukunft noch zunehmen dürfte, wenn Synthese und Analytik weiter fortgeschritten sind. Nichtsdestotrotz nutzten *Newkome* 1993[44] und wir selbst 2006[45] die hierfür besser geeignet erscheinende Stammsilbe „cascade" zum Aufbau einer Nomenklatur für alle dendritischen Verbindungen.

[4] Bemerkenswerterweise fand diese Publikation damals und Jahre danach keinerlei Beachtung oder gar Resonanz, noch wurden historische Prioritäts-Ansprüche angemeldet. Der in Lit.[1] zusätzlich enthaltenen makrocyclischen iterativen Variante („*Schneeketten-artige Moleküle"; non-skid-chain like molecules*) ist dieses Schicksal bis heute nicht erspart geblieben.

[5] *Übersicht* über repetitive/iterative Synthesen: N. Feuerbacher, F. Vögtle, *Top. Curr. Chem.* **1998**, *197*, 2-18; Y. Zhao, R. R. Tykwinski, *J. Am. Chem. Soc.* **1999**, *121*, 458-459; P. A. Jacobi, H. Liu, *J. Am. Chem. Soc.* **1999**, *121*, 1958-1959; A. Boydston, Y. Yin, B. L. Pagenkopf, *J. Am. Chem. Soc.* **2004**, *126*, 10350-10354.

[6] F. Vögtle, E. Weber, *Angew. Chem.* **1974**, *86*, 896-898; *Angew. Chem. Int. Ed.* **1974**, *13*, 814-816; F. Vögtle, H. Sieger, W. M. Müller, *J. Chem. Research (S)* **1978**, 398-399; *Übersicht*: F. M. Menger, *Top. Curr. Chem.* **1986**, *136*, 1-16.

[7] R. G. Denkewalter, J. F. Kolc, W. J. Lukasavage, in *U.S. Pat. 4. 360.646*, **1979**, R. G. Denkewalter, J. F. Kolc, W. J. Lukasavage, in *U.S. Pat. 4.289.872*, **1981**; Denkewalter, J. F. Kolc, W. J. Lukasavage, in *U.S. Pat. 4.410.688*, **1983**.

[8] M. Maciejewski, *Macromol. Sci. Chem.* **1982**, A17, 689-703.

[9] P.-G. de Gennes, H. Hervet, *J. Phys. Lett. Fr.* **1983**, *44*, L351-L361.

[10] *Übersicht*: D. A. Tomalia, A. Naylor, W. A. Goddard III, *Angew. Chem.* **1990**, *102*, 119-157; *Angew. Chem. Int. Ed.* **1990**, *29*, 138-175.

[11] P.-G. de Gennes, *Angew. Chem.* **1992**, *104*, 856-857; *Angew. Chem. Int. Ed.* **1992**, *31*, 842-845.

[12] D. A. Tomalia H. Baker, J. Dewald, M. Hall, G. Kallos, S. Martin, J. Roeck, J. Ryder, P. Smith, *Macromolecules* **1986**, *19*, 2466-2468.

[13] D. A. Tomalia, H. Baker, J. R. Dewald, M. Hall, G. Kallos, S. Martin, J. Roeck, J. Ryder, P. Smith, *Polym. J.* **1985**, *17*, 117-132.

[14] a) G. R. Newkome, Z.-Q. Yao, G. R. Baker, V. K. Gupta, *J. Org. Chem.* **1985**, *50*, 2003-2004, b) *Buch*: G. R. Newkome, C. N. Moorefield, F. Vögtle, *Dendrimers and Dendrons*, Wiley-VCH, Weinheim, 1. Auflage **2001**.

[15] C. Hawker, J. M. J. Fréchet, *J. Chem. Soc., Chem. Commun.* **1990**, 1010-1013.

[16] T. M. Miller, T. X. Neenan, *Chem. Mater.* **1990**, *2*, 346-349.

[17] P. J. Flory, *J. Am. Chem. Soc.* **1941**, *63*, 3091-3100; **1952**, *74*, 2718-2723.

[18] *Kurzübersicht*: M. Freemantle, *Science/Technology* **1999**, *77*, 27-35.

[19] *Bücher*: a) Weitere Verzweigungen in der Natur siehe auch G. Pölking, *Schöpfungsdesign*, Tecklenburg, Steinfurt **2006**; b) B. H. Kaye, *A Random Walk Through Dimensions*, VCH-Verlagsgesellschaft, Weinheim **1994**.

[20] *Übersichten:* M. Žinić, F. Vögtle, F. Fages *Top. Curr. Chem.* **2005**, *256*, 39-76; F. Fages, F. Vögtle, M. Žinić *Top. Curr. Chem.* **2005**, *256*, 77-131, dort weitere Literaturangaben.

[21] a) K. Autumn, V. A. Liang, S. T. Hsieh, W. P. Chan, T. W. Kenny, R. Fearing, R. J. Full, *Nature* **2000**, *405*, 681-685; b) E. Pennisi, *Science* **2000**, *288*, 1717-1718; c) S. Gorb, J. Royal Soc. Interface (DOI: 10.1098/rsif.2006.0164).

[22] R. Haag, F. Vögtle, *Angew. Chem.* **2004**, *116*, 274-275; *Angew. Chem. Int. Ed.* **2004**, *43*, 272-273.

[23] K. Hien, Laborjournal *1-2*/**2004**, 32-34; K. Autumn, R. Full, GEO Magazin 10/**2000**; J. Kahn, M. Thiessen, K. Eward, *National Geographic Deutschland*, Juni **2006**.

[24] Design: Roman & Erwan Bouroullec.

[25] a) Foto von F. Vögtle; siehe auch Generalanzeiger, Bonn, 12.03.07; b) U. Hahn, G. Pawlitzki, F. Vögtle, Juni **2001**; DFG-Kalender, Hrsg. Deutsche Forschungsgemeinschaft, Bonn **2003**.

[26] *Bücher*: B. B. Mandelbrot, *The Fractal Geometry of Nature*; W. H. Freeman and Company, New York, **1982**; G. Binnig, *Aus dem Nichts*. Piper, München, 4. Aufl. **1992**; H.-O. Peitgen, P. H. Richter, *The Beauty of Fractals*. Springer, Berlin **1986**; H.-O. Peitgen, H. Jürgens, D. Saupe, *Chaos and Fractals*. Springer, Berlin **1992**; B. Kaye, *Chaos and Complexity*. VCH, Weinheim **1993**.

[27] W. Sierpinski, *C. R. Acad. Paris* **1915**, *160*, 302-305.

[28] Wir danken Dr. Jörg Friedhofen, Kekulé-Institut der Universität Bonn, für die Ausführung dieser Graphiken.

[29] *Übersicht*: C. J. Hawker, J. M. J. Fréchet, *Step-Growth-Polymers for High Performance Materials* (Hrsg. J. L. Hedrick, J. W. Labadie), Oxford Press, Oxford **1996**, *Kapitel 7*; M. Seiler, *Chem. Eng. Technol.* **2002**, *3*, 237-253; Vergleich der thermosensitiven Eigenschaften von POPAM-Dendrimeren und linearen Analoga: Y. Haba, C. Kojima, A. Harada, K. Kono, *Angew. Chem.* **2007**, *119*, 238-241; *Angew. Chem. Int. Ed.* **2007**, *46*, 234-237.

[30] E. M. M. de Brabander-van den Berg, E. W. Meijer, *Angew. Chem.* **1993**, *105*, 1370-1372; *Angew. Chem. Int. Ed.* **1993**, *32*, 1308-1311; T. H. Mourey, S. R. Turner, M. Rubinstein, J. M. J. Fréchet, C. J. Hawker, K. L. Wooley, *Macromolecules* **1992**, *25*, 2401-2406.

[31] a) *Übersichten*: A. W. Bosman, H. M. Janssen, E. W. Meijer, *Chem. Rev.* **1999**, *99*, 1665-1688; R. Hourani, A. Kakkar, M. A. Whitehead, *J. Mater. Chem.* **2005**, *15*, 2106-2113; b) H. Frey, K. Lorenz, C. Lach, *Chem. unserer Zeit* **1996**,75-85

[32] L. Lescanec, M. Muthukumar, *Macromolecules* **1990**, *23*, 2280-2288.

[33] M. L. Mansfield, L. I. Klushin, *Macromolecules* **1993**, *26*, 4262-4268; M. L. Mansfield, *Polymer* **1994**, *35*, 1827-1830; D. Boris, M. Rubinstein, *Macromolecules* **1996**, *29*, 7251-7260; N. W. Suek, M. H. Lamm, *Macromolecules* **2006**, *39*, 4247-4255.

[34] A. M. Naylor, W. A. Goddard III, G. E. Kiefer, D. A. Tomalia, *J. Am. Chem. Soc.* **1989**, *111*, 2339-2341; R. Scherrenberg, B. Coussens, P. van Vlief, G. Edouard, J. Brackmann, E. de Brabander, K. Mortensen, *Macromolecules* **1998**, *31*, 5892-5897.

[35] M. Ballauff, C. N. Likos, *Angew. Chem.* **2004**, *116*, 3060-3082; *Angew. Chem. Int. Ed.* **2004**, *43*, 2998-3020; *Übersicht*: M. Ballauff, (Bandhrsg. F. Vögtle), *Top. Curr. Chem.* **2001**, *212*, 177-194; C. N. Likos, M. Schmidt, H. Löwen, M. Ballauff, D. Pötschke, P. Lindner, *Macromolecules* **2001**, *34*, 2914-2920; S. Rosenfeldt, N. Dingenouts, M. Ballauff, P. Lindner, N. Werner, F. Vögtle, *Macromolecules* **2002**, *35*, 8098-8105; dort Hinweise auf weitere Arbeiten anderer Autoren; S. Rosenfeldt, E. Karpuk, M. Lehmann, H. Meier, P. Lindner, L. Harnau, M. Ballauff, *ChemPhysChem.* **2006**, *7*, 2097-2104.

[36] C. J. Hawker, R. Lee, J. M. J. Fréchet, *J. Am. Chem. Soc.* **1991**, *113*, 4583-4588.

[37] E. Malmström, M. Johansson, A. Hult, *Macromolecules* **1995**, *28*, 1698-1703; Y. Ishida, A. C. F. Sun, M. Jikai, M. Kakimoto, *Macromolecules* **2000**, *33*, 2832-2838; P. Bharathi, J. S. Moore, *Macromolecules* **2000**, *33*, 3212-3218.

[38] Vgl. PPI in *Kapitel 4*, **Bild 4-1**; Tauscht man in letzterer Formel die Propano- durch Ethano-Gruppen aus, so erhält man das entsprechende PEI dritter Generation.

[39] *Bücher*: a) J. M. J. Fréchet, D. A. Tomalia, *Dendrimers and Other Dendritic Polymers*, Wiley, Chichester **2001**; b) G. R. Newkome, C. N. Moorefield, F. Vögtle, *Dendrimers and Dendrons: Concepts, Syntheses, Applications*, Wiley-VCH, New York, Weinheim **2001**.

[40] Auf diesem Gebiet zwischen Polymer- und niedermolekularer Chemie fehlte unserer Ansicht nach bisher eine Unterscheidung zwischen idealen, defektfreien dendritischen Molekülen, für die wir deshalb die konkrete Bezeichnung „Cascad*ane*" vorschlagen, sowie den mehr oder weniger defektfreien (monodispersen) „Dendrimeren" und den polydispersen, unperfekten „hyperverzweigten Verbindungen". Dies auch deshalb, weil in der niedermolekularen Chemie reinste Substanzen immer schon besonders wichtig waren, und weil es auch für die Nomenklatur notwendig ist, ein einzelnes Molekül zu benennen.

[41] O. Safarowsky, B. Windisch, A. Mohry, F. Vögtle, *J. Prakt. Chem.* **2000**, *342*, 337-342; *Übersicht*: F. Vögtle, O. Lukin, *Angew. Chem.* **2005**, *117*, 2-23; *Angew. Chem. Int. Ed.* **2005**, *44*, 2-23.

[42] Neue IUPC-Empfehlungen für Rotaxane: A. Harada, W. V. Metanomski, G. P. Moss, E. S. Wilks, A. Yerin, „*Nomenclature of Rotaxanes*", *International Union of Pure and Applied Chemistry*, Project 2002-007-1-800.

[43] In diesem Studienbuch kann nicht auf weitere Details der Dendrimer-Nomenklatur eingegangen, sondern nur auf grundlegende Regeln hingewiesen werden, um Verständnis für die Probleme und notwendige Komplexität zu wecken. Mit Hilfe der Literaturangaben (s. Lit. [45]) können jedoch Namen für bestimmte Formeln – und umgekehrt – entwickelt werden.

[44] G. R. Newkome, G. R. Baker, J. K. Young, J. G. Traynham, *J. Polym. Sci. A.,Polym. Chem.* **1993**, *31*, 641-651; G. R. Newkome, G. R. Baker, *Polym. Preprints* **1994**, *35*, 6-9.

[45] J. H. Friedhofen, F. Vögtle, *New J. Chem.* **2006**, *30*, 32-42.

[46] *Übersicht*: *International Union for Pure and Applied Chemistry, Nomenclature of Organic Chemistry Sections A, B & C*, Butterworth, London **1971**.

[47] *Übersicht*: N. Lozac'h, A. L. Goodson, W. H. Powell, *Angew. Chem.* **1979**, *91*, 951-1032; *Angew. Chem Int. Ed.* **1979**, *18*, 887-899, N. Lozac'h, A. L. Goodson, *Angew. Chem.* **1984**, *96*, 1-15; *Angew. Chem Int. Ed.* **1984**, *23*, 33-46.

2. Synthesemethoden für dendritische Moleküle

Zum Aufbau von Dendrimer-Architekturen gibt es vielfältige Möglichkeiten. Wichtige Ziele in der Vergangenheit waren, einerseits Routinemethoden für gut zugängliche Dendrimer-Gerüste für die Allgemeinheit zugänglich zu machen, wie es mit den POPAM- und PAMAM-Dendrimeren sowie den *Frechét*-Dendrons geglückt ist (s. *Kapitel 4*). Weitere Dendrimer-Typen wurden zwar nicht so oft von anderen Gruppen bearbeitet, aber das Potenzial dazu ist vorhanden. Andererseits ist es wichtig und wünschenswert, an solchen gut zugänglichen und zum Teil kommerziellen Dendrimeren neue Verzweigungsgenerationen aufzubauen, sie mit neuer Funktionalisierung, mit Poren oder mit gezielten Eigenschaften (Löslichkeit, Aggregationsverhalten, Philie, Lumineszenz, Rigidität, Rückfaltung, Chiralität, Gastaufnahme, Gelbildung usw.) zu versehen. Ein Wunschtraum ist nach wie vor ein gut verfügbares „synthetisches Baukastensystem" für Dendrimere, aus dessen „Schubladen" unschwer bestimmte Edukte und Zwischenstufen – als Module – entnommen werden können, die in gut beschriebenen Standardschritten weiterverarbeitet und zu neuen Molekülstrukturen mit neuen Eigenschaften kombiniert werden können. Trotz der vielen synthetischen Dendrimer-Beiträge, die bisher publiziert wurden, sind in dieser Hinsicht noch viele Wünsche offen. Es besteht nach wie vor Bedarf an höheren Generationsgraden aller Dendrimer- und Dendron-Typen als bisher sowie an ergiebigen Synthesen für bestimmte Dendrimer-Familien und für deren gezielte Mono-, (regioselektive) Oligo- und Vielfach-Funktionalisierung – auch mit unterschiedlichen Substituenten – im einzelnen Dendrimer-Molekül.

In diesem Kapitel werden die generellen Synthesestrategien schematisiert vorgestellt, um später im *Kapitel 4* an Hand von konkreten Beispielen detailliert zu werden. Die überwiegende Zahl der betrachteten Synthesen wird in einem allgemeinen „*KFS*-Konzept" erläutert: Die *K*upplungsstellen sind mit *K* (in einer roten Kugel), die *F*unktionellen Endgruppen mit *F* (in einer grünen Kugel) gekennzeichnet. Werden die jeweiligen Gruppen in ihrer geschützten Form in die Reaktion eingebracht, so wird die entsprechende Farbcodierung beibehalten und die geschützte Funktionalität anschließend mit S charakterisiert.

2.1 Divergente Synthese

Die Synthese eines Dendrimers nach der divergenten Methode (**Bild 2-1**) erfolgt schrittweise ausgehend von einem multifunktionalisierten Kernbaustein, an dessen reaktive Kupplungsstellen *K* neue Verzweigungseinheiten in Form von dendritischen Ästen über eine reaktive Endfunktionalität *F* angeknüpft werden. Andere funktionelle Gruppen der Verzweigungseinheit sind hierbei geschützte Kupplungsstellen und werden im Folgenden mit *S* symbolisiert. Nach dem ersten Reaktionsschritt werden die geschützten funktionellen Gruppen *S* entschützt (aktiviert) und dienen so als neue reaktive Kupplungsstellen *K* für weitere Verzweigungseinheiten. Mit jeder Verzweigungseinheit wird eine neue Dendrimer-Generation aufgebaut. Die *repetitive* (iterative) Synthesesequenz bestehend aus dem Aufbau, in dem die Verknüpfung einer Verzweigungseinheit mit zwei weiteren Einheiten ($1 \rightarrow 2$ Verzweigung) erfolgt, sowie dem Aktivierungsschritt, in dem jeweils eine höhere Generation aufgebaut wird, lässt das Dendrimer von innen nach außen wachsen.

Vorteilhaft bei der – historisch zuerst entwickelten[1] – divergenten Methode ist die erzielbare hochmolekulare (Nano-)Gerüstarchitektur, sowie die Möglichkeit der Automatisierung der sich wiederholenden Schritte. Deshalb ist die divergente Synthese auch die Methode der Wahl für die – kommerziell erhältlichen – *POPAM-* und *PAMAM-*Dendrimere (s. *Kapitel 4.1*).

Ein gewisser Nachteil dieser Synthesemethodik liegt in der exponentiell ansteigenden Zahl der funktionellen Endgruppen ($K \cdot M^n$; siehe *Kapitel 1.2*), da sie nicht immer quantitativ umgesetzt werden können und dadurch Strukturdefekte entstehen. Selbst durch Zugabe größerer Überschüsse an Reaktanden können solche Defekte bei höheren Generationen nicht immer vermieden werden. Darüber hinaus bereitet die Aufreinigung und Abtrennung der Strukturperfekten von fehlerhaften Dendrimeren Probleme, da sich ihre Eigenschaften sehr ähneln.

Die ersten bekannten Synthesen dendritischer Moleküle verliefen divergent und wurden von den Arbeitsgruppen *Vögtle*,[1] *Denkewalter*,[2] *Tomalia*[3] und *Newkome*[4] genutzt.

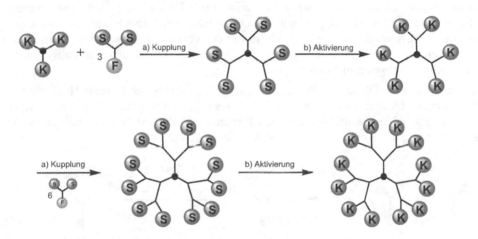

Bild 2-1 Divergente Synthesemethode. *K* = *K*upplungsstelle; *F* = aktive, ungeschützte *F*unktionelle Gruppe; *S* = geschützte, inaktive (*S*chutzgruppen-)Funktionalität. Der Dendrimer-Kern ist als schwarzer zentraler Punkt symbolisiert. Die Schritte a) Kupplung und b) Aktivierung markieren jeweils ein repetitives Schrittpaar zum Aufbau der nächsten Generation

2.2 Konvergente Synthese

Die konvergente Synthese-Strategie geht den umgekehrten Weg von der Peripherie zum Kern, also von „außen nach innen". (Funktionalisierte) Dendrimer-Teilstücke („Dendrons") werden an die an einen fokalen Punkt geknüpften reaktiven Endgruppen einer multifunktionellen Kerneinheit gebunden. Die schematische *KFS*-Symbolik wird auch hier zur Veranschaulichung des Syntheseprinzips herangezogen (**Bild 2-2**).

Die Kupplung einer aktiven (ungeschützten) funktionellen Endgruppe F, die noch zwei geschützte Kupplungsstellen S (in roter Kugel) trägt, mit einer Verzweigungseinheit aus zwei aktiven Kupplungsstellen K sowie einer inaktiven (geschützten) funktionellen Gruppe S (in grüner Kugel) führt zu einem Dendrimer/Dendron der ersten Generation (Schritt a). Für einen weiterführenden Aufbau zur nächsten Dendron-Generation kann die inaktive Gruppe S dieses G1-Dendrons aktiviert werden (Schritt b), so dass – in **Bild 2-2** nicht gezeigt – eine weitere Verzweigungseinheit mit zwei aktiven Zentren K und einer inaktiven funktionellen Gruppe S entsteht. Die Schritte können repetiert werden, bis zuletzt alle segmentförmigen Dendrons der gewünschten Generation – wie Tortenstücke – mit einem oligo-funktionellen Kernbaustein (z. B. „K_3" in **Bild 2-2**) zum gewünschten Dendrimer höherer Generation reagieren.

Diese Synthesevariante hat den Vorteil, dass sie aufgrund der geringen Anzahl reaktiver Endgruppen nicht die – bei der divergenten Syntheseroute öfters beobachteten – Strukturdefekte zur Folge hat (z. B. fehlende Zweige bei höheren Generationen). Auch kann bei dieser Synthesemethode mit äquimolaren Mengen – ohne große Überschüsse – gearbeitet werden, was die präparative Aufarbeitung erleichtert. Die anfallenden Nebenprodukte – auf Grund unvollständiger Umsetzung sperriger Dendrons mit der Verzweigungseinheit – unterscheiden sich gravierend in ihrer Molmasse und können – besser als bei der divergenten Synthese – nach jedem Schritt abgetrennt werden.

Den Dimensionen des Dendrimer-Wachstums sind jedoch durch die sterische Hinderung bei der Reaktion der Dendrons an der Peripherie Grenzen gesetzt, weshalb über diese Aufbau-Strategie hauptsächlich Dendrimere niedriger Generationen dargestellt wurden.[5] Die divergente und konvergente Synthese ergänzen sich daher in gewissem Sinn.

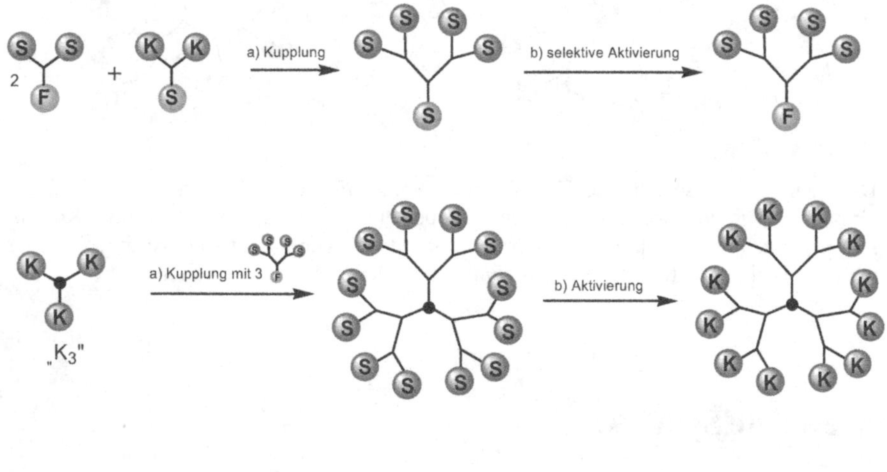

Bild 2-2 Konvergente Synthesemethode ($K = K$upplungsgruppe; $F = F$unktionelle Gruppe; $S = S$chutz-gruppe)

Die konvergente Synthesestrategie eignet sich gut zur Herstellung makromolekularer Architekturen wie der „*Segment-Blockdendrimere*" (*segmented-block dendrimers*), die entweder gleiche oder unterschiedliche Generationen von Dendrons tragen, aber mit unterschiedlichen Molekülgerüsten an eine Kerneinheit geknüpft wurden. Dieser Dendrimer-Typ ist auf Grund seiner Multifunktionalität von Interesse.

Im Falle der „Oberflächen-Blockdendrimere" (surface-block dendrimers) weist die Dendrimer-Peripherie unterschiedliche Funktionalitäten in definierten Molekülsegmenten auf. Ihr Aufbau erfolgt, indem Dendrons, die sich in der Art ihrer terminalen Funktionalitäten unterscheiden, an eine gemeinsame Kerneinheit gekoppelt werden (vgl. Kapitel 3.2.1).[6, 10]

2.3 Neuere Synthesemethoden

2.3.1 Orthogonale Synthese

Bei der orthogonalen Synthese[7] werden alternierend zwei verschiedene Verzweigungseinheiten mit komplementären Kupplungsfunktionen verwendet und es wird auf den Aktivierungsschritt verzichtet[8]. Die gewählten Reaktanden müssen ebenso wie das resultierende Kupplungsprodukt gegenüber den darauffolgenden Reaktionsbedingungen inert sein. Orthogonal bedeutet, dass die Funktionalitäten gegenüber den Kupplungsbedingungen zunächst inert sind, für gewünschte Folgereaktionen-Kupplungen aber in situ aktiviert werden können (**Bild 2-3**). Wenn dies gewährleistet ist, kann der Aufbau des Dendrimers divergent oder konvergent in weniger Reinigungsschritten erfolgen.[9]

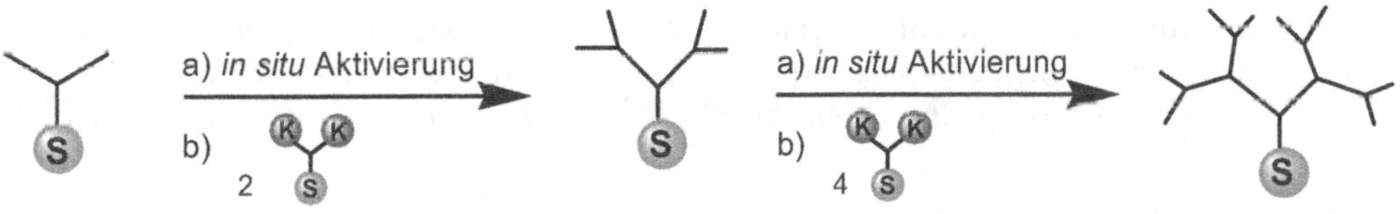

Bild 2-3 Orthogonale Synthesemethode (K = Kupplungsgruppe; S = Schutzgruppe). Bei der in situ Aktivierung wird S vorübergehend in F (= Funktionelle Gruppe) umgewandelt, die spontan weiterreagiert

Die Methode der orthogonalen Kupplung ist jedoch bis heute nicht sehr verbreitet, weil die verwendeten Bausteine hohen strukturellen Anforderungen genügen müssen.[10] Spindler und Fréchet konnten als erste – ausgehend von 3,5-Diisocyanato-benzylchloriden und 3,5-Dihydroxybenzylalkohol in einer Eintopfsynthese ein Polyethercarbamat-Dendron der dritten Generation herstellen.[8] Zimmerman et al. wandten die orthogonale Kupplung erstmals auf Synthesen von Dendrimeren höherer Generation an.[9]

2.3.2 Konvergente Zweistufenmethode

Diese neuere Variante (double-stage convergent method) vereint die konvergente und divergente Methode. Ihr signifikanter Schritt beruht auf der Kupplung eines via konvergenter

Synthese aufgebauten kleineren Dendrons mit einer aktiven funktionellen Gruppe *F* am fokalen Punkt, an ein durch divergente Synthese dargestelltes, multifunktionales Dendrimer niedriger Generation mit peripheren Kupplungsstellen *K*, dem Hyperkern (*hypercore*) (**Bild 2-4**).[11,12]

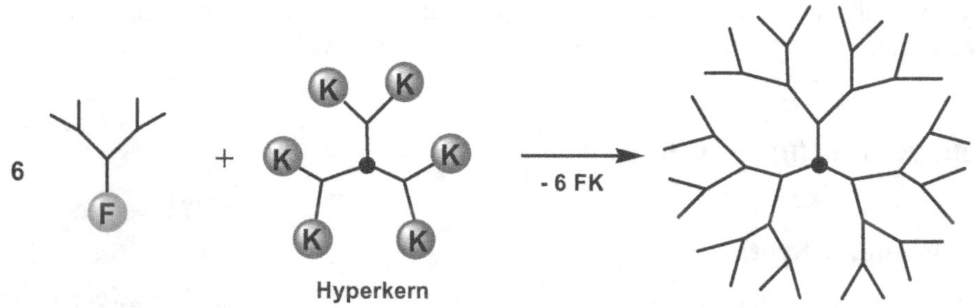

Bild 2-4 Konvergente Zweistufenmethode (*K* = *K*upplungsgruppe, *F* = *F*unktionelle Gruppe)

Im Vergleich zur herkömmlichen konvergenten Synthese verspricht die Zweistufen-Methode einen raschen Zugang zu monodispersen Dendrimeren höherer Generationen, verbunden mit einem sprunghaften Anstieg der endständigen Funktionalitäten, da die Oberflächen-Funktionalitäten des Hyperkerns im Gegensatz zu den einfachen nicht dendritischen Kernbausteinen der konventionellen konvergenten Synthese weniger sterisch gehindert sind. Zudem ermöglicht diese Vorgehensweise den Aufbau von Dendrimeren mit unterschiedlichen inneren und äußeren Verzweigungseinheiten (*Schicht-Blockdendrimere*).[10, 13]

2.3.3 Doppelt-exponentielle Methode

Prinzipiell ist die doppelt-exponentielle Methode als eine konvergente Aufbaustrategie eines Dendrons anzusehen[14]. Sie nutzt die Synthese in zwei Richtungen, zur Peripherie und zum fokalen Punkt hin: Ausgehend von einer vollkommen geschützten Verzweigungseinheit, bestehend aus zwei geschützten Kupplungsstellen *K* und einer geschützten Funktionalität *F*, werden jeweils durch selektive Entschützung in der einen Verzweigungseinheit die funktionelle Gruppe *F* und in der zweiten Verzweigungseinheit die beiden Kupplungsstellen *K* aktiviert. Reagieren nun zwei Verzweigungseinheiten mit aktiven Gruppen *F* (in **Bild 2-5** grün markiert) mit einer solchen mit zwei aktiven Kupplungsstellen *K* (rot markiert), so entsteht ein Dendron der zweiten Generation. Iteration der Synthesesequenz führt zum entsprechenden Dendron der vierten Generation.

Der Zugang eines *Fréchet*-Dendrons vierter Generation kann so um eine Stufe verkürzt werden, da bei dieser Methode ein Dendron der ersten Generation – durch Verdopplung der Generationsgrade – nicht gebildet werden kann.

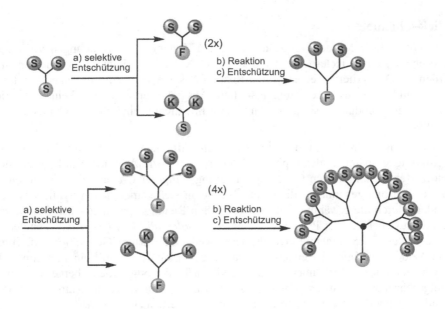

Bild 2-5 Doppelt-exponentielle Methode (K = Kupplungsgruppe, F = Funktionelle Gruppe; S = Schutzgruppe)

2.3.4 Hypermonomer-Methode

Gegenüber den üblichen FK_2-oder FK_3-Monomeren erhöht sich mit monomeren FK_4-Synthesebausteinen, den *Hypermonomeren,* die Anzahl der Endgruppen rascher (1→4-Verzweigung), jedoch bleibt die Zahl der für den Aufbau eines Dendrimers benötigten Syntheseschritte verglichen mit den herkömmlichen Darstellungsmethoden gleich. Reduziert auf das einfache *KFS*-Schema kann der Verlauf der Synthese wie folgt beschrieben werden (**Bild 2-6**): Vier Verzweigungseinheiten mit einer aktiven funktionellen Gruppe F werden mit den aktiven Kupplungsgruppen K des Hpermonomers FK_4 zur Reaktion gebracht, wobei die funktionelle Gruppe F im Hypermonomer selbst desaktiviert ist und deshalb (in **Bild 2-6**) mit S für „ge*s*chützt" bezeichnet wird.[15]

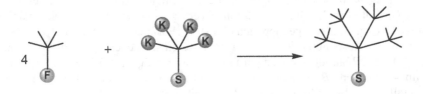

Bild 2-6 Hypermonomer-Methode(K = Kupplungsgruppe, F = Funktionelle Gruppe, S = Schutzgruppe)

2.3.5 Click-Chemie

Sharpless schlug diese Methode 2001 als schnellen Zugang zu Verbindungen vor, indem kleinere Einheiten durch Heteroatom-Bindungen (C–X–C; X = Heteroatom) zusammengefügt werden.[16] Die Kriterien einer „Click-Reaktion" seien kurz zusammengefasst: Breite Anwendung mit hohen Ausbeuten; gut zugängliche Ausgangsverbindungen; keine oder leicht abtrennbare Nebenprodukte; simple Reaktionsbedingungen; einfache Produktisolierung; stereospezifisch.

Als typische Reaktionen werden 1,3-dipolare Cycloadditionen, nucleophile Substitutionen zur Ringöffnung gespannter elektrophiler Heterocyclen sowie Additionen an Kohlenstoff-Kohlenstoff-Mehrfachbindungen (z. B. Epoxidierung) eingesetzt. Hier sei lediglich ein repräsentatives Beispiel genannt, da die Click-Chemie an sich keinen neuen Synthesetyp darstellt, sondern durch die erwähnten günstig gewählten Reaktionsparameter den Syntheseablauf und die Aufarbeitung der Produkte erleichtert: *Wooley und Hawker et al.*[17] bauten mit einer „divergenten Click-Strategie" Dendrimere zweiter und dritter Generation auf. Hierzu wurde ein Azido-Dendrimer der ersten Generation Cu(I)-katalysiert mit einem alkinylierten Monomer in ein Triazol-Dendrimer mit endständigen Hydroxylgruppen übergeführt, die in einem Folgeschritt wiederum zu Azido-Funktionen transformiert wurden, um dann wieder *repetitiv* mit neuen alkinylierten Monomeren umgesetzt werden zu können.[18a,b]

Auch der Zugang zu ungeschützten Glycodendrimeren ist durch Click-Chemie möglich.[18c]

2.4 Festphasen-Synthese

Die Festphasen-Methodik wurde 1963 in Pionierarbeiten von *Merrifield* auf dem Gebiet der Peptid-Synthese begründet.[19] Das Interesse an dieser Synthesestrategie ist heute noch ungebrochen, vor allem im Hinblick auf die Herstellung neuer Wirkstoffe, da wegen der sich immer wiederholenden Amidbindungs-Knüpfung mit Syntheseautomaten insbesondere auf kombinatorischem Wege[20] rasch umfangreiche Substanzbibliotheken aufgebaut werden können.

Das in **Bild 2-7** gezeigte Schema der Synthese läuft in einem ersten Schritt als eine kovalente Kupplung des Substrats (*B*) über ein Verbindungselement („Linker") an die – zuvor mit *A* (z. B. -NH$_2$) funktionalisierte – käufliche Festphase ab. Diese besteht meist aus einem unlöslichen polymeren Material, wobei Polystyrol der am häufigsten verwendete polymere Träger – meist in Form von Kügelchen – ist. Ausschlaggebend für eine optimale Reaktionsführung sind gute Quelleigenschaften des Trägermaterials, denn je besser das Quellverhalten ist, umso größer wird die für chemische Reaktionen verfügbare Oberfläche. Nach Reaktion des neuen Substrats *C* am bereits gekoppelten Substrat (Festphase-*A*-*B*) erfolgt entweder die meist hydrolytische Abspaltung des an der Festphase entstandenen Produkts *B*-*C* vom Trägermaterial, oder die Reaktionssequenz wird mit weiteren Substraten (*D, E, F*) fortgeführt, so dass eine lineare Sequenz *B*-*C*-*D*-*E*-*F* entsteht – oder Isomere davon mit anderer „Buchstabenfolge" – falls die Substratlösungen in anderer Reihenfolge zugegeben werden.

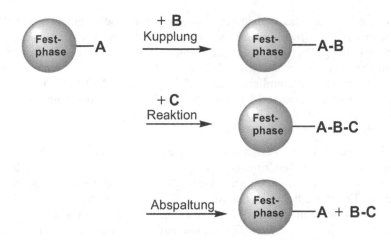

Bild 2-7 Festphasen-Synthese (schematisch); zur Vereinfachung ist nur eine der zahlreichen – von einem Festphasen-Kügelchen ausgehenden – funktionellen Gruppen (**A**) gezeigt

Neuere Festphasen-Synthesen benutzen Licht-empfindliche Verbindungsstücke (Linker), die später photochemisch gespalten werden können. Aber auch oxidative und reduktive Spaltungskonzepte finden Anwendung. Anschließend wird das Trägermaterial abfiltriert und nach einem Waschprozess für weitere Umsetzungen wiederverwendet.

Im Gegensatz zu Reaktionen in Lösung hat die Festphasen-Synthese den Vorteil, dass auch im Überschuss gearbeitet und somit eine Steigerung des Reaktionsumsatzes erzielt werden kann. Die sonst – in homogener Lösung – schwierigen Aufarbeitungs- und Reinigungsprozesse werden durch einfaches Waschen oder Filtration rationalisiert. Unter wirtschaftlichen Aspekten ist auch die Recyclisierung des Trägermaterials nach Abspaltung des Produkts von der Festphase vorteilhaft.

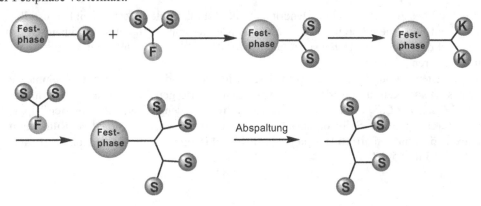

Bild 2-8 Divergente Synthese dendritischer Moleküle an der Festphase (*K* = Kupplungsgruppe, *F* = *F*unktionelle Gruppe; *S* = *S*chutzgruppe)

Trotz aller Vorteile lässt sich das Prinzip der Festphasen-Synthese nicht auf alle chemischen Reaktionstypen anwenden. Obwohl im Überschuss gearbeitet wird, kommt es nicht immer zu einer quantitativen Umsetzung. Die dadurch bedingten Verunreinigungen sind dann auf der Festphase nicht abzutrennen, so dass gerade bei mehrstufigen Synthesen Trennungsprobleme auftreten. Zudem können herkömmliche analytische Methoden (NMR, MS) oft nur eingeschränkt eingesetzt werden. Neuere Methoden der ^{13}C-NMR-Spektroskopie an der Fest-[21] oder in der Gelphase[22] sind für die Festphasen-Synthese maßgeschneidert, jedoch aufgrund der teuren Messinstrumente nicht überall verbreitet.

Auf dem Dendrimergebiet ist die Festphasen-Synthese bis jetzt überwiegend zur Darstellung von Peptid- und Glycopeptid-Dendrimeren[23] eingesetzt worden. Beispielsweise konnte ein Dendrimer zweiter Generation durch sukzessive Addition von verzweigten Polyprolin-Bausteinen an der Festphase hergestellt werden.[24] Die divergente Synthese von Polyamid-Dendrimeren an Polystyrenen gelang[25] *Fréchet et al.* 1991 (vgl. **Bild 2-8**).[26] PAMAM-Dendrons konnten so bis zur vierten Generation aufgebaut werden.[27] Die Festphasen-Synthese wurde auch für Polylysin-Dendrimere eingesetzt, deren Grundstrukturen als „Multiple Antigen-Peptide" (MAP) genutzt werden.[28] Harz-gebundene Polylysin-Dendrimere sind inzwischen kommerziell erhältlich (Firma *Novabiochem*).

2.5 Koordinations-chemische Synthese

Dendritische Bausteine mit Komplexligand-Charakter können an eine zentrale Metall-Einheit koordinieren.[29] Diese „Selbstorganisation" eröffnet einen direkten Zugang zu Metallo-Dendrimeren (siehe auch *Kapitel 4.1.7*). Es sei an dieser Stelle nicht verschwiegen, dass die starke Ru^{2+}-Bindung an den Bipyridin-Stickstoff, obwohl nicht-kovalent, wegen ihrer mangelnden Reversibilität von manchen Chemikern nicht als „supramolekular" angesehen wird, weshalb wir sie unter Koordinations-chemischen Aspekten eingliedern.[30]

2.5.1 Metallkomplex als Kerneinheit

Prinzipiell gibt es zwei Routen, um Dendrimere mit Metallkomplex-Kerneinheit herzustellen. Ein Weg geht von einem bereits vorkonstruierten Metallkomplex aus, dessen Ligand-Gerüst kovalent mit dendritischen Resten substituiert wird. *Aida*,[31] *Diederich*[32] und *Kaifer*[33] nutzten unter anderen diese Strategie.

In einer zweiten Variante kann der Aufbau von Metallo-Dendrimeren über die Komplexierung eines Metall-Kations mit dendritischen Liganden erfolgen. Auf diese Weise erhielten *Balzani, Vögtle, De Cola et al.*[34] ausgehend von diversen dendritisch substituierten Bipyridinen – durch spontane Selbstorganisation der Komponenten – photoaktive Ruthenium-Komplexe. Ein repräsentatives Beispiel zeigt **Bild 2-9** (weitere photoaktive Komplexe siehe *Kapitel 5.1.2.3* und *5.2.1*).

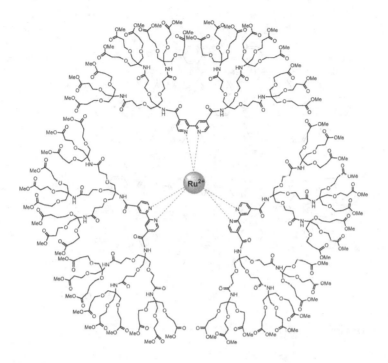

Bild 2-9 Ru^{2+}-tris-bipy-Komplex mit dendritischer Peripherie

Für tiefere Einblicke in die Produktvielfalt dieser Strategie sei auf *Kapitel 4.1.11* (Metallo-Dendrimere) und auf die Literatur verwiesen.[31, 32, 35]

2.5.2 Metallkomplexe als Verzweigungseinheit

Balzani et al. stellten Dendrimere mit Metallkomplexen sowohl als Kern-[36] als auch als Verzweigungseinheit dar. Das Metallo-Dendrimer in **Bild 2-10** ist nur aus Polypyridin-Liganden und Übergangsmetall-Ionen aufgebaut. Solche dendritischen Übergangsmetall-Komplexe können sowohl konvergent als auch divergent synthetisiert und unterschiedliche Übergangsmetall-Ionen (Ruthenium/Osmium) können inkorporiert werden. Damit kann Einfluss auf die Lumineszenz-Eigenschaften des Dendrimers genommen werden. So verläuft der Energietransfer-Prozess bei einem Dendrimer mit einem Ruthenium-Ion als Zentralmetall und peripherem Osmium von innen nach außen ab. Ist das Zentralatom Osmium, so verläuft der Energietransfer umgekehrt von außen nach innen.[37]

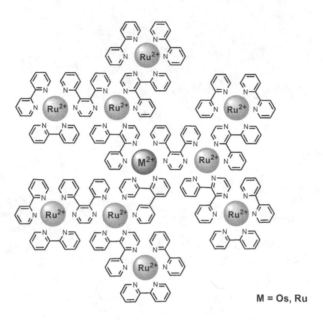

M = Os, Ru

Bild 2-10 Metallo-Dendrimer (nach *Balzani et al.*)

Newkome et al. stellten Metallo-Dendrimere mit einer Ligand/Metall/Ligand-Architektur dar, die einen gezielten separaten Aufbau der Dendrons erlaubt. Zwei Polyamid-Dendrons wurden vorkonstruiert und an einen Rutheniumkomplex geknüpft[38] (siehe *Kapitel 4.1.11*).

Weitere Komplex-chemische Dendrimer-Synthesen *("metal directed self assembly utilising metal ions as convex templates")* siehe Lit..[39]

2.6 Supramolekulare Synthese

Im Gegensatz zu den bereits vorgestellten Methoden werden bei der supramolekularen Synthese[40b] von Dendrimeren[40b] keine kovalente Bindungen geknüpft, sondern *nicht-kovalente Wechselwirkungen* ausgenutzt.

Fréchet et al. konnten Polyether-Dendrons, die im fokalen Punkt mit Carboxylat-Gruppen funktionalisiert waren, bis zur vierten Generation an Lanthanid-Ionen koordinieren (**Bild 2-11**).[41] Die überwiegend ionischen – und reversiblen – Wechselwirkungen zwischen den dreifach positiven Lanthanid-Ionen und Carboxylat-Gruppen machten eine Darstellung durch einfache Liganden-Austauschreaktion ausgehend von Lanthanid-Triacetaten mit Dendron-Carboxylaten möglich.

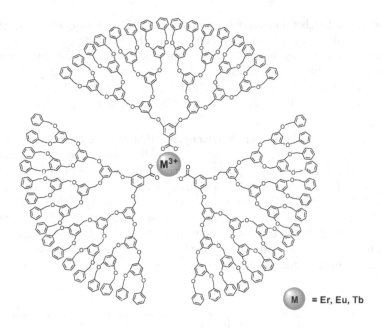

Bild 2-11 Lanthanid-Ion als Kerneinheit eines dendritischen Metallkomplexes

Ein dendritischer „Zweikomponenten-Gelator" wurde von *Smith et al.* auf Basis selbstorganisierender Säure-Base/Wasserstoffbücken-Wechselwirkungen synthetisiert. Als Dendrons fungieren dendritische Lysin-Bausteine, als Kerneinheit dient ein aliphatisches Diamin (**Bild 2-12**). Der supramolekulare Komplex bildet in Abhängigkeit von der Wahl der Bausteine unter hierarchischer Selbstanordnung (*self organisation*) faserige Gel-Phasen aus.

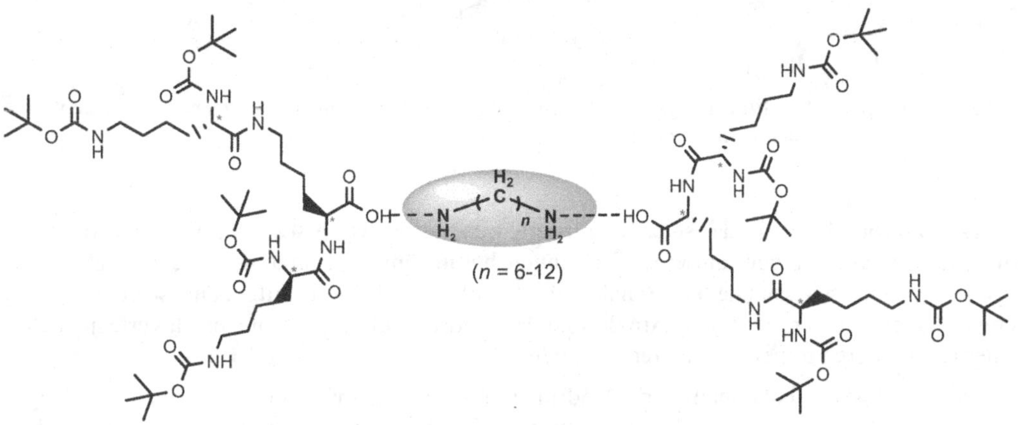

Bild 2-12   Supramolekular aufgebauter dendritischer Zweikomponenten-Gelator (nach *Smith et al.*); Stereozentren sind rot markiert

Die eingesetzten dendritischen Peptide mit *D*- und *L*-Lysin-Bausteinen enthalten jeweils drei Stereozentren. Die Chiralität der *D*- und *L*-Lysine übt bei der Selbstorganisation in den Gelfasern eine kontrollierende Wirkung auf die Struktur und somit auf die Morphologie und makroskopische Eigenschaften aus. Die *LLL*- oder *DDD*-Enantiomeren-Einheiten führen zu Fasern, während entsprechende racemische Gele eher ebene Strukturen bilden. Die Chiralität wirkt sich demnach auf das Muster der Wasserstoffbrücken in den sich dabei bildenden Molekülaggregaten aus.[42]

Lüning et al. berichteten von Versuchen, Verzweigungseinheiten und Kernbausteine supramolekular zu Dendrimeren zu verknüpfen.[43] Dazu wurden die Bausteine mit Erkennungseinheiten ausgestattet (**Bild 2-13**), die sich spontan mit anderen, nicht identischen Bauelementen über Wasserstoffbrücken-Bindungen selektiv selbstorganisieren. Damit die gewünschte Bindungsstärke und Stabilität gewährleistet ist, müssen die Erkennungseinheiten über mehrere Positionen im Molekül verfügen, von denen aus Wasserstoffbrücken gebildet werden können. Desweiteren wird durch bestimmte Sequenzen von Acceptor- (Carbonyl-Sauerstoff) und Donor-Eigenschaften (HN-Gruppen) eine „supramolekulare Regioselektivität" erzeugt, indem nur Molekülbausteine aneinander „andocken", die über adäquate komplementäre Bindungsstellen verfügen.

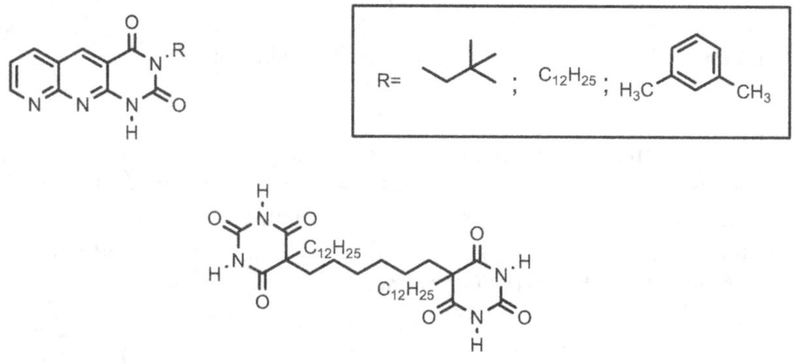

Bild 2-13   Beispiele für Erkennungs- und Kerneinheiten mit designten H-Donor- und Acceptor-Einheiten (nach *Lüning et al.*)

Dieses Konzept könnte für das selbstorganisierte generationsweise Wachstum von Dendrimeren genutzt werden, indem um eine Kerneinheit herum unter Benutzung verschiedener vorgegebener Erkennungseinheiten Schale für Schale kontrolliert aufgebaut werden. Die Schwerlöslichkeit der multiplen Amid- und Harnstoff-Strukturelemente erschwerte jedoch bisher das Isolieren reiner oligomerer Produkte.

Der vollständige Selbstaufbau von Dendrimeren nach einem „Baukastenprinzip" gelang *Hirsch et al..* An dieser Stelle soll nur kurz auf die Synthesestrategie eingegangen werden, da sie in *Kapitel 6* genauer beschrieben wird: Ausgehend von einer Kerneinheit mit drei „Erkennungsdömänen" und zwei Erkennungseinheiten (identisch mit denen der Kerneinheit) wird eine Verzweigungseinheit über Wasserstoff-Brückenbindungen mit einer komplementären

Erkennungsdömäne gebunden und bis zur gewünschten Generation aufgebaut, um abschließend mit adäquaten Endgruppen bestückt zu werden (**Bild 2-14**).[44]

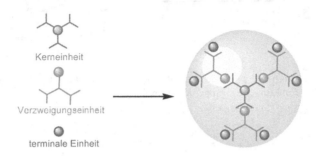

Kerneinheit

Verzweigungseinheit

terminale Einheit

Bild 2-14 Supramolekularer Selbstaufbau von Dendrimeren (schematisch; nach *Hirsch et al.*)

Weitere supramolekulare Dendrimer-Synthesen bzw. solcher von Dendrimeren mit Metallkomplex-Struktur: siehe Lit.[45, 39b]

2.7 Hyperverzweigte Polymere

Die Darstellung von Dendrimeren setzt hohe Reinheit der verwendeten Edukte und hohe Ausbeuten der einzelnen Syntheseschritte voraus, was den Aufwand generell vergrößert. Polydisperse, hyperverzweigte Verbindungen (*hyperbranched polymers*), die zwar Defekte aufweisen, jedoch oft ähnliche Eigenschaften wie ihre im Idealfall perfekten dendritischen Verwandten zeigen, können mit geringerem Aufwand synthetisiert werden.

Die Synthese hyperverzweigter Polymere[46] erfolgt in einem Einschrittprozess über Polyaddition, Polykondensation, radikalische Polymerisation etc. eines FK_n-Monomers (**Bild 2-15**). Durch Reaktion der *f*unktionellen *F*-Gruppen mit den funktionellen *K*- (Kupplungs-) Gruppen eines zweiten Monomer-Moleküls entstehen statistisch verzweigte Moleküle. Da die *K*-Gruppen im Überschuss (n ≥ 2) vorliegen, werden Vernetzungsreaktionen von vornherein vermieden. Die Reaktion kann durch Zugabe von Stopper-Bausteinen beendet werden. Da bei der Synthese hyperverzweigter Polymere keine Ankopplung an ein Kernmolekül erfolgt, sondern nur FK_n-Monomere unter sich reagieren, können sich neben verzweigten Molekülen auch lineare Sequenzen im Molekül bilden.[47] Sind bei der Synthese hyperverzweigter Polymere reaktive Gruppen vorhanden, so ist eine Schutzgruppen-Technik erforderlich, da sonst keine gezielte Molekülarchitektur erhalten wird (entsprechende Schutzgruppen erhöhen die Selektivität ausgewählter Gruppen für die Bindungsknüpfung).

Aufgrund ihres Molekülbaus und ihrer Materialeigenschaften bilden hyperverzweigte Polymere einen Übergang zwischen linearen Polymeren und hochverzweigten Dendrimeren.

Bild 2-15   Synthese eines hyperverzweigten dendritischen Polymers (aus einem FK_n-Monomer; schematisch). $F = F$unktionelle Gruppe, $K = K$upplungsstelle

2.8 Dendronisierte lineare Polymere

Dendronisierte lineare Polymere sind Polymere, die in mehr oder weniger regelmäßigen Abständen ihres polymeren Rückgrats Dendrons tragen (vgl. **Bild 2-16**). Sie sind den Kamm-Polymeren[48] zuzurechnen, da die Dendron-Anordnung den Zähnen eines Kamms ähnelt. Der gängigste Syntheseweg, um dendronisierte lineare Polymere herzustellen, ist – neben den Polymer-analogen „Graft-to-" und „Graft-from-" Zugängen – die Makromonomer-Methode:[49]

2.8.1 Polymer-analoge Methode

a) „Graft-to"-Methode

Die Methode der Ankopplung von Dendrons („*Graft-to*") gehört zu den Polymer-analogen Synthesestrategien, die von einem funktionalisierten Polymer-Rückgrat ausgehen, an dem konvergent vorgefertigte dendritische Einheiten der gewünschten Generation in einer dichten Sequenz fixiert werden können (**Bild 2-16**).

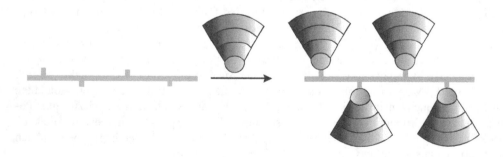

Bild 2-16 Synthese dendronisierter linearer Polymere nach der *Graft-to*-Methode (schematisch)

Diese Variante kann zur Darstellung dendronisierter Poly(*p*-phenylen)-Polymere genutzt werden.[50]

b) „Graft-from"-Methode

Die „Graft-from-" (Aufpfropf)-Strategie ist eine Variante der „Graft-to" Methode, da hier gleichfalls ein funktionalisiertes Polymer vorgelegt wird, an dem die dendritische Einheit Generation für Generation aufgebaut wird. Konkret wird ein Dendron der ersten Generation an ein funktionalisiertes Polymer gekuppelt, um anschließend divergent wachsen zu können (**Bild 2-17**). Auf diese Weise konnten ausgehend von einem *Polyethylenimin*-Rückgrat (*PEI*) Amidoamin-Dendrimere dargestellt werden.[51]

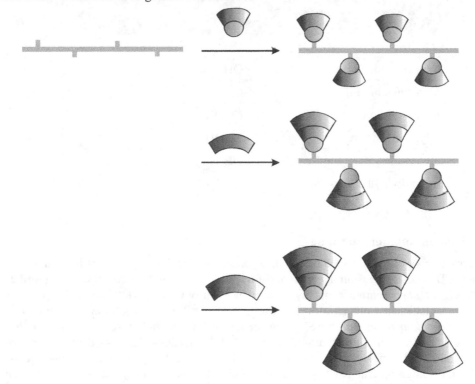

Bild 2-17 Synthese dendronisierter linearer Polymere nach der *Graft-from*-Methode (schematisch)

Grenzen der Polymer-analogen Varianten ergeben sich bei nicht ausreichender Starrheit der funktionalisierten linearen Polymere, da dies zu unerwünschten Knäuelstrukturen führen kann. Letztere müssen unter Entropieverlust wieder eine lineare Struktur annehmen, um eine Umsetzung aller Dendrons mit den Funktionalitäten am Rückgrat zu gewährleisten. Zumeist werden die Dendrons im Überschuss eingesetzt, damit eine komplette Belegung möglich wird, was aufwendige Reinigungsprozesse der Produkte bedingt. Die zusätzliche sterische Hinderung beim Anheften größerer Dendrons, wenn in der näheren Umgebung am Polymer-rückgrat schon Dendrons höherer Generation fixiert sind, kann zur Verlangsamung der Reaktion bis hin zur Nicht-Umsetzung führen. Geringe Reaktionsgeschwindigkeit kann zudem zu Nebenreaktionen führen, die bei raschem Ablauf nicht auftreten.

In **Tabelle 2.1** sind einige reaktive Kupplungsstellen – für das Anheften von Dendrons – auf unterschiedlichen Polymergerüsten aufgelistet.

Tabelle 2.1 Mögliche Kupplungsstellen auf einem Polymer-Rückgrat

Polymer	reaktive Gruppe als Kupplungsstellen
Cellulose	-OH
Poly(vinylalkohol)	-OH
Poly(vinylchlorid)	-Cl
Poly(acrylsäure)	-COOH
Polyamid	-COOH
teilverseiftes Poly(vinylacetat)	-OH
Styrendivinylbenzen-Copolymer	Vinylgruppe

2.8.2 Makromonomer-Methode

Ein alternativer Weg setzt als Edukte Makromonomere ein, d.h. bereits Dendrons tragende monomere Bausteine, die dann in einem nachfolgenden Schritt polymerisiert werden (**Bild 2-18**). *Percec et al.* beschrieben die Synthese von dendronisierten Methacrylat-Monomeren und deren radikalische Polymerisation.[52] Sie führten den Begriff *kegelförmige Seitenketten* (*tapered side chains*) für Polymere ein, an denen pro Wiederholungseinheit ein Dendron fixiert ist. Voraussetzung für den abschließenden Polymerisationsschritt ist, dass die dendronisierten Monomere polymerisierbare Funktionalitäten wie beispielsweise Vinyl-, Acryl- oder Oxiran-Endgruppierungen tragen. Neben der radikalischen Polymerisation[53] wurden auch die Ringöffnungs-Metathese-Polymerisation,[54] *Suzuki*-Polykondensation[55] sowie *Heck*-Kupplungen[56] benutzt, um nur einige Methoden zu nennen.

Die Makromonomer-Route gewährleistet eine einheitliche Belegung mit Dendrons am Polymer-Rückgrat. Als zur Polymerisation gut geeignete Gruppen erwiesen sich beispielsweise Dendron-bestückte Acrylate und Styrene.[57] Probleme bereiten allerdings die sterische Hinderung zwischen Monomeren mit Dendrons höherer Generationen untereinander und der Raumbedarf des Kettenendes: Nur bei fehlender oder geringer sterischer Hinderung reagiert das Monomer mit dem Kettenende, was die Zugänglichkeit auf dendronisierte lineare Polymere mit relativ niedrigen Molmassen beschränkt.

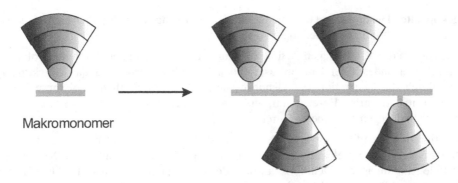

Bild 2-18 Makromonomer-Methode (schematisch)

Zusammenfassend ist allen Methoden der Darstellung dendronisierter linearer Polymere gemein die Veränderbarkeit der Gestalt eines zuvor flexiblen Fadenmoleküls durch Anknüpfen von Dendrons an das Polymer-Rückgrat. Mit wachsendem Grad der Dendronisierung weitet sich die Knäuelstruktur auf und erlangt mehr Festigkeit, bis das Polymer eine lineare gestreckte Form mit versteiftem Rückgrat annimmt. Die Versteifung von Polymer-Fäden ist in diesem Ausmaß bisher nur durch eine derartige Dendron-Anheftung gelungen. Der Nachweis gelang *Schlüter, Rabe et al.* überzeugend anhand von STM/AFM-Aufnahmen einzelner Polymer-Moleküle.[58] Diese ließen sich mit der STM/AFM-Spitze auf der Oberfläche auch bewegen und manipulieren.

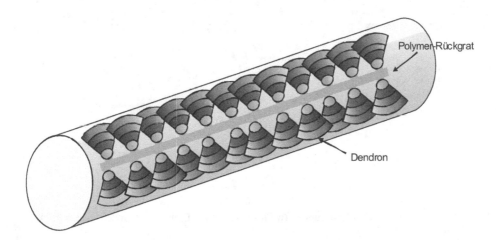

Bild 2-19 Zylindrische Form eines *den*dronisierten linearen *Pol*ymer-Moleküls (*Denpol*; schematisch)

Extreme Beladung des *Pol*ymers mit *Den*drons resultiert in einer zylindrischen Form des „*Denpol*"-Polymers (**Bild 2-19**) mit polydispersen Eigenschaften. Es ist damit möglich, durch Wahl des Polymertyps (z. B. Polyacrylat oder Polystyren; siehe *Tabelle 2.1*), der Größe der angekoppelten Dendrons und der Dichte ihrer Belegung auf dem Polymer-Gerüst, dessen Konformation zu beeinflussen oder sogar zu steuern.

Die Dimensionen der dendritischen Zylinder ist zum einen in der Länge durch den Polymerisationsgrad, zum anderen im Durchmesser (etwa doppelt so groß wie das angekoppelte Dendron) durch die Generation der Dendrons definiert. Herkömmliche Polymere weisen Durchmesser im Ångström-Bereich auf, die hier beschriebenen dendronisierten linearen Polymere haben dagegen Nanometer-Durchmesser.

Solche definierten Architekturen könnten für nanoskalige Anwendungen unter anderem im Bereich der Katalyse oder des Chemischen Transports als Trägermaterialien von Nutzen sein. Die parallele Anordnung von Dendrons auf dem Polymer-Rückgrat ist auch für Oberflächen-Orientierungen in Flüssigkristall-Displays attraktiv.

2.9 Dendro-Isomere

Selektive Sulfonamid-Bildung und -Abspaltung ermöglichen es, Konstitutions-Isomere („Dendro-Isomere") dendritischer Architekturen der im **Bild 2-20** gezeigten Art zu synthetisieren.

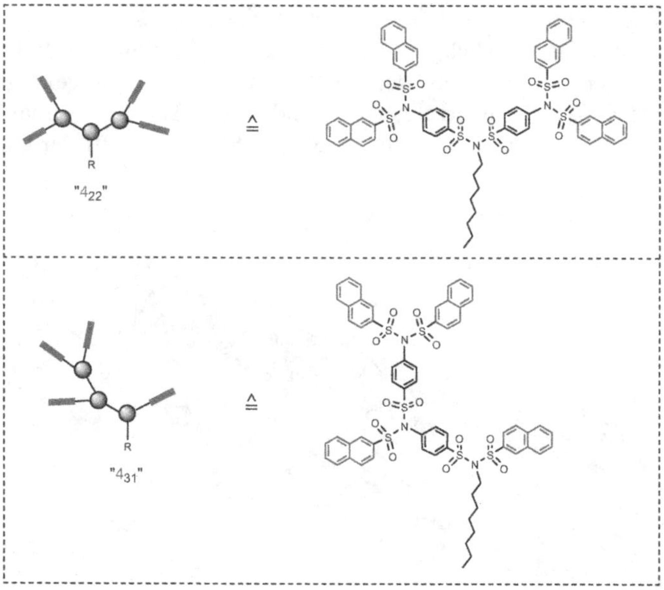

Bild 2-20 Dendro-Isomere – mit 4 Endgruppen (nach *Lukin et al.*). Links schematisch, rechts konkretes Beispiel

Sie besitzen dieselbe Molmasse, unterscheiden sich aber in ihrer Verknüpfungsform, ihren Verzweigungen, letztlich in der Reihenfolge (Sequenz) ihrer Atome (Konstitutions-Isomere). Bei höheren Generationen nimmt die Anzahl der Isomerie-Möglichkeiten – analog dem klassischen Fall der Alkane – stark zu.

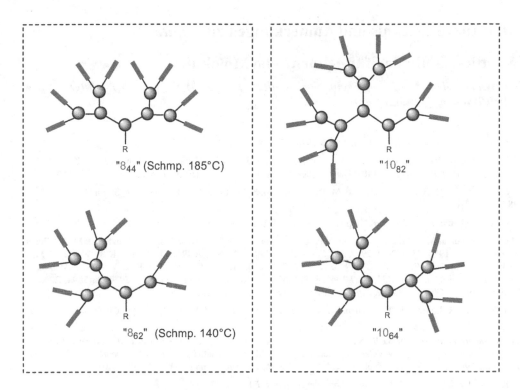

"8_{44}" (Schmp. 185°C)

"10_{82}"

"8_{62}" (Schmp. 140°C)

"10_{64}"

Bild 2-21   Dendro-Isomere – mit 8 (links) und 10 Endgruppen (rechts; nach *Lukin et al.*); für die beiden Isomere mit 8 Endgruppen sind beispielhaft Schmelzpunkte angegeben

Bild 2-21 gibt Beispiele isomerer Dendrimere mit höherer Anzahl peripherer Gruppen. Es zeigte sich, dass die Schmelzpunkte solcher Isomere aufgrund von Wasserstoffbrücken-Bindungsbildung und Donor/Acceptor-Effekten der involvierten Benzen- und Naphthalen-Ringe je nach Verzweigung stark unterschiedlich sind. Außerdem kristallisieren die dendritischen Sulfonimide so gut – auch bei höheren Generationen – dass durch eine Reihe von *Röntgen*-Kristallstrukturanalysen Aufschluss über die Feinstruktur erhalten werden konnte.[59]

Literaturverzeichnis und Anmerkungen zu *Kapitel 2*

„Synthesemethoden für dendritische Moleküle"

Übersichtsartikel sind durch ein vorgestelltes fett gedrucktes „Übersicht(en)" bzw. „Buch/Bücher" gekennzeichnet.

[1] E. Buhleier, W. Wehner, F. Vögtle, *Synthesis* **1978**, 155-158.

[2] R. G. Denkewalter, J. F. Kolc, W. J. Lukasavage, *U.S. Pat. 4 360 646*, **1979**; R. G. Denkewalter, J. F. Kolc, W. J. Lukasavage, *U.S. Pat. 4 289 872*, **1981**; Denkewalter, J. F. Kolc, W. J. Lukasavage, *U.S. Pat. 4 410 688*, **1983**

[3] D. A. Tomalia, H. Baker, J. R. Dewald, M. Hall, G. Kallos, S. Martin, J. Roeck, J. Ryder, P. Smith, *Polym. J.* **1985**, *17*, 117-132.

[4] G. R. Newkome, Z.-Q. Yao, V. K. Gupta, G. R. Baker, *J. Org. Chem.* **1985**, *50*, 2003-2004.

[5] C. J. Hawker, J. M. J. Fréchet, *J. Chem. Soc., Chem. Commun.* **1990**, 1010-1013; C. J. Hawker, J. M. J. Fréchet, *Macromolecules* **1990**, *23*, 4726-4729; *J. Am. Chem. Soc.* **1990**, *112*, 7638-7647; C. J. Hawker, K. L. Wooley, J. M. J. Fréchet, *J. Chem. Soc., Perkin Trans.1* **1993**, 1287-1297; J. M. J. Fréchet, C. J. Hawker, K. L. Wooley, *J. Macromol. Sci., Pure Appl. Chem.* **1994**, *A31*, 1627-1645; J. S. Moore, Z. Xu, *Macromolecules* **1991**, *24*, 5893-5894; Z. Xu, J. S. Moore, *Angew. Chem.* **1993**, *105*, 261-264; *Angew. Chem. Int. Ed.* **1993**, *32*, 246-248.

[6] V. Maraval, R. Laurent, B. Donnadieu, M. Mauzac, A.-M. Caminade, J.-P. Majoral, *J. Am. Chem. Soc.* **2000**, *122*, 2499-2511.

[7] ***Bücher und Übersichten***: G. R. Newkome, C. N. Moorefield, F. Vögtle, *Dendrimers and Dendrons: Concepts, Syntheses, Applications*, Wiley-VCH, Weinheim, **2001**; J. M. J. Fréchet, D. A. Tomalia, *Dendrimers and Other Dendritic Polymers*, Wiley, New York **2002**; I. In, S. Y. Kim, *Macromolecules* **2005**, *38*, 9399-9401.

[8] R. Spindler, J. M. J. Fréchet, *J. Chem. Soc., Perkin Trans. 1* **1993**, 913-918.

[9] F. Zeng, S. C. Zimmerman, *J. Am. Chem. Soc.* **1996**, *118*, 5326-5327.

[10] *Übersicht*: S. M. Grayson, J. M. J. Fréchet, *Chem. Rev.* **2001**, *101*, 3819-3867.

[11] K. L. Wooley, C. J. Hawker, J. M. J. Fréchet, *J. Am. Chem. Soc.* **1991**, *113*, 4252-4261.

[12] T. M. Miller, T. X. Neenan, R. Zayas, H. E. Bair, *J. Am. Chem. Soc.* **1992**, *114*, 1018-1025; Z. F. Xu, M. Kahr, K. L. Walker, J. S. Moore, *J. Am. Chem. Soc.* **1994**, *116*, 4537-4550; H. Ihre, A. Hult, J. M. J. Fréchet, I. Gitsov, *Macromolecules* **1998**, *31*, 4061-4068.

[13] V. Maraval, R. Laurent, B. Donnadieu, M. Mauzac, A.-M. Caminade, J.-P. Majoral, *J. Am. Chem. Soc.* **2000**, *122*, 2499-2511.

[14] R. Klopsch, P. Franke, A. D. Schlüter, *Chem. Eur. J.* **1996**, *2*, 1330-1334; T. Kawaguchi, K. L. Walker, C. L. Wilkins, J. S. Moore, *J. Am. Chem. Soc.* **1995**, *117*, 2159-2165.

[15] K. L. Wooley, C. Hawker, J. M. J. Fréchet, *Angew. Chem.* **1994**, *106*, 123-126; *Angew. Chem. Int. Ed.* **1994**, *33*, 82-85; B. Forier, W. Dehaen, *Tetrahedron* **1999**, *55*, 9829-9846; G. L' abbé, B. Forier, W. Dehaen, *Chem. Commun.* **1996**, 2143-2144.

[16] H. C. Kolb, M. G. Finn, K. B. Sharpless, *Angew. Chem.* **2001**, *113*, 2056-2075; *Angew. Chem. Int. Ed.* **2001**, *40*, 2004-2021.

[17] P. Wu, A. K. Feldman, A. K. Nugent, C. J. Hawker, A. Scheel, B. Voit, J. Pyun, J. M. J. Fréchet, K. B. Sharpless, V. V. Fokin, M. J. Joralemon, R. K. O'Reilly, J. B. Matson, A. K. Nugent, C. J. Hawker, K. L. Wooley, *Macromolecules* **2005**, *38*, 5436-5443.

[18] a) M. Malkoch, K. Schleicher, E. Drockenmuller, C. J. Hawker, T. P. Russell, P. Wu, V. V. Fokin, *Macromolecules* **2005**, *38*, 3663-3678; b) P. Wu, A. K. Feldman, A. K. Nugent, C. J. Hawker, A. Scheel, B. Voit, J. Pyun, J. M. J. Fréchet , K. B. Sharpless, V. V. Fokin, *Angew. Chem.* **2004**, *116*, 4018-4022; *Angew. Chem. Int. Ed.* **2004**, *43*, 3928-3932; c) E. Fernandez-Megia, J. Correa, I. Rodriguez-Meizoso, R. Riguera, *Macromolecules* **2006**, *39*, 2113-2120.

[19] R. B. Merrifield, *J. Am. Chem. Soc.* **1963**, *85*, 2149-2154. *Übersichten*: R. B. Merrifield, *Angew. Chem.* **1985**, *97*, 801-812; *Angew. Chem. Int. Ed.* **1985**, *24*, 799-810; R. B. Merrifield, *Science* **1986**, *232*, 341-347; *Buch*: F. Zaragoza Dörwald, *Organic Synthesis on Solid Phase*, 2. Auflage, Wiley-VCH, **2002**.

[20] *Bücher*: N. K. Terret, *Kombinatorische Chemie*, Springer, Berlin **2000**; J. Eichler, *Kombinatorische Chemie*, Teubner-Verlag, Stuttgart **2003**; W. Bannwarth, B. Hinzen, *Combinatorial Chemistry*, Wiley-VCH, Weinheim **2006**.

[21] *Übersicht*: *Top. Curr. Chem.* (*New Techniques in Solid-State NMR*; Bandhrsg.: J. Klinowski), **2005**, *246*.

[22] P. Haberz, J. Farjon, C. Griesinger, *Angew. Chem.* **2005**, *117*, 431-433; *Angew. Chem. Int. Ed.* **2005**, *44*, 427-429; J. C. Freudenberger, S. Knorr, K. Kobzar, D. Heckmann, D. Paululat, H. Kessler, B. Luy, *Angew. Chem.* **2005**, *117*, 427-430; *Angew. Chem. Int. Ed.* **2005**, *44*, 423-426.

[23] P. Vepřek, J. Ježek, *Journal of Peptide Science* **1999**, *5*, 5-23; J. Ježek, J. Velek, P. Vepřek, V. Velková, T. Trnka, J. Pecka, M. Ledvina, J. Vondrášek, M. Pisačka, *Journal of Peptide Science* **1999**, *5*, 46-55; S. Monaghan, D. Griffith-Johnson, I. Matthews, M. Bradley, *ARKIVOC*, **2001**, 46-53; A. Esposito, E. Delort, D. Lagnoux, F. Djojo, J.-L. Reymond, *Angew. Chem.* **2003**, *115*, 1419-1421; *Angew. Chem. Int. Ed.* **2003**, *42*, 1381-1383; A. Clouet, T. Darbre, J.-L. Reymond, *Angew. Chem.* **2004**, *116*, 4712-4715; *Angew. Chem. Int. Ed.* **2004**, *43*, 4612-4615.

[24] G. Sanclimens, L. Crespo, E. Giralt, M. Royo, F. Albericio, *Peptide Science*, **2004**, *76*, 283-297; N. J. Wells, A. Basso, M. Bradley, *Peptide Science* **1999**, *47*, 381-396.

[25] H.-F. T. K.-K. Mong, M. F. Nongrum, C.-W. Wan, *Tetrahedron* **1998**, *54*, 8543-8660.

[26] K. E. Uhrich, S. Boegemann, J. M. J. Fréchet, S. R. Turner, *Polym. Bull.* **1991**, *25*, 551-558.

[27] V. Swali, N. J. Wels, G. J. Langley, M. Bradley, *J. Org. Chem.* **1997**, *62*, 4902-4903.

[28] D. N. Posnett, H. McGrath, J. P. Tam, *J. Biol. Chem.* **1988**, *263*, 1719-1725; J. P. Tam, *Proc. Natl. Acad. Sci. U. S. A.* **1988**, *85*, 5409-5413; *Übersicht*: K. Sadler, J. P. Tam, *Rev. Mol. Biotechnolol.* **2002**, *90*, 195-229.

[29] E. Constable, *J. Chem. Soc., Chem. Commun.* **1997**, 1073-1080; C. B. Gorman, *Adv. Mater.* **1998**, *10*, 295-309.

[30] a) Dies schließt nicht aus, dass etwa – weniger stabile, reversibel dissoziationsfähige – Komplexe des Bipyridins, Phenanthrolins oder anderer Komplexliganden mit anderen Kationen (Alkalimetall, Zink-, Silber) unter supramolekularen Aspekten/supramolekularer Synthese eingeordnet werden können. Eine derartige Kategorisierung Metall-komplexierender Dendrimere auf Basis einer messbaren Größe (Komplexstabilitäts-Konstante) hat allerdings den Nachteil, dass sie – in Grenzfällen – von den Messbedingungen (Lösungsmittel, Temperatur, pH etc.) abhängt, in gewisser Analogie zu den Verhältnissen bei Keto-/Enol-Gleichgewichten. b) Wir danken Prof. Dr. J.-M. Lehn und Prof. Dr. J.-P. Sauvage, Straßburg, für fruchtbare Diskussionen zu diesem Problemkreis; c) B. Champin, V. Sartor, J.-P. Sauvage, *New. J. Chem.* **2006**, *30*, 22-25; d) Zur Definition von „supramolekular" siehe auch J.-M. Lehn, *Supramolecular Chemistry: Concepts and Perspectives*, Wiley/VCH, Weinheim 1995, S.90; J. S. Hannam, S. M. Lacy, D. A. Leigh, C. G. Saiz, A. M. Z. Slawin, S. G. Stitchel, *Angew. Chem.* **2004**, *116*, 3270-3277; *Angew. Chem. Int. Ed.* **2004**, *43*, 3260-3264, dort Anmerkung [13].

[31] Y. Tomoyose, D. L. Jiang, R. H. Jin, T. Aida, T. Yamashita, K. Horie, E. Yashima, Y. Okamoto, *Macromolecules* **1996**, *29*, 5236-5238.

[32] P. J. Dandliker, F. Diederich, M. Gross, C. B. Knobler, A. Louati, E. M. Sanford, *Angew. Chem.* **1994**, *106*, 1821-1824; *Angew. Chem. Int. Ed.* **1994**, *33*, 1739-1741; P. J. Dandliker, F. Diederich, J. P. Gisselbrecht, A. Louati, M. Gross, *Angew. Chem.* **1995**, *107*, 2906-2909; *Angew. Chem. Int. Ed.* **1995**, *34*, 2725-2728.

[33] C. M. Cardona, A. E. Kaifer, *J. Am. Chem. Soc.* **1998**, *120*, 4023-4024.

[34] M. Plevoets, F. Vögtle, L. De Cola, V. Balzani, *New. J. Chem.* **1999**, 63-69; J. Issberner, F. Vögtle, L. De Cola, V. Balzani, *Chem. Eur. J.* **1997**, *3*, 706-712.

[35] J.-F. Nierengarten, D. Felder, J.-F. Nicoud, *Tetrahedron Letters* **1999**, *40*, 273-276; P. Weyermann, J.-P. Gisselbrecht, C. Boudon, F. Diederich, M. Gross, *Angew. Chem.* **1999**, *111*, 1716-1721; *Angew. Chem. Int. Ed.* **1999**, *38*, 3215-3219; D.-L. Jiang, T. Aida, *Chem. Commun.* **1996**, 1523-1524; J. P. Collman, L. Fu. A. Zingg, F. Diederich, *Chem. Commun.* **1997**, 193-194; *Übersichten*: M. Momenteau, C. A. Reed, *Chem. Rev.* **1994**, *94*, 659-698; V. Balzani, F. Vögtle, *Comptes Rendus Chimie* **2003**, 867-872.

[36] *Übersicht*: V. Balzani, P. Ceroni, A. Juris, M. Venturi, S. Campagna, *Coord. Chem. Rev.* **2001**, *219-221*, 545-572.

[37] G. Denti, S. Serroni, S. Campagna, V. Ricevuto, V. Balzani, *Inorg. Chim. Acta* **1991**, *182*, 127-129; S. Campagna, S. Serroni, A. Juris, V. Balzani, *Inorg. Chem.* **1992**, *31*, 2982-2984; S. Campagna, S. Serroni, V. Balzani, G. Denti, A. Juris, M. Venturi, *Acc. Chem. Res.* **1998**, *31*, 29-34; *Übersicht*: S. Campagna, S. Serroni, V. Balzani, A. Juris, M. Venturi, *Chem. Rev.* **1996**, *96*, 756-833.

[38] G. R. Newkome, R. Güther, C. N. Moorefield, F. Cardullo, L. Echegoyen, E. Perez-Cordero, H. Luftmann, *Angew. Chem.* **1995**, *107*, 2159-2162; *Angew. Chem. Int. Ed.* **1995**, *34*, 2023-2026; G. R. Newkome, X. Lin, *Macromolecules* **1991**, *24*, 1443-1444.

[39] a) G. R. Newkome, C. N. Moorefield, G. R. Baker, A. L. Johnson, R. K. Behera, *Angew. Chem.* **1991**, *103*, 1205-1207; *Angew. Chem. Int. Ed.* **1991**, *30*, 1176-1178; b) G. R. Newkome, J. M. Keith, G. R. Baker, G. H. Escamilla, C. N. Moorefield, *Angew. Chem.* **1994**, *106*, 701-703; *Angew. Chem. Int. Ed.* **1994**, *33*, 666-668.

[40] *Bücher*: *Comprehensive Supramolecular Chemistry* (11 Bände, Hrsg. J. L. Atwood, J. E. D. Davies, D. D. MacNicol, F. Vögtle), Pergamon Press, Oxford **1996**; F. Zeng, S. C. Zimmerman, *Dendrimers in Supramolecular Chemistry: From Molecular Recognition to Self-Assembly*, *Chem. Rev.* **1997**, *97*, 1681-1712; J.-M. Lehn, *Supramolecular Chemistry*, VCH, Weinheim **1995**; F. Vögtle *Supramolekulare Chemie*, Teubner-Verlag, Stuttgart, **1992**; *Supramolecular Chemistry*, Wiley, Chichester, **1993**; M. Venturi, S. Serroni, A. Juris, S. Campagna, V. Balzani, *Top. Curr. Chem.* (Bandhrsg. F. Vögtle), **1998**, *197*, 193-228; K. Ariga, T. Kunitake, *Supramolecular Chemistry – Fundamentals and Applications*, Springer-Verlag, Berlin, Heidelberg **2006**.

[41] M. Kawa, J. M. J. Fréchet, *Chem. Mater.* **1998**, *10*, 286-296.

[42] A. R. Hirst, D. K. Smith, M. C. Feiters, H. P. M. Geurts, *Chem. Eur. J.* **2004**, *10*, 5901-5910; A. R. Hirst, D. K. Smith, J. P. Harrington *Chem. Eur. J.* **2005**, *11*, 6552-6559; K. S. Partridge, D. K. Smith, G. M. Dykes, P. T. McGrail, *Chem. Commun.* **2001**, 319-320; A. R. Hirst, D. K. Smith, M. C. Feiters, H. P. M. Geurts, *Langmuir* **2004**, *20*, 7070-7077; A. R. Hirst, D. K. Smith, *Org. Biomol. Chem.* **2004**, *2*, 2965-2971; A. R. Hirst, D. K. Smith, *Langmuir* **2004**, *20*, 10851-10857; A. R. Hirst, D. K. Smith, M. C. Feiters, H. P. M. Geurts, A. C. Wright, *J. Am. Chem. Soc.* **2003**, *125*, 9010-9011.

[43] Dissertationen Stefan Brammer (**2001**) und Ahmet Dogan (**2005**), Universität Kiel. Wir danken Prof. Dr. U. Lüning für das Zurverfügungstellen dieser Arbeiten und weiterer Informationen.

[44] A. Franz, W. Bauer, A. Hirsch, *Angew. Chem.* **2005**, *117*, 1588-1592; *Angew. Chem. Int. Ed.* **2005**, *44*, 1564-1597.

[45] T. Nagasaki, M. Ukon, S. Arimori, S. Shinkai, *J. Chem. Soc., Chem.. Commun.* **1992**, 608-610; T. Nagasaki, O. Kimura, M. Ukon, S. Arimori, I. Hamachi, S. Shinkai, *J. Chem. Soc., Perkin Trans. 1*, **1994**, 75-81.

[46] W. H. Hunter, G. H. Woollett, *J. Am. Chem. Soc.* **1921**, *43*, 135-142.

[47] *Buch*: P. J. Flory, *Principles of Polymer Chemistry*, Cornell University Press, Ithaca **1952**. Y. H. Kim O. W. Webster, *J. Am. Chem. Soc.* **1990**, *112*, 4592-4593; Y. H. Kim, *J. Polym. Sci. Part A: Polym. Chem.* **1998**, *36*, 1685-1698; B. Voit, *J. Polym. Sci. Part A: Polym. Chem.* **2000**, *38*, 2505-2525; M. Seiler, *Chem. Eng. Technol.* **2002**, *25*, 237-253.

[48] *Bücher*: H.-G. Elias, *Makromoleküle*, 5. Auflage, Hüthig & Wepf, Basel **1990**; H.-G. Elias, *Macromolecules*, Volume *1*, Wiley-VCH, Weinheim **2005**; H.-G. Elias, *Macromolecules*, Volume 2, Wiley-VCH, Weinheim **2006**.

[49] J. L. Mynar, T.-L. Choi, M. Yoshida, V. Kim, C. J. Hawker, J. M. J. Fréchet, *Chem. Commun.* **2005**, 5169-5171; A. D. Schlüter, J. P. Rabe, *Angew. Chem.* **2000**, *122*, 860-880; *Angew. Chem. Int. Ed.* **2000**, *39*, 864-883; A. Zang, L. Shu, Z. Bo, A. D. Schlüter, *Macromol. Chem. Phys.* **2003**, *204*, 328-339; C. C. Lee, J. M. J. Fréchet, *Macromolecules* **2006**, *39*, 476-481.

[50] B. Karakaya, W. Claussen, K. Gessler, W. Saenger, A. D. Schlüter, *J. Am. Chem. Soc.* **1997**, *119*, 3296-3301; W. Stocker, B. L. Schürmann, J. P. Rabe, S. Förster, P. Lindner, I. Neubert, A. D. Schlüter, *Adv. Mater.* **1998**, *10*, 793-797; A. Wenzel, I. Neubert, A. D. Schlüter, *Macromol. Chem. Phys.* **1998**, *199*, 745-749; L. Shu, A. Schäfer, A. D. Schlüter, *Macromolecules* **2000**, *33*, 4321-4328; A. D. Schlüter, J. P. Rabe, *Angew. Chem.* **2000**, *112*, 860-880; *Angew. Chem. Int. Ed.* **2000**, *39*, 864-883.

[51] D. A. Tomalia, P. M. Kirchhoff, *US Pat. 4 694 064* **1987**; R. Yin, Y. Zuh, D. Tomalia, H. Ibuki, *J. Am. Chem. Soc.* **1998**, *120*, 2678-2679.

[52] V. Percec, J. Heck, D. Tomazos, F. Falkenberg, H. Blackwell, G. Ungar, *J. Chem. Soc. Perkin. Trans. 1* **1993**, 2799-2811.

[53] G. Draheim, H. Ritter, *Macromol. Chem. Phys.* **1995**, *196*, 2211-2222; V. Percec, C. H. Ahn, G. Ungar, D. J. P. Yeardley, M. Möller, S. S. Sheiko, *Nature* **1998**, *391*, 161-164; Y. M. Chen, C. F. Chen, W. H. Liu, F. Xi, *Macromol. Rapid Commun.* **1996**, *17*, 401-407; I. Neubert, R. Klopsch, W. Claussen, A. D. Schlüter, *Acta Polym.* **1996**, *47*, 455-459; I. Neubert, A. D. Schlüter, *Macromolecules* **1998**, *31*, 9372-9378; L. Shu, A. D. Schlüter, *Macromol. Chem. Phys.* **2000**, *201*, 239-245; A. Zistler, S. Koch, A. D. Schlüter, *J. Chem. Soc. Perkin Trans. 1* **1999**, 501-508; I. Neubert, E. Amoulong-Kirstein, A. D. Schlüter, *Macromol. Rapid Commun.* **1996**, *17*, 517-527.

[54] **Bücher**: K. J. Ivin, *Olefin Metathesis*, Academic Press, London **1983**; V. Percec, D. Schlüter, J. C. Ronda, G. Johansson, G. Ungar, J. P. Zhou, *Macromolecules* **1996**, *29*, 1464-1472; V. Percec, D. Schlüter, *Macromolecules* **1997**, *30*, 5783-5790; R. H. Grubbs, *Handbook of Metathesis*, Wiley-VCH, Weinheim **2003**, *Bd. 1-3*; **Übersichten**: (Nobel-Vorträge): Y. Chauvin, *Angew. Chem.* **2006**, *118*, 3824-3831; *Angew. Chem. Int. Ed.* **2006**, *45*, 3740-3747; R. R. Schrock, *Angew. Chem.* **2006**, *118*, 3832-3844; *Angew. Chem. Int. Ed.* **2006**, *45*, 3748-3759; R. H. Grubbs, *Angew. Chem.* **2006**, *118*, 3845-3850; *Angew. Chem. Int. Ed.* **2006**, *45*, 3760-3765.

[55] A. D. Schlüter, G. Wegner, *Acta Polymer.* **1993**, *44*, 59-69; W. Claussen, N. Schulte, A. D. Schlüter, *Macromol. Rapid Commun.* **1995**, *16*, 89-94; B. Karakaya, W. Claussen, K. Gessler, W. Saenger, A. D. Schlüter, *J. Am. Chem. Soc.* **1997**, *119*, 3296-3301; Z. Bo, J. P. Rabe, A. D. Schlüter, *Angew. Chem.* **1999**, *111*, 2540-2542; *Angew. Chem. Int. Ed.* **1999**, *38*, 2370-2372; Z. Bo, C. Zhang, N. Severin, J. P. Rabe, A. D. Schlüter, *Macromolecules* **2000**, *33*, 2688-2694.

[56] Z. Bao, K. R. Amundson, A. J. Lovinger, *Macromolecules* **1998**, *31*, 8647-8649.

[57] L. Shu, A. D. Schlüter, *Macromol. Chem. Phys.* **2000**, *201*, 139-142.

[58] I. Shu, A. D. Schlüter, C. Ecker, N. Severin, J. P. Rabe, *Angew. Chem.* **2001**, *113*, 4802-4805; *Angew. Chem. Int. Ed.* **2001**, *40*, 4666-4669.

[59] O. Lukin, V. Gramlich, R. Kandre, I. Zhun, T. Felder, C. Schalley, G. Dolgonos, *J. Am. Chem. Soc.* **2006**, *128*, 8964-8974; G. Bergamini, P. Ceroni, V. Balzani, M. Villavieja, R. Mandre, I. Zhun, O. Lukin, *Chem. Phys. Chem.* **2006**, *7*, 1980-1984.

3. Funktionale Dendrimere

Die Faszination, die von Dendrimeren ausgeht, beruht im Wesentlichen auf der einzigartigen Architektur dieser Moleküle und den sich daraus ergebenden Möglichkeiten, wohl definierte „funktionale (Makro-)Moleküle"[1] zu designen, deren funktionale Gruppen an chemischen/physikalischen Prozessen teilhaben können.[2] Bei der Diskussion „Funktionaler Dendrimere" wird unterschieden zwischen Dendrimeren mit komplexeren, Funktionstragenden Einheiten (z. B. katalytisch aktive, photoaktive Einheiten, flüssig-kristalline Gruppen) und solchen, deren Funktionalitäten der Steuerung einfacher chemisch-physikalischer Molekül-eigenschaften (z. B. Löslichkeit, Viskosität) dienen. Da beide eine Funktion ausüben, wird „funktional" in den folgenden Abschnitten als Oberbegriff verwendet.

Die vielen Möglichkeiten, über die Einführung ausgewählter funktionaler Gruppen in die Moleküle die physikalischen/chemischen Eigenschaften des Dendrimers zu steuern, führen zu einer großen Vielfalt der für Dendrimere in Frage kommenden Anwendungen. Je nach Position und Natur der funktionalen Einheiten innerhalb der Dendrimer-Struktur lässt sich zwischen verschiedenen Typen von funktionalen Dendrimeren unterscheiden:

1. Monofunktionale Dendrimere

   - mit funktionaler Kerneinheit
   - mit funktionaler Molekülperipherie
   - mit gleichartigen funktionalen Einheiten innerhalb des Dendrimer-Gerüsts, d.h. in den inneren Schalen (Generationen)

2. Multifunktionale Dendrimere

   - mit zwei oder mehreren verschiedenen funktionalen Einheiten in der Molekülperipherie
   - mit funktionaler Kerneinheit und funktionaler Molekülperipherie
   - mit funktionaler Kerneinheit und funktionalem Dendrimer-Gerüst

In den folgenden *Abschnitten* werden die am häufigsten verwendeten Strategien zur Synthese der verschiedenen Dendrimer-Typen näher vorgestellt und der synthetische Nutzen für ein gezieltes Design von funktionalen Dendrimeren bewertet.

3.1 Monofunktionale Dendrimere

3.1.1 Funktionaler Kern

In der Regel werden Dendrimere mit funktionalem Kern nach der konvergenten Methode (**Bild 3-1**, Weg a); siehe auch *Kapitel 2.2*) durch kovalente Verknüpfung vor-synthetisierter Dendrons mit einer Funktions-tragenden Kerneinheit erhalten. In einigen Fällen konnten kernfunktionalisierte Dendrimere auch nach einer supramolekularen Synthesestrategie (**Bild 3-1**, Weg b); s. auch *Kapitel 2.6*) realisiert werden.[3] Richtungsweisend auf diesem Gebiet war die von *Balzani et al.* vielfach verwendete Methode der konvergenten Selbstorganisation von Polypyridin-Liganden mittels Übergangsmetallionen.[4] Die konvergente (*Kapitel 2.2*) und die supramolekulare Synthesestrategie (*Kapitel 2.6*) haben gegenüber der divergenten Methode (*Kapitel 2.1*) den Vorteil, dass die funktionale Kerneinheit erst im letzten Synthese-schritt hinzugefügt wird. Dies ermöglicht es dem Dendrimer-Chemiker, auch empfindliche funktionale Kerneinheiten einzubauen. Nur wenn diese Kerneinheit unter den Reaktionsbe-dingungen der nachfolgenden Aktivierungs- und Kupplungsschritte stabil ist, können Dendrimere dieses Typs auch durch divergenten Aufbau einer dendritischen Hülle um die Kerneinheit synthetisiert werden (**Bild 3-1**, Weg c), s. auch *Kapitel 2.1*).[5] Die konvergente Synthesestrategie zur dendritischen Ummantelung funktionaler Kernbausteine ist nicht zu-letzt auch deshalb die vielseitigste Methode, weil sie zu exakteren und einheitlicheren dendri-tischen Materialien führt.[6]

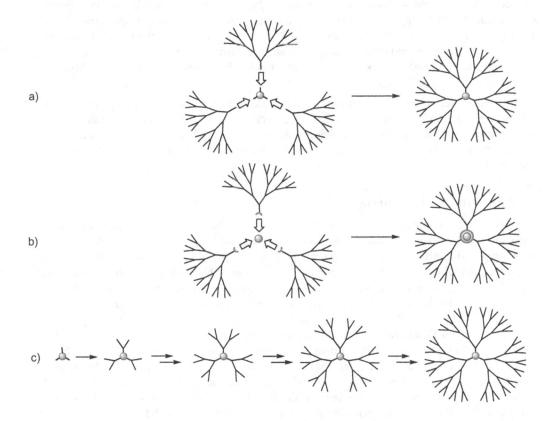

Bild 3-1 a) Konvergente, b) supramolekulare und c) divergente Synthese von Dendrimeren mit funkti-onalem Kern (schematisch)

In der Literatur ist ein breites Spektrum von Dendrimeren mit funktionalem Kern beschrie-ben. So konnten bereits Chromophore,[7] elektrochemisch-, redox-[8] und katalytisch aktive[9] oder auch selbst-assoziierende und chirale Einheiten sowie polymerisierbare Monomere und

Polymere im Zentrum von Dendrimeren platziert werden. Die Kerneinheit bestimmt aber nicht nur über die Funktion, sondern hat auch entscheidenden Einfluss auf die Multiplizität, Größe und Gestalt des Dendrimers.

Untersuchungen zum Einfluss der Dendrimer-Hülle auf die Eigenschaften einer funktionalen Kerneinheit zeigen, dass dieser signifikant sein kann. So führt die herabgesetzte Zugänglichkeit der Kerneinheit in einigen Fällen zur Ausbildung einer eigenen, von den chemischen und elektronischen Eigenschaften der Dendrimer-Hülle abhängigen Mikroumgebung in unmittelbarer Nähe der Funktions-tragenden Zentraleinheit. Charakteristische Eigenschaften aktiver Zentren, wie das Redoxverhalten, können sich dadurch entsprechend der Polarität und der Elektronendichte der geschaffenen Mikroumgebung im Vergleich zu denen der frei zugänglichen Analoga verändern.[10] Zudem kann die sterische Abschirmung[6b] durch die dendritischen Substituenten bei redoxaktiven Kernen sowie bei photoaktiven Kerneinheiten genutzt werden, um unerwünschte intermolekulare Wechselwirkungen zwischen den aktiven Zentren zu verhindern. Die Gruppierung großer dendritischer Äste um eine katalytisch aktive Einheit herum kann den Zugang von Substraten zum Katalyse-Zentrum beeinflussen und Substrat-, Regio- oder Enantioselektivität erzeugen. Zudem eröffnet die mit der Anknüpfung von Dendrons einhergehende Molekül-Vergrößerung bei der homogenen Katalyse neue Möglichkeiten zur Katalysator-Rückgewinnung.[11]

Langfristiges Ziel ist es, die Eigenschaften der funktionalen Kerneinheit durch Anknüpfung entsprechender Dendrons im Hinblick auf die anwendungstechnischen Erfordernisse „tunen" zu können. Die vielen Arbeiten, die sich mit dem Aufdecken dieses Zusammenhangs befassen, lassen dieses Ziel trotz der vielen zu berücksichtigenden Faktoren allmählich in greifbare Nähe rücken.

3.1.2 Funktionale Peripherie

Verschiedenste Untersuchungen haben gezeigt, dass die chemischen und physikalischen Eigenschaften dendritischer (Makro-)Moleküle stark von der Natur ihrer funktionalen peripheren Gruppen diktiert werden.[12] So lassen sich über die peripheren Gruppen unter anderem Stabilität, Löslichkeit, Viskosität, Aggregation und chemische Reaktivität eines Dendrimers kontrollieren und darüber hinaus auch dessen räumliche und Oberflächengestalt sowie die konformative Flexibilität beeinflussen. Dabei nimmt der Einfluss der Endgruppen auf die Moleküleigenschaften mit wachsender Generation zu, da die Anzahl der Endgruppen eines ideal wachsenden Dendrimers in Abhängigkeit von der Multiplizität des Kerns und der Verzweigungseinheiten exponentiell mit dem Anbau weiterer Generationen ansteigt. Aus diesem Grund ist die Funktionalisierung der Molekülperipherie die aussichtsreichste und einfachste Möglichkeit, Eigenschaften zu designen und neue Anwendungsbereiche zu erschließen. In bestimmten Fällen kann durch die Vervielfältigung identischer funktionaler Einheiten eine drastische Verstärkung des von diesen Einheiten ausgehenden Effekts erreicht werden (*Dendritischer Effekt*; s. *Kapitel 6.3*). Neben der Verstärkung gewünschter Funktionen ist auch die gute Zugänglichkeit der funktionalen Einheiten bzw. Funktionalitäten in der Molekülperipherie ein entscheidender Vorteil für viele der möglichen Anwendungen von Dendrimeren (z. B. in der Katalyse).

In den folgenden Abschnitten werden die verschiedenen Strategien zur Synthese peripher funktionalisierter Dendrimere vorgestellt und bewertet. Dabei wird der Ausdruck periphere

Gruppe als neutraler Begriff verwendet. Er kann sowohl periphere Funktions-tragende Einheit als auch periphere Funktionalität bedeuten. Dabei können peripher kovalent angeknüpfte Endgruppen durchaus auch – teilweise – zurückgefaltet sein (siehe *Kapitel 1.2* und *7.6.3*).

3.1.2.1 Funktionalisierung der Endgruppen

Die Funktionalisierung der Peripherie bereits bestehender, in der Regel divergent oder konvergent aufgebauter Molekülgerüste (**Bild 3-2**, Weg a) bzw. b)) ist die synthetisch einfachste Möglichkeit zur Darstellung monofunktionaler dendritischer Systeme.

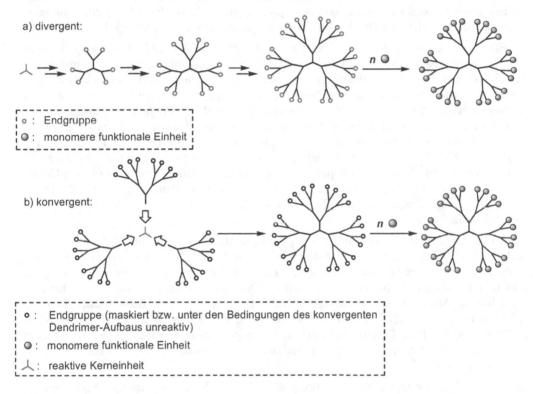

a) divergent:

```
o : Endgruppe
● : monomere funktionale Einheit
```

b) konvergent:

```
o : Endgruppe (maskiert bzw. unter den Bedingungen des konvergenten
      Dendrimer-Aufbaus unreaktiv)
● : monomere funktionale Einheit
入 : reaktive Kerneinheit
```

Bild 3-2 Molekülperipherie im Anschluss an einen a) divergenten und b) konvergenten Dendrimer-Aufbau (schematisch). Der jeweilige Schritt ganz rechts erzeugt die endgültige Peripherie

Die mit terminalen primären Aminogruppen ausgestatteten, kommerziell erhältlichen POPAM- und PAMAM-Dendrimere (s. *Kapitel 4*) sind die derzeit am häufigsten verwendeten, divergent aufgebauten Dendrimer-Strukturen, gefolgt von Poly(benzylether)-Dendrons bzw. Poly(benzylether)-Dendrimeren (*Fréchet*-Typ) als Vertreter konvergent synthetisierter dendritischer Moleküle.
Diese nachträgliche „Endgruppen-Funktionalisierung" erfordert nur einen Syntheseschritt und liefert Dendrimere, die eine einzige Art peripherer Gruppen in der jeweiligen, Generations-abhängigen Multiplizität tragen, und daher nach *Newkome et al.* als „peripher homogene

Dendrimere"[13] bezeichnet werden. Die Synthese monodisperser Dendrimere dieses Typs setzt jedoch eine selektive und quantitative Umsetzung des Substrats an der Peripherie (s. *Kapitel 2.1*) voraus. Die Zahl geeigneter Kupplungsreaktionen und die Typen von Endgruppen-Reagenzien sind deshalb begrenzt.

Funktionalisierung der Endgruppen divergent aufgebauter Dendrimere: In der Literatur finden sich einige Beispiele zur Funktionalisierung von peripheren NH_2-, CO_2H-, CHO-, $P(X)Cl_2$- (X = S, O) und Si-H-Gruppen[14] divergent aufgebauter Dendrimer-Gerüste. Allen Endgruppen ist gemeinsam, dass sie mit einer großen Zahl leicht zugänglicher oder sogar kommerziell erhältlicher Reagenzien reagieren. Zudem werden sie alle im Verlauf des normalen iterativen Aufbaus gängiger Dendrimer-Typen (z. B. POPAM-, PAMAM-, Phosphorhaltige Dendrimere, Carbosilan-Dendrimere) auf jeder Generationsstufe regeneriert.

Bereits fest etabliert in der Dendrimer-Chemie ist die Funktionalisierung von peripheren NH_2-Gruppen, insbesondere bei POPAM- und PAMAM-Dendrimeren. Hierzu gehören die zu den entsprechenden Oligo-/Polyamiden führenden Kupplungen mit aktivierten Carbonsäurederivaten wie Carbonsäurechloriden,[15] -fluoriden,[16] -anhydriden[17] und N-Hydroxysuccinimid-Estern.[18] Auch die Reaktionen von Oligo-/Polyamin-Dendrimeren mit Sulfonsäurechloriden zu den entsprechenden Sulfonamiden[19] sowie die Umsetzung mit Isothiocyanaten oder Isocyanaten zu Thioharnstoff-[20] bzw. Harnstoff-Derivaten[21] haben sich vielfach bewährt. Weitere attraktive Reaktionen von Polyamin-Dendrimeren mit Epoxiden zu α-Aminoalkoholen,[22] mittels doppelter Phosphinomethylierung *via in situ* gebildetem Hydroxymethyldiphenylphosphin zu den entsprechenden Bis(methyldiphenyl-phosphin)aminen[23] oder mit *ortho*-Hydroxybenzaldehyd-Derivaten zu Iminen[24] sind bisher auf Einzelfälle beschränkt.

Besonders attraktiv ist derzeit die nachträgliche Funktionalisierung mit Molekülteilen von biologischer Bedeutung, wie z. B. Antitumor-Wirkstoffen (z. B. 5-Fluoruracil). Bei Oligo-/Polyamin-Dendrimeren eignet sich in diesem Zusammenhang besonders die Acetylierung als Funktionalisierungsreaktion. Die Dendrimere werden dadurch wasserlöslicher, was für biomedizinische Anwendungen unabdinglich ist;[25] auch die Toxizität dendritischer Systeme spielt dabei eine entscheidende Rolle. Bisherige Untersuchungen an Dendrimeren (u.a. POPAM- und PAMAM-Dendrimere) mit verschiedenen peripheren Gruppen zeigen, dass die Zelltoxizität von Dendrimeren über die Endgruppen-Funktionalisierung beträchtlich beeinflusst werden kann.[26]

Hawker et al. präsentierten mit dem Prinzip der *„Click-Chemie"* (s. *Kapitel 2.3.5*) eine effiziente und vielseitig anwendbare Funktionalisierungs-Methode. Sie nutzt beispielsweise die [3+2]-Cycloaddition Azid-funktionalisierter Reagenzien mit den Ethin-Endgruppen eines Dendrimer-Vorläufers, um Dendrimere mit Triazol-funktionalisierten Endgruppen darzustellen. Die milden Reaktionsbedingungen, die nahezu quantitative Umsetzung und nicht zuletzt die Toleranz gegenüber einer Vielzahl an funktionellen Gruppen erlauben den Einsatz ganz unterschiedlicher Molekülgerüste (z. B. Poly(benzylether)-, POPAM-Dendrimer-Gerüste oder hyperverzweigte Polyester) und verschieden funktionalisierter Azide.[27]

Funktionalisierung der Endgruppen konvergent aufgebauter Dendrimere/Dendrons: Die gewünschten funktionalen Gruppen können auch im Anschluss an einen konvergenten Dendron- bzw. Dendrimer-Aufbau in die Molekülperipherie eingeführt werden (**Bild 3-2**, Weg b)). Voraussetzung ist, dass die Endgruppen, mit denen die Synthese begonnen wird, während des Molekülgerüst-Aufbaus maskiert bleiben (unreaktiv sind), aber nachträglich modifizierbar sind.

So konnten die Alkylester-Endgruppen konvergent aufgebauter Poly(benzylether)-Dendrimere durch Hydrolyse,[28] Reduktion,[29] Umesterung/Amidierung[28] auf vielfältige Weise postsynthetisch modifiziert werden. Durch nachträgliche Modifizierung p-Brombenzyl-Endgruppen tragender Poly(benzylether)-Dendrons über Palladium-katalysierte Kupplungsreaktionen konnten Dendrons mit Phenyl-, Pyridinyl- oder Thiophenyl-Endgruppen[30] dargestellt werden.

Das Konzept der „Postmodifikation" der Molekülperipherie eignet sich somit nicht nur zur Einführung „einfacher" Funktionalitäten zur Gestaltung der physikalisch-chemischen Molekül-Eigenschaften (z. B. Löslichkeit), sondern erlaubt auch die Einführung „komplexer" Funktions-tragender Einheiten (z. B. katalytisch-aktive Einheiten, Antitumor-Wirkstoffe), die für den konvergenten Dendrimer-Aufbau zu empfindlich sein können.

3.1.2.1 Einführung peripherer Gruppen vor dem Dendrimer-Aufbau

Einen weiteren Zugang zu peripher homogen funktionalisierten Dendrimeren bietet die konvergente Synthesestrategie ausgehend von den peripheren Gruppen des späteren Dendrimers (s. *Kapitel 2.2*). Der Vorteil gegenüber der „Postmodifikations"-Variante ist, dass zur Einführung der gewünschten peripheren funktionalen Einheiten bzw. Funktionalitäten eine deutlich geringere Anzahl von Kupplungsschritten erforderlich ist. Wie bereits erwähnt, können auf diesem Weg jedoch nur periphere Gruppen eingeführt werden, die ausreichende Löslichkeit aufweisen und im Verlauf der nachfolgenden Aktivierungs- und Kupplungsschritte weder Nebenreaktionen hervorrufen, noch abgebaut werden.

Die relativ milden Synthesebedingungen während des iterativen Aufbaus von Poly(benzylether)-Dendrons werden von einer Vielzahl an peripheren Gruppen (z. B. Cyano-, Bromid-Funktionalität, Alkylester, Alkylether, Perfluoralkylether, Oligo(ethylenglykol)ether) toleriert. Daher können die peripheren Gruppen solcher *Fréchet*-Typ Dendrons auf vielfältige Weise variiert und den jeweiligen Erfordernissen angepasst werden. Gerade die Löslichkeit kann in weitesten Grenzen – von Wasser- bis Petrolether-löslich – variiert (maßgeschneidert) werden. Mit ihrer einzelnen Funktionalität im fokalen Punkt können solche Dendrons als Modifizierungs-Reagenzien verwendet werden, um schwerlösliche Substanzen etwa für spektroskopische Zwecke (z. B. *NMR*) hinreichend löslich zu machen oder gegenüber Reagenzien zu stabilisieren. Von anwendungstechnischem Interesse sind insbesondere *Fréchet*-Typ Dendrons oder -Dendrimere mit funktionaler Molekülperipherie, die ausgehend von Organoruthenium-Einheiten,[31] redoxaktiven Ferrocenyl-Gruppen,[32] katalytisch-aktiven TADDOL-Einheiten,[33] flüssig-kristallinen Gruppen bzw. Chromophoren[34] aufgebaut wurden. In geringerem Umfang konnten auch andere Dendron-Strukturen mit peripheren funktionalen Einheiten, wie Zuckern,[35] Ferrocenen oder Fullerenen[36] auf diesem Weg dargestellt werden.

3.1.3 Funktionale Einheiten im Dendrimer-Gerüst

Bei der Synthese funktionaler Dendrimere standen bislang die Variation der funktionalen Kerneinheit bzw. der peripheren Gruppen sowie deren Einfluss auf die Eigenschaften des Dendrimers im Mittelpunkt des Interesses. Lange Zeit wurde den dendritischen Ästen mit ihren Wiederholungs-Einheiten nur die Funktion zugeschrieben, als Verbindungsgerüst zwischen Peripherie und Kern zu fungieren. Dabei wurde übersehen, dass sich im Inneren des Dendrimer-Gerüsts eine eigene charakteristische (Nano-)Umgebung ausbilden kann, die wesentlich von der chemischen Natur und der Polarität der zum Dendrimer-Aufbau verwendet Wiederholungseinheiten abhängt. Zudem können sie Kaskaden-Prozesse erleichtern und als Plattform für kooperative Effekte zwischen Dendrimer-Ästen[37] dienen.

Um das Potential der einzigartigen Architektur von Dendrimeren vollständig auszuschöpfen, sind Synthesestrategien erforderlich, die eine innere Manipulation von Dendrimeren durch Einbau spezieller funktionaler Einheiten (chemisch funktioneller oder physikalisch aktiver Gruppen) in den inneren Schalen ermöglichen. Abhängig vom Syntheseziel kann die Funktionalisierung des Dendrimer-Inneren wiederum entweder im Vorfeld des Dendrimer-Aufbaus erfolgen oder am bereits synthetisierten Dendrimer-Gerüst vorgenommen werden.[38] Da eine Funktionalisierung des inneren Gerüsts im Anschluss an den Dendrimer-Aufbau („Postmodifikation") die Einführung nachträglich modifizierbarer Funktionalitäten während des Dendrimer-Aufbaus voraussetzt, greifen beide Strategien und damit auch die beiden folgenden Abschnitte inhaltlich ineinander.

3.1.3.1 Modifizierung vor dem Dendrimer-Aufbau

Für bestimmte Anwendungen (z. B. Katalyse) ist der Einbau einer großen Zahl innerer funktionaler Einheiten wünschenswert. Dies kann durch Verwendung entsprechend vorfunktionalisierter monomerer Verzweigungs-Einheiten beim Aufbau des Dendrimer-Gerüsts realisiert werden. Bei dieser Strategie ist darauf zu achten, dass die funktionellen Gruppen dieser monomeren Bausteine gegenüber den Reaktionsbedingungen während des Dendrimer-Aufbaus unempfindlich sein müssen. Durch Einsatz zweier verschieden funktionalisierter monomerer Verzweigungs-Einheiten vom Typ AB_2FG (FG = funktionelle Gruppe) lassen sich auf divergentem oder konvergentem Weg schichtweise aufgebaute Dendrimer-Strukturen aufbauen. Dabei lässt sich die Zahl und Anordnung der jeweiligen inneren Funktionalitäten bei entsprechender Kombinierbarkeit der funktionalisierten monomeren Bausteine dem Syntheseziel entsprechend kontrollieren (s. **Bild 3-3**). Der Einsatz nur einer Art von funktionalisierter Verzweigungseinheit vom Typ AB_2FG führt hingegen zu Dendrimeren mit identischen Funktionalitäten in jeder Generation.

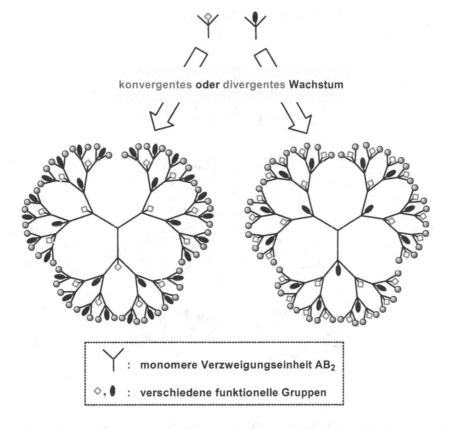

konvergentes **oder** divergentes **Wachstum**

Y : **monomere Verzweigungseinheit AB$_2$**

◇, ● : **verschiedene funktionelle Gruppen**

Bild 3-3 „Prämodifikation": Der Aufbau von Dendrimeren ausgehend von vorfunktionalisierten monomeren Verzweigungseinheiten ermöglicht die Darstellung von Dendrimeren mit unterschiedlichen inneren Funktionalitäten in aufeinanderfolgenden Schichten

Die *Parallele Monomerkombinations-Methode* von *Fréchet et al.* bietet einen schnellen Zugang zu Poly(benzylether)-Dendrimeren mit schichtweise angeordneten inneren funktionalen
Einheiten bei gleichzeitiger präziser Kontrollierbarkeit der Zahl und Anordnung dieser Gruppen im inneren Dendrimer-Gerüst. Die Synthesestrategie wurde entwickelt, um den synthetischen Nutzen und die Schnelligkeit der konvergenten „*Zwei-Stufen*"-Synthese mit der Durch-
satzleistung und der Vielseitigkeit der klassischen *Parallel*-Synthese zu kombinieren. Die
inneren Funktionalitäten werden auch hier mit Hilfe zweier verschieden funktionalisierter
monomerer Bausteine vom Typ AB$_2$FG (FG = gewünschte Funktionalität, die auch H sein
kann) eingeführt, von denen jede parallel kombinierbar sein muss. Bei Ausschöpfung aller
Kombinationsmöglichkeiten werden 2^G (G = Generation) verschiedene Dendrons erhalten (s.
Bild 3-4). *Fréchet et al.* demonstrierten die Leistungsfähigkeit dieser Methode anhand der
Synthese einer Serie von Poly(benzylether)-Dendrons der vierten Generation mit ein bis
fünfzehn nachträglich modifizierbaren inneren Allyloxy-Gruppen.

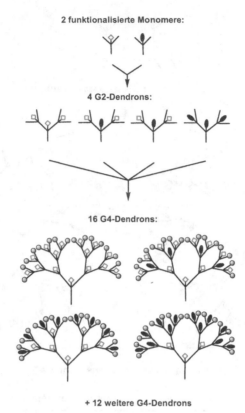

Bild 3-4 Die Parallele Monomerkombinations-Methode nach *Fréchet et al.* führt zu einer Anzahl von 2^G
Dendrons (G = Generationszahl; vereinfachte Illustration)

Zu den Dendrimeren, bei denen eine große Anzahl von inneren funktionalen Gruppen während des Dendrimer-Aufbaus gezielt eingebracht wurden, gehört auch ein Dendrimer mit Azobenzen-Gruppen in jeder Wiederholungseinheit. Bei Bestrahlung mit UV-Licht wurde das für Azobenzen typische Isomerisierungs-Verhalten verbunden mit einer signifikanten Schrumpfung des Moleküls beobachtet (s. *Kapitel 5.2*).[39] Neben Azobenzen fanden auch weitere funktionale Einheiten, wie Fullerene, quartäre Ammonium-Salze, Pyridine, Triarylamine, Carbazole, flüssigkristalline Gruppen[40] und im Zusammenhang mit chiraler Erkennung auch chirale Gruppen,[41] als funktionale Bestandteile monomerer Bausteine beim Dendrimer-Aufbau Verwendung.

In einigen Fällen steht aber nicht eine große Zahl innerer Funktionalitäten, sondern die Generations-spezifische Einführung einer einzigen funktionellen Gruppe im Vordergrund. Dies gilt beispielsweise dann, wenn der Einfluss der vom Dendrimer-Gerüst ausgebildeten Mikroumgebung auf die innere funktionelle Gruppe untersucht werden soll. Zudem kann diese Gruppe als Anknüpfungsstelle für funktionale Einheiten wie Chromophore, Elektrophore oder katalytisch aktive Einheiten dienen und zur Modifizierung des Dendrimer-Inneren an festgelegten Positionen genutzt werden.

Schlüter et al. gelang es, eine einzelne Arylbromid-Funktionalität generationsspezifisch in Poly(benzylether)-Dendrimere einzubauen. Diese Bromid-Funktion konnte unabhängig von ihrer Position im Dendrimer-Gerüst auch noch zur weiteren chemischen Modifizierung genutzt werden, da sie mit Arylboronsäure unter *Suzuki*-Kreuzkupplung reagieren kann.[42]

3.1.3.2 Innere Modifizierung im Anschluss an den Dendrimer-Aufbau

Alternativ zur gerade erläuterten Funktionalisierungs-Strategie werden bei der „Postmodifikations"-Variante monomere Wiederholungseinheiten (Verzweigungsbausteine) mit einer orthogonal geschützten (s. *Kapitel 2.3.1*) oder selektiv aktivierbaren Funktionalität zum konvergenten bzw. divergenten Dendrimer-Aufbau eingesetzt. Alle inneren Funktionalitäten des Dendrimer-Vorläufers können dann in einem einzigen Schritt modifiziert werden (**Bild 3-5**).

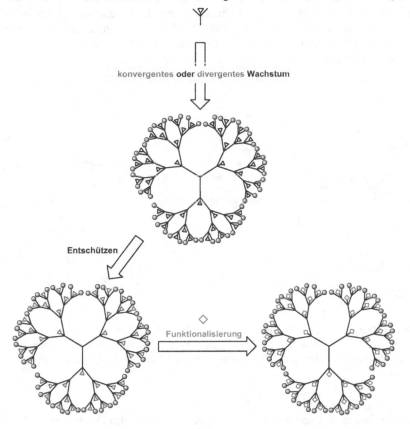

Bild 3-5 „Postmodifikation": Der Dendrimer-Aufbau mit geschützten monomeren Verzweigungs-Einheiten erlaubt das nachträgliche Einführen innerer Funktionalitäten in das Gerüst des Dendrimer-Vorläufers

Die nachträgliche Modifizierung der Verzweigungseinheiten im Inneren eines Dendrimer-Gerüsts fand bislang vergleichsweise wenig Beachtung. Aus synthetischer Sicht eröffnet diese Strategie jedoch einen deutlich größeren Gestaltungsspielraum als die umgekehrte Variante. So können auch Dendrimere zugänglich werden, deren Verzweigungs-Einheiten schwierig zu synthetisieren oder für den Einsatz in der iterativen Dendrimer-Synthese entweder nicht reaktiv genug oder zu empfindlich wären. Problematisch ist allerdings die eingeschränkte Zugänglichkeit innerer Gruppen im Vergleich zu peripheren Funktionalitäten.

Chow et al. überführten Oligo(dibenzylsulfid)-Dendrimere der ersten bis dritten Generation durch Oxidation der inneren Dibenzylsulfid-Einheiten mit Wasserstoffperoxid in die korrespondierenden Oligo(dibenzylsulfon)-Dendrimere, die über divergente oder konvergente Synthesestrategien nicht zugänglich sind. Die anschließende Umwandlung der Sulfon-Einheiten in Stilben-Gruppen konnte bis zur zweiten Dendrimer-Generation realisiert werden und basiert auf drei bzw. neun Ramberg-Bäklund-Umlagerungen im Inneren der Dendrimer-Gerüste. Da die Umlagerungen zu einem neuen Typ von Dendrimer mit vollkommen anderem Molekülgerüst führen, bezeichneten Chow et al. diese Synthesestrategie als „Dendrimer-Metamorphose" (**Bild 3-6**).[43]

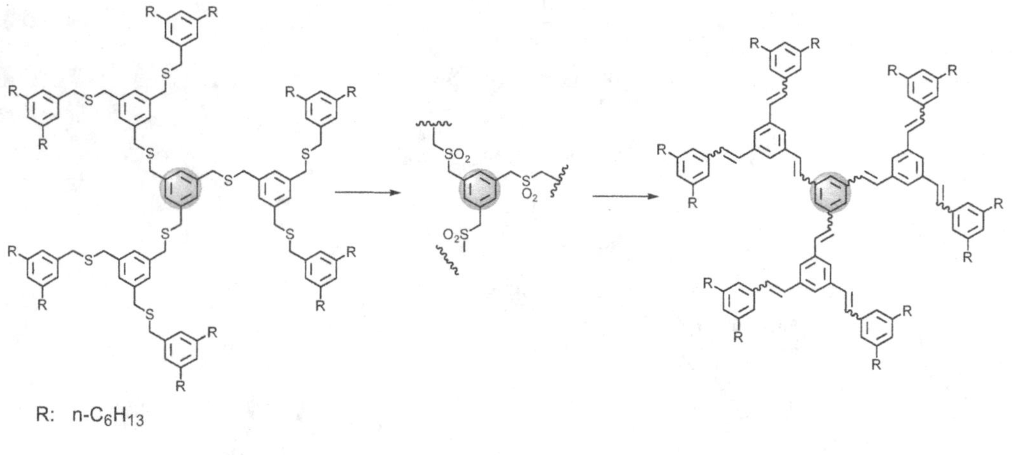

R: n-C$_6$H$_{13}$

Bild 3-6 Umwandlung innerer funktioneller Gruppen und „Metamorphose" eines Oligo(dibenzylsulfon)-Dendrimers zweiter Generation zu einem entsprechenden Oligo-(phenylenvinylen)-Dendrimer (Der zentrale Benzen-Kern ist der Übersichtlichkeit halber grau markiert)

In der Literatur findet man hauptsächlich Beispiele für die nachträgliche innere Funktionalisierung von Fréchet-Dendrimeren.[44] Die gute Eignung dieses Dendrimer-Typs lässt sich darauf zurückführen, dass der konvergente Aufbau von Poly(benzylether)-Dendrimeren[45] unter relativ milden und von vielen funktionellen Gruppen tolerierbaren Bedingungen erfolgt, die Reinigung bei der konvergenten Synthese vergleichsweise einfach und eine große Auswahl an kommerziell erhältlichen oder zumindest leicht zugänglichen Aren-Bausteinen verfügbar ist.

Lochmann et al. waren die ersten, die das innere Molekülgerüst von *Fréchet*-Typ-Dendrons nachträglich zu modifizieren versuchten.[46] Die Multifunktionalisierung des Dendron-Inneren über Metallierung (Superbase und anschließende Reaktion mit verschiedenen E-lektrophilen) erwies sich jedoch aufgrund einer geringen Regioselektivität als eher statistischer Natur. Sie eignete sich zwar zur Gestaltung der Löslichkeitseigenschaften des Dendrons, aber nicht zur Darstellung dendritischer Strukturen, die über funktionelle Gruppen in definierten Positionen des inneren Molekül-Gerüsts verfügen.

Beispiele für eine nachträglich vorgenommene, regioselektive und kovalente Funktionalisierung des inneren Dendrimer-Gerüsts[47] existieren erst wenige.

Die erste kontrollierte innere Funktionalisierung von Dendrimeren gelang *Newkome et al.*. Sie synthetisierten wasserlösliche Polycarborane auf Dendrimerbasis für einen möglichen Einsatz in der Borneutroneneinfang-Therapie, indem sie die Generationen-spezifische Reaktion von Decaboranen mit den internen Alkin-Funktionalitäten eines Polyalkyl-Dendrimers nutzten und anschließend polare periphere Gruppen einführten.[48] *Müllen et al.* gelang die kontrollierte „Postmodifikation" von Polyphenylen-Dendrimeren der zweiten Generation mit einer definierten Anzahl von Keto-Gruppen im Dendrimer-Gerüst. Nach Überführung der inneren Ketogruppen des Vorläufer-Dendrimers in Hydroxyl-Gruppen mit Hilfe von Organolithium-Reagenzien konnten diese mit funktionalen Einheiten verschiedener Natur und Größe – darunter so große Reaktionspartner wie Pyren – regioselektiv und quantitativ funktionalisiert werden.[49] Durch Einbau funktioneller Gruppen im Inneren des Dendrimer-Gerüsts kann im Anschluss an den Dendrimer-Aufbau auch eine intramolekulare Bindungsbildung durch Reaktion zwischen funktionellen Gruppen im selben Dendrimer-Molekül erreicht werden. So ermöglichte der Einbau aromatischer Spacer mit jeweils zwei Allylgruppen in ein Poly-(benzylether)-Dendrimer-Gerüst nachträglich eine kontrollierte kovalente Verknüpfung der einzelnen Dendron-Untereinheiten *via* Ringschluss-Methathese.[50]

Majoral et al. beschäftigten sich systematisch mit der nachträglichen Generations-spezifischen Einführung verschiedener funktioneller Gruppen (Allyl, Propargyl, Isothiocyanate, primäre Amine, Aldehyde,[51] Kronenether, Fluoreszenz-Label[52]) sowie geladener Gruppen in phosphorhaltige Dendrimere und untersuchten sogar das divergente Wachstum von Dendrons im Inneren großer, flexibler Phosphorhaltiger Dendrimere.

Wie die vorangegangenen Abschnitte zeigen, erhöht eine innere Funktionalisierung den Grad der Komplexität solcher Molekülstrukturen erheblich und damit auch die Chance, neue dendritische Materialien für zukünftige Anwendungen beispielsweise in der Nano- oder Biotechnologie zu entwickeln. Das langfristige Ziel ist, neue vielseitige Synthesestrategien zu konzipieren, die eine Kontrolle über die gezielte Platzierung von verschiedenen funktionalen Einheiten sowohl im Dendrimer-Gerüst als auch in der -Peripherie ermöglichen.

3.2 Multifunktionale Dendrimere

Die Eigenschaften eines Dendrimers werden nicht nur durch die spezifischen Eigenschaften seiner jeweiligen funktionalen Einheiten bestimmt, sondern auch durch deren Anzahl, Strukturvielfalt und durch kooperative Effekte zwischen verschiedenen funktionalen Einheiten beeinflusst. Für einige spezielle Anwendungen und zur Entwicklung von Substanzen, die sich zur Nachahmung biologischer Systeme eignen,[53] sind solche multifunktionalen dendriti-schen Systeme mit mehr als einer Art von Funktionalität erforderlich.

Die folgenden Abschnitte beschäftigen sich schwerpunktsmäßig mit dem Einbau zweier ver-schiedener Typen von funktionalen Einheiten. Dabei wird zwischen Dendrimeren mit bifunk-tionalisierter Molekülperipherie (**Bild 3-7**; Typen **A**, **B**, **C**, **D**) und solchen Dendrimeren un-terschieden, bei denen die eine Funktion im Kern und die andere in den Verzweigungseinhei-ten bzw. in der Molekülperipherie (Typen **E**, **F**) lokalisiert ist. Multifunktionale Dendrimere des Typs **G** mit verschiedenen funktionalen Einheiten in Kern, Gerüst und Peripherie spielen bislang noch eine untergeordnete Rolle und werden deshalb an dieser Stelle nur kurz behan-delt, zumal Vertreter dieses Typs auch in *Kapitel 6* noch näher vorgestellt werden.

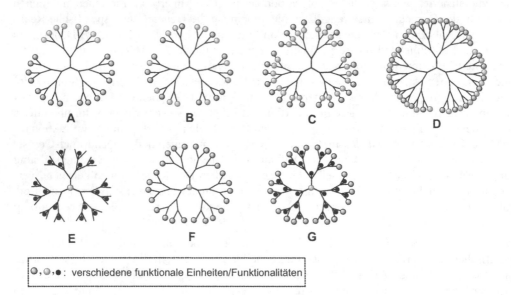

Bild 3-7 Verschiedene Bifunktionalisierungs- (**A-F**) und Multifunktionalisierungs-Konzepte (**G**)

3.2.1 Bifunktionalisierte Molekülperipherie

Die konvergente Synthesestrategie scheint grundsätzlich die überlegene Methode zu sein, um eine kontrollierte Zahl von funktionalen Einheiten auch unterschiedlichen Typs in die Peri-pherie eines Dendrimers einzuführen. So können im Rahmen einer konvergenten Synthese zwei Arten von Dendrons, die sich in ihren terminalen Gruppen unterscheiden, zu einem Dendrimer-Molekül verknüpft oder an eine gemeinsame Kerneinheit gekoppelt werden (**Bild 3-8**). Auf diese Weise werden Dendrimere mit zwei verschiedenen peripheren Gruppen in voneinander getrennten Molekülsegmenten erhalten, die als *Oberflächen-Blockdendrimere* (*Surface-block*-Dendrimere)[54] bezeichnet werden. Das zahlenmäßige Verhältnis der beiden peripheren Gruppen zueinander ist dabei abhängig von der jeweiligen Generation der beiden

Dendron-Typen und von den relativen Mengen, die von jedem Dendron-Typ eingesetzt wurden (s. auch *Kapitel 2.2*).

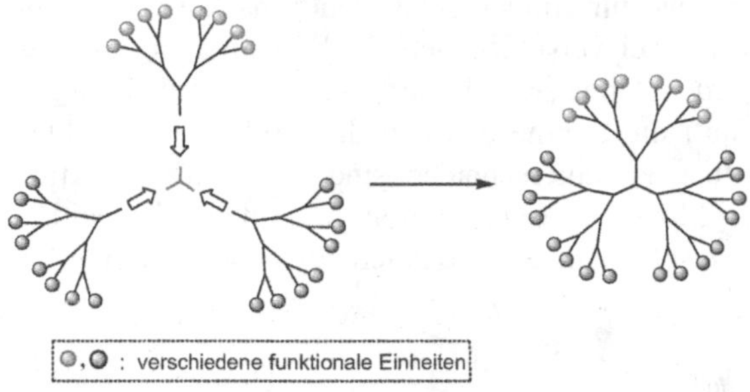

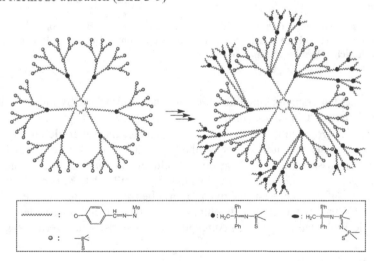

Bild 3-8 Konvergente Synthese eines bifunktionalisierten Dendrimers mit zwei verschiedenen peripheren Gruppen in voneinander getrennten Molekülsegmenten (Oberflächen-Blockdendrimer)

Ein von *Fréchet et al.* vorgestelltes amphiphiles Poly(benzylether)-Dendrimer mit terminalen COOH-Gruppen in der einen Molekülhälfte und lipophilen terminalen Alkylketten in der anderen entspricht diesem Typ von peripher heterogenem Dendrimer.[55] Andere Oberflächen-Blockdendrimere, die durch Kopplung zweier Dendrons mit starken π-Donor- bzw. starken π-Acceptor-Gruppen erhalten wurden, zeigten inter- und intramolekulare Charge-Transfer-Wechselwirkungen und ein ampholeres Redoxverhalten.[56]

Phosphorhaltige *Oberflächen-Blockdendrimere* lassen sich nach einer von *Majoral et al.* entwickelten Methode aufbauen (**Bild 3-9**)[57]

Bild 3-9 Bei der Bifunktionalisierung nach *Majoral et al.* werden ausgehend von spezifischen Funktionalitäten im Inneren des Dendrimer-Gerüsts „Tochter-Dendrons" divergent aufgebaut

Einen weiteren Zugang zu Dendrimeren mit bifunktionalisierter Molekülperipherie bietet die konvergente Synthese unter Einsatz von Dendrons, die über zwei verschiedene terminale Gruppen verfügen.[58] Solche unsymmetrische Dendrons können beispielsweise durch den schrittweisen Einbau von zwei verschiedenen Funktionalitäten ausgehend von einem AB$_2$-Monomer dargestellt werden. Ohne statistische Monofunktionalisierung und somit wesentlich unproblematischer verläuft die Synthese, wenn die beiden „B"-Funktionalitäten beim konvergenten Dendron-Aufbau zu unterscheiden sind, weil eine Funktionalität entweder geschützt vorliegt (ABB$_G$- Monomer, Index G von geschützt) oder beide unter den speziellen Reaktionsbedingungen verschiedene Reaktivitäten aufweisen (ABB'-Monomer; **Bild 3-10**).

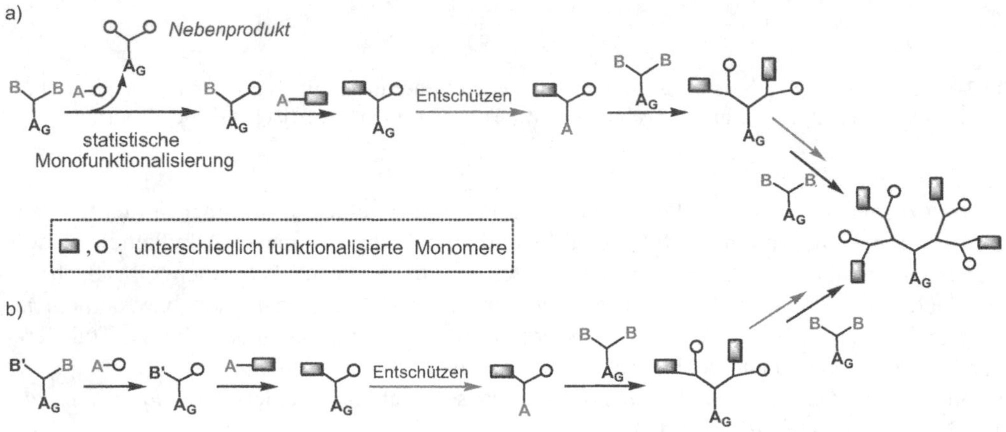

Bild 3-10   Synthese unsymmetrischer Dendrons mit Hilfe von AB$_2$-Monomeren bzw. ABB'-Monomeren (Die Funktionalitäten B und B' zeigen unterschiedliche Reaktivität unter den erforderlichen Synthesebedingungen)

Newkome et al. stellten erstmals einen kombinatorischen Ansatz zur Synthese peripher heterogen funktionalisierter POPAM-Dendrimere vom Typ **B** (s. **Bild 3-7**) vor, der auf der Funktionalisierung der Endgruppen mit einer Mischung verschiedener, aber gleich funktionalisierter Substrate beruht. Der Nachteil dieser Methode ist, dass die resultierenden Dendrimere über eine nicht voraussagbare Verteilung der verschiedenen funktionalen Einheiten in der Peripherie verfügen.[13] *Meijer et al.* funktionalisierten POPAM-Dendrimere mit einer 1:1 Mischung von Pentafluorphenylester-aktivierten Azobenzen-Einheiten sowie entsprechend aktivierten Alkylketten. Sie erhielten amphiphile schaltbare Dendrimere, deren Peripherie beide funktionale Einheiten zu gleichen Anteilen, aber in statistischer Verteilung, aufweisen (**Bild 3-11**).[59]

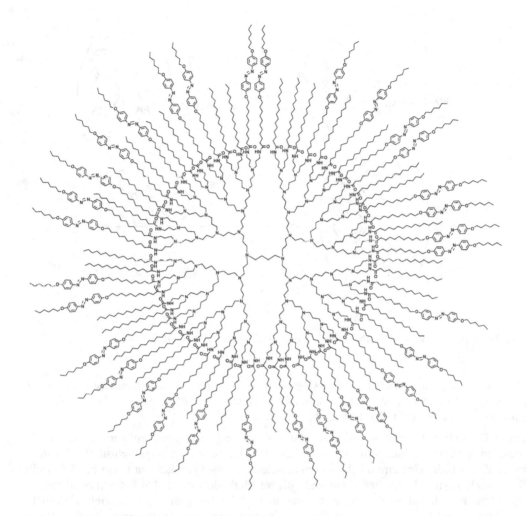

Bild 3-11 Amphiphiles schaltbares POPAM-Dendrimer (nach *Majoral et al.*), dessen Peripherie beide funktionale Einheiten zu gleichen Anteilen, aber in statistischer Verteilung aufweist

Eine Bifunktionalisierungs-Methode, die in der Regel zu peripher heterogenen Dendrimeren definierter Zusammensetzung führt, besteht im gezielten Anknüpfen von jeweils zwei verschiedenen funktionalen Einheiten an die einzelnen Endgruppen eines Dendrimer-Gerüsts.[60] Erste Konzepte für eine solche lokale Bifunktionalisierung der Dendrimer-Peripherie wurden von *Shinkai et al.* sowie *Kim et al.* vorgestellt: Durch reduktive Aminierung eines PAMAM-Dendrimers zweiter Generation mit acht Anthracen-Einheiten als signalgebende Gruppen und anschließende Umsetzung mit Boronsäure-Reagenz gelang *Shinkai et al.* (**Bild 3-12**) die Darstellung eines Saccharid-Sensors auf der Basis eines Dendrimers mit lokal bifunktionalisierter Molekülperipherie (s. auch *Kapitel 8.5.3.4*).[61]

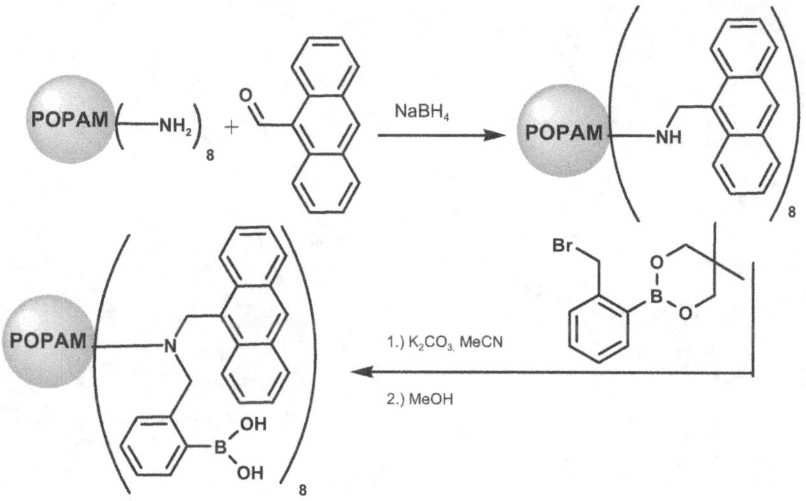

Bild 3-12 Synthese eines lokal bifunktionalisierten Dendrimers (nach *Shinkai et al.*)

Kim et al. ließen zunächst Hydroxy-terminierte Dendrimere mit Amin-geschützten α-Aminosäuren reagieren, um nach der basischen Abspaltung der Schutzgruppen über Carbonsäuren eine zweite Funktionalität einführen zu können.[62]

Diese Bifunktionalisierungs-Methoden sind jedoch vergleichsweise aufwendig und nur in wenigen speziellen Fällen anwendbar, da der Monofunktionalisierungs-Schritt auf Substrate beschränkt ist, die eine zusätzliche Kopplungsstelle in einer geschützten Form für die zweite funktionale Einheit beinhalten. Eine vielseitigere Methode zur lokalen Bifunktionalisierung, die ohne Entschützungs-Schritt auskommt und gleichzeitig auf kommerziell erhältliche Dendrimer-Gerüste zurückgreift, stellt die Funktionalisierung Amin-terminierter POPAM-Dendrimere mit Sulfonylchloriden und anschließende Substitution des Sulfonamid-Protons mit anderen Sulfonylchloriden[63] bzw. mit Alkyl- oder (dendritischen) Benzylbromiden[64] dar (s. **Bild 3-13**).

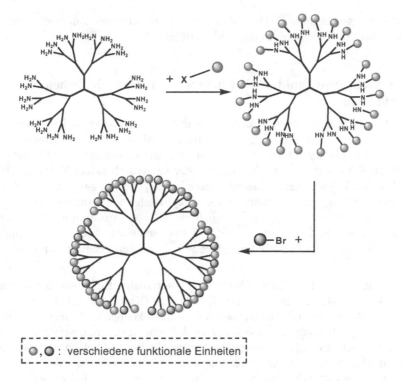

○, ○ : verschiedene funktionale Einheiten

Bild 3-13 Methode der lokalen Bifunktionalisierung von Oligo-/Polyamin-Dendrimeren

Auf Einzelfälle beschränkt blieb bislang die Darstellung peripher bifunktionalisierter Dendrimere nach der Methode der *nicht-kovalenten lokalen Bifunktionalisierung*. Diese Bifunktionalisierungs-Methode lässt sich bei peripher monofunktionalisierten Dendrimeren anwenden, die als Wirt-Dendrimere fungieren können, da sie über Endgruppen verfügen, die zur Ausbildung supramolekularer Wechselwirkungen fähig sind. In solchen Fällen besteht die Möglichkeit, eine zweite, als funktionaler Gast fungierende Funktions-tragende Einheit nichtkovalent in die Molekülperipherie einzuführen. Dies zeigt das Beispiel von POPAM-Dendrimeren mit peripheren Adamantylharnstoff-Gruppen, die unter Ausbildung von Wasserstoffbrücken-Bindungen mit katalytisch aktiven, Harnstoff-substituierten Phosphin-Liganden funktionalisiert werden konnten.[65]

Die Methode der lokalen Bifunktionalisierung von Endgruppen bietet den Vorteil, dass die beiden unterschiedlichen Funktionseinheiten nicht nur gut zugänglich sind, sondern auch räumlich nahe beieinander liegen. Solche bifunktionalisierten Dendrimere sind ideale Modell-Verbindungen, um kooperative und allosterische Wechselwirkungen zwischen den verschiedenen peripheren Gruppen zu untersuchen. Diese Art der räumlichen Anordnung ermöglicht intramolekulare Wechselwirkungen zwischen den verschiedenen benachbarten Funktionalitäten, die von anwendungstechnischem Interesse sein können. So reagiert bei „Chromoionophoren" die an den Ionophor-Liganden geknüpfte Chromophor-Gruppe sensitiv auf dessen Komplexierungs-Verhalten.[66] Der Wirkungsmechanismus bei Enzymen wird ähnlich von der räumlichen Nähe mehrerer funktioneller Gruppen bestimmt.[67]

3.2.2 Zwei verschiedene funktionale Einheiten in unterschiedlichen Molekülteilen

Beispiele für Dendrimere, die über einen funktionalen Kern und zusätzlich über eine funktionale Einheiten tragende Molekülperipherie verfügen, sind in der Literatur relativ zahlreich vertreten. In vielen Fällen dient die Dendrimer-Hülle der Abschirmung und Solubilisierung der funktionalen Kerneinheit (z. B. photoaktive oder katalytisch aktive Kerneinheit) und ist zu diesem Zweck mit löslichkeitsfördernden peripheren Gruppen ausgestattet. Je nach Lösungsmittel empfiehlt sich die Einführung von Alkyl-Ketten zur Erhöhung der Lipophilie, Perfluoralkyl-Ketten zur Erhöhung der Hydrophobie oder die Einführung von hydrophilen Gruppen wie Sulfonaten,[68] Carboxylaten,[69, 28] Phosphonaten,[70] quartären Ammonium-Gruppen,[71] Zuckern[72] oder Polyethylenglykolen[73, 5b] zur Verbesserung der Wasserlöslichkeit.

Werden zwei oder mehr verschiedene Arten von funktionalen Einheiten, die in geeigneter Weise wechselwirken können, in unterschiedliche Teile (Kern bzw. fokaler Punkt, Gerüst, Peripherie) eines Dendrimers oder Dendrons eingebaut, so können Energiegradienten erzeugt werden.[74] In vielen Fällen handelt es sich um dendritische Strukturen, bei denen ein strukturell erzeugter Gradient Energie- bzw. Elektronentransfer-Reaktionen von der Molekülperipherie zur photoaktiven bzw. redoxaktiven zentralen Einheit ermöglicht. *Fréchet et al.* bauten ein bifunktionalisiertes Poly(benzylether)-Dendron konvergent auf, bei dem das Licht von den terminalen Chromophoren (Cumarin 2) gesammelt und auf den fluoreszierenden, fokalen Punkt (Cumarin 343) fokussiert wird (Lichtsammelnde Antenne; engl. *light harvesting antenna*; **Bild 3-14**; siehe auch *Kapitel 5.2*).[75] Auch die Ummantelung eines zentralen Tris(bipyridin)ruthenium(II)-Komplexes mit Naphthalen-funktionalisierten *Fréchet*-Typ-Dendrons führt zu Dendrimeren, die einen effektiven Energietransfer von den terminalen Naphthyl-Einheiten über das dendritische Gerüst zum zentralen Ruthenium-Komplex zeigen.[76]

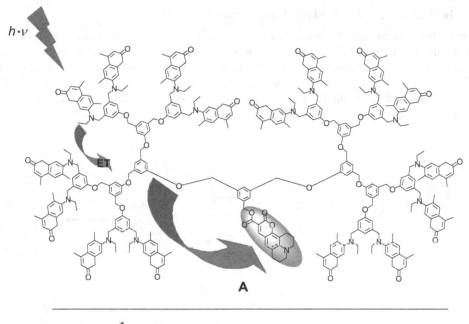

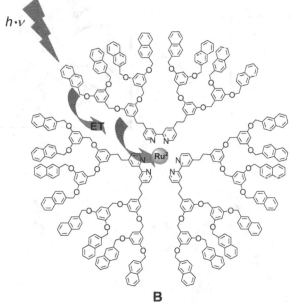

Bild 3-14 Zwei unterschiedliche dendritische lichtsammelnde Antennen **A** und **B**

3.2.3 Mehr als zwei verschiedene funktionale Einheiten

Während die vorgestellten Bifunktionalisierungs-Strategien verhältnismäßig einfach anzu-
wenden sind, erfordert die Synthese multifunktionaler Dendrimere mit mehr als zwei Typen
von funktionalen Einheiten einen beträchtlichen Syntheseaufwand. Zur Darstellung von
Dendrimeren mit einem funktionalen Kern und weiteren funktionalen Einheiten im Dendrimer-Gerüst und in der Peripherie bedarf es einer *de novo*-Synthese des gesamten Dendrimer-
Gerüsts, wobei die Synthese-Bedingungen für alle Gruppen tolerierbar sein müssen (**Bild 3-
15**).

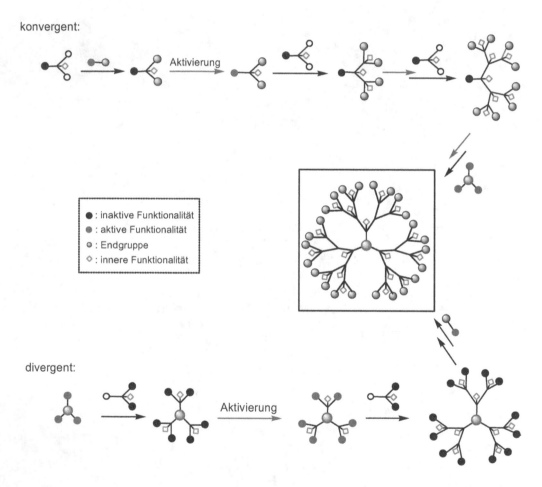

Bild 3-15 Synthese von Dendrimeren, die im Kern, im Verzweigungsgerüst und in der Peripherie
            funktionalisiert sind

Müllen et al. stellten ein multi-chromophores Dendrimer vor, welches über das gesamte
sichtbare Spektrum absorbiert. Drei verschiedene Farbstoffe sind in einem steifen Polypheny-
len-Dendrimer-Gerüst so angeordnet, dass ein Energiegradient zwischen der Peripherie und

dem Zentrum des Kerns erzeugt wird und bei Anregung der peripheren Chromophore (C1, C2) ein effizienter Energietransfer auf den zentralen Chromophor (A) erfolgt (**Bild 3-16**).[77]

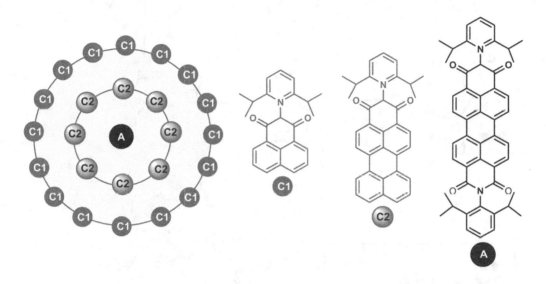

Bild 3-16 Multichromophores Dendrimer nach *Müllen et al.* mit drei verschiedenen Rylen-Farbstoff-
einheiten (C1, C2, A) in Peripherie, Gerüst und Kern (schematisch)

Ausgehend von ABB'-Monomeren konnte bereits ein multifunktionalisiertes Poly(benzylether)-Dendron der dritten Generation aufgebaut werden, bei dem sich alle acht terminale Gruppen unterscheiden (**Bild 3-17**).[78] Die Anknüpfung dieser Dendrons an eine Kerneinheit würde Dendrimere mit multifunktionalisierter Molekülperipherie vorhersagbarer Zusammensetzung liefern. Die Vorteile einer hohen funktionalen Vielfalt in der Molekülperipherie rechtfertigen die größere Zahl an Synthese- und Aufreinigungs-Schritten im Vergleich zur klassischen konvergenten Synthese.

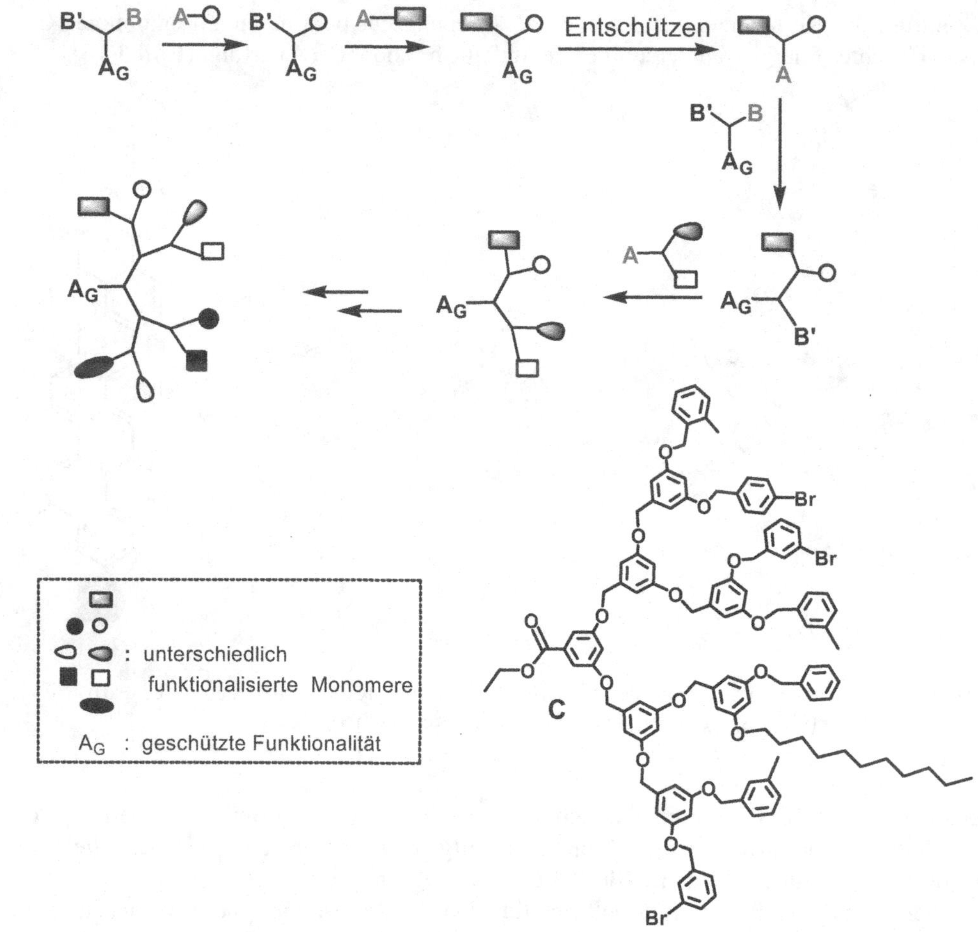

Bild 3-17 Synthesestrategie für unsymmetrische Dendrons. Dabei wird ausgenutzt, dass Funktionalität A besser mit Funktionalität B als mit B' reagiert (A$_G$ = geschützte Funktionalität)

Die vorangegangenen Abschnitte verdeutlichen, dass der Dendrimer-Chemiker mittlerweile über umfangreiche Möglichkeiten verfügt, spezielle funktionale Einheiten in ein oder mehrere ausgewählte Molekülbereiche (Zentrum, Peripherie, inneres Verzweigungsgerüst) einzuführen, um Dendrimere oder Dendrons für geplante Anwendungen maßzuschneidern. Allerdings bleibt zu bedenken, dass besonders die Synthesestrategien zur Einführung von zwei oder mehreren verschiedenen funktionalen Einheiten (Bifunktionalisierung, Multifunktionalisierung) mit einem hohen synthetischen sowie Zeit- und Kosten-Aufwand verbunden sind und ihr Einsatz auf bestimmte Dendrimere und Dendrons beschränkt ist, da spezielle Voraussetzungen erfüllt sein müssen (z. B. besondere Endgruppen wie primäre Amino-Funktionen).

3.2.4 Übersicht über funktionale Dendrimere und ihre Synthese

Zum Abschluss dieses Kapitels seien die Charakteristika von und Zusammenhänge zwischen den verschiedenen Typen funktionaler Dendrimere und der bisher bereits angewandten und damit empfehlenswerten Synthesestrategie tabellarisch zusammengestellt:

Dendrimer-Typ	Struktur	Synthesestrategie
Monofunktionales Dendrimer		
a) mit funktionaler Kerneinheit		Konvergenter, supramolekularer oder seltener divergenter Dendrimer-Aufbau unter Verwendung einer funktionalen Kerneinheit
b) mit funktionaler Molekülperipherie		a) Prämodifikation: Konvergenter Dendrimer-Aufbau ausgehend von den späteren peripheren Gruppen b) Postmodifikation: Endgruppen-Funktionalisierung im Anschluss an den divergenten oder konvergenten Dendrimer-Aufbau.
c) mit inneren funktionalen Einheiten		a) Prämodifikation: Divergenter, konvergenter oder supramolekularer Dendrimer-Aufbau unter Einsatz von monomeren Bausteinen (z. B. AB$_2$FG), die die gewünschte Funktion bereits enthalten. b) Postmodifikation: Konvergenter oder divergenter Aufbau eines Dendrimer-Vorläufers unter Einsatz von monomeren Bausteinen mit orthogonal geschützten oder selektiv aktivierbaren Funktionalitäten. Einführung der gewünschten funktionalen Einheit durch nachträgliche Funktionalisierung der inneren Funktionalitäten des Dendrimer-Vorläufers.

Dendrimer-Typ	Struktur	Synthesestrategie
Multifunktionales Dendrimer		
	  Dendrimere mit einer einzelnen, Generations-spezifisch eingebauten funktionalen Einheit.	Konvergenter Aufbau unter Einsatz eines monofunktionalisierten monomeren Verzweigungs-Bausteins vom Typ AB$_2$FG.. Die statistische Monofunktionalisierung dendritischer Äste an monomeren Bausteinen ist notwendiger Bestandteil der Synthese.
a) mit global bifunktionalisierter Peripherie	 Statistische Verteilung der verschiedenen funktionalen Einheiten in der Molekülperipherie.	Postmodifikation: Reaktion der Endgruppen eines bestehenden Dendrimer-Gerüsts mit einer Mischung zweier unterschiedlich funktionalisierter Substrate.
	  Oberflächen-Blockdendrimer mit zwei verschiedenen peripheren Gruppen in voneinander getrennten Molekül-Segmenten.	a) Verknüpfung zweier Arten von Dendrons, die sich in ihren peripheren Gruppen unterscheiden. b) Kopplung solcher Dendrons an eine gemeinsame Kerneinheit.
b) mit lokal bifunktionalisierter Molekülperipherie		Monofunktionalisierung der Endgruppen mit einem Substrat, welches eine zusätzliche Kopplungsstelle in geschützter Form enthält. Anschließend Einführung einer weiteren funktionalen Einheit über die aktivierte Kopplungsstelle.

Dendrimer-Typ	Struktur	Synthesestrategie
Multifunktionales Dendrimer		
	Bifunktionalisiertes Dendrimer mit perfekt alternierender Molekülperipherie (siehe auch Buch-Titelbild).	Monofunktionalisierung von Polyamin-Dendrimeren mit funktionalisierten Sulfonylchloriden. Anschließende Substitution des Sulfonamid-Protons mit anderen Sulfonylchloriden bzw. mit Alkyl- oder (dendritischen) Benzylbromiden.
c) mit funktionalem Kern und inneren funktionalen Einheiten		a) Konvergente oder divergente Synthese unter Einsatz der gewünschten funktionalen Kerneinheit und entsprechend vorfunktionalisierter monomerer Bausteine.
d) mit funktionalem Kern, inneren funktionalen Einheiten und funktionalisierter Molekülperipherie		*De novo*-Synthese des Dendrimer-Gerüsts erforderlich: a) Konvergente Synthese: Dendron-Aufbau unter Einsatz entsprechend vorfunktionalisierter monomerer Bausteine (z. B. AB$_2$FG) ausgehend von den peripheren funktionalen Einheiten des späteren Dendrimers. Anschließende Anknüpfung der Dendrons an die gewünschte funktionale Kerneinheit. b) Divergente Synthese (selten): Ausgehend von der funktionalen Kerneinheit wird unter Verwendung von monomeren Bausteinen, die die gewünschte innere funktionale Einheit bereits enthalten, das Dendrimer-Gerüst aufgebaut. Im Anschluss erfolgt die Funktionalisierung der Endgruppen zur Einführung der gewünschten peripheren funktionalen Einheiten. c) Sonderfall Metallo-Dendrimere: Divergenter oder konvergenter Aufbau aus Übergangsmetall-Komplexen (häufig von Polypyridin-Liganden) als Kern- und Verzweigungseinheiten.

Literaturverzeichnis und Anmerkungen zu *Kapitel 3*

„Funktionale Dendrimere"

Übersichtsartikel sind durch ein vorgestelltes fett gedrucktes „Übersicht(en)" bzw. „Buch/Bücher" gekennzeichnet.

[1] Dendrimere sind nicht, wie missverstanden werden könnte, auf Makromoleküle, Polymere beschränkt, sondern gleichermaßen in der niedermolekularen Chemie wichtig. Beispielsweise sind niedrige Generationen von Dendrimeren in der Regel nicht den Makromolekülen zuzurechnen, aber auch funktionalisierte Dendrons und dendritische Substituenten werden in der niedermolekularen Chemie noch eine große Rolle spielen, sowohl in der organischen wie bio-organischen und anorganischen Chemie, um sterische, Philie-Effekte und Löslichkeiten zu steuern. Dendrimere sind also, anders als der Name andeuten mag, Gegenstand der gesamten Chemie.

[2] *Übersichten*: a) H.-F. Chow, T. K. K. Mong, M. F. Nongrum, C.-W. Wan, *Tetrahedron* **1998**, *54*, 8543-8660; b) F. Diederich, *Chem. Eur. J.* **1998**, *4*, 1353-1361; c) A. Archut, F. Vögtle, *Chem. Soc. Review* **1998**, *27*, 227-240; d) F. Vögtle, S. Gestermann, R. Hesse, H. Schwierz, B. Windisch, *Prog. Polym. Sci.* **2000**, *25*, 987-1041.

[3] a) M. Kawa, J. M. J. Fréchet, *Chem. Mater.* **1998**, *10*, 286-296; b) H. F. Chow, I. Y. K. Chan, D. T. W. Chan, R. W. M. Kwok, *Chem. Eur. J.* **1996**, *2*, 1085-1091; c) M. Plevots, F. Vögtle, L. De Cola, V. Balzani, *New J. Chem.* **1999**, *23*, 63-69; d) F. Vögtle, M. Plevoets, M. Nieger, G. C. Azzellini, A. Credi, L. De Cola, V. Marchis, M. Venturi, V. Balzani, *J. Am. Chem. Soc.* **1999**, *121*, 6290-6298.

[4] a) V. Balzani, A. Juris, M. Venturi, S. Campagna, S. Serroni, *Chem. Rev.* **1996**, *96*, 759-833; b) G. Denti, S. Campagna, S. Serroni, M. Ciano, V. Balzani, *J. Am. Chem. Soc.* **1992**, *114*, 2944-2950; c) V. Balzani, S. Campagna, G. Denti, A. Juris, S. Serroni, M. Venturi, *Acc. Chem. Res.* **1998**, *31*, 26-34.

[5] a) P. J. Dandliker, F. Diederich, M. Gross, C. B. Knobler, A. Louati, E. M. Sanford, *Angew. Chem.* **1994**, *106*, 1821-1824; *Angew. Chem. Int. Ed.* **1994**, *33*, 1739-1742; b) P. Dandliker, F. Diederich, A. Zingg, J.-P. Gisselbrecht, M. Gross, A. Louati, E. Sanford, *Helv. Chim. Acta* **1997**, *80*, 1773-1801; c) M. Kimura, Y. Sugihara, T. Muto, K. Hanabusa, H. Shirai, N. Koboayashi, *Chem. Eur. J.* **1999**, *5*, 3495-3450.

[6] a) J. M. J. Fréchet, *Science*, **1994**, *263*, 1710-1715; b) *Übersicht*: S. Hecht, J. M. J. Fréchet, *Angew. Chem.* **2001**, *113*, 76-94; *Angew. Chem. Int. Ed.* **2001**, *40*, 74-91.

[7] Z. B. dendritisch substituierte photoaktive Metallkomplexe: *Übersicht*: V. Balzani, P. Ceroni, A. Juris, M. Venturi, S. Campagna, F. Puntoriero, S. Serroni, *Coord. Chem. Rev.* **2001**, 219-221, 545-572.

[8] C. B. Gorman, J. C. Smith, M. W. Hager, B. L. Parkhurst, H. Sierzputowska-Gracz, C. A. Haney, *J. Am. Chem. Soc.* **1999**, *121*, 9958-9966.

[9] A. V. Davis, M. Driffild, D. K. Smith, *Org. Lett.* **2001**, *3*, 3075- 3078.

[10] D. L. Stone, D. K. Smith, P. T. McGrail, *J. Am. Chem. Soc.* **2002**, *124*, 856-864.

[11] a) T. Marquardt, U. Lüning, *Chem. Commun.* **1997**, 1681-1682; b) D. A. Tomalia, P. R. Dvornic, *Nature* **1994**, 617-618; c) N. Brinkman, D. Giebel, G. Lohmer, M. T. Reetz, U. Cragl, *J. Catal.* **1999**, *183*, 163-168; d) N. J. Hovestad, E. B. Eggeling, H. J. Heidbüchel, J. T. B. H. Jastrzebski, U. Kragl, W. Keim, D. Vogt, G. van Koten, *Angew. Chem.* **1999**, *111*, 1763-1765; *Angew. Chem Int. Ed.* **1999**, *38*, 1655-1658; e) D. de Groot, E. B. Eggeling, J. C. de Wilde, H. Kooijman, R. J. van Haaren, A. W. van der Made, A. L. Spek, D. Vogt, J. N. H. Reek, P. C. J. Kramer, P. W. N. M. van Leeuwen, *Chem. Commun.* **1999**, 1623-1624; f) M. Albrecht, N. J. Hovestad, J. Boersma, G. van Koten, *Chem. Eur. J.* **2001**, *7*, 1289-1294.

[12] a) S. C. Zimmerman, I. Zharov, M. S. Wendland, N. A. Rakow, K. S. Suslik, *J. Am. Chem. Soc.* **2003**, *125*, 13504-13518; b) S. Kimata, D. L. Jiang, T. Aida, *J. Polym. Sci., Polym. Chem.* **2003**, *41*, 3524-3530; c) A. Dahan, M. Portnoy, *Macromolecules* **2003**, *36*, 1034-1038; d) E. M. Harth, S. Hecht, B. Helms, E. Malmstrom, J. M. J. Fréchet, C. J. Hawker, *J. Am. Chem. Soc.* **2002**, *124*, 3926-3938; e) D. J. Pochan, L. Pakstis, E. Huang, C. J. Hawker, R. Vestberg, J. Pople, *Macromolecules* **2002**, *35*, 9239-9242; f) M. E. Mackay, Y. Hong, M. Jeong, S. Hong, T. P. Russel, C. J. Hawker, R. Vestberg, J. Douglas, *Langmuir* **2002**, *18*, 1877-1882.

[13] G. R. Newkome, C. D. Weis, C. N. Moorefield, G. R. Baker, B. J. Childs, J. Epperson, *Angew. Chem.* **1998**, *110*, 318-321; *Angew. Chem. Int. Ed.* **1998**, *37*, 307-310.

[14] P. Marchand, L. Griffe, A.-M. Caminade, J.-P. Majoral, M. Destarac, F. Leising, *Org. Lett.* **2004**, *6*, 1309-1312.

[15] S. Stevelmans, J. C. M. van Hest, J. F. G. A. Jansen, D. A. F. J. van Boxtel, E. M. M. de Brabander-van den Berg, E. W. Meijer, *J. Am. Chem. Soc.* **1996**, *118*, 7398-7399; b) M. W. P. L. Baars, P. E. Froehling, E. W. Meijer, *J. Chem. Soc., Chem. Commun.* **1997**, 1959-1960; c) C. Valério, J.-L. Fillaut, J. Ruiz, J. Guittard, J.-C. Blais, D. Astruc, *J. Am. Chem. Soc.* **1997**, *119*, 2588-2589; d) J. H. Cameron, A. Facher, G. Lattermann, S. Diele, *Adv. Mater.* **1997**, *9*, 398-403.

[16] A. I. Cooper, J. D. Londono, G. Wignall, J. B. McClain, E. T. Samulski, J. S. Lin, A. Dobrynin, M. Rubinstein, A. L. C. Burke, J. M. J. Fréchet, J. M. DeSimone, *Nature* **1997**, *389*, 368-371.

[17] R. Roy, D. Zanini, S. J. Meunier, A. Romanowska, *J. Chem. Soc., Chem. Commun.* **1993**, 1869-1872.

[18] a) J. F. G. A. Jansen, E. M. M. de Brabander-van den Berg, E. W. Meijer, *Science* **1994**, *266*, 1226-1229; b) P. R. Ashton, S. E. Boyd, C. L. Brown, S. Nepogodiev, E. W. Meijer, H. W. I. Peerlings, J. F. Stoddart, *Chem. Eur. J.* **1997**, *3*, 974-984; c) A. P. H. J. Schenning, C. Elissen-Román, J.-W. Weener, M. W. P. L. Baars, S. J. van der Gaast, E. W. Meijer, *J. Am. Chem. Soc.* **1998**, *120*, 8199-8208.

[19] H. W. Peerlings, S. A. Nepogodiev, J. F. Stoddart, E. W. Meijer, *Eur. J. Org. Chem.* **1998**, 1879-1886; b) J. F. G. A. Jansen, H. W. I. Peerlings, E. M. M. Brabander-van den Berg, E. W. Meijer, *Angew. Chem.* **1995**, *107*, 1312-1324; *Angew. Chem. Int. Ed.* **1995**, *34*, 1206-1209; c) A. Archut, F. Vögtle, L. De Cola, G. C. Azzellini, V. Balzani, P. S. Ramanujam, R. H. Berg, *Chem. Eur. J.* **1998**, *4*, 699-706.

[20] a) D. Pagé, S. Aravind, R. Roy, *J. Chem. Soc., Chem. Commun.* **1996**, 1913-1914; b) T. K. Lindhorst, C. Kieburg, *Angew. Chem.* **1996**, *108*, 2083-2086; *Angew. Chem. Int. Ed.* **1996**, *35*, 1953-1956; c) C. Kieburg, T. K. Lindhorst, *Tedrahedron Lett.* **1997**, *38*, 3885-3888; d) D. Zanini, R. Roy, *J. Org. Chem.* **1998**, *63*, 3486-3489; e) U. Boas, A. J. Karlsson, B. F. W. de Waal, E. W. Meijer, *J. Org. Chem.* **2001**, *66*, 2136-2145.

[21] a) G. R. Newkome, C. D. Weis, C. N. Moorefield, G. R. Baker, B. J. Childs, J. Epperson, *Angew. Chem.* **1998**, *110*, 318-321; *Angew. Chem. Int. Ed.* **1998**, *37*, 307-310; b) A. P. H. J. Schenning, C. Elissen-Román, J. W. Weener, M. W. P. L. Baars, S. J. van der Gaast, E. W. Meijer, *J. Am. Chem. Soc.* **1998**, *120*, 8199-8208; c) M. W. P. L. Baars, A. J. Karlsson, V. Sorokin, B. F. W. de Waal, E. W. Meijer, *Angew. Chem.* **2000**, *112*, 4432-4436; *Angew. Chem. Int. Ed.* **2000**, *39*, 4262-4266; d) S. Rosenfeldt, N. Dingenouts, M. Ballauff, N. Werner, F. Vögtle, P. Lindner, *Macromolecules* **2002**, *35*, 8098-8105.

[22] M. S. T. H. Sanders-Hovens, J. F. G. A. Jansen, J. A. J. M. Vekemans, E. W. Meijer, *Polym. Mater. Sci. Eng.* **1995**, *73*, 338-339.

[23] M. T. Reetz, G. Lohmer, R. Schwickardi, *Angew. Chem.* **1997**, *109*, 1559-1562; *Angew. Chem Int. Ed.* **1997**, *36*, 1526-1529.

[24] J. Issberner, M. Böhme, S. Grimme, M. Nieger, W. Paulus, F. Vögtle, *Tetrahedron: Asymmetry* **1996**, *7*, 2223-2232.

[25] I. J. Majoros, B. Keszler, S. Woehler, T. Bull, J. R. Baker, Jr., *Macromolecules* **2003**, *36*, 5526-5529.

[26] a) N. Malik, R. Wiwattanapatapee, R. Klopsch, K. Lorenz, H. Frey, J. W. Weener, E. W. Meijer, W. Paulus, R. Duncan, *J. Controlled Release* **2000**, *65*, 133-148; b) S. Fuchs, T. Kapp, H. Otto, T. Schöneberg, P. Franke, R. Gust, A. D. Schlüter, *Chem. Eur. J.* **2004**, *10*, 1167-1192.

[27] M. Malkoch, K. Schleicher, E. Drockenmuller, C. J. Hawker, T. P. Russel, Y. Wu, V. V. Fokin, *Macromolecules* **2005**, *38*, 3663-3678.

[28] J. W. Leon, M. Kawa, J. M. J. Fréchet, *J. Am. Chem. Soc.* **1996**, *118*, 8847-8859.

[29] M. R. Leduc, W. Hayes, J. M. J. Fréchet, *J. Polym. Sci., Part A: Polym. Chem.* **1998**, *36*, 1-10.

[30] L. Groenendaal, J. M. J. Frèchet, *J. Org. Chem.* **1998**, *63*, 5675-5679.

[31] Y.-H. Liao, J. R. Moss, *J. Chem. Soc., Chem. Commun.* **1993**, 1774-1777.

[32] C. F. Shu, H. M. Shen, *J. Mater. Chem.* **1997**, *7*, 47-52.

[33] D. Seebach, R. E. Marti, T. Hintermann, *Helv. Chim. Acta* **1996**, *79*, 1710-1740.

[34] M. Serin, D. W. Brousmiche, J. M. J. Fréchet, *Chem. Commun.* **2002**, 2605-2607.

[35] a) N. Jayaraman, S. A. Nepogodiev, J. F. Stoddart, *Chem. Eur. J.* **1997**, *3*, 1193-1199; b) P. R. Ashton, E. F. Hounsell, N. Jayaramann, T. M. Nilsen, N. Spencer, J. F. Stoddart, M. Young, *J. Org. Chem.* **1998**, *63*, 3429-3437.

[36] J.-F. Nierengarten, D. Felder, J.-F. Nicoud, *Tetrahedron Lett.* **1999**, *40*, 269-272.

[37] a) L. A. Baker, R. M. Crooks, *Macromolecules* **2000**, 33, 9034-9039; b) C. Francavilla, M. D. Drake, F. V. Bright, M. R. Detty, *J. Am. Chem. Soc.* **2001**, *123*, 57-67; c) D. Lagnoux, E. Delort, C. Dout-Casassus, A. Espito, J. L. Reymond, *Chem. Eur. J.* **2004**, *10*, 1215-1226; d) A. W. Kleij, R. A. Gossage, J. T. B. H. Jastrzebski, J. Boersma, G. van Koten, *Angew. Chem.* **2000**, *112*, 179-181; *Angew. Chem. Int. Ed.* **2000**, *39*, 176-178.

[38] Synthesekonzepte zur Funktionalisierung des Dendrimer-Inneren: S. Hecht, *J. Polym. Sci. Part A: Polym. Chem.* **2003**, *41*, 1047-1058.

[39] T. Nagasaki, S. Tamagaki, K. Ogini, *Chem. Lett.* **1997**, 717-718.

[40] V. Percec, P. Chu, G. Ungar, J. Zhou, *J. Am. Chem. Soc.* **1995**, *117*, 11441-11454; b) J. F. Li, K. A. Krandall, P. Chu, V. Percec, R. G. Petschek, C. Rosenblatt, *Macromolecules* **1996**, *29*, 7813-7819; c) *Übersicht*: V. Percec, *Pure Appl. Chem.* **1995**, *67*, 2031-2038.

[41] z. B. a) H. F. Chow, C. C. Mak, *J. Chem. Soc., Perkin Trans 1* **1994**, 2223-2228; b) L. J. Twyman, A. E. Beezer, J. C. Mitchell, *Tetrahedron Lett.* **1994**, *35*, 4423-4424; c) D. Seebach, G. F. Herrmann, U. D. Lengweiler, W. Amrein, *Helv. Chim. Acta* **1997**, *80*, 989-1026; d) P. Murer, D. Seebach, *Helv. Chim. Acta* **1998**, *81*, 603-631.

[42] Z. Bo, A. Schäfer, P. Franke, A. D. Schlüter, *Org. Lett.* **2000**, *2*, 1645-1648.

[43] H.-F. Chow, M.-K. Ng, C. W. Leung, G.-X. Wang, *J. Am. Chem. Soc.* **2004**, *126*, 12907-12915.

[44] C. O. Liang, J. M. J. Fréchet, *Macromolecules* **2005**, *38*, 6276-6284.

[45] a) C. J. Hawker, J. M. J. Fréchet, *Macromolecules* **1990**, *23*, 4726-4729; b) C. J. Hawker, J. M. J. Fréchet, *J. Am. Chem. Soc.* **1990**, *112*, 7638-7647.

[46] L. Lochmann, K. L. Wooley, P. T. Ivanova, J. M. J. Fréchet, *J. Am. Chem. Soc.* **1993**, *115*, 7043-7044.

[47] a) S. Hecht, *J. Polym. Sci., Part A: Polym. Chem.* **2003**, *41*, 1047-1058; b) L. G. Schultz, Y. Zhao, S. C. Zimmerman, *Angew. Chem.* **2001**, *113*, 2016-2020; *Angew. Chem. Int. Ed.* **2001**, *40*, 1929-1932. c) M. F. Ottavania, F. Monalti, N. J. Turro, D. A. Tomalia, *J. Phys. Chem. B* **1997**, *101*, 158-166; d) G. J. M. Koper, M. H. P. van Genderen, C. Elissen-Román, M. Baars, E. W. Meijer, M. Borcovec, *J. Am. Chem. Soc.* **1997**, *119*, 6512-6521.

[48] G. R. Newkome, J. M. Keith, G. R. Baker, G. H. Escamilla, C. N. Moorefield, *Angew. Chem.* **1994**, *106*, 701-703; *Angew. Chem. Int. Ed.* **1994**, *33*, 666-668.

[49] S. Bernhardt, M. Baumgarten, M. Wagner, K. Müllen, *J. Am. Chem. Soc.* **2005**, *127*, 12392-12399.

[50] L. G. Schultz, Y. Zhao, S. C. Zimmerman, *Angew. Chem.* **2001**, *113*, 2016-2020; *Angew. Chem. Int. Ed.* **2001**, *40*, 1962-1966.

[51] C. Larré, D. Bressolles, C. Turrin, B. Donnadieu, A. M. Caminade, J. Majoral, *J. Am. Chem. Soc.* **1998**, *120*, 13070-13082.

[52] L. Brauge, A. M. Caminade, J. P. Majoral, S. Slomkowski and M. Wolszczak, *Macromolecules* **2001**, *34*, 5599-5606.

[53] a) R. Sadamoto, N. Tomioka, T. Aida, *J. Am. Chem. Soc.* **1996**, *118*, 3978-3979; b) G. R. Newkome, A. Nayak, R. K. Behara, C. N. Moorefield, G. R. Baker, *J. Org. Chem.* **1992**, *57*, 358-362; c) G. R. Newkome, X. Lin, J. K. Young, *Synlett* **1992**, 53-54.

[54] C. J. Hawker, K. L. Wooley, J. M. J. Fréchet, *Macromol. Symp.* **1994**, *77*, 11-20.

[55] a) E. M. Sandford, J. M. J. Fréchet, K. L. Wooley, C. J. Hawker, *J. Polym. Prepr.* **1993**, *34*, 654-655; b) C. J. Hawker, K. L. Wooley, J. M. J. Fréchet, *J. Chem. Soc., Perkin Trans. 1*, **1993**, 1287-1297; J. M. J. Fréchet, C. J. Hawker, K. L. Wooley, *Pure Appl. Chem.* **1994**, *A31*, 1627-1645.

[56] M. R. Bryce, P. de Miguel, W. Devonport, *J. Chem. Soc., Chem. Commun.* **1998**, 2565-2566.

[57] V. Maraval, R. Laurent, B. Donnadieu, M. Mauzac, A.-M. Caminade, J.-P. Majoral, *J. Am. Chem. Soc.* **2000**, *122*, 2499-2511.

[58] P. Furuta, J. M. J. Fréchet, *J. Am. Chem. Soc.* **2003**, *125*, 13173-13181.

[59] a) J.-W. Weener, E. W. Meijer, *Adv. Mater.* **2000**, *12*, 741-746; b) M. W. Baars, M. C. V. Boxtel, D. J. Broer, S. H. Söntjens, E. W. Meijer, *Adv. Mater.* **2000**, *12*, 715-719; c) K. Tsuda, G. C. Dol, T. Gensch, J. Hofkens. L. Latterini, J. W. Weener, E. W. Meijer, F. C. De Schryver, *J. Am. Chem. Soc.* **2000**, *122*, 3445-3452; *Übersicht*: d) T. Gensch, K.

Tsuda, G. C. Dol, L. Latterini, J. W. Weener, A. P. Schenning, J. Hofkens, E. W. Meijer, F. C. De Schryver, *Pure Appl. Chem.* **2001**, *73*, 435-441.

[60] a) T. D. Janes, H. Shinmori, M. Takeuchi, S. Shinkai, *J. Chem. Soc., Chem. Commun.* **1996**, 705-706; b) A. Archut, S. Gestermann, R. Hesse, C. Kauffmann, F. Vögtle, *Synlett* **1998**, 546-548.

[61] T. D. James, H. Shinmori, M. Takeuchi, S. Shinkai, *Chem. Commun.* **1996**, 705-706.

[62] R. M. Kim, M. Manna, S. H. Hutchins, P. R. Griffen, N. A. Yates, A. M. Bernick, T. Chapman, *Proc. Natl. Acad, Sci. USA* **1996**, *93*, 10012-10017.

[63] a) F. Vögtle, H. Fakhrnabavi, O. Lukin, *Org. Lett.* **2004**, *6*, 1075-1078; b) F. Vögtle, H. Fakhrnabavi, O. Lukin, S. Müller, J. Friedhofen, C. A. Schalley, *Eur. J. Org. Chem.* **2004**, 4717-4724.

[64] a) A. Archut, S. Gestermann, R. Hesse, C. Kauffmann, F. Vögtle, *Synlett* **1998**, 546-548; b) U. Hahn, M. Gorka, F. Vögtle, V. Vicinelli, P. Ceroni, M. Maestri, V. Balzani, *Angew. Chem.* **2002**, *114*, 3747-3750; *Angew. Chem. Int. Ed.* **2002**, *41*, 3595-3598.

[65] D. de Groot, B. F. M. de Waal, J. N. H. Reek, A. P. H. J. Schenning, P. C. J. Kamer, E. W. Meijer, P. W. N. M. van Leeuwen, *J. Am. Chem. Soc.* **2001**, *123*, 8453-8458.

[66] a) A. P. de Silva, H. Q. N. Gunaratne, T. Gunnlaugsson, A. J. M. Huxley, C. P. McCoy, J. T. Rademacher, T. E. Rice, *Chem. Rev.* **1997**, *97*, 1515-1566; b) L. Fabrizzi, A. Poggi, *Chem. Soc. Rev.* **1995**, 197-202.

[67] ***Buch***: L. Stryer, *Biochemie*, 3. Auflage, Spektrum Akad. Verlag, Heidelberg, Berlin, New York **1991**; L. Stryer, *Biochemistry*, 4. Auflage, W. H. Freeman and Company, New York **1995**.

[68] L. Howe, J. Z. Zhang, *J. Phys. Chem. A* **1997**, *101*, 3207-3213.

[69] a) R. Sadamoto, N. Tomioka, T. Aida, *J. Am. Chem. Soc.* **1996**, *118*, 3978-3979; b) C. J. Hawker, K. L. Wooley, J. M. J. Fréchet, *J. Chem. Soc., Perkin Trans. 1* **1993**, 1287-1297; c) S. Mattei, P. Seiler, F. Diederich, *Helv. Chim. Acta* **1995**, *78*, 1904-1912; c) B. Kenda, F. Diederich, *Angew. Chem.* **1998**, *110*, 3357-3358; *Angew. Chem. Int. Ed.* **1998**, *37*, 1531-1534; d) N. Tomioka, D. Takasu, T. Takahashi, T. Aida, *Angew. Chem.* **1998**, *110*, 1611-1614; *Angew. Chem. Int. Ed.* **1998**, *37*, 3154-3157; e) I. B. Rietveld, E. Kim, S. A. Vinogradov, *Tetrahedron* **2003**, *59*, 3821-3831.

[70] a) R. W. Boyle, J. E. van Lier, *Synlett* **1993**, 351-352; b) R. W. Boyle, J. E. van Lier, *Synthesis* **1995**, 1079-1080; c) W. M. Sharman, S. V. Krudevich, J. E. van Lier, *Tetrahedron Lett.* **1996**, *37*, 5831.

[71] a) P. R. Ashton, K. Shibata, A. N. Shipway, J. F. Stoddart, *Angew. Chem.* **1997**, *109*, 2902-2904; *Angew. Chem. Int. Ed.* **1997**, *36*, 2781-2783; b) S. W. Krska, D. J. Seyferth, *J. Am. Chem. Soc.* **1998**, *120*, 3604-3612.

[72] a) D. Zanini, R. Roy, *J. Am. Chem. Soc.* **1997**, *119*, 2088-2095; b) D. Pagé, R. Roy, *Bioconjugate Chem.* **1997**, *8*, 714-723; c) P. R. Ashton, E. F. Hounsell, N. Jayaraman, T. M. Nielsen, N. Spencer, J. F. Stoddart, M. Young, *J. Org. Chem.* **1998**, *63*, 3429-3437; d) H. W. I. Peerlings, S. A. Nepogodiev, J. F. Stoddart, E. W. Meijer, *Eur. J. Org. Chem.* **1998**, 1879-1886.

[73] a) P. J. Dandliker, F. Diederich, J.-P. Gisselbrecht, A. Louati, M. Gross, *Angew. Chem.* **1996**, *107*, 2906-2909; *Angew. Chem. Int. Ed.* **1996**, *34*, 2725-2728. b) M. Liu, K. Kono, J. M. J. Fréchet, *J. Polym. Sci. Part A: Polym. Chem.* **1999**, *37*, 3492-3503.

[74] M. S. Choi, T. Aida, T. Yamazaki, I. Yamazaki, *Angew. Chem.* **2001**, *113*, 3294-3298; *Angew. Chem Int. Ed.* **2001**, *40*, 3627-3629.

[75] a) S. L. Gilat, A. Adronov, J. M. J. Fréchet, *Angew. Chem.* **1999**, *111*, 1519-1524; *Angew. Chem. Int. Ed.* **1999**, *38*, 1422-1427; b) A. Adronov, S. L. Gilat, J. M. J. Fréchet, K. Otha, F. V. R. Neuwahl, G. R. Fleming, *J. Am. Chem. Soc.* **2000**, *122*, 1175-1185; c) ***Übersicht*** zu lichtsammelnden (*light harvesting*) Dendrimeren: A. Adronov, J. M. J. Fréchet, *Chem. Commun.* **2000**, 1701-1710.

[76] M. Plevoets, F. Vögtle, L. De Cola, V. Balzani, *New J. Chem.* **1999**, 63-69.

[77] T. Weil, E. Reuter, C. Beer, K. Müllen, *Chem. Eur. J.* **2004**, *10*, 1398-1414.

[78] K. Sivanandan, D. Vutukuri, S. Thayumanavan, *Org. Lett.* **2002**, *4*, 3751-3753.

4. Dendrimer-Typen und -Synthesen

In den *Kapiteln 2* und *3* wurde schon in allgemeine Prinzipien der Architektur, Synthese und Funktionalisierung von dendritischen Molekülen – einschließlich hyperverzweigter und dendronisierter (linearer) Polymere (Denpols) – eingeführt. Im Folgenden sollen nun konkrete Molekülgerüste und Synthesen wichtiger Dendrimer-Typen betrachtet und deren spezifische Eigenschaften erwähnt werden. Speziellere und Anwendungs-relevante Eigenschaften bestimmter Dendrimere sind in *Kapitel 8* zusammengestellt.

4.1 Achirale Dendrimere

4.1.1 POPAM

Die Bezeichnung *Poly(propylenimin)* ist, ebenso wie das entsprechende Akronym *PPI*, systematisch korrekt, *Oligo-* wäre allerdings als Vorsilbe für die niedermolekularen Repräsentanten passender. Weil die Silbe Imin das Vorhandensein einer Imino-Gruppe (>C=N-) vortäuscht, ist dieser Familienname aber nicht optimal. Um den ausschließlichen Amin-Charakter zu betonen, wurde diese Verbindungsgruppe daher auch *Polypropylenamin* genannt, wozu auch das gängige Kürzel *POPAM* passt. Dieser Dendrimer-Typ (**Bild 4-1**) gehört zu den bisher am häufigsten genutzten, da er – wie die Poly(amidoamin)-Dendrimere (siehe nachfolgender *Abschnitt 4.1.2*) – kommerziell erhältlich ist.[1] POPAM-Dendrimere enthalten aufgrund der Dreibindigkeit der Amin-Stickstoffatome ausschließlich AB$_2$-Verzweigungseinheiten (1→2-Verzweigungstyp).

Zwar wurde Proben solcher Dendrimere durch *Elektrospray-Ionisierungs*-Massenspektrometrie (*ESI*) ein hoher Reinheitsgrad zugeordnet,[2] jedoch können auch hier – wie schon in *Kapitel 1.3* beschrieben – durch die divergente Synthese bedingt, Strukturdefekte durch nicht vollständige Umsetzung bei der *Michael*-Addition auftreten. Der hohe Verzweigungsgrad hemmt aufgrund sterischer Hinderung das Generationswachstum ab der fünften Generation („starburst limit effect", siehe *Kapitel 1.3*). In **Tabelle 4.1** sind zum Vergleich einige „Wachstumsdaten" zusammengestellt; auf die zehnte Generation hochgerechnet würden solche POPAM-Dendrimere bereits über 2048 terminale Aminogruppen verfügen.

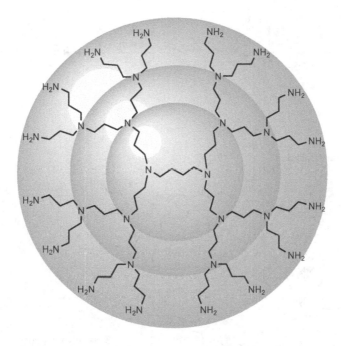

Bild 4-1 POPAM-Dendrimer der dritten Generation (G3) – mit tetrafunktioneller Kerneinheit und AB_2-Verzweigung (Die Generationen sind grau gekennzeichnet)

Tabelle 4.1 Anstieg von POPAM-Parametern mit der Generationszahl[3]

Generation	Endgruppen [Anzahl]	Durchmesser [Å]	Molmasse [g]
1	4	4,4	317
2	8	6,9	773
3	16	9,3	1687
4	32	11,6	3514
5	64	13,9	7168

Die divergente Synthese der POPAM-Dendrimere basiert auf dem Konzept von *Vögtle et al.* aus dem Jahr 1978 (s. *Kapitel 1.1*).[4] An ein primäres Mono- oder Oligo-Diamin wird *via Michael*-Reaktion Acrylnitril addiert (**Bild 4-2**). Als geeignete Reduktionsmittel erwiesen sich Co(II)-Borhydrid-Komplexe oder Diisobutylaluminiumhydrid.[5] In darauffolgenden iterativen Reaktionscyclen kann bis zum Erreichen der Grenzgeneration immer wieder von neuem Acrylnitril addiert und anschließend reduziert werden.

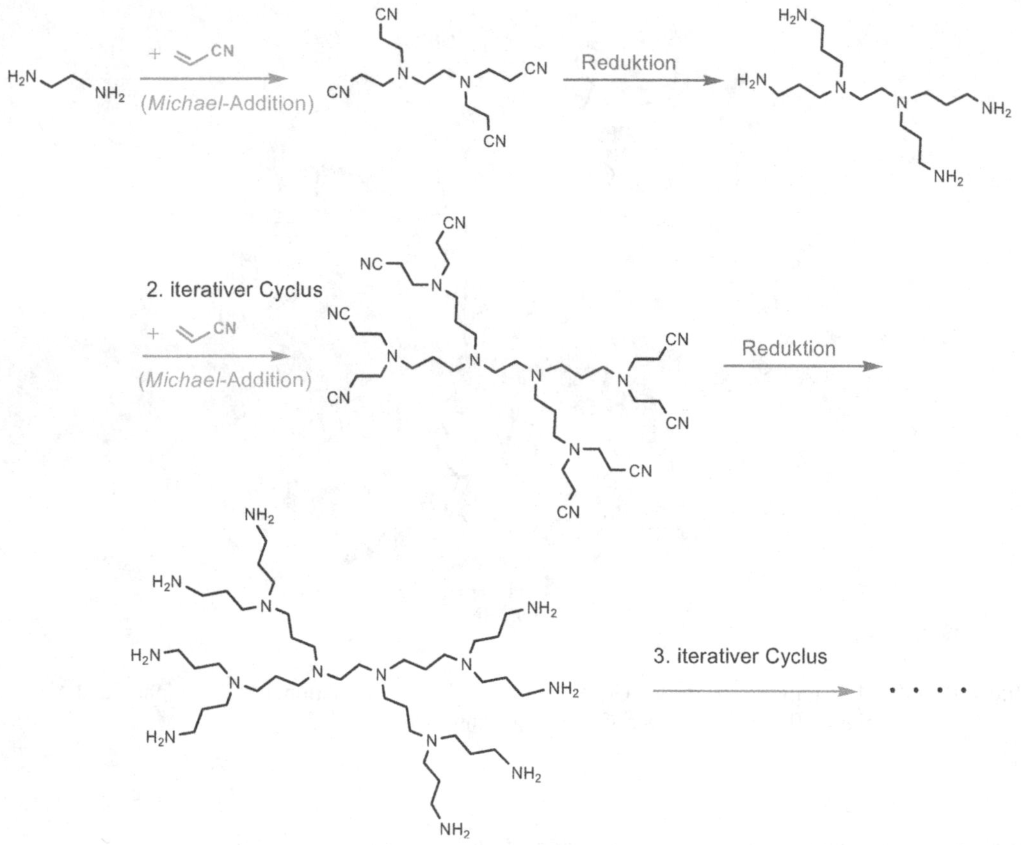

Bild 4-2 Synthese von POPAM-Dendrimeren (Schlüsselschritt *Michael*-Addition nach *Vögtle et al.*)

Meijer et al. und *Mülhaupt et al.* gelang 1993, auf diesem Prinzip aufbauend, nahezu gleich-zeitig die präparative Synthese monodisperser POPAM-Dendrimere höherer Generationen.[6] Aufgrund der terminalen Aminogruppen lassen sich POPAM-Dendrimere unschwer *per-*funktionalisieren. So konnten *Balzani, De Cola* und *Vögtle et al.* hochfluoreszente Poly-Dansyl-„dekorierte" POPAM-Dendrimere bis zur fünften Generation mit bis zu 64 periphe-ren Dansyl-Funktionen in reiner Form erhalten (**Bild 4-3**).[7] Es zeigte sich, dass deren Fluo-reszenz mit dem Generationsgrad zwar stark zunimmt, jedoch nicht exakt mit der Anzahl der fluorophoren (Dansyl-)Gruppen. Offenbar wird die Fluoreszenz insgesamt durch Zusammen-stöße aufgrund der engen Nachbarschaft der Fluorophore auf kleinem Raum teilweise ge-löscht (Näheres siehe *Kapitel 5*).

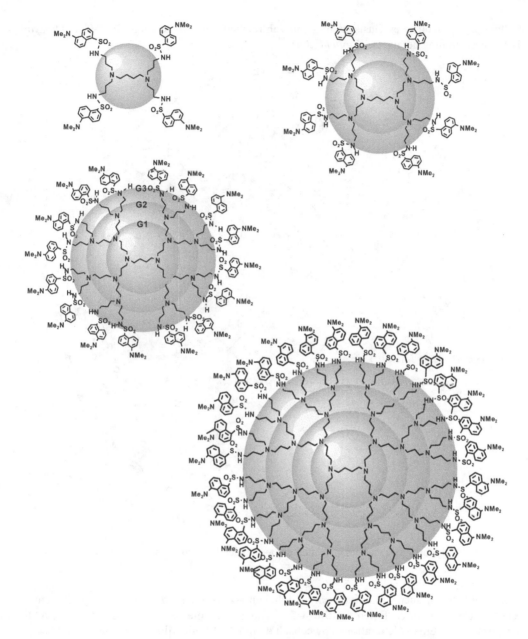

Bild 4-3 *per-mono*-Substituierte Dansyl-POPAM-Dendrimere der 1. bis 4. Generation (auch die hier weggelassene 5. Generation wurde isoliert)

Kaifer et al. „dekorierten" beispielsweise die Peripherie eines POPAM-Dendrimers mit Ferrocen- und Cobaltocenium-Einheiten. Ein solches Dendrimer vierter Generation (**Bild 4-4**) stellte sich als geeignetes Gastsystem – mit zahlreichen Andockstellen – für β-Cyclodextrin als Wirtverbindung heraus (s. *Kapitel 8.3.6*).[8]

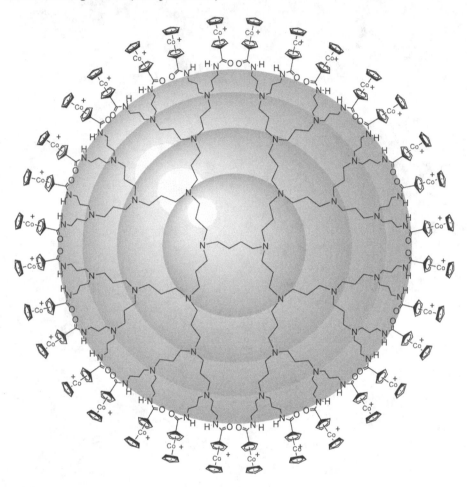

Bild 4-4 POPAM-Dendrimer vierter Generation mit terminalen Cobaltocenium-Einheiten

Ebenso gelang es, über Amidoferrocenyl-Einheiten Aza-Kronenether an die Peripherie eines POPAM-Dendrimers zu fixieren (**Bild 4-5**),[9a] oder auch die Außenschale eines POPAM-Dendrimers zweiter Generation abwechselnd mit acht *E*-Stilben- sowie acht 4-*tert*-Butylbenzensulfonsäure-Einheiten zu dekorieren.[9b] In den *Kapiteln 5* bis *8* dieses Buchs sind noch diverse andere Beispiele für die Funktionalisierung von POPAM-Dendrimeren zu finden.

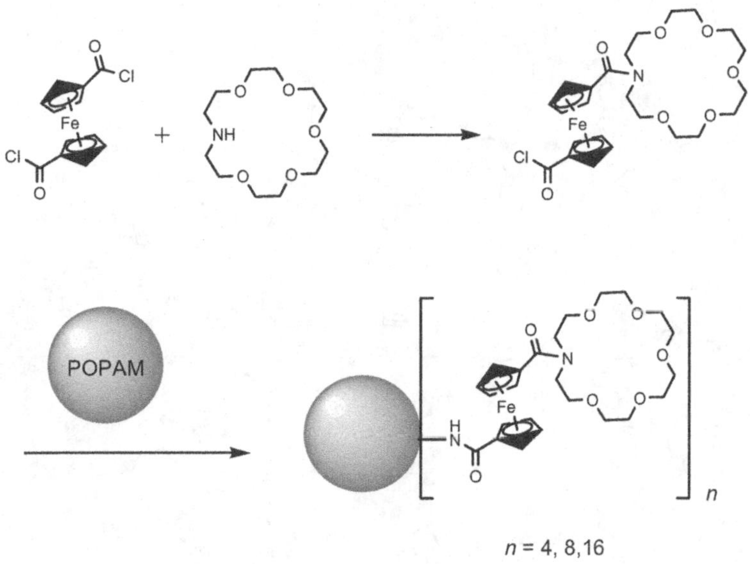

n = 4, 8,16

Bild 4-5 POPAM-Dendrimer mit terminalen Aza-Kronenether- und Ferrocen-Einheiten

4.1.2 PAMAM

Das Akronym *PAMAM* für *Poly*amido*am*in-Dendrimere (**Bild 4-6**) sollte eigentlich die im Molekül enthaltenen Amid-Bindungen betonen, um sie so von den *POPAM*-Dendrimeren (von *Poly*(*propylenamin*) abzugrenzen. Sie sind unter dem Namen „Starburst-Dendrimere" im Handel.[10] Die üblichen PAMAM- sind – wie die POPAM-Dendrimere – ausschließlich aus AB_2-Verzweigungseinheiten aufgebaut (vgl. auch *Kapitel 1*, **Bild 1-4**).

Wie in den **Tabellen 4.1** und **4.2** veranschaulicht, sind PAMAM-Dendrimere (mit Nitrilo-tripropionsäure-Kerneinheit; vgl. **Bild 4-6**) im Vergleich zu POPAM-Dendrimeren (mit 1,4-Butandiamin-Kerneinheit; vgl. **Bild 4-4**) aus voluminöseren Molekülen aufgebaut. Bereits die nullte Generation eines derartigen PAMAM-Dendrimers (mit nur 4 Endgruppen) nimmt einen größeren Raum ein als die fünfte Generation eines POPAM-Dendrimers (mit 64 peripheren Gruppen). Dementsprechend zeigt die erste Generation obigen PAMAM-Dendrimers mehr als die vierfache Molekülmasse der ersten Generation eines POPAM-Dendrimers. Dieser direkte Generationenvergleich hinkt allerdings wegen der in der Literatur bisher nicht einheit-lichen Definition der konkreten Generationszahlen bei Vorliegen unterschiedlicher Kernein-heiten. Es dürfte daher in vielen Fällen ratsam sein, sich beim Vergleich von Dendrimeren unterschiedlicher Kern- und Verzweigungseinheiten jeweils auf Vertreter mit gleicher Anzahl von Endgruppen zu beziehen, auch wenn die Generationszahlen differieren.

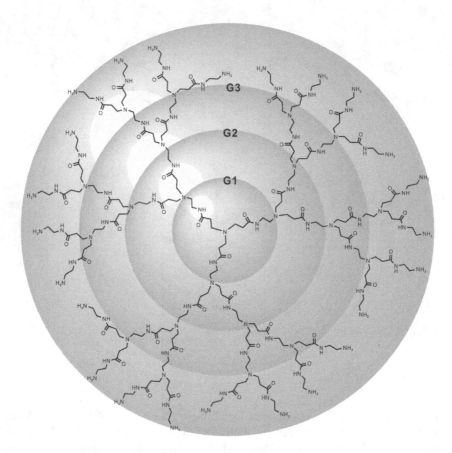

Bild 4-6   PAMAM-Dendrimer dritter Generation (G3), mit trifunktioneller Kerneinheit (Nitrilotripro-
pionsäureamid) und AB$_2$-Verzweigungen

Die räumliche Ausdehnung eines Dendrimers und dessen Fähigkeit zur Ausbildung intramolekularer „Hohlräume" hängt – wie schon in *Kapitel 1.2* allgemein ausgeführt – von dessen
konformativer Flexibilität und diese wiederum von der Beschaffenheit der Verzweigungseinheiten ab. Die „innere Oberfläche" von „Hohlräumen" in einem PAMAM-Dendrimer der
sechsten Generation ist nach *Tomalia et al.* größer als die äußere Oberfläche.[11] In das Innere
von PAMAM-Molekülen ließen sich unter anderem organische Moleküle,[12] auch Farbstoffe
einlagern.[13] Diese formale Festlegung bedeutet aber keineswegs, dass in Lösung tatsächlich
Hohlräume oder Poren (in Form von Vakuolen) im Dendrimer-Molekül vorgebildet wären.
Jedoch können Lösungsmittel- oder größere Gast-Moleküle im Dendrimer-Molekül eingeschlossen werden, insbesondere wenn Anziehungskräfte zwischen Wirt und Gast, etwa aufgrund von Wasserstoffbrücken-Wechselwirkungen oder einer Säure/Base-Beziehung, wirksam sind.

Tabelle 4.2 Anstieg von PAMAM-Parametern mit der Generationszahl (Dendrimer-Typ s. **Bild 4-6**).[3] Zum Vergleich ist in der 2. Spalte die Anzahl der Endgruppen 1→3-verzweigter aliphatischer Dendrimere des *Newkome*-Typs angegeben (Formelbeispiele siehe **Bilder 1-5** und **4-60**)

Generation	Endgruppenzahl		Durchmesser [Å]	Molmasse [g]
	PAMAM	*Newkome-Typ*		
0	4		15	512
1	8	12	22	1430
2	16	36	29	3256
3	32	108	36	6909
4	64		45	14215
5	128		54	28826
6	256		67	58048
7	512		81	116493
8	1024		97	233383
9	2048		114	467162
10	4096		135	934720

Tomalia modifizierte im Jahr 1985 für die ebenfalls divergente Darstellung (**Bild 4-7**) der PAMAM-Dendrimere die Synthesemethodik von *Vögtle et al.*, indem er das für die *Michael*-Addidion eingesetzte Reagenz Acrylnitril durch Acrylsäuremethylester ersetzte (siehe auch *Kapitel 1.1*). Die einzelnen Ester-Stufen wurden von *Tomalia* auch als Generation 0.5 (vgl. **Bild 4-7** oben rechts), Generation 1.5 usw. bezeichnet.[14]

Durch die Synthese-bedingte Knüpfung von Amid-Bindungen können PAMAM-Dendrimere gut in polaren Lösungsmitteln wie Dichlormethan, Ethern sowie kurzkettigen Alkoholen solvatisiert werden; sie zeigen eine hohe Hydrolyse-Stabilität.

Aber auch der konvergente Weg führt zu symmetrischen und unsymmetrischen PAMAM-Dendrimeren.[15] Jedoch lassen sie sich oft weniger leicht mit so hohem Reinheitsgrad wie die POPAM-Dendrimere herstellen, da es trotz der durch das Ethylendiamin (als flexiblem Abstandshalter) verlängerten Zweige – offenbar wegen gehinderter Rotation um die Amid-Bindungen – zu Rückfaltungen und Fehlstellen im Dendrimer-Gerüst kommt, die sich von Generation zu Generation bis zu einer gewissen „Grenzgeneration" (*Kapitel 1*) übertragen können. Die PAMAM-Grenzgeneration wird allerdings erst bei annähernd doppelt so hoher Generationszahl wie bei POPAM-Dendrimeren erreicht. Ab der zehnten Generation ist die POPAM-Oberfläche aber derart „verdichtet", dass weitere Umsetzungen Probleme bereiten.

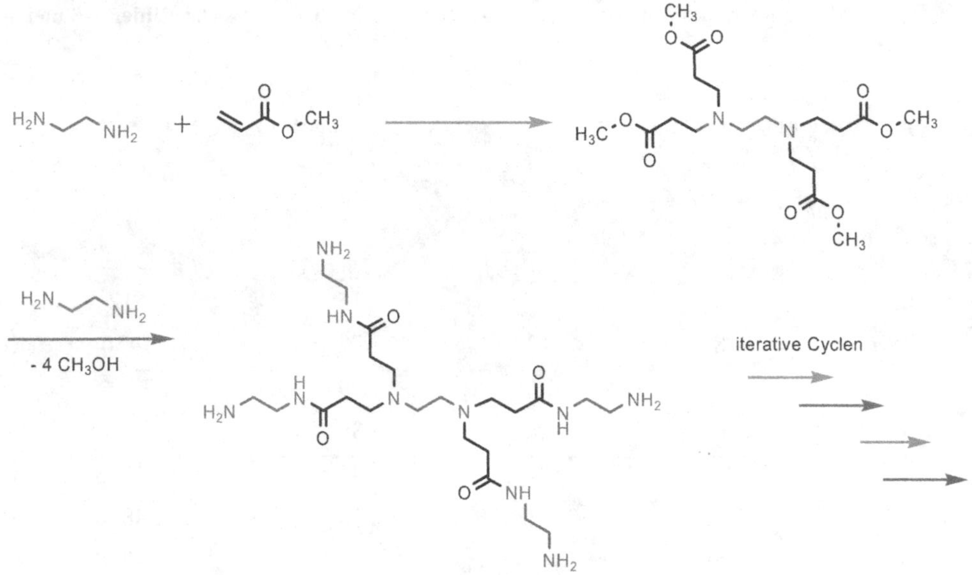

Bild 4-7 Synthese von PAMAM-Dendrimeren – mit tetrafunktioneller Kerneinheit Ethylendiamin (nach *Tomalia et al.*)

Kono et al. verglichen die thermosensitiven Eigenschaften von *N-I*sopropylamid-substituierten (*NIPAM-*) PAMAM-Dendrimeren (G5) mit denen linearer Polymere (Poly(*N*-isopropylacrylamid, PNIPAAm). Bei ersteren tritt demnach ein viel kleinerer endothermer Peak um die kritische Mischungstemperatur auf. Offenbar behindert die kugelförmige Gestalt der Dendrimer-Moleküle eine effiziente Hydratisierung und Dehydratisierung der *NIPAM-*Gruppen in wässrigen Phosphat-Lösungen in diesem Temperaturbereich[16] (siehe *Kapitel 6.3*).

4.1.3 POMAM

Eine strukturelle Besonderheit bieten dendritische Hybrid-Architekturen beider Dendrimer-Typen – POPAM und PAMAM –, die von *Majoros et al.* als „*POMAM-Dendrimere*" bezeichnet wurden.[17] Ein Beispiel für diesen Dendrimer-Typ wurde von einer POPAM-Kerneinheit ausgehend mit PAMAM-Verzweigungen aufgebaut.[18] *Vögtle et al.* entwickelten POPAM/PAMAM-Hybrid-Dendrimere bis zur dritten Generation (**Bild 4-8**).[19]

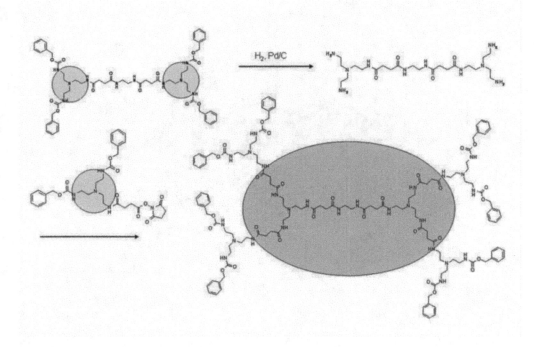

Bild 4-8   Synthese eines POMAM-Dendrimers erster Generation (Ellipse) mit alternierenden
PAMAM- und POPAM-Einheiten (Kreise; nach *Vögtle, Friedhofen*)

Ausgehend von einem POPAM-Dendrimer der nullten Generation (**Bild 4-8**) wird in einem
Aktivierungsschritt die Schutzgruppe durch Palladium-katalysierte Hydrierung abgespalten.
Die darauffolgende Umsetzung mit einem Succinimid-Ester als Träger der AB$_2$-
Verknüpfungseinheit führt zum „Hybrid-Dendrimer" erster Generation. Wiederholung dieser
Synthesesequenz eröffnet den Zugang zu POMAM-Dendrimeren höherer Generationen, wie
in **Bild 4-9** skizziert.

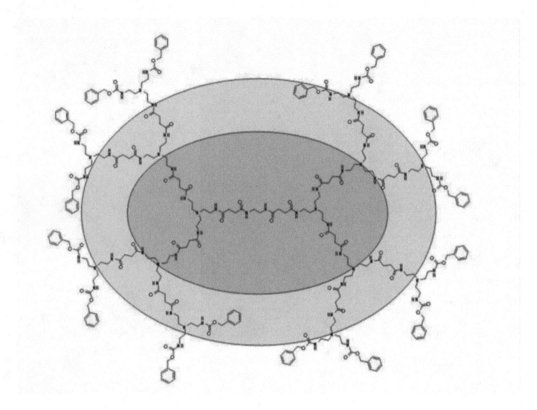

Bild 4-9 POMAM-Dendrimer zweiter Generation analog **Bild 4-8** (nach *Vögtle*, *Friedhofen*)

4.1.4 Polylysin-Dendrimere

Polylysin-Dendrimere sind wie die PAMAM-Dendrimere wesentlich durch Amid-Bindungen charakterisiert. Sie weckten als potentielle Therapeutika in der Borneutroneneinfang-Therapie und beim *M*agnet*r*esonanz-*I*maging-Verfahren (*MRI*) Interesse (siehe *Kapitel 8*), da dendritische Polylysine offenbar geringere Toxizität aufweisen als lineare. Das in **Bild 4-10** gezeigte Polylysin mit insgesamt 80 terminalen Bor-Atomen in den Carboran-Einheiten und einer Dansyl-Gruppe wurde für die Borneutroneneinfang-Therapie entworfen.[20]

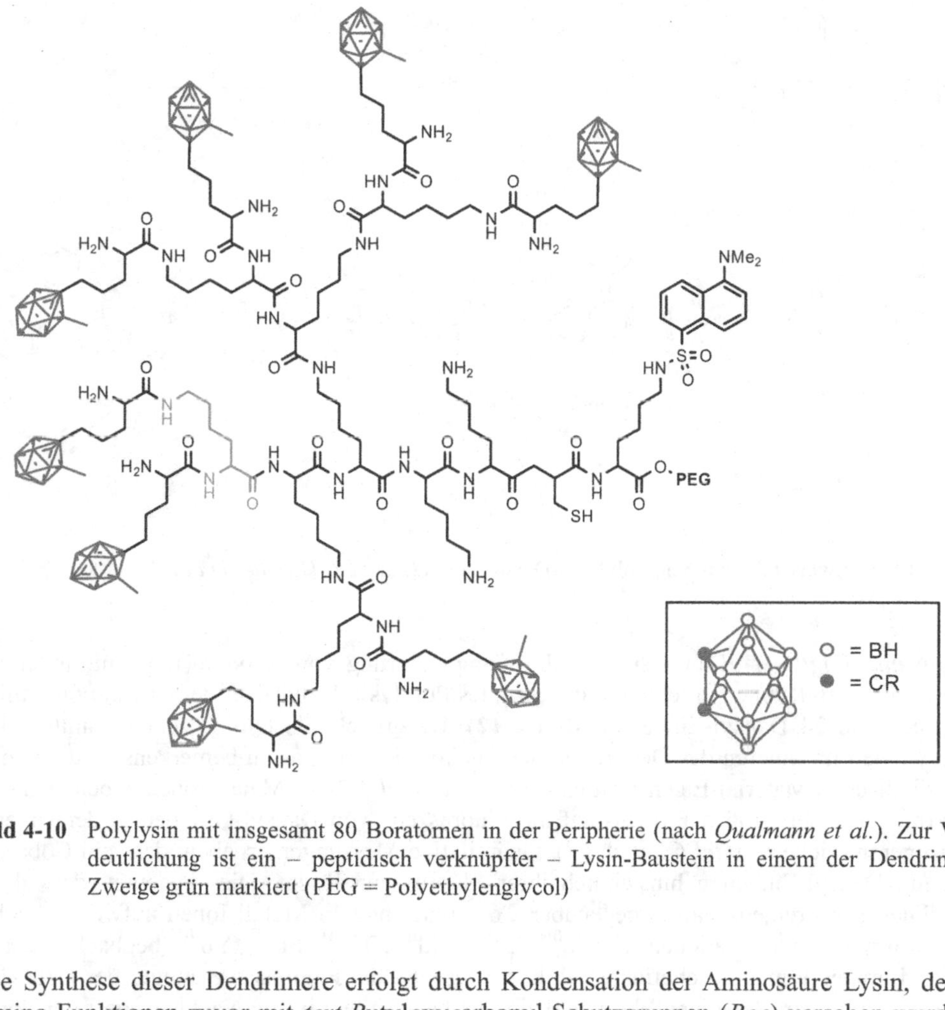

Bild 4-10 Polylysin mit insgesamt 80 Boratomen in der Peripherie (nach *Qualmann et al.*). Zur Ver-
deutlichung ist ein – peptidisch verknüpfter – Lysin-Baustein in einem der Dendrimer-
Zweige grün markiert (PEG = Polyethylenglycol)

Die Synthese dieser Dendrimere erfolgt durch Kondensation der Aminosäure Lysin, deren
Amino-Funktionen zuvor mit *tert*-Butyloxycarbonyl-Schutzgruppen (*Boc*) versehen wurden,
an einen (aktivierten) *L*-Lysin-*p*-nitrophenyl-Ester. Das resultierende Kupplungsprodukt
(**Bild 4-11**) wird anschließend mit Trifluoressigsäure entschützt und dadurch aktiviert, um
erneut reagieren zu können. Iteration des Aufbau- und Aktivierungsschritts ergab letztlich ein
Polylysin-Dendrimer mit 1024 endständigen Butyloxycarbonyl-Gruppen.[21]

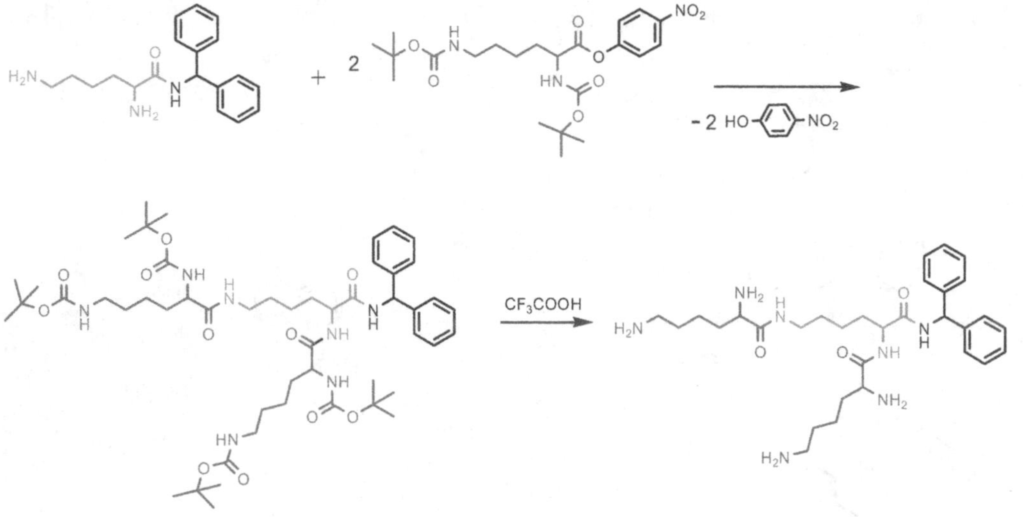

Bild 4-11 Schrittweiser Aufbau von Polylysin-Dendrimeren (nach *Denkewalter et al.)*

Balzani und Vögtle et al. untersuchten die Komplexierung von Neodym(III)- und anderen Seltenen Erdmetall-Ionen durch ein lumineszentes Polylysin-Dendrimer der Generation 2 mit 21 Amid- und 24 Dansyl-Einheiten (**Bild 4-12**). Die gleichfalls lumineszenten Lanthanid-Ionen werden im Inneren des Dendrimer-Gerüsts koordiniert, was zu bemerkenswerten photophysikalischen Material-Eigenschaften führt (s. *Kapitel 5.2*).[22] Metall-Ionen haben ebenso wie Protonen einen großen Einfluss auf die Fluoreszenz von Dansyl-Gruppen in derartigen Dendrimeren (siehe *Kapitel 6.2* und *3.3*). Quantitative Messungen ergaben, dass ein Cobalt-Ion neun Dansyl-Einheiten hinsichtlich ihrer Fluoreszenz löscht. Dies bedeutet, dass das Dendrimer Sensoreigenschaften gegenüber Co^{II+} und anderen Metall-Ionen aufweist. Auch mit den lumineszenten Kationen wie Nd^{III+}, Eu^{III+}, Gd^{III+}, Tb^{III+}, Er^{III+}, Yb^{III+} beobachtet man solche „Intradendrimer-Löscheffekte", d. h. sie löschen die Fluoreszenz einiger der Dansyl-Gruppen, und zwar derjenigen, die innerhalb des Dendrimers in die Nachbarschaft der dort koordinierenden Metall-Ionen gelangen können. Anscheinend können neun Dansyl-Einheiten diese Nachbarschaft bilden, womit dann der Raum um das Metall-Ion herum abgeschirmt ist, so dass die übrigen peripheren Dansyl-Reste in ihrer Fluoreszenz nicht beeinträchtigt werden. Mit Nd^{III+} erhält man eine nach Einstrahlung bei $\lambda = 340$ nm langwellige nahe Infrarot-Emission (*Near Infrared Emission, NIR*) bei $\lambda = 1064$ nm.[22] Das Dendrimer fungiert also als dendritische Antenne für die optische Anregung von Neodymionen. Insgesamt hat man hier ein Nano-skaliges System vorliegen, in dem eine Wechselwirkung zwischen einem fluoreszenten Wirt und einem fluoreszenten Gast stattfindet und studiert werden kann.

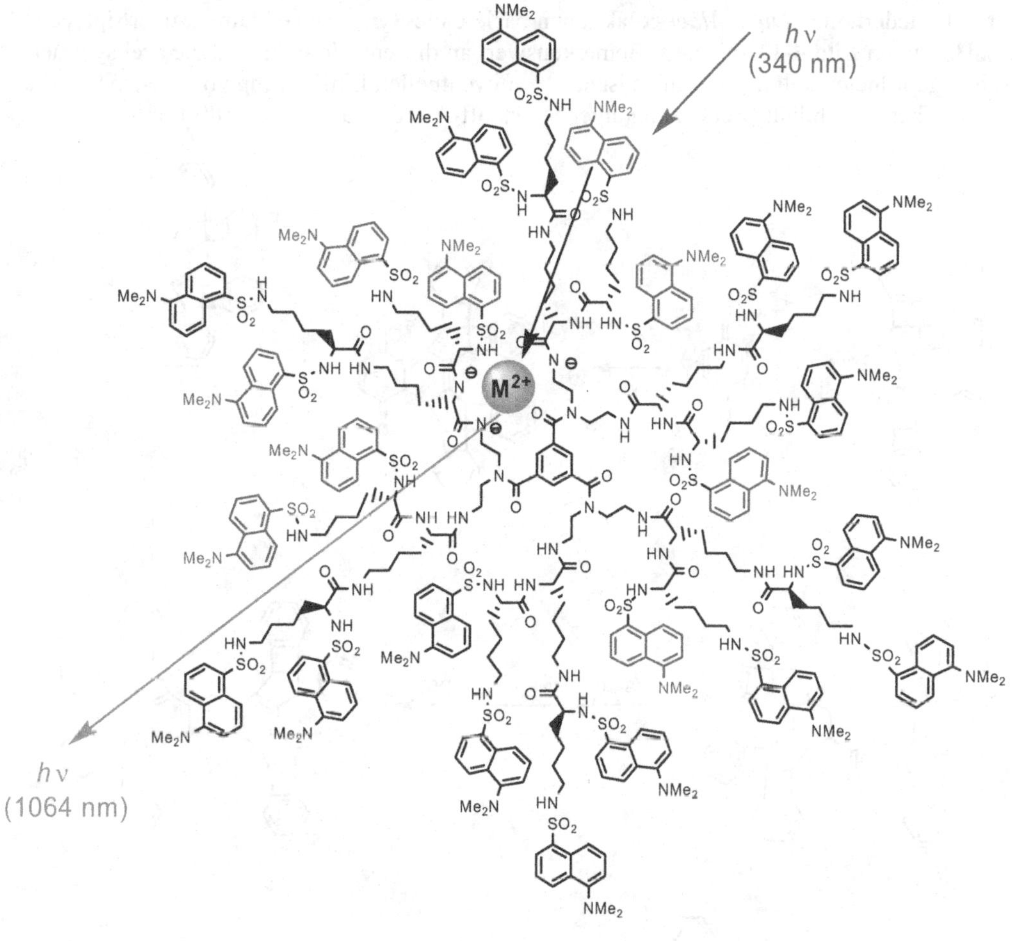

Bild 4-12 Dansyl-dekoriertes *Oligo*-Lysin-Dendrimer (2. Generation) als dendritische Antenne mit Sensoreigenschaften gegenüber Metall-Ionen (nach *Balzani*, *Vögtle et al.*)

4.1.5 Dendritische Kohlenwasserstoffe

Bisher existieren kaum rein aliphatische Kohlenwasserstoff-Dendrimere (s. auch *Kapitel 6.2.3.3*), wohl wegen grundsätzlicher synthetischer Probleme bei der unsymmetrischen C–C-Bindungsknüpfung. Die bisher beschriebenen dendritischen Kohlenwasserstoffe sind fast alle aus kondensierten oder verknüpften Aren- oder/und Mehrfachbindungs-Elementen aufgebaut, was synthetisch leichter zu bewerkstelligen ist. Solche Moleküle sind in der Regel konformativ wesentlich starrer, als es aliphatische Analoga mit [CH$_2$]$_n$-Bausteinen wären.

4.1.5.1 Kondensierte Aren-Bauteile – Iptycene

Der auf wiederholten *Diels-Alder*-Reaktionen basierende Syntheseweg zum „Supertriptycen" ($C_{104}H_{62}$) ist in **Bild 4-13** skizziert. Bemerkenswert an diesem Molekül sind die drei symmetrisch angeordneten, relativ starren „Nischen" zur eventuellen Einlagerung von Gästen und die enorme Thermostabilität (Zersetzung unter Stickstoff-Atmosphäre erst ab 580°C).[23]

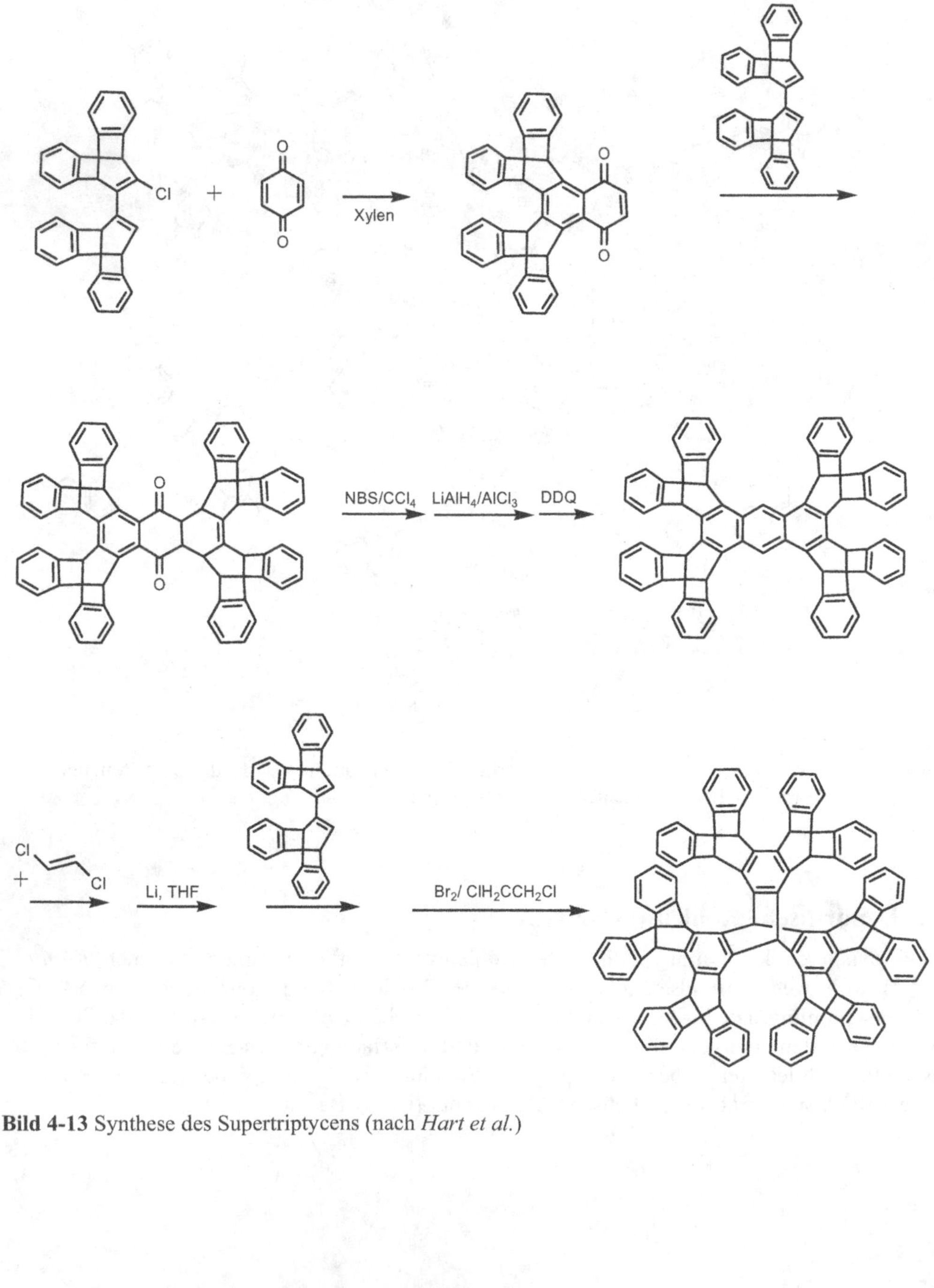

Bild 4-13 Synthese des Supertriptycens (nach *Hart et al.*)

4.1.5.2 Dendrimere aus Aren- und Mehrfachbindungs-Bausteinen

Konvergente Synthesen von *Moore et al.* verschafften einen Zugang zu formstabilen Phenyl-acetylen-Dendrimeren höherer Generationen (**Bild 4-14**). Die zunächst eingesetzten Dendrons mit peripheren *p-tert*-Butylphenyl-Einheiten zeigten nur begrenzte Löslichkeit und waren deshalb zum Aufbau höherer Generationen nicht geeignet. Minimale Änderungen der Peripherie mit 3,5-Di-*tert*-butylphenyl-Gruppen verbessern die Löslichkeit allerdings so drastisch, dass sogar ein Dendrimer aus 94 „Monomer"-Einheiten dargestellt werden konnte.[24]

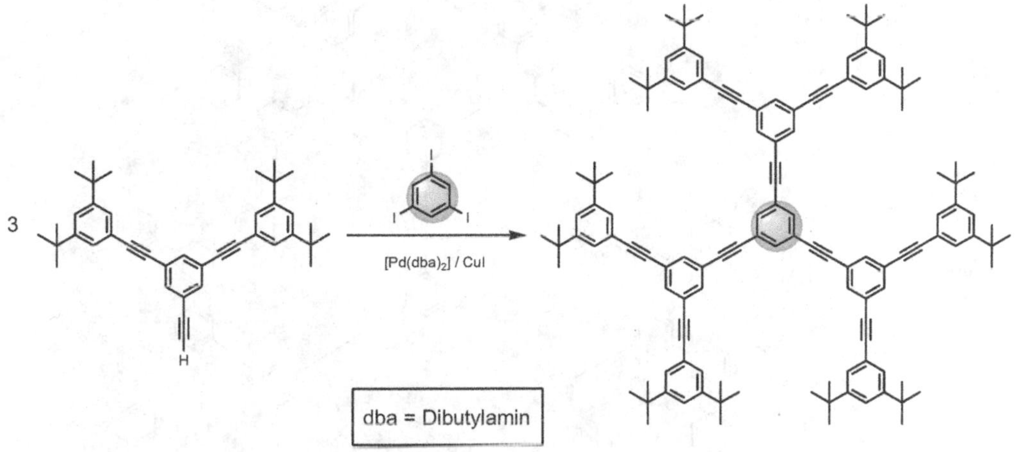

Bild 4-14 Phenylacetylen-Dendrimer (nach *Moore et al.*) mit drei Monomer-Einheiten

Derartige Dendons wurden am fokalen Punkt derivatisiert, so dass ein Energiegradient inner-halb einer Art „Molekularer Antenne" entsteht (Näheres s. *Kapitel 5*).[25] *Percec et al.* berich-teten über eine Baustein-Bibliothek von elf mit – selbstorganisierenden – Dendrons substitu-ierten (dendronisierten, dendrylierten)[26] Phenylacetylenen.[27]
Meier et al. beschrieben Kohlenwasserstoff-Dendrimere mit *trans*-Stilben-Chromophoren im Kern und in der Peripherie. Aufgrund der flexiblen Arme konnten durch Bestrahlung intra-und intermolekulare C-C-Bindungen geknüpft werden[28] (näheres siehe *Abschnitt 4.1.5.3*).
Die monodispersen Polybenzen-Dendrimere von *Miller* und *Neenan et al.* sind symmetrisch um eine 1,3,5-substituierte Benzen-Kerneinheit angeordnet; bis zu 46 Benzen-Ringe wurden konvergent verknüpft (**Bild 4-15**).[29]

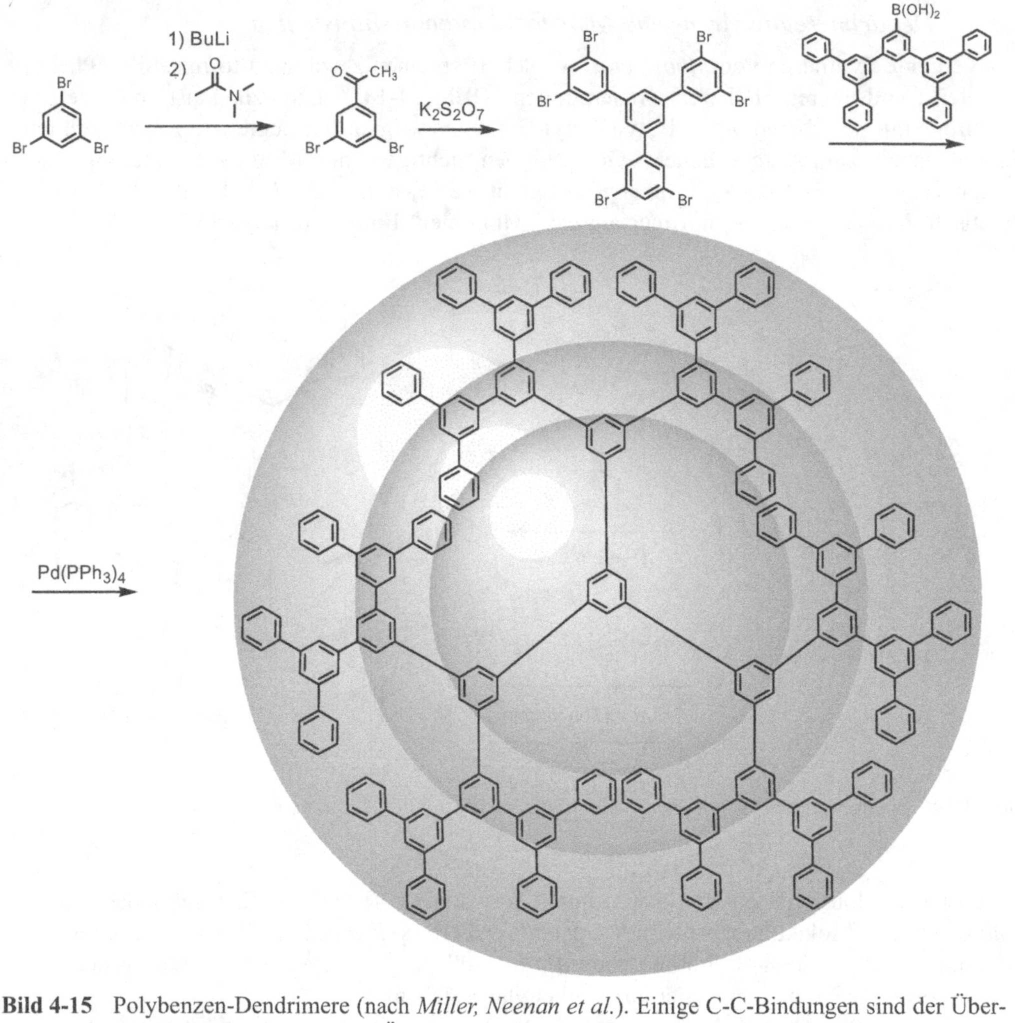

Bild 4-15 Polybenzen-Dendrimere (nach *Miller, Neenan et al.*). Einige C-C-Bindungen sind der Übersichtlichkeit halber – um Überschneidungen in dieser (energetisch ungünstigen) ebenen
Konformation zu vermeiden – stark verlängert gezeichnet

Die formstabilen *Müllen*schen Polyphenylen-Dendrimere (eigentlich Polyaren-Dendrimere)[30] lassen sich sowohl konvergent als auch divergent aufbauen. Auf der *Diels-Alder*-
Cycloaddition basierend wird eine Kerneinheit mit endständigen Ethin-Gruppen an ein Cyc-
lopentadienon addiert, welches ebenfalls Träger von geschützten Dreifachbindungen sein
kann. Die Variationsmöglichkeiten zeigt **Bild 4-16**. Durch Abspaltung der Schutzgruppen
(mit Ammoniumfluorid) stehen erneut Acetylen-Gruppen zur Verfügung, die zum Aufbau
höherer Dendrimer-Generationen eingesetzt werden können.
Obwohl (unsubstituierte) lineare Oligophenyle, beginnend mit *p*-Terphenyl, auch in lipophilen Lösungsmitteln zunehmend schwerlöslicher werden, lassen sich die Polybenzen-
Dendrimere auch höherer Generationen, vor allem bei peripherer Substitution (*t*-Butyl-, Oli-
gomethylen-) in dieser Hinsicht im Allgemeinen gut handhaben. Dies ist darauf zurückzufüh-

ren, dass sich die Moleküle in der Realität wegen des Raumbedarfs der Benzen-Ringe – anders als in unseren der Einfachheit halber üblicherweise plattgedrückten Formelzeichnungen (z. B. **Bilder 4-15** und **4-17**) – aus der Ebene herausdrehen, womit eine ansonsten bei scheibchenförmigen Spezies häufig stattfindende Aggregation ausgeschlossen ist.

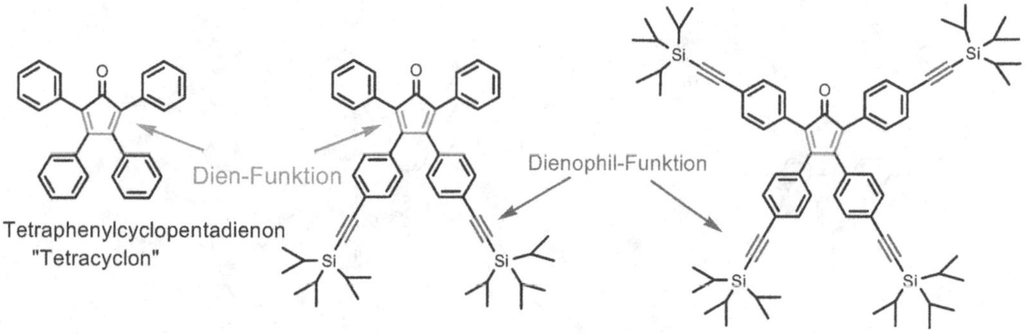

Dien-Funktion

Dienophil-Funktion

Tetraphenylcyclopentadienon
"Tetracyclon"

Bild 4-16 Diene und Dienophile – und entsprechende „Zwitter" mit beiden Funktionen – für den Aufbau von Polyphenylen-Dendrimeren (nach *Müllen et al.*)

Beim divergenten Weg (**Bild 4-17**) werden eine ungeschützte tetra-ethinylierte Tetraphenylmethan-Kerneinheit (als Dienophil) und ein zweifach-geschütztes ethinyliertes Cylopentadienon (als Dien) zum geschützten Polybenzen-Dendrimer (erster Generation) cycloaddiert. Die anschließende Abspaltung der Tri-isopropylsilyl-Schutzgruppen (mit Ammoniumfluorid) erzeugt neue dienophil aktive Funktionen an der Peripherie. Iteration der beiden Schritte – *Diels-Alder*-Reaktion[31] und Endschützung – eröffnet den Zugang zu „Polyphenylen-Dendrimeren" bis zur vierten Generation. Allerdings wird im letzten Schritt zum Aufbau der entsprechenden Endgeneration kein funktionalisiertes, sondern unfunktionalisiertes *Tetracyclon* als Dien eingesetzt.[32] Durch den Einbau von 2',5'-Dimethyl-*p*-terphenyl-Spacern in jede Verzweigungseinheit gelang die Synthese von Oligobenzen-Dendrimeren der fünften Generation. Da die Spacer das Makromolekül aufweiten und so der Grad der Grenzgeneration nach „oben" verschoben werden kann, erfolgt dabei keine räumliche Verdichtung durch zu eng aneinander liegende Endgruppen.[33]

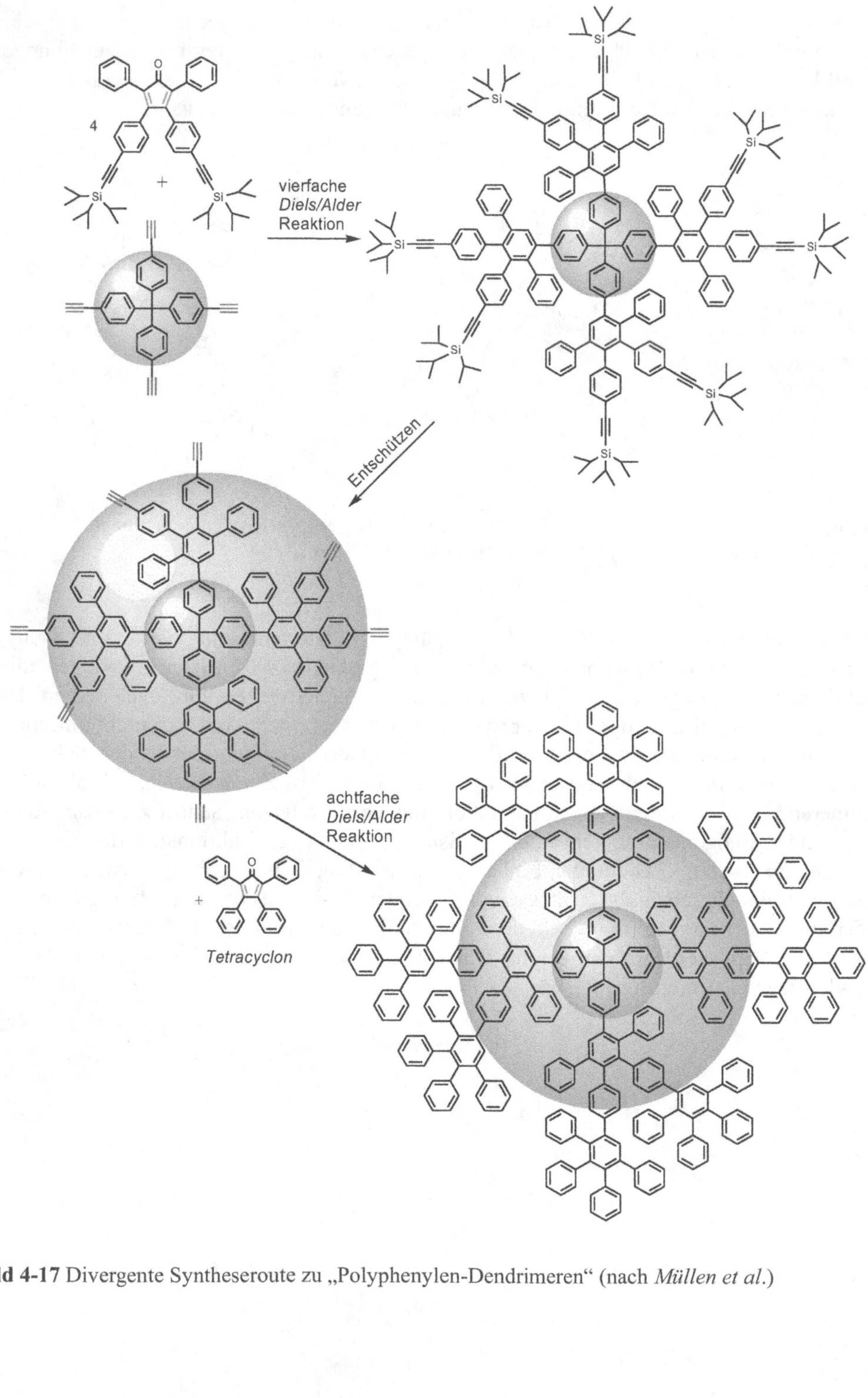

Bild 4-17 Divergente Syntheseroute zu „Polyphenylen-Dendrimeren" (nach *Müllen et al.*)

Die konvergente Synthese (**Bild 4-18**) benutzt zum Aufbau der Dendrons ebenfalls Cyclopentadienone, jedoch werden hier zwei Moleküle des Diens *via Diels-Alder*-Reaktion an 4,4'-Diethinylbenzil addiert. Das erhaltene Dendron der zweiten Generation wird in einer zweifachen *Knoevenagel*-Reaktion mit Dibenzylaceton umgesetzt. Das daraus gewonnene neufunktionalisierte Cyclopentadienon-Dendron addiert sich wieder nach *Diels-Alder* (vierfach) an die tetra-ethinylierte Tetraphenylmethan-Kerneinheit.[34a]

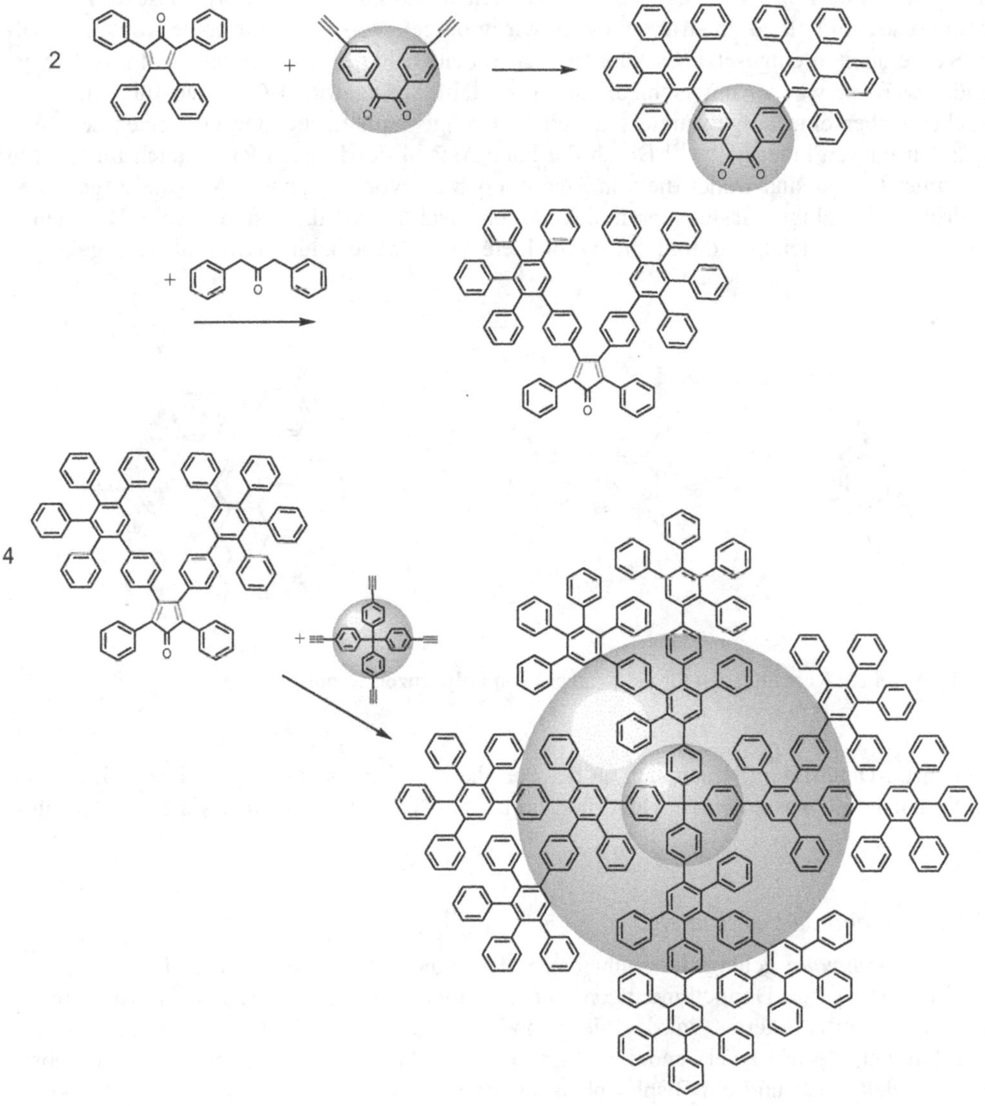

Bild 4-18   Konvergente Syntheseroute zu Polybenzen-Dendrimeren (nach *Müllen et al.*). Das gezeigte Molekül liegt in Lösung – wegen der gegenseitigen sterischen Behinderung der zahlreichen Benzen-Ringe – nicht eben, sondern eher kugelig (sphärisch) vor

Gewisse Grenzen sind der konvergenten Methode für diesen Dendrimer-Typ durch den Synthesebaustein der über entsprechend substituierte Benzile hergestellten Cyclopentadienone gesetzt. Bei größeren Substituenten liegt das Benzilderivat aus sterischen Gründen überwiegend in der *s-trans*-Konformation vor, was die zweifache *Knoevenagel*-Reaktion erschwert, die eine *s-cis*-Konformation voraussetzt (**Bild 4-18**). Die konvergente Synthese wird aus diesem Grund nur für niedrige Generationen eingesetzt.[34b]

Um die schon im *Kapitel 2* vorgestellten divergenten und konvergenten Synthesekonzepte an einem konkreten Fall zu illustrieren, haben wir in obigen Beispielen für beide Routen dieselben Kerneinheiten eingesetzt. Es können aber in beiden Fällen auch andere (**Bild 4-19**) verwendet werden, was zu unterschiedlichen formstabilen Dendrimer-Gerüsten führt, die entsprechend eher eine aufgeweitete oder eher kugelige (sphärische) Gestalt annehmen, was Kristallstrukturen belegen.[32, 35] Durch die hohe Anzahl der Benzen-Ringe auch im inneren Dendrimer-Gerüst sind weder die von *Moore*, noch die von *Miller* und *Neenan* aufgebauten Dendrimere befähigt, Gäste supramolekular einzuschließen, da erstere keine Hohlräume ausbilden und in letztere durch die verdichtete Oberfläche kaum Gastmoleküle gelangen können.

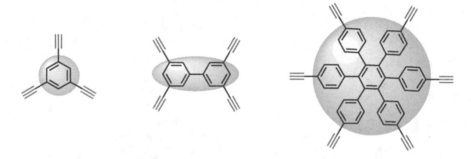

Bild 4-19 Weitere Kerneinheiten für die Synthese von Polybenzen-Dendrimeren

Polybenzen-Dendrimere lassen sich an der Peripherie beispielsweise durch Peptid-Einheiten funktionalisieren, was zu einem Dendrimer mit bis zu 16 endständigen Lysin-Einheiten führte.[36]

4.1.5.3 Stilbenoide Dendrimere

Meier und *Lehmann* gelang der Einbau von stilbenoiden Chromophoren in Dendrimere.[37] Die *E*-konfigurierten Doppelbindungen wurden dabei durch *Wittig-Horner*-Reaktion aufgebaut. Als Initiatorkern wurde der einfach zugängliche Benzen-tris(methanphosphonsäurediethylester) **1** verwendet. (**Bild 4-20**). Zum Aufbau der Arme dienten ein trisubstituierter Aldehyd (**2**) und ein Bisphosphonsäurederivat (**3**) mit geschützter Aldehydfunktion; über letzteres wurden höhere Aldehyde wie **4** erhalten. An der Peripherie wurden Tris(dodecyloxy)phenyl-Reste angebracht, die für Löslichkeit sorgen – und zur Bildung von Flüssigkristall-Phasen führen. Die *E*-Selektivität der *Wittig-Horner*-Reaktion reichte aus, um innerhalb der NMR-Nachweisgrenzen konfigurationsreine *all-E*-isomere Dendrimere **5** zu erhalten. Die ^{1}H- und ^{13}C-NMR-Spektren belegen die dreizählige Symmetrie der Dendrimere, deren chemische Verschiebungen innerhalb der Verbindungsreihen dementsprechend ähnlich sind. Die MALDI-TOF-Technik eignete sich gut zur Bestimmung der Molekülmassen.

Stilbenoide Dendrimere sind zu Aggregationen befähigt. In reiner Form bilden einige je nach Generationsgrad Flüssigkristall-Phasen (D_{hd}: diskotisch hexagonal ungeordnete Phase; D_{rd}: diskotisch rechteckig ungeordnete Phase; D_{ob}: diskotisch verzerrte Phase). Aus differentialkalorimetrischen Messungen (*DSC*; *D*ifferential *S*canning *C*alorimetry) erhielt man Phasenübergänge zwischen 99°C und 0°C.

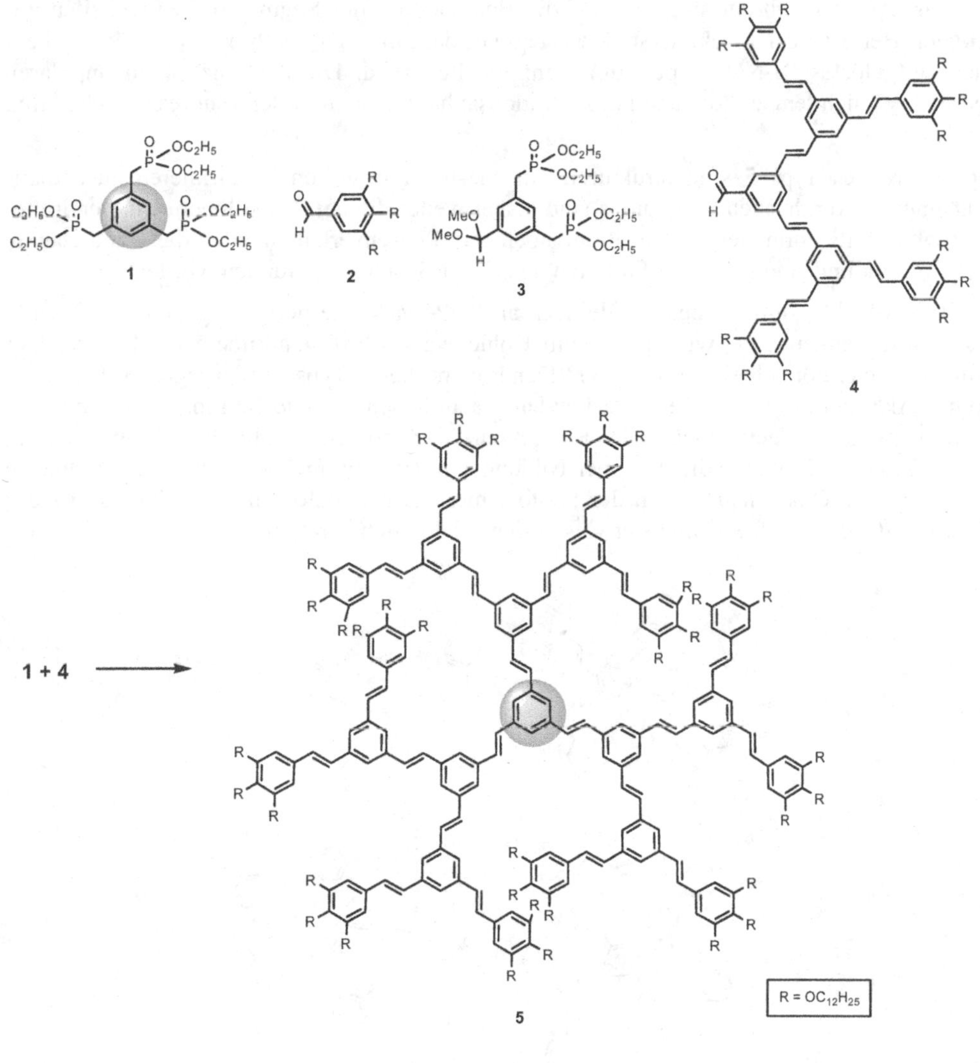

Bild 4-20 Stilbenoide Dendrimere (nach *Meier* und *Lehmann)*

Bei **5** scheint die sterische Behinderung im peripheren Bereich zu hoch zu sein, um eine *LC*-Phase (von *L*iquid *C*rystal) zu bilden. Mesophasen wurden durch Polarisationsmikroskopie und *Röntgen*-Streuung charakterisiert. Vermutlich kommen die LC-Eigenschaften durch die Segmentbeweglichkeit bei zunehmender Zahl der Stilben-Bausteine zum Erliegen; pro Doppelbindung verdoppelt sich prinzipiell die Anzahl der Konformere, wobei allerdings aus Symmetriegründen die Maximalzahl von 2^n (z. B. 2^{21} für die dritte Generation) nicht erreicht werden kann.

Die Tendenz zur Aggregation in Cyclohexan nimmt mit der Generationszahl zu. Sie bewirkt eine starke Linienverbreiterung, die auf die Behinderung der Segmentbeweglichkeiten zurückgeht. Bei **5** ist der Effekt so stark ausgeprägt, dass in C_6D_{12} auch durch Erwärmen kein scharf aufgelöstes ^{1}H-NMR-Spektrum mehr erhalten wird. Die Aggregation in unpolaren Medien lässt sich temperatur- und konzentrationsabhängig auch in den Fluoreszenz-Spektren verfolgen.

Dendrimere des Typs **5** sind strukturell am ehesten mit steifen Dendrimeren aus Tolan-Bausteinen zu vergleichen. Allerdings sind bisher weder die bei den stilbenoiden Dendrimeren beobachtete Form der Aggregation, noch das Phasenverhalten oder die Photochemie dieser Verbindungen in ähnlicher Form bei den Tolan-Systemen gefunden worden.

Die Stilben-Kohlenstoff-Einheit wurde auch an POPAM-Kerne peripher gebunden. Obwohl es sich insgesamt nicht – wie oben – um Kohlenwasserstoff-Dendrimere handelt, sei hier (**Bild 4-21**) das Formelbeispiel eines G2-Dendrimers dieses Typs wiedergegeben. Es wurde durch Akkylierung des entsprechenden achtfachen *mono*-Sulfonamids mit 4-(Brommethyl)stilben gewonnen. Seine Fluoreszenz, *E/Z*-Isomerisierung, Photoisomerisierung (siehe *Kapitel 5.2.2*) und die Excimer-Bildung wurden mit nicht-dendritischen Stilbenen verglichen. Die Quantenausbeuten der Photoisomerisierung (0,30) und der Fluoreszenz des *E*-Isomers (0,014) des Dendrimers erwiesen sich als deutlich geringer.[38]

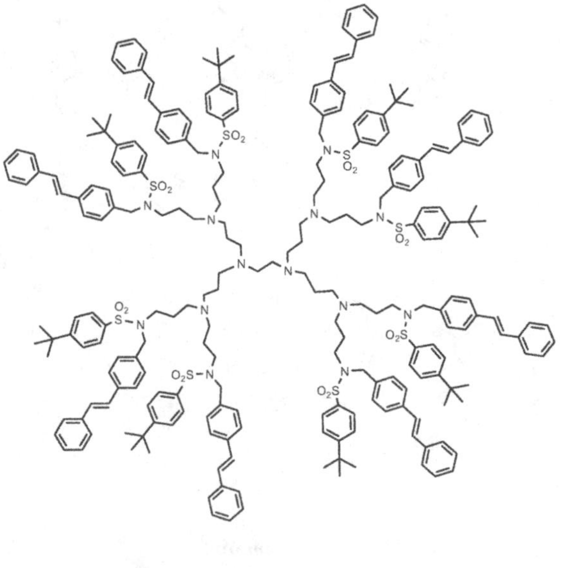

Bild 4-21 Stilben-dekoriertes POPAM-Dendrimer zweiter Generation (nach *Balzani, Vögtle et al.*)

Stilbenoide Verbindungen haben eine interessante Photophysik und Photochemie,[37, 38] sie eignen sich daher für Material-wissenschaftliche Anwendungen. Neben etablierten Einsatzgebieten wie bei optischen Aufhellern ergeben sich solche in *Licht-e*mittierenden *D*ioden (*LED*), in der *n*icht-*l*inearen *O*ptik (*NLO*) und in optischen Abbildungs-, Speicherungs- und Schalttechniken.

4.1.5.4 Hyperverzweigte Polybenzene

Den Grundstein für die ersten hyperverzweigten Polyarene („Polyphenylene") legten *Kim und Webster* mittels *Suzuki*-analogen Aryl-Aryl-Kupplungen. Daraus entwickelte micellare Strukturen[39] werden im *Abschnitt 4.1.8* (Ionische Dendrimere) beschrieben.

Erste Arbeiten auf Basis *Diels-Alder*-Reaktion machten den Zugang zu linearen Polybenzenen *via* Copolymerisaton möglich (**Bild 4-22**).[40] Als Dienophil fungierte Diethinylbenzen, als Diene dienten Bis(cyclopentadienone).

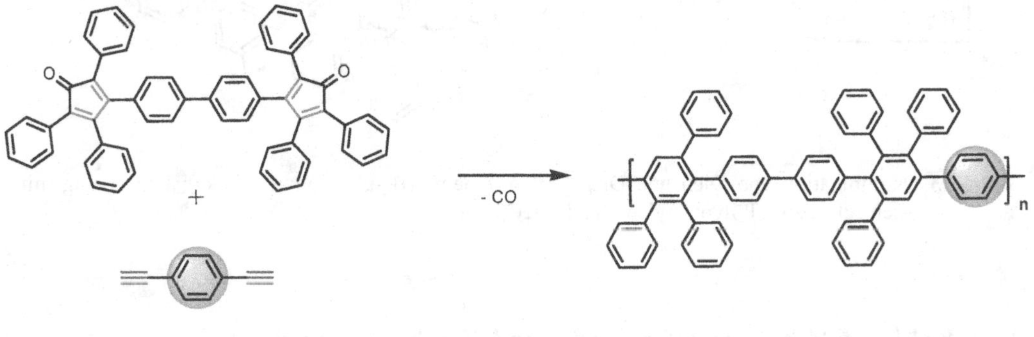

Bild 4-22 Lineare Polyphenylene (nach *Stille et al.*)

Da die [4+2]-Cycloaddition nicht sehr anfällig gegenüber sterischer Hinderung ist, wird dieses Synthesekonzept inzwischen vermehrt zum Aufbau hyperverzweigter Verbindungen herangezogen.[41] Ein Dien, das zwei dienophile Funktionen in einem Molekül kombiniert, wurde als AB$_2$-Monomer für die Polymerisation genutzt (**Bild 4-23**). Die Dien-Funktion kann dann mit einer Dreifachbindung eines zweiten AB$_2$-Monomers zu Pentaphenylbenzen-Einheiten reagieren.[30]

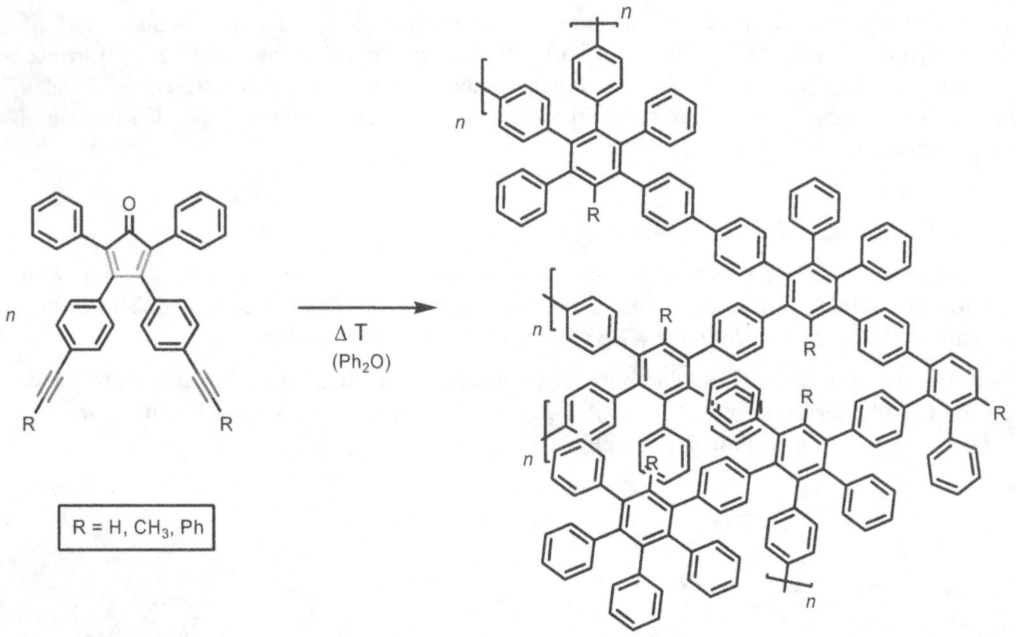

Bild 4-23 Kombination von Dien und Dienophil in einem AB$_2$-„Monomer" (links); Umsetzung mit
sich selbst zum Polyphenylen-Dendrimer (rechts)

4.1.6 Kohlenstoff-/Sauerstoff-basierte (und *Fréchet*-) Dendrimere

4.1.6.1 Polyether-Dendrimere

Zu den in der Dendrimer-Synthese häufig eingesetzten Verbindungen gehören die Polyether-
Dendrons des *Fréchet*-Typs. *Fréchet et al.* nutzten erstmals die konvergente Synthese, indem
sie Polyarylether-Gerüste von außen nach innen aufbauten (**Bild 4-24**). Die Attraktivität
dieses Dendrimer-Typs beruht nicht zuletzt auf der – trotz der empfindlich aussehenden Ben-
zyl-ether-Einheiten – verlässlichen und recht perfekten Architekturen, die bei bisherigen
Synthesen erhalten wurden. Das reaktive Zentrum für den Aufbau liegt anders als bei divergenten Synthesen nicht in den Endgruppen, deren Verdichtung ab einer bestimmten Grenzgeneration eine Weiterreaktion verhindert – oder durch Rückfaltung oder nicht quantitative
Umsetzungen Defekte im Dendrimer zur Folge hat – , sondern die Reaktion findet ausschließlich im jeweiligen fokalen Punkt statt. Dieser Dendrimer-Typ wird als multifunktiona-
le Plattform diverser dendritischer Moleküle genutzt und ist dementsprechend auch in diesem
Buch – wie die POPAM- und PAMAM-Dendrimere – in fast allen Kapiteln wiederzufinden.
Die repetitive Zweistufen-Synthese von *Fréchet*-Dendrons basiert im ersten Schritt auf der
Umsetzung eines 3,5-Dihydroxybenzylalkohols mit Benzylbromid. Überführung des verlän-
gerten Benzylalkohols in das entsprechende verlängerte benzylische Bromid ermöglicht die
Iteration der Reaktion mit dem Monomer.[42]

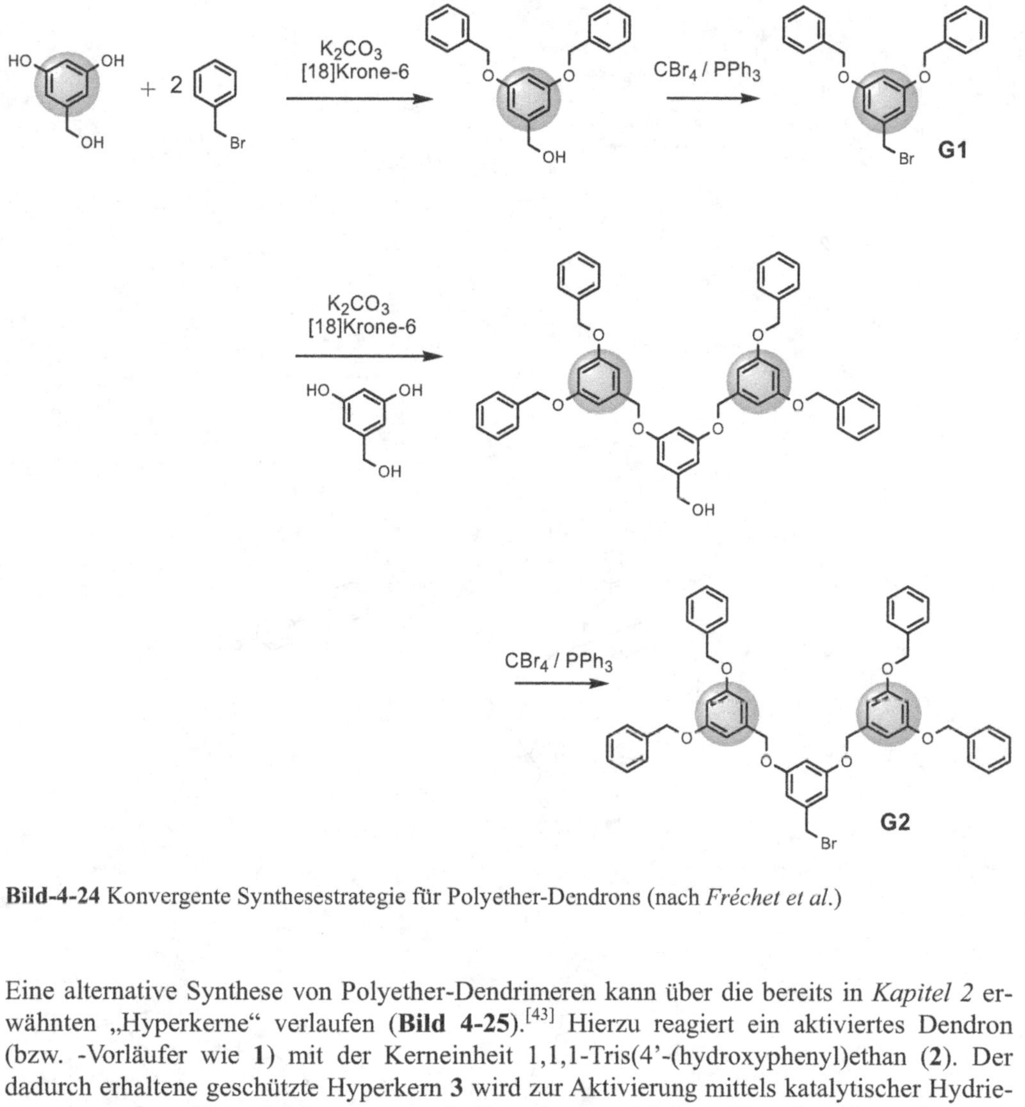

Bild-4-24 Konvergente Synthesestrategie für Polyether-Dendrons (nach *Fréchet et al.*)

Eine alternative Synthese von Polyether-Dendrimeren kann über die bereits in *Kapitel 2* er-wähnten „Hyperkerne" verlaufen (**Bild 4-25**).[43] Hierzu reagiert ein aktiviertes Dendron (bzw. -Vorläufer wie **1**) mit der Kerneinheit 1,1,1-Tris(4'-(hydroxyphenyl)ethan (**2**). Der dadurch erhaltene geschützte Hyperkern **3** wird zur Aktivierung mittels katalytischer Hydrie-rung von seinen Benzyl-Schutzgruppen befreit. Der so aktivierte Hyperkern kann dann mit dem ursprünglichen aktivierten „Dendron" **1** zum Hyperkern **5** zweiter Generation heran-wachsen. Diese Methode wurde bisher auf dendritische Architekturen bis zur dritten Genera-tion ausgedehnt.

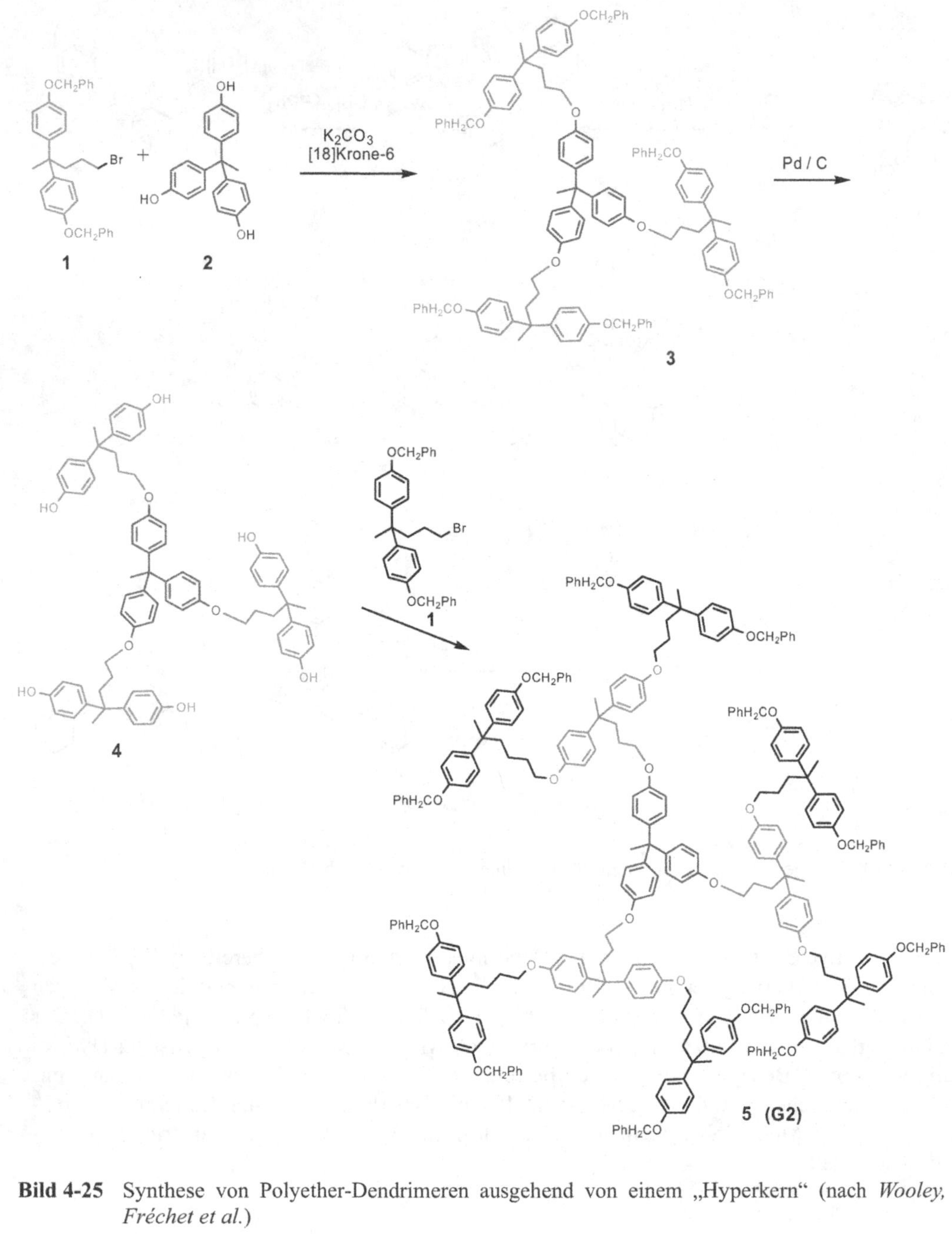

Bild 4-25 Synthese von Polyether-Dendrimeren ausgehend von einem „Hyperkern" (nach *Wooley, Fréchet et al.*)

Molekulare Erkennungsvorgänge zwischen amphiphilen Biaryl-Dendrimeren **2** (mit Carbonsäure-Einheiten) als Wirtverbindungen und dem Protein *Chymotrypsin* als Gast wurden mit denjenigen entsprechender Benzylether-Dendrons **1** verglichen (**Bild 4-26**).[44] In den Biaryl-Dendrimeren sind sowohl die Carbonsäure-Gruppen der Peripherie als auch die der inneren „Schichten" für eine *Molekulare Erkennung* erreichbar. Im Gegensatz zu den amphiphilen Benzylethern mit gleicher Anzahl (acht) peripherer Carboxyl-Gruppen zeigten die Biaryl-Dendrimere unabhängig von der Generation eine hohe Gastbindungs-Affinität. Der Vergleich zeigte zudem, dass die Biaryle dritter Generation sechs Moleküle des Proteins binden können, das entsprechende Benzen-Dendron der dritten Generation dagegen nur drei.

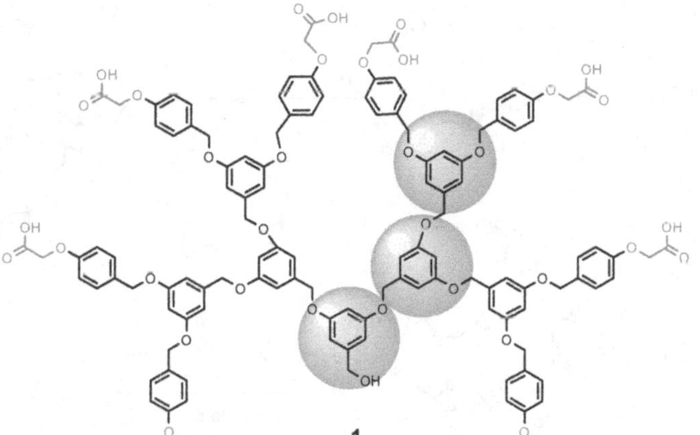

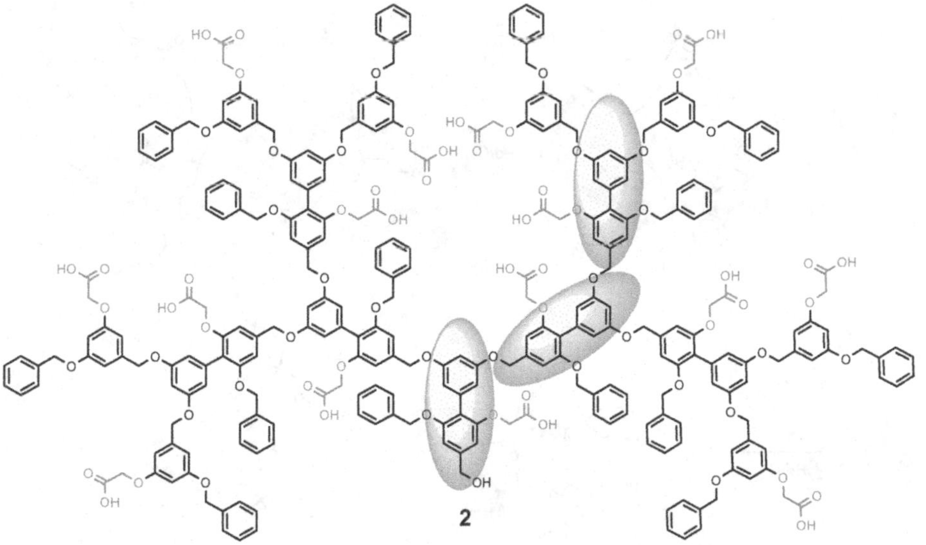

Bild 4-26 Amphiphile Biphenyl-Dendrimere **2** im Vergleich mit entsprechenden Benzen-basierten *Fréchet*-Amphiphilen (**1**; nach *Thayumanavan et al.*). Zur Veranschaulichung sind einige der Benzen- und Biphenyl-Einheiten grau hinterlegt

4.1.6.2 Polyester-Dendrimere[45]

Dendrimere wurden aufgrund ihrer modellier- und funktionalisierbaren Architektur für therapeutische Anwendungen und als Wirkstoff-Transporter in Betracht gezogen, wenn auch gerade die Vielfalt der Variations- und Optimierungsmöglichkeiten einen gewissen Aufwand erfordert.

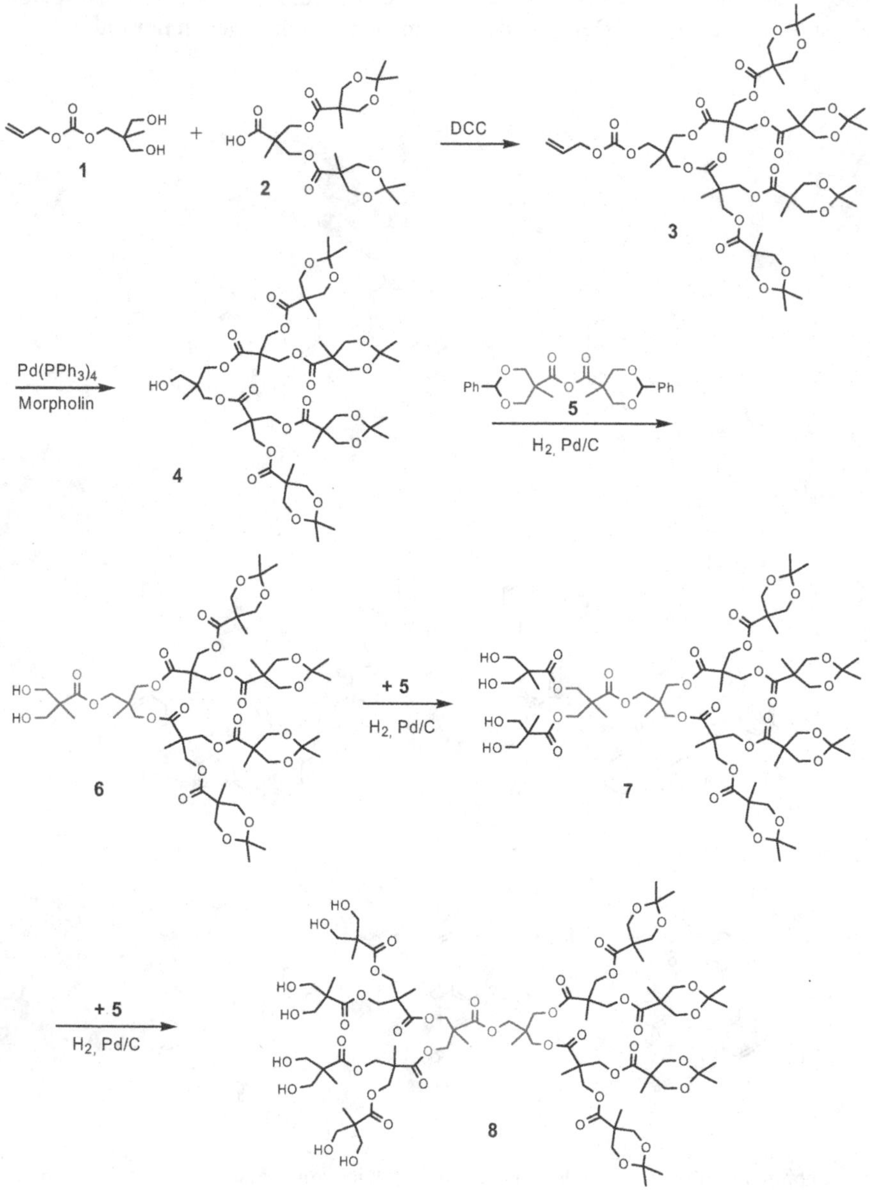

Bild 4-27 Synthese von Polyester-Dendrimeren (nach *Fréchet et al.*)

Fréchet et al. untersuchten Oligoester-Dendrimere in Bezug auf dieses Potential.[46] Diese waren aus zwei kovalent aneinander gebundenen Dendrons zusammengesetzt, deren „Aufgabenverteilung" zum einen in der Bildung einer „Plattform" für therapeutisch aktive Einheiten liegt, während das andere Dendron zur Fixierung von Oligoethylenglycolether-Ketten dient, welche für die Löslichkeit verantwortlich sind. Auf beiden, konvergenten und divergenten Wegen, konnten so Polyester-Dendrimere als potentielle Wirkstoff-Transporter mit Molekülmassen von 20 bis 160 kDa hergestellt werden.

Dazu wurde eine konvergente Kupplung des einfach-geschützten Triols **1** an die in **Bild 4-27** gezeigte Isopropyliden-geschützte Carbonsäure **2** vorgenommen. Der daraus entstandene geschützte Kohlensäure-allylester **3** wurde mit Pd(PPh$_3$)$_4$ in Gegenwart von Morpholin zum freien Mono-Alkohol **4** entschützt. Die erzeugte freie Hydroxyl-Gruppe im fokalen Punkt wurde mit Dibenzyliden-2,2-bis(oxymethyl)propionsäureanhydrid **5** zum Dendron **6** mit zwei Hydroxyl-Gruppen im fokalen Punkt umgesetzt. Die Abfolge von Kupplung und Entschützung ergab schließlich das neue Polyester-Dendrimer **8** (**Bild 4-27**).

Gut definierte aliphatische Polyester und Dendrons basierend auf 2,2-Bis(*methylol*)-propionsäure, kurz *bis-MPA* (*A* von *A*cid) genannt, sind bei der schwedischen Firma *Polymer Factory* kommerziell erhältlich. Sie zeichnen sich durch Lagerungsstabilität, Wasserlöslichkeit und geringe Toxizität aus, was sie auch für den medizinischen Sektor attraktiv macht.

4.1.6.3 Kohlenhydrat-Dendrimere (*Glycodendrimere*)

Molekülgerüste von Kohlenhydrat-Dendrimeren sind vielseitig variierbar: Kohlenhydrate können als Kerneinheit, Verzweigungsstellen oder terminale Gruppen fungieren.[47] Überdies eignen sie sich zum supramolekularen Binden und zum Transport von Wirkstoffen.

Wie unten im *Abschnitt 4.1.9* (Silizium-basierte Dendrimere) gezeigt wird, gibt es inzwischen zahlreiche Beispiele für Kohlenhydrat-ummantelte Dendrimere (*Glycodendrimere*),[48] nicht zuletzt, weil diese endständigen Gruppen den Molekülen bessere Löslichkeit verleihen, da sie sozusagen „verzuckert" sind.

Das erste Glycodendrimer wurde von *Roy et al.* hergestellt.[49] Zugang zu Kohlenhydrat-terminierten Dendrimeren bietet das über mehrere Stufen erhaltene triglycosilierte Trihydroxy-amin **3**[50], welches dann als Dendron dienen kann. *Via DCC*-Kupplung (*Di*cyclohexylcarbodiimid) ließen sich die Amino-Dendrons an die Tricarbonsäure-Kerneinheit fixieren (**Bild 4-28**).[51]

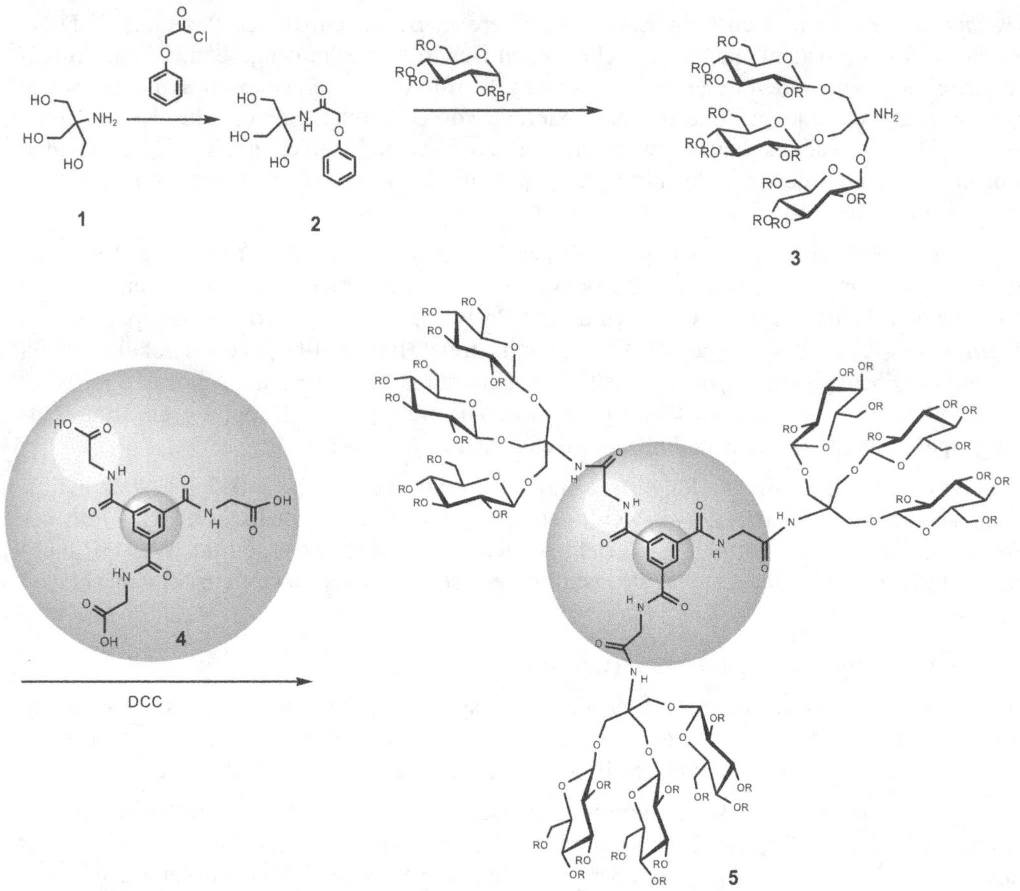

Bild 4-28 Kohlenhydrat-terminiertes Dendrimer (nach *Stoddart et al.*)

Glycopeptid-Dendrimere mit Kohlenhydrat-Anteilen sowohl im Kern als auch in den Verzweigungseinheiten wurden von *Lindhorst et al.* auf einem verallgemeinerungsfähigen Syntheseweg dargestellt.[52] Die iterative Synthesesequenz basiert auf dem orthogonal geschützten Kohlenhydrat-Baustein **1** (AB$_3$-Monomertyp). Dieser lässt sich nach entsprechender Aktivierung mit Kohlenhydrat-Einheiten sowohl divergent als auch konvergent zum Dendrimer aufbauen. Die eigentliche Kupplung von Kerneinheit und Dendrons verläuft zwischen **2** und **3** unter Peptidbindungs-Knüpfung (siehe rot und grün markierte Funktionelle Gruppen in **Bild 4-29**). Letztere ermöglicht auch die Übertragung der Synthese auf eine solche an fester Phase. Als Kupplungsreagenzien wurden *HATU* (=*O*-(7-*A*zabenztriazol-1-yl)-*N,N,N',N'*-*t*etramethyl-*u*ronium-hexafluorphosphat) und *DIPEA* (= *D*iisopropylethylamin) eingesetzt.

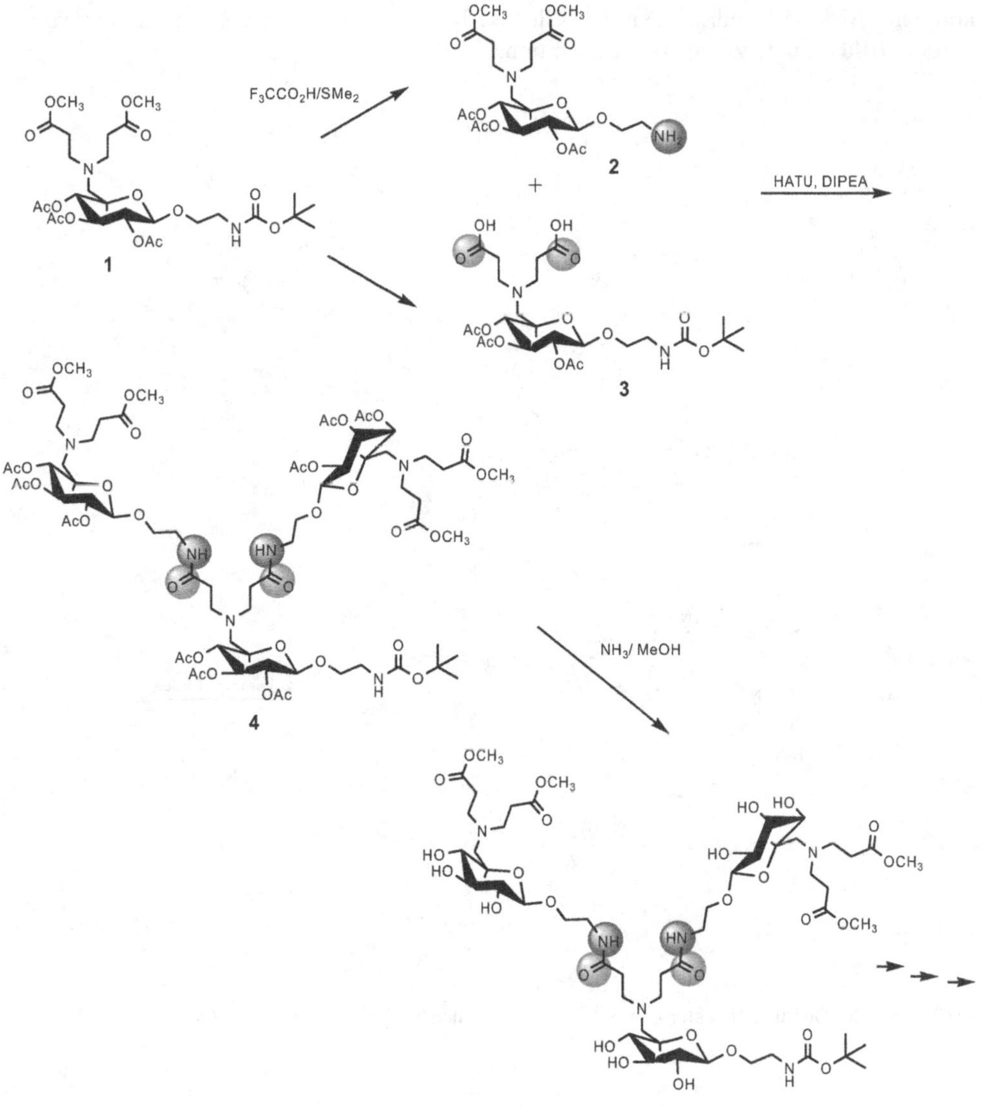

Bild 4-29 Synthese eines Glycopeptid-Dendrimers (**5**) der ersten Generation (nach *Lindhorst et al.*)

Die Synthese eines Kohlenhydrat-Dendrimers, das ausschließlich aus Mannopyranosiden besteht, gelang auf konvergentem Weg.[53]

Kohlenhydrat-Kerneinheiten[54] sind im Vergleich zu den Kohlenhydrat-terminierten Dendrimeren bisher seltener publiziert worden. Das erste PAMAM-Dendrimer mit Kohlenhydrat-Kerneinheit wurde aus dem α-*D*-Glycosid **1** als Kerneinheit-Vorstufe dargestellt. Durch Iteration konnten PAMAM-Dendrimere mit *D*-Glucose-Kern bis zur zweiten Generation gewonnen werden; **Bild 4-30** zeigt die erste Generation.[55]

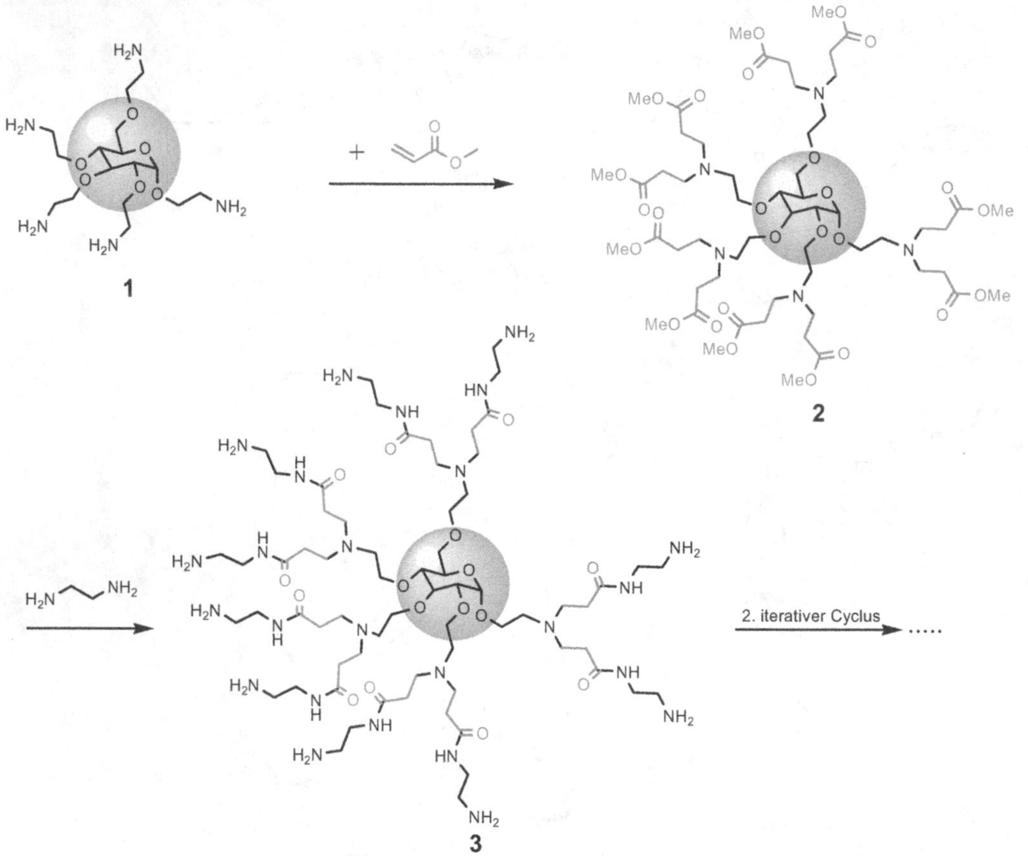

Bild 4-30 PAMAM-Dendrimer erster Generation mit *D*-Glucose-Kerneinheit (nach *Lindhorst et al.*)

4.1.7 Porphyrin-basierte Dendrimere

Sakata et al. gelang die Synthese, Charakterisierung und Einzelmolekül-STM-Abbildung eines defektfreien hochsymmetrischen, *para*-Phenylen-gespacerten Porphyrin-Heneicosamer-Nickelkomplexes ($C_{1244}H_{1350}N_{84}Ni_{20}O_{88}$; Molmasse 20061 Da; **Bild 4-31**) einschließlich entsprechender niedriger Generationen. Das Molekül enthält 21 Porphyrin-Einheiten. Die Synthese nutzt die Kondensation Formyl-substituierter Phenyl-Endgruppen mit Pyrrol-Einheiten, wobei bei diesen Reaktionsschritten nahezu quantitative Ausbeuten erhalten wurden. Die Gesamtausbeute aller 17 Stufen betrug 17%.

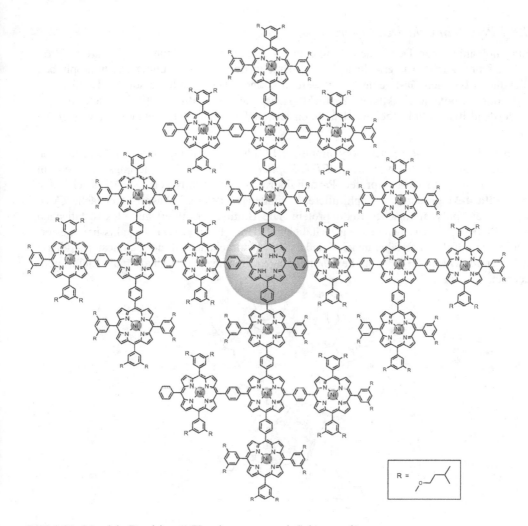

Bild 4-31 „Mandala-Dendrimer" (Heneicosamer; nach *Sakata et al.*)

Die STM-Aufnahme einzelner Moleküle gelang auf einer Kupfer-(111)-Oberfläche und zeigt Nanometer-große flache „Mandala"-artige Quadrate mit Abmessungen von 6,5 nm (Seiten) und 8,3 nm (Diagonale). Der Nickel-Nickel-Abstand zwischen zwei benachbarten Molekülen beträgt 13-18 nm. Der molare Absorptionskoeffizent liegt bei 3,56 Millionen, was dem 13-fachen Wert des monomeren Porphyrin-Komplexes selbst entspricht.[56]

Weitere Porphyrin-basierte Dendrimere sind in den Kapiteln 4.1.7 und 5.2 zu finden.

4.1.8 Ionische Dendrimere

Ionische Dendrimere[57] können positive oder negative elektrische Ladungen im Molekülinneren (Kern, Verzweigungen) oder als terminale (Funktionelle) Gruppen tragen.

4.1.8.1 Polyanionische Dendrimere

Einige polyanionische Dendrimere fungieren als „micellare Moleküle"[58]. *Newkome et al.* synthetisierten zuerst wasserlösliche Dendrimere, in deren sich ausbildenden hydrophoben molekularen Nischen Gäste eingelagert werden können. Die Peripherie solcher Dendrimere wurde mit Carboxylat-Funktionen bestückt (siehe *Kapitel 6*, **Bild 6-20**).[59] Auch entsprechende dendritische Polyether werden durch terminale Carboxylat-Gruppen gut wasserlöslich.[60]

Hirsch und *Guldi et al.* setzten polyanionische Dendrimere mit Fulleren-Kern ein, um den photoinduzierten *Elektronent*ransfer (*PET, s. Kapitel 5*) und ihr Komplexierungsverhalten mit *Zn-Cyctochrom C* als Gast zu prüfen. Partiell deprotonierte, negativ geladene Monoschichten der in **Bild 4-32** gezeigten „Amphifullerene" binden an der Luft/Wasser-Oberfläche *Cytochrom C*, ein polykationisches Redoxprotein. Die Bindung resultiert aus elektrostatischen Wechselwirkungen zwischen den gegensätzlich geladenen Partnern. Das Hexakis-malonester-Adduкt Amphifulleren erfährt dabei – anders als entsprechende Mono-malonester-Addukte des Fullerens (**Bild 4-33**)[61] – starke Veränderungen in seinen Eigenschaften als Elektronen-Acceptor.

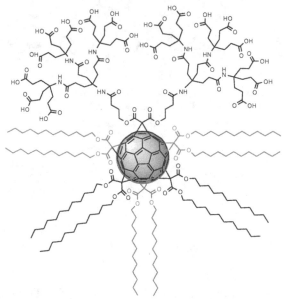

Bild 4-32 Amphifulleren (nach *Hirsch et al.*)

Die Darstellung entsprechender Mono-Addukte des Fullerens – für Untersuchungen über elektrostatische Wechselwirkungen – erfolgte durch Cyclopropanierung des Fullerens mit entsprechend funktionalisierten Malonestern **1** (*Bingel*-Reaktion) zu **2**. Kupplung mit dem *tert*-Butyl-geschützten Oligoamid-amino-Dendron **3** und anschließende Hydrolyse führt zu dem wasserlöslichen Fulleren-Dendron **5**, das nach Deprotonierung bis zu neun negative Ladungen tragen kann. Nach Assoziation mit dem Zink-Komplex des *Cytochroms C* lässt sich ein photoinduzierter Elektronentransfer (*PET*) vom Redoxprotein zum Fulleren realisieren, der Fluoreszenz-spektroskopisch studiert wurde.

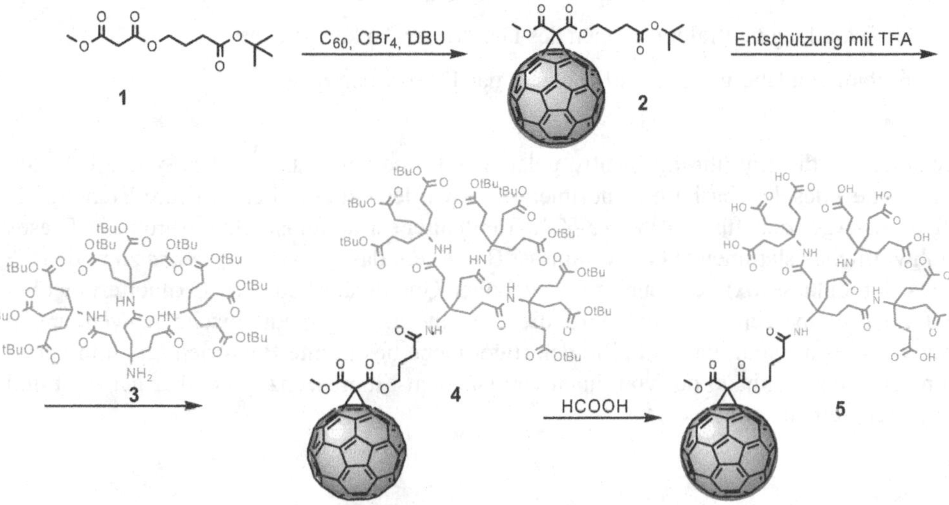

Bild 4-33 Synthese wasserlöslicher Mono-Malonester-Addukte **5** des Fullerens (nach *Hirsch et al.*)

Hyperverzweigte Polymere des Polybenzen-Typs können durch Einführung von Carboxyl-Gruppen ähnlich wasserlöslich gemacht werden wie die oben aufgeführten monodispersen Vertreter.[62] In einer *Suzuki*-analogen Aryl-Aryl-Kupplung wurde ausgehend von 3,5-Dibrom-phenylboronsäure **1** als AB_2-Monomerbaustein (**Bild 4-34**) in Gegenwart von Pd(0) das Polykondensat **2** aufgebaut und anschließend mit Kohlendioxid zu der hyperverzweigten Verbindung **3** mit terminalen Carboxylat-Gruppen umgesetzt:

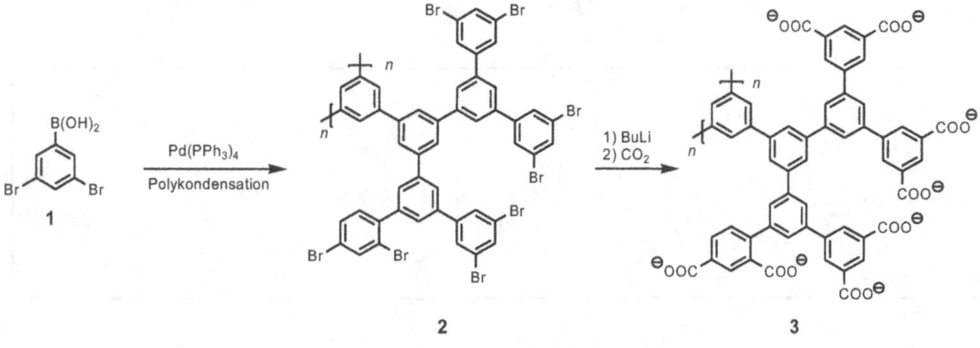

Bild 4-34 Hyperverzweigte „Polyphenylene" mit terminalem Carboxylat

4.1.8.2 Polykationische Dendrimere

Polykationische dendritische Moleküle lassen sich allgemein auf folgenden Wegen herstellen:

- Einführung positiv geladener Zentren im Verlauf der Synthese
- Umwandlung neutraler Gruppen des Dendrimers in kationische
- Einbau von Übergangsmetall-Ionen in das Dendrimer

Ein Beispiel für die Einführung positiv geladener Einheiten während der Synthese bieten wasserlösliche Phosphor-basierte Dendrimere. Sie wurden im Hinblick auf ihre Eignung als Transfektions-Agenzien für das in 3T3-Zellen enthaltene Luciferase-Gen erprobt.[63] Dieses aus Glühwürmchen stammende Gen veranlasst Bakterien, das Enzym *Luciferase* zu bilden.[64] Diese Oxidoreduktase oxidiert Luciferin mit hoher Quantenausbeute zu Oxiluciferin,wobei starke (Bio-)Lumineszenz auftritt. Wird diese Methodik auf medizinische Anwendungen übertragen, ist es denkbar, dass mithilfe derartiger Gene bestimmte Bakterien schon in geringer Konzentration – anhand der von ihnen verursachten Fluoreszenz – sichtbar gemacht und damit geortet werden können.

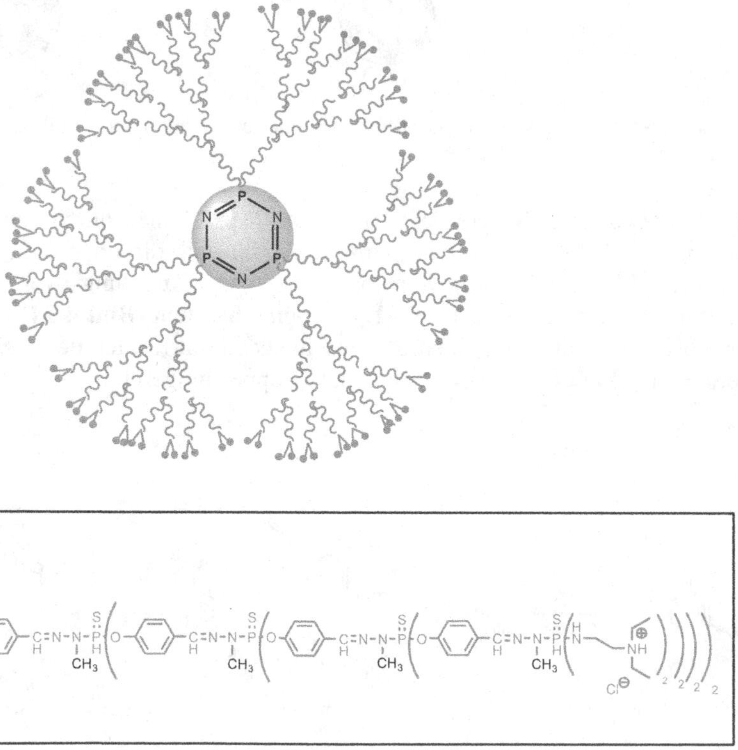

Bild 4-35 Polykationische Phosphor-basierte Dendrimere (nach *Majoral, Caminade et al.*)

Das Potenzial, Nukleinsäure in Zellen einzuschleusen, ist von der Größe des Dendrimers abhängig. So sind Phosphor-basierte Dendrimere der dritten, vierten und fünften Generation effizienter als diejenigen niedrigerer Generationen (**Bild 4-35**). Auch die Art der quartären Ammonium-Endgruppen hat Einfluss auf das Transfektions-Vermögen: Das an den terminalen Stickstoffatomen methylierte ist weniger wirksam als das protonierte Dendrimer.

Stoddart et al. entwickelten einen konvergenten Zugang zu polykationischen Dendrimeren auf Basis von Mesitylen-Einheiten.[65] Um die Kerneinheit 1,3,5-Tris(diethylamino-methyl)benzen (**3**) herum werden die durch *Menschutkin*-Reaktion erhaltenen, positiv geladenen Dendrons als Verzweigungseinheiten angeknüpft (**Bild 4-36**). Der (Anionen-)Austausch der Bromid- durch Hexafluorophosphat-Ionen dient der besseren Löslichkeit.

Die chemoselektive Polyalkylierung Phosphor-basierter Dendrimere bietet eine Möglichkeit, um kationische Dendrimere aus neutralen zu erzeugen.[66]

Bildung der Kerneinheit:

Bildung des "Monomers":

Bildung des Dendrons/ Anionen-Austausch:

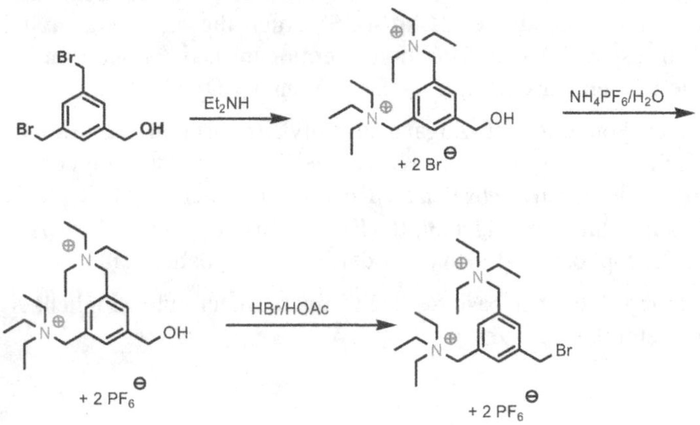

Bildung des Dendrimers:

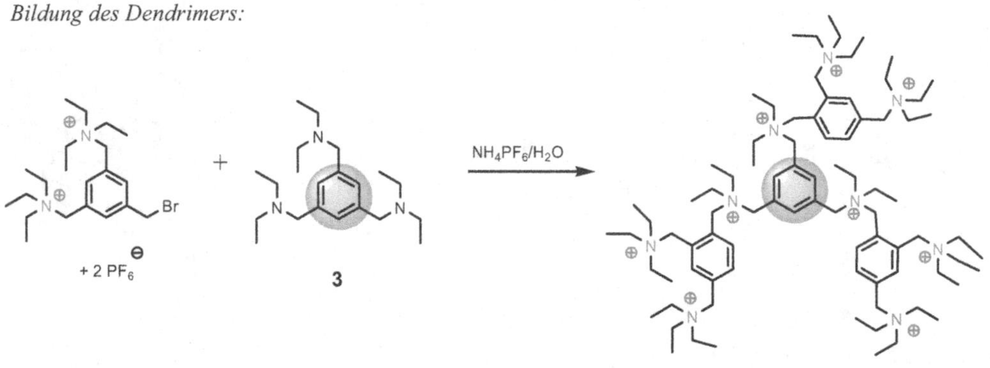

Bild 4-36 Konvergente Synthese polykationischer Dendrimere (nach *Stoddart et al.*)

Van Koten et al. gelang die Darstellung von Silicium-basierten Dendrimeren mit polykationischer Verzweigungsschale. Der in **Bild 4-37** gezeigte Dendrimer-Typ besteht aus einem unpolaren Kern (Tetraarylsilan), ummantelt von einer ionischen Schicht, die ihrerseits von einer weniger polaren Polyether-„Schale" umgeben ist.[67] Solche Dendrimere sind zur potenziellen Einlagerung von anionischen Gästen – unter Austausch der Anionen – in das positiv geladene Wirtgerüst prädestiniert.

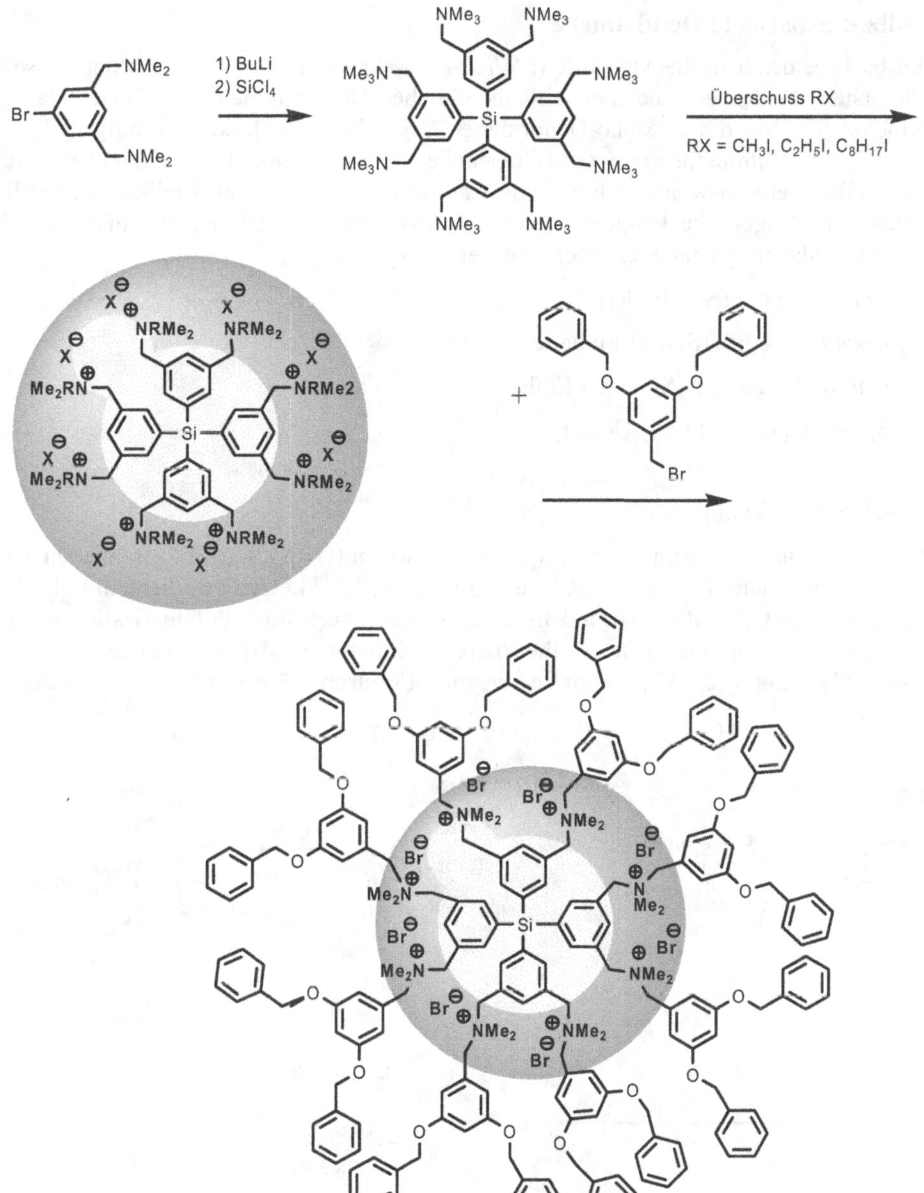

Bild 4-37 Dendrimer mit polykationischer Kernschale (grau gekennzeichnet; nach *van Koten et al.*)

4.1.9 Silizium-basierte Dendrimere

Silizium-basierte dendritische Moleküle („*Silico-Dendrimere*") waren in Form der Siloxane 1989 die ersten Dendrimere, die andere als die üblichen Heteroatome (wie N, O, S, Halogene) enthielten.[68] Wie die Phospho-Dendrimere (*Kapitel 4.1.10*) lassen sie aufgrund ihrer modellierfähigen Architektur und wegen ihrer hohen Thermostabilität Anwendungsmöglichkeiten erhoffen, beispielsweise in Form von Carbosilanen als flüssigkristalline Materialien und Katalysator-Träger. Sie können in einige Grundtypen unterteilt werden und seien im Folgenden jeweils durch charakteristische Vertreter vorgestellt:

- *Polysilane* mit (Si–Si)-Gerüst

- *Carbosilane* mit (Si–C$_n$)-Einheiten

- *Carbosiloxane* mit (Si–O–C)-Einheiten

- *Siloxane* mit (Si–O–Si)-Gerüst

4.1.9.1 Silan-Dendrimere

Den Zugang zu Silan-Dendrimeren niedriger Generationen (G1, G2) eröffneten im Jahr 1995 unabhängig voneinander *Lambert et al.*[69] und *Suzuki et al.*.[70] Letztere stellten ein Polysilan-Dendrimer **3** erster Generation dar, indem sie eine Stufenwachstums-Polymerisationstechnik anwandten. Die Kupplung von Methyl[tris(chlordimethyl-silyl)]silan (**1**) an Tris-(trimethylsilyl)silyllithium (**2**) führte zum verzweigten Dendrimer **3** erster Generation (**Bild 4-38**).

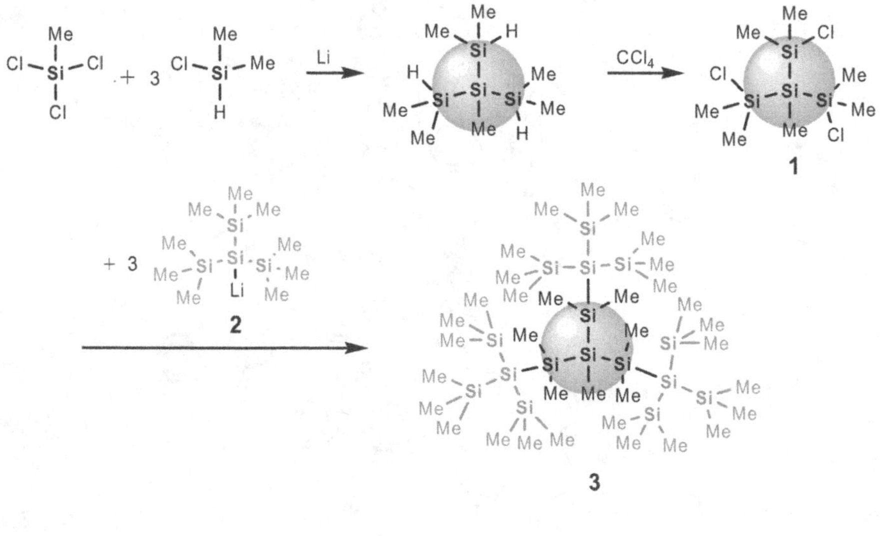

Bild 4-38 Darstellung eines Polysilan-Dendrimers erster Generation (nach *Suzuki et al.*)

Lambert et al. gelang es, dendritische Polysilane zweiter Generation zu entwickeln:[71] Die repetitiven Schritte dieser divergenten Synthese bestehen in der Spaltung von Silicium–Methyl-Bindungen mittels Trifluorsulfonsäure (CF$_3$SO$_3$H) und der anschließenden Neuknüpfung von Silizium–Silizium-Bindungen (**Bild 4-39**). Im Vergleich zu obigen kompakten Dendrimeren ließen sich so, ausgehend von Tetrasilanen, „Seestern-artige" dendritische Moleküle bis zur zweiten Generation mit einer Molekülmasse von 1832,9 g/mol herstellen.[72]

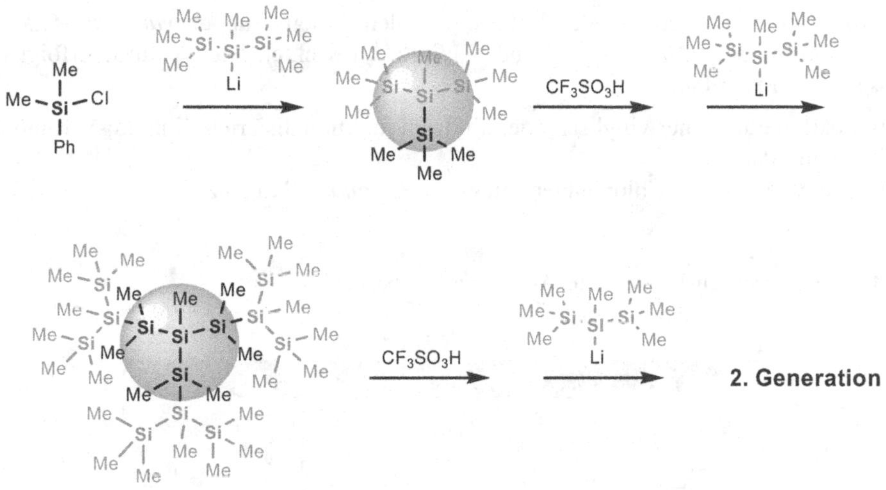

Bild 4-39 Syntheseweg zu einem Silan-Dendrimer zweiter Generation (nach *Sekiguchi et al.*)

Dieser Silan-Dendrimer-Typ weist schon in der zweiten Generation infolge sterischer Überhäufung aufgrund der starken Verzweigung Verzerrungen der inneren Silizium-Gerüststruktur auf.[68] Der Vorteil der eher kugelförmigen dendritischen Silane – gegenüber niedermolekularen Vertretern mit weniger stabilen Si–Si-Bindungen – besteht in der Ummantelung dieser leicht zu spaltenden Bindungen im Inneren des Dendrimers. Ist die Außenschale mit Methylgruppen terminiert, so können spaltende Reagenzien (Elektrophile oder Nukleophile) kaum an diese Bindungen gelangen – oder saure Katalysatoren eine Isomerisierung des Gerüsts bewirken: Mit einer solchen dendritischen „Schutzhülle" als Ummantelung ist auch in anderen Fällen eine Stabilisierung metastabiler Kerneinheiten erzielt worden (siehe z. B. *Kapitel 4.1.10* und *5.1.2.3*).

Silan-Dendrimere mit längeren Polysilan-Ketten (z. B. mit dreizehn Siliziumatomen in der längsten Kette) stellten *Lambert* und *Wu* über eine konvergente Syntheseroute her.[73] Auch sie nehmen eine nahezu sphärische Molekülgestalt an.

Ein neueres Synthesekonzept basiert auf der Umsetzung von Diethylamino-substituierten Silyl–Lithium-Verbindungen mit Triflat-Derivaten von Silanen oder Oligosilanen. Es führt stufenweise zur Verlängerung von Si–Si-Ketten, die zum Aufbau polymerer Strukturen genutzt werden kann.[74]

4.1.9.2 Carbosilan-Dendrimere

Die Struktur-flexiblen Carbosilan-Dendrimere[75] zeichnen sich durch hohe kinetische und thermodynamische Stabilität aus, die sich aus der niedrigen Dissoziationsenergie der Silizium–Kohlenstoff-Bindung ableitet. Wie bereits erwähnt, bieten gerade die Carbosilane ein breites Anwendungspotential, da ihr Aufbau unschwer modifiziert werden kann. So hängt die Länge der Verzweigungen von der Länge der Alkylkette des *Grignard*-Reagenzes ab, die Multiplizität der Verzweigungen hingegen vom Hydrosilylierungs-Reagenz (**Tabelle 4.3**).

Über Carbosilan-Dendrimere wurde ab 1990 von den Arbeitsgruppen *van der Made, van Leeuwen*,[76] *Roovers*,[77] *Muzafarov*[78] und *Seyferth*[79] berichtet. Die Synthese erfolgt üblicherweise in zwei Schritten:

1. Hydrosilylierung einer vinylisch oder allylisch funktionalisierten Silizium-Verbindung mit einem Silan
2. ω-Alkenylierung von Chlorsilanen mit einem *Grignard*-Reagenz

Tabelle 4.3 Variationsmöglichkeiten beim Aufbau von Carbosilanen

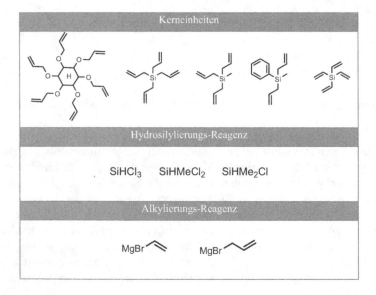

Die Platin-katalysierte Hydrosilylierung endständiger tetra-allylierter Silizium-Kerneinheiten und deren anschließende Umsetzung mit *Grignard*-Reagenz zeigten (**Bild 4-40**), dass der erreichbare dendritische Generationsgrad von der Länge der Alkenylgruppe – die als Abstandshalter (Spacer) ein zu großes räumliches Gedränge der Zweige verhindert – abhängig ist. So konnte ein Dendrimer über Decenyl-Einheiten bis zur sechsten Generation aufgebaut werden, während mit Vinyl- lediglich die vierte, mit Allyl-Einheiten die fünfte Generation erreicht wurde.[76b]

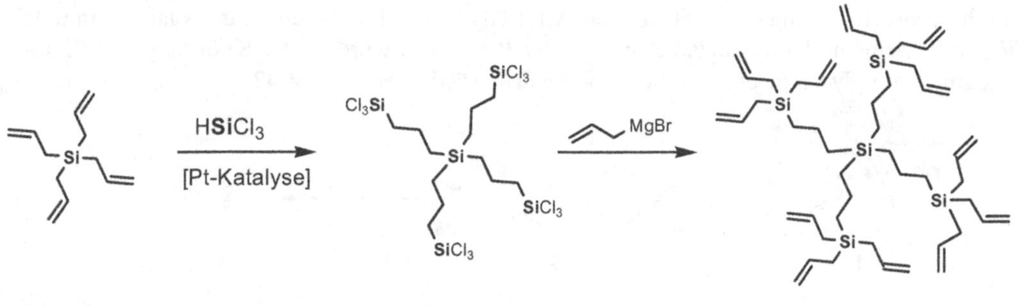

Bild 4-40 Carbosilan-Dendrimere (nach *van der Made et al.*)

Mit der konvergenten Synthesestrategie[80] ist der Zugang zu silyl-ethinylierten Dendrimeren der ersten und zweiten Generation mit alternierenden Silizium-Ethin-Einheiten möglich. Das in **Bild 4-41** gezeigte Dendrimer (erster Generation) kann wegen der linearen Dreifachbindungen eine annähernd planare Konformation einnehmen.

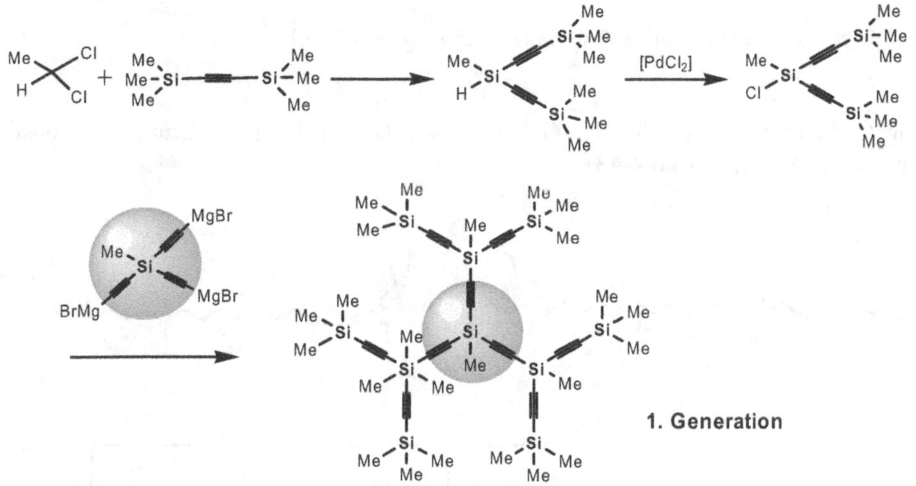

Bild 4-41 Carbosilan-Dendrimere (nach *Sekiguchi et al.*)

Beide Generationen zeigen hohe Thermostabilität (bis 200°C), jedoch kann die Silizium-Kohlenstoff-Bindung leicht durch alkalische oder saure Bedingungen gespalten werden. Die Einführung von Phenylgruppen an unterschiedlichen Positionen im Carbosilan-Dendrimer – im Kern, an den Verzweigungspunkten oder an der Peripherie – und deren saure Abspaltung mit stöchiometrischen Mengen an Trifluorsulfonsäure erlaubt an diesen Stellen eine nukleophile Substitution. Dadurch können nach *Gade et al.* funktionelle Gruppen oder katalytisch wirksame Einheiten gezielt an diesen Positionen implementiert werden.[81]

Durch Hydrosilylierung des geschützten Allyl-Glycosids **1** mit dem Carbosilan **2** (mittels *Silopren™*, einem Platin-Siloxan-Komplex der *Bayer AG*, wurde unter Knüpfung von Si–C-Bindungen ein glycosidisches Carbosilan-Dendrimer erhalten (**Bild 4-42**).[82]

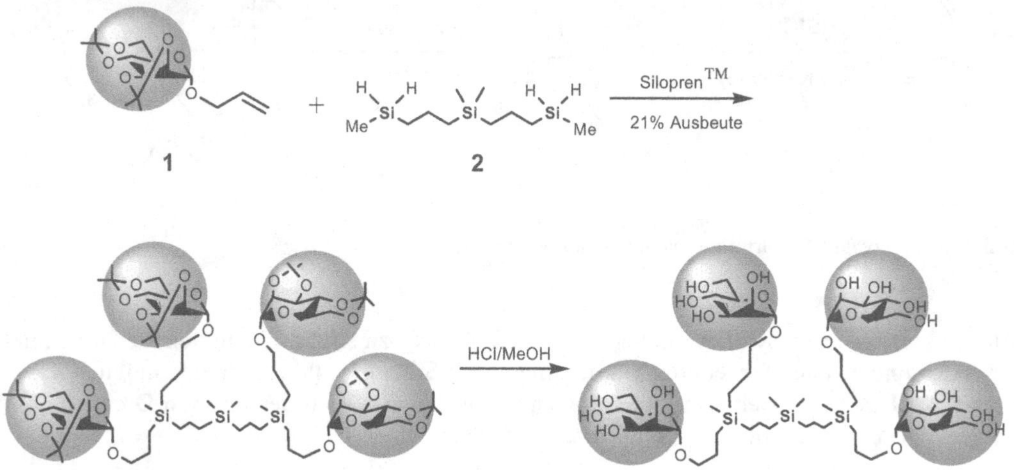

Bild 4-42 Glycosidisches Carbosilan-Dendrimer (nach *Lindhorst et al.*)

In jüngsten Arbeiten auf diesem Gebiet[83] wurden auch hantelförmige Carbosilan-Dendrimere synthetisiert (**Bild 4-43**).[84]

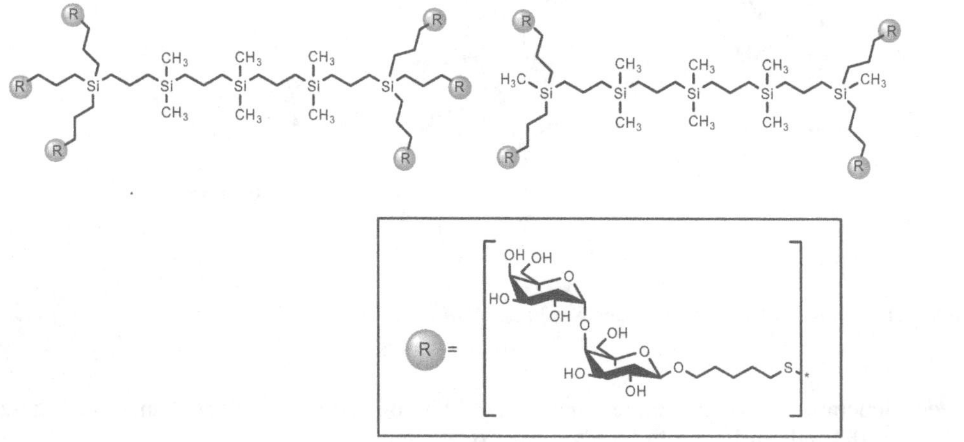

Bild 4-43 Dendritische Carbosilan-Hanteln mit Galabiose-Zweigen (nach *Terunuma et al.*)

Diese in der Peripherie bis zu sechs Galabiose-Einheiten (Galα1-4Gal) tragenden dendriti-schen Hanteln könnten Anwendung als künstliche Inhibitoren des *Shiga-Toxins* (*Vero-Toxin*) finden. Dieses von *Escherichia coli*-Bakterien produzierte Toxin ruft *Diarrhoe* und *Hämolytisches Urämie-Syndrom* hervor.

Ungewöhnlichere Carbosilan-Dendrimere wurden durch Reaktion von Acetyl-geschützen Hydroxyethyl-Glycosiden mit Chlorsilanen synthetisiert. Die Einführung der Kohlenhydrat-Komponente erfolgte durch Alkoholyse des Chlorsilans unter Ausbildung von Silizium–Sauerstoff-Bindungen, wobei eine Carbosilan-Kerneinheit mit Carbosiloxan-Seitenarmen entsteht.[82] Der umkehrte Aufbau von Carbosilanen mit Kohlenhydrat-Kern ist ebenso möglich.[54]

Ein Carbosilan-Dendrimer erster Generation bestehend aus 16 Thiophen-Ringen konnte in 19% Ausbeute isoliert werden, wobei diverse Nebenprodukte in ähnlichen Mengen entstanden.[85] Der Synthesebaustein Methyl-tris(2-thienyl)silylether wurde zuvor aus Tetramethoxysilan und überschüssigem Thienyllithium hergestellt (**Bild 4-44**).

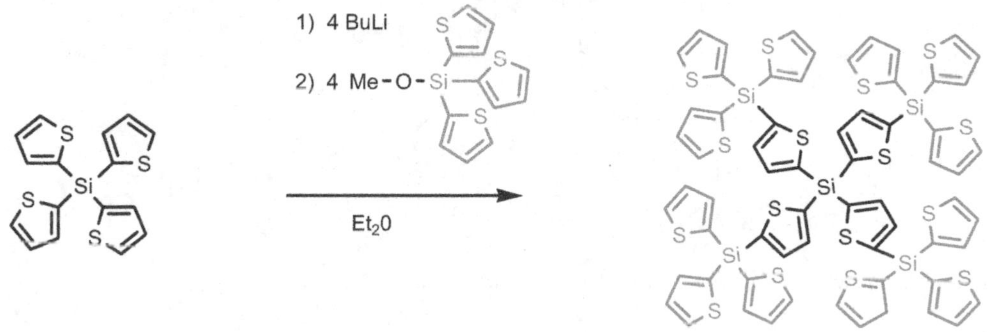

Bild 4-44 Carbosilan-Dendrimer aus Thiophen-Bausteinen (nach *Nakayama et al.*)

Achtfach Kronenether-funktionalisierte Carbosilan-Dendrimere (**Bild 4-45**) können in ihren peripheren Kronenether-Einheiten insgesamt acht Kalium-Ionen aufnehmen.[86]

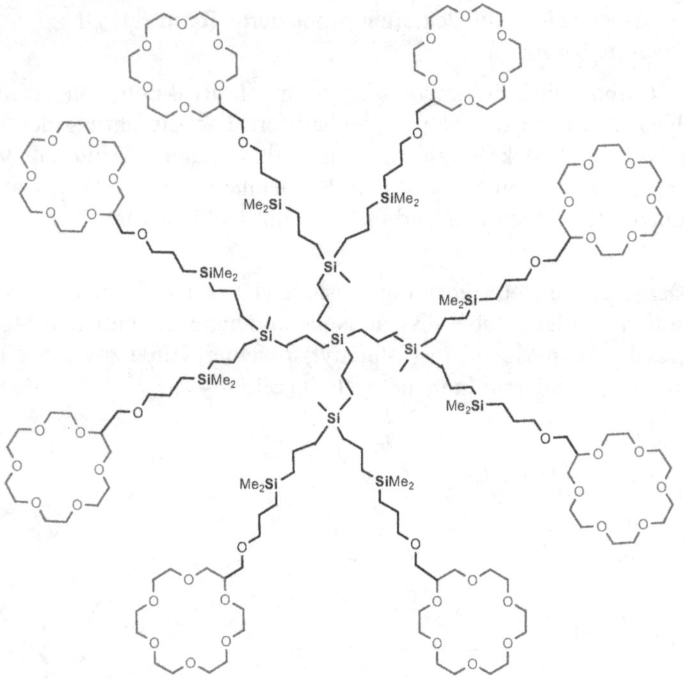

Bild 4-45 Kronenether-dekoriertes Carbosilan (nach *Lang et al.*)

Terminale Palladium-komplexierte, Phosphan-funktionalisierte Carbosilan-Dendrimere wurden als potentielle Katalysatoren in Membranreaktoren eingesetzt.[87]

4.1.9.3 Carbosiloxan-Dendrimere

Prägende Struktureinheit der Carbosilane ist die Si–O–C-Sequenz. Das Gerüst dieser Dendrimer-Familie ist analog zu den Carbosilanen durch Wahl bestimmter Kerneinheiten[88] (**Tabelle 4.4**) gezielt aufbaubar. Die Synthese der Carbosiloxane erfolgt allgemein durch

- Hydrosilylierung vinylisch oder allylisch funktionalisierter Carbosiloxan-Kerneinheiten,
- anschließende Alkoholyse.

Tabelle 4.4 Repräsentative Kerneinheiten für Carbosiloxane

Kerneinheiten für den Aufbau von Carbosiloxanen
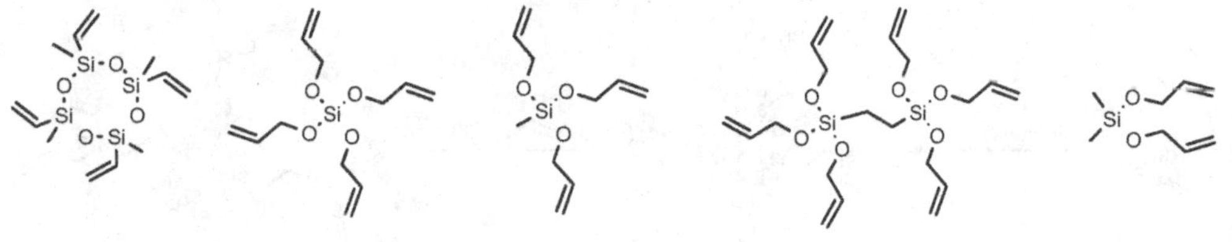

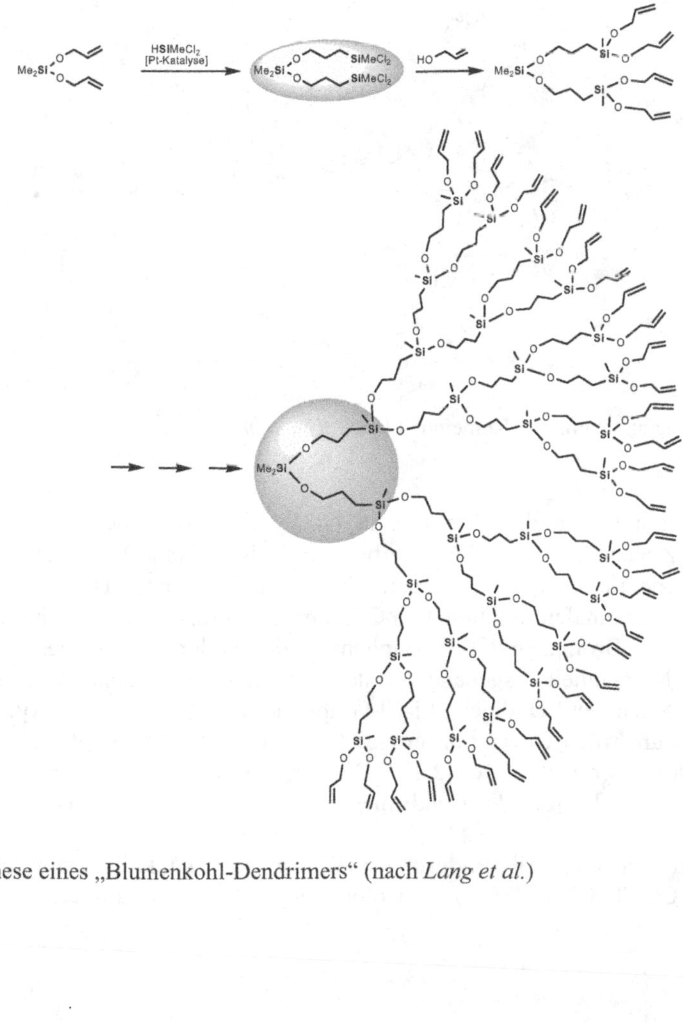

Bild 4-46 Synthese eines „Blumenkohl-Dendrimers" (nach *Lang et al.*)

Um den Aufbau der Carbosiloxan-Dendrimere zu illustrieren, sei hier zunächst die kleinste Kerneinheit gewählt. Ein „Blumenkohl-Dendrimer" (*cauliflower dendrimer*) der vierten Generation (**Bild 4-46**) wurde über eine repetitive Synthesesequenz mittels Dichlormethylsilan als Hydrosilylierungs- und Allylalkohol als Alkoholyse-Reagenz erhalten.[89]

Eine cyclische Kerneinheit kann ebenso das Fundament von Carbosiloxan-Dendrimeren bilden (**Tabelle 4.4** und **Bild 4-47**). Das Gerüst zeigt dann im Kernbereich eine – anders als durch lineare Abstandshalter – aufgelockerte („cyclisch gespacerte") Anordnung.

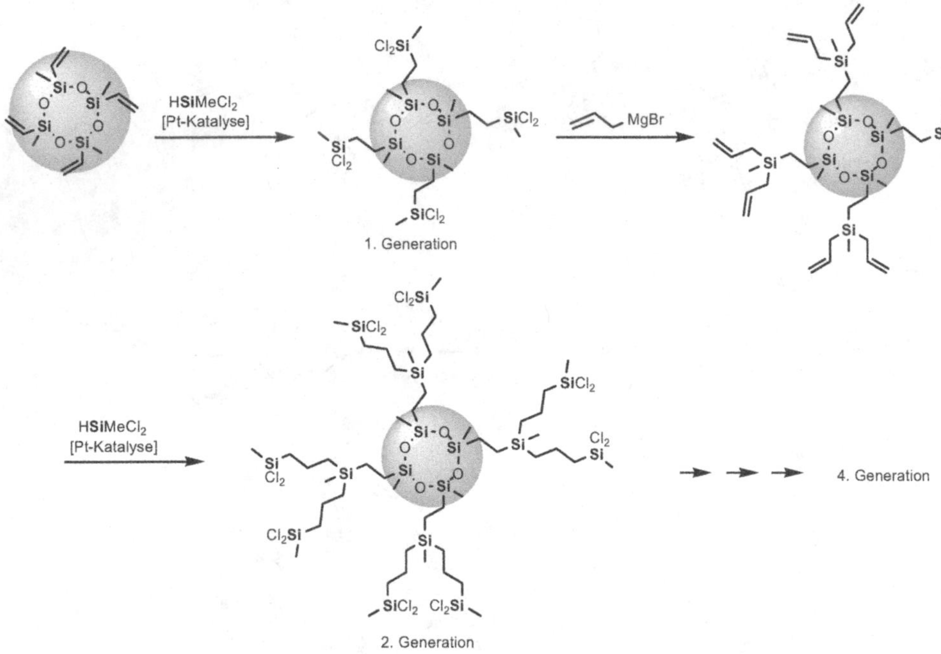

Bild 4-47 Carbosilane mit cyclischer Kerneinheit (nach *Kim et al.*)

Kim et al. gelang auf dem divergent-repetitiven Syntheseweg (siehe oben, Carbosilan-Dendrimere) der Zugang zu gemischten Carbosilan/Carbosiloxan-Dendrimeren (**Bild 4-47**) bis zur vierten Generation mit endständigen Chlorid-Funktionen.[90] Deren Überführung in die entsprechenden terminalen funktionellen Gruppen gelang zum Beispiel durch Umsetzung mit *p*-Phenylphenol, *p*-Bromphenol, Lithiumphenylacetylid oder Allylmagnesiumbromid.

Von der gleichen Kerneinheit ausgehend konnten die nach Reaktion mit Hydrosilylierungs-Reagenz entstandenen endständigen Si-Cl-Gruppen mit einem Hydroxyterpyridin zu Dendrimeren bis zur dritten Generation umgesetzt werden. Nach Komplexierung mit $PtCl_2$ und anschließender Koordination von 2,2':6',2''-Terpyridin wurden terminale SH-Gruppen eingeführt, die beim Aufbringen der Dendrimere auf (Au 111-)Gold-Oberflächen als Ankergruppen dienten.[91]

Carbosiloxan-Dendrimere mit SiH-Endgruppen (**Bild 4-48**)[92] sind allgemein durch Hydrosilylierung von $MeCOCH_2CH_2CH=CH_2$ mit Chlorsilanen zu Si-Cl terminierten Verbindungen und anschließende Reduktion mit Lithiumaluminiumhydrid zum entsprechenden Alkohol mit endständigen SiH-Gruppen erhältlich.

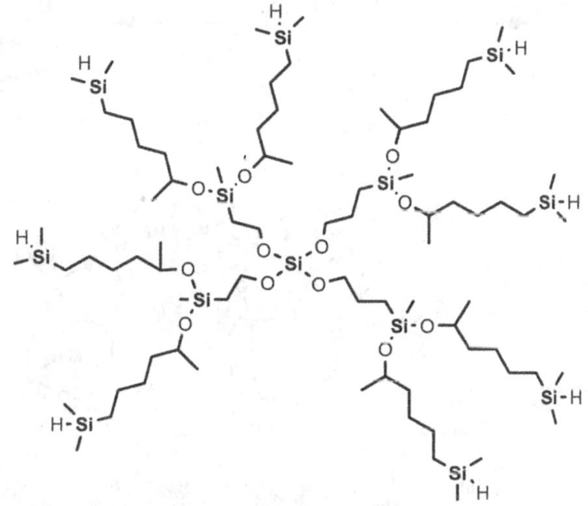

Bild 4-48 Carbosiloxan-Dendrimer mit terminalen Si-H-Gruppen (nach *Lang et al.*)

Die Funktionalisierung der Carbosiloxan-Dendrimere ist ebenso vielfältig wie die oben beschriebene Möglichkeit, unterschiedliche Kerneinheiten einzusetzen. So wurden diverse Metallo-Carbosiloxan-Dendrimere beispielsweise mit Titanocendichlorid-Endgruppen,[93] Ferrocen-[94] oder Dicobalthexacarbonyl-Einheiten aufgebaut.[95]

4.1.9.4 Siloxan-Dendrimere

Der älteste aller – außer den üblichen wie N, O, S, Halogen – Heteroatome enthaltenen Dendrimer-Typen wurde im Jahr 1989 erstmals in Form der Siloxan-Dendrimere[96] bis zur vierten Generation aufgebaut.[97] Dieser Dendrimer-Typ bildet eine Art Brücke zwischen der anorganischen und organischen Chemie. Ausgehend von Methyltrichlorsilan als trifunktionaler Kerneinheit wurden in einem ersten (repetitiven) Schritt die drei Chloratome nukleophil durch Bis(ethoxy)methylsilan-Reste substituiert (**Bild 4-49**). In der anschließenden, ebenfalls wiederholbaren Sequenz wurden die entstandenen Ethoxy-Einheiten mit Thionylchlorid (SOCl$_2$) zu terminalen Chlorid-Einheiten umfunktioniert. Das so letztlich erhaltene Dendrimer der vierten Generation enthält 48 endständige Chlor-Substituenten.

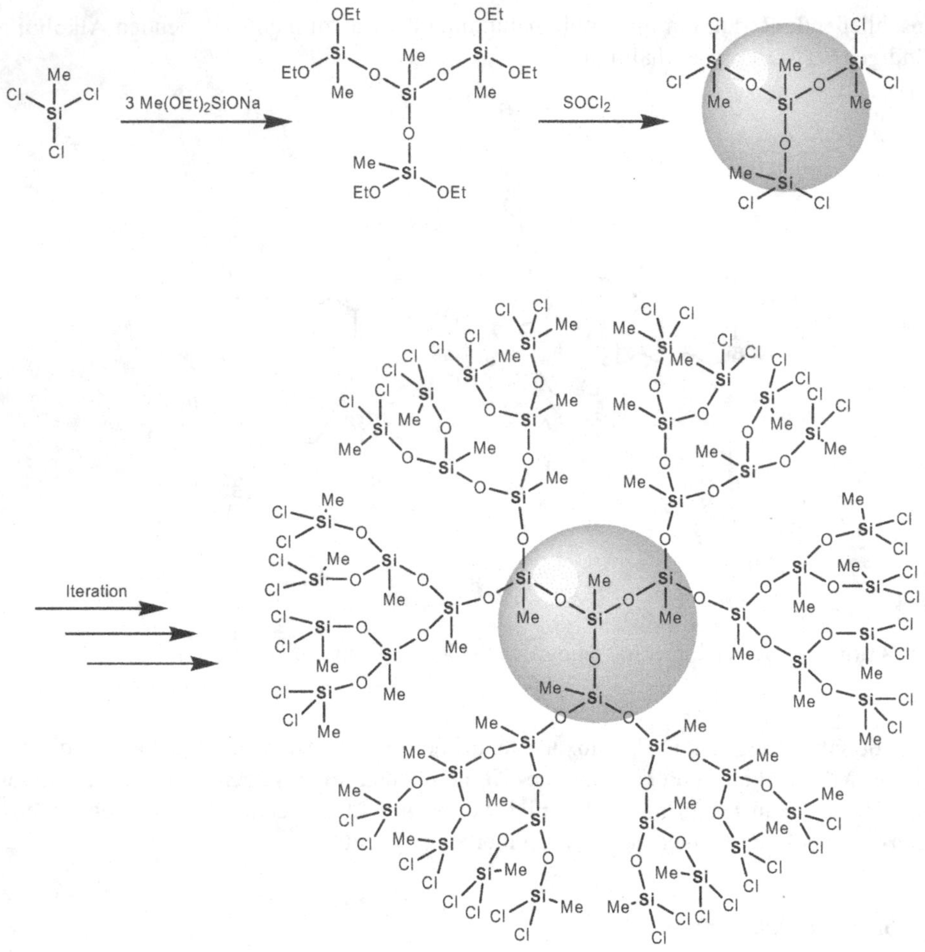

Bild 4-49 Synthese eines Siloxan-Dendrimers vierter Generation (nach *Muzfarov et al.*)

Masamune et al. bauten ein Polysiloxan-Dendrimer mit Oligosilan-Kerneinheit auf.[98] Durch eine repetitive Synthesestrategie, bestehend aus katalytischer Oxidation der endständigen SiH- zu SiOH-Gruppen und Substitution der Hydroxyl-Gruppen durch einen Abstandshalter (Spacer), wurde der Zugang zu Polysiloxan-Dendrimeren bis zur dritten Generation eröffnet.

Das Bromsilan, das durch Reaktion des Phenylsiloxans **1** mit Brom in Gegenwart von Triethylamin oder Natriumsiloxid erhalten wird, führte *Kakimoto et al.* zum Siloxan-Kernbaustein **4**. Er enthält drei Phenylsilan-terminierte Disiloxan-Verzweigungen, die eine sterische Hinderung beim Aufbau der Folgegenerationen minimieren sollen. Eine Abfolge von Bromierung, Aminierung und Alkoholyse lässt abschließend das Polysiloxan **5** der dritten Generation entstehen (**Bild 4-50**).[99]

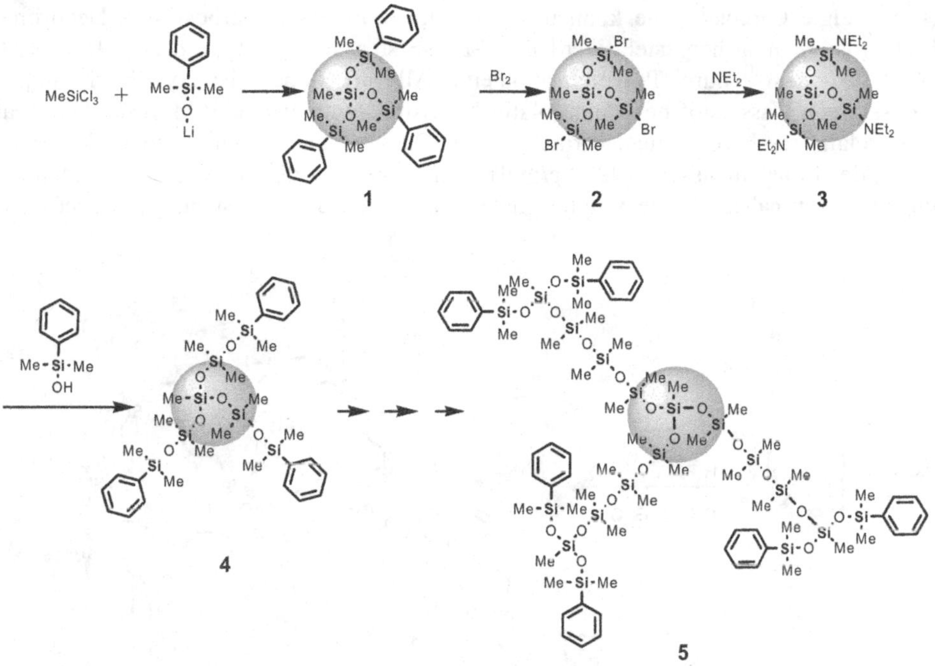

Bild 4-50 Polysiloxan-Dendrimer (nach *Kukimoto et al.*)

4.1.9.5 Hyperverzweigte Silizium-basierte Polymere

Diese hochverzweigten (engl.: *hyperbranched*) dendritischen Verbindungen (s. *Kapitel 2.7*) sind zwar nicht so Struktur-perfekt (s. *Kapitel 1.3* und *1.4*) wie ihre dendritischen Verwandten, jedoch schneller und preiswerter herstellbar, was sie insbesonders für den Werkstoffbereich interessant macht. Die unterschiedlichen kommerziellen Monomere (**Bild 4-51**) bieten viele strukturelle Variationsmöglichkeiten.

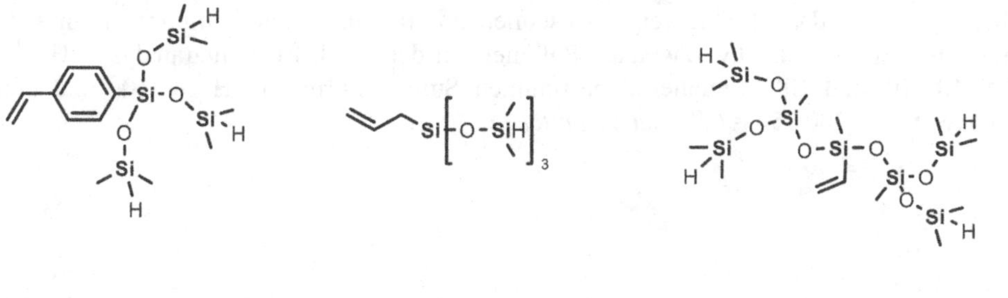

Bild 4-51 Typische Monomere für hyperverzweigte Siloxane

Hyperverzweigte Carbosiloxane können wie die monodispersen Carbosiloxan-Dendrimere durch Hydrosilylierung hergestellt werden.[100] Die Ersten dieser Art wurden 1991 von *Mathias und Carothers*[101] durch Polymerisation eines Allyl-tris(dimethylsiloxy)silan-Monomers unter Zusatz von Wasserstoffhexachloroplatin(IV)hydrat synthetisiert (**Bild 4-52**). Die Reaktion geht relativ rasch vonstatten; vermehrte Katalysator-Zugabe bewirkt jedoch keine Vergrößerung der Molekülmassen (19000 g/mol). NMR-Spektren dieser hyperverzweigten Verbindungen zeigen nahezu keine Vinyl-Signale, was auf ein fast vollständig polymerisiertes Produkt hinweist.

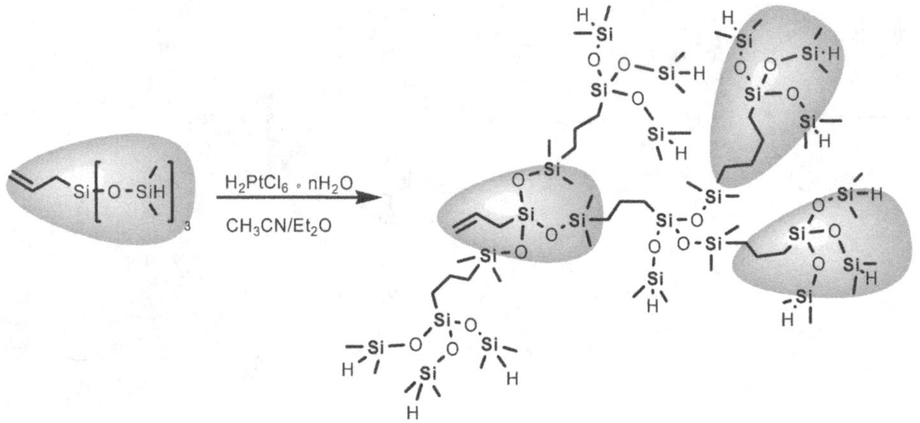

Bild 4-52　Hyperverzweigtes Carbosiloxan (nach *Mathias* und *Carothers*). Einige Monomer-Bausteine sind zur Veranschaulichung grau markiert

Um die Reaktivität abzumildern, wurden in späteren Arbeiten die Si-H-Gruppen mit Allylphenyl-Ethern hydrosilyliert.[102] Der Zugang zu hyperverzweigten Polycarbosilanen (**Bild 4-53**) ist durch eine *Grignard*-Kupplung von Chlormethyltrichorsilan möglich.[103] Der initiierende Schritt der Polymerisation ist die – nahezu quantitative – Bildung der *Grignard*-Verbindung Cl_3SiCH_2MgCl. Das Polymerisat enthält verschiedene Struktureinheiten (linear, einfach verzweigt, doppelt verzweigt). Anschließende Reduktion mit Lithiumaluminiumhydrid resultiert in einem hochverzweigten Polymer mit der durch Elementaranalyse, ^{1}H-, ^{13}C-, ^{29}Si-NMR, IR und GPC annähernd bestimmten Summenformel $(SiH_{1.85}CH_2)_n$ und einem PDI= M_w/M_n= 5200/750 = 6.9 (siehe *Kapitel 1*).

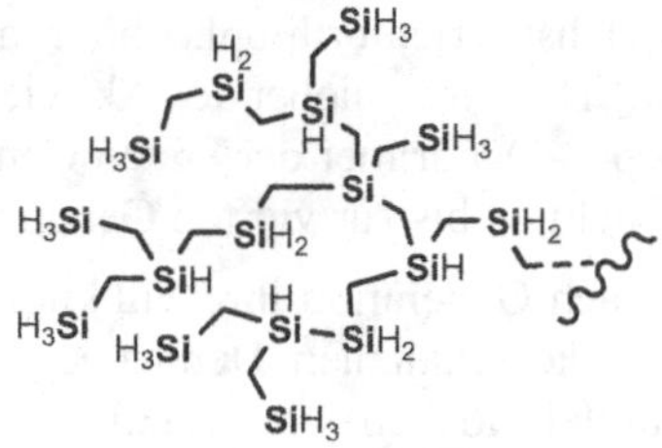

Bild 4-53 Hyperverzweigtes Polycarbosilan (nach *Interrante et al.*)

4.1.10 Phosphor-basierte Dendrimere

Die ersten neutralen Phosphor-haltigen Dendrimere („*Phospho-Dendrimere*") wurden im Jahr 1994 von *Majoral et al.* beschrieben und in der Folgezeit stark ausgebaut. Der Phosphor war dabei an weiteren Heteroatomen wie N und O[104] sowie an Kohlenstoff[105] gebunden. Es sind aber auch Dendrimere bekannt, in denen Phosphoratome in der Kerneinheit oder an der Peripherie, aber auch sowohl im Kern als auch in den Verzweigungen und der Peripherie lokalisiert sind.[106] Ein Beispiel für fünfwertige Phosphoratome in der Kerneinheit und in den Verzweigungspunkten ist in **Bild 4-54** gegeben.

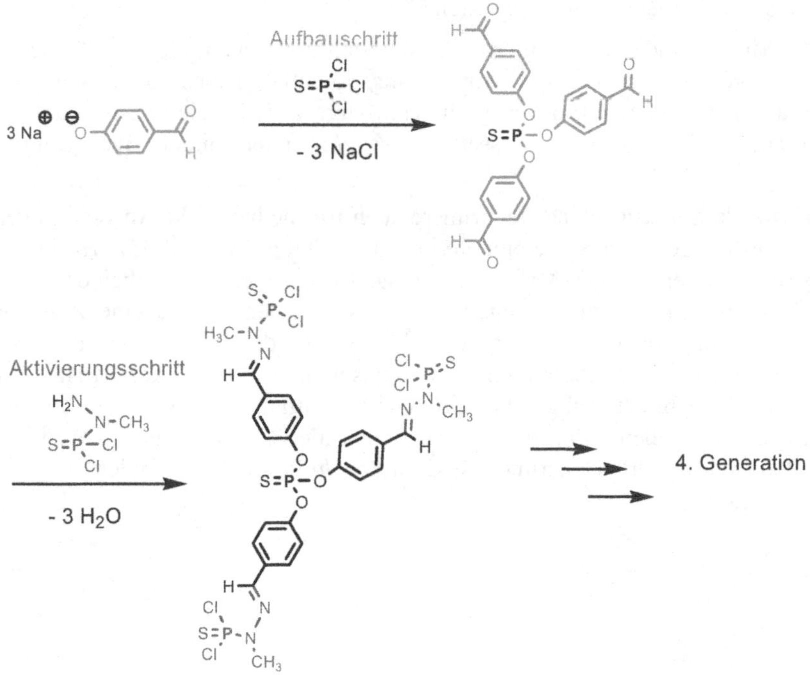

Bild 4-54 Phosphorhaltige Dendrimere (nach *Majoral et al.*)

In einem Aufbauschritt wird zunächst Trichlorthiophosphor mit dem Natriumsalz des 4-Hydroxybenzaldehyds umgesetzt. Die anschließende Aktivierung durch Addition eines Hydrazin-Derivats ergibt ein Phospho-Dendrimer der ersten Generation (**Bild 4-54**). Iteration dieser Synthesesequenz führte schließlich bis zur vierten Generation (Molmasse 11269 Da).

Die Peripherie wechselt dabei je nach Generation ihre Funktionalität (Formyl-Gruppen oder Dichlorthiophosphoryl-Einheiten). Die erhaltenen Dendrimere sind sehr stabil und in den gängigsten organischen Lösungsmitteln löslich. Vorteilhaft ist, dass sich die Phosphoratome der einzelnen Generationen anhand ihrer unterschiedlichen Verschiebungen und Intensität der Signale durch ^{31}P-NMR-Spektroskopie unterscheiden und den einzelnen „Zwiebelschalen" (Generationen) im Molekül exakt zuordnen lassen.[104] Damit ist eine einfache Überprüfung der Vollständigkeit (Perfektheit) der vorhergegangenen Umsetzungen (und der Reinheit der einzelnen Generationszwischenstufen) möglich – jedenfalls was die Art und Anzahl der eingebundenen Phosphor-Atome anlangt (Dass dabei eventuelle nicht-P-haltige Unreinheiten nicht „sichtbar" sind, bietet einerseits einen Auswerte-Vorteil wegen der ungestörten Signale; andererseits liegt darin aber auch ein Nachteil, da die Reinheit des Dendrimers lediglich auf die Umgebung der Phosphoratome im Molekül bezogen werden kann). Neben der ^{31}P-NMR-Spektroskopie wurde auch die MALDI-TOF-Massenspektroskopie zur Charakterisierung von Phosphor-basierten Dendrimeren eingesetzt.[107]

Durch Umsetzung der Dichlorthiophosphoryl-Einheiten mit Allylaminen wurden entsprechende Phospho-Dendrimere mit terminalen Allylfunktionen sowie durch Reaktion mit Propargylamin endständige Alkin-Gruppen dargestellt. Nicht zuletzt wurde so eine Tri- und Tetafunktionalität an der Molekülperipherie erzielt.[108]

Phospho-Dendrimere sind als „Modifier" von Materialoberflächen relevant für die Entwicklung von DNS-Chips.[109] Weiteres Anwendungspotential haben organische Phospho-Dendrimere als neue Gelatoren, die in geringer Menge das Gelieren von organischen und organometallischen Substanzen in Wasser (*Hydrogele*) unter milden Bedingungen erlauben.[110]

Die Wasserlöslichkeit macht solche Dendrimere auch für medizinische Anwendungen attraktiv, da Phosphor-haltige Dendrimere eine geringe Toxizität aufweisen. *Majoral et al.* gelang die Synthese eines Zweiphotonen-Markers zur *in vivo*-Lokalisierung (ähnlich der in *Kapitel 8* erwähnten Kontrastmittel). Um Aggregationen zu vermeiden, wurde eine Zweiphotonen-aktive lipophile Chromophor-Einheit vom Stilbentyp in den Kern eines hantelförmigen Dendrimers eingebaut, dessen Peripherie mit kationischen Gruppen dekoriert ist (**Bild 4-55**). Die kationische Hülle bildet – abgesehen von der Vermittlung der Wasserlöslichkeit – eine Art Schutzmantel vor äußeren Einflüssen für den zentralen Chromophor.[111] Weitere ionisch aufgebaute Phosphor-basierte Dendrimere sind im *Abschnitt 4.1.8.2* zu finden.

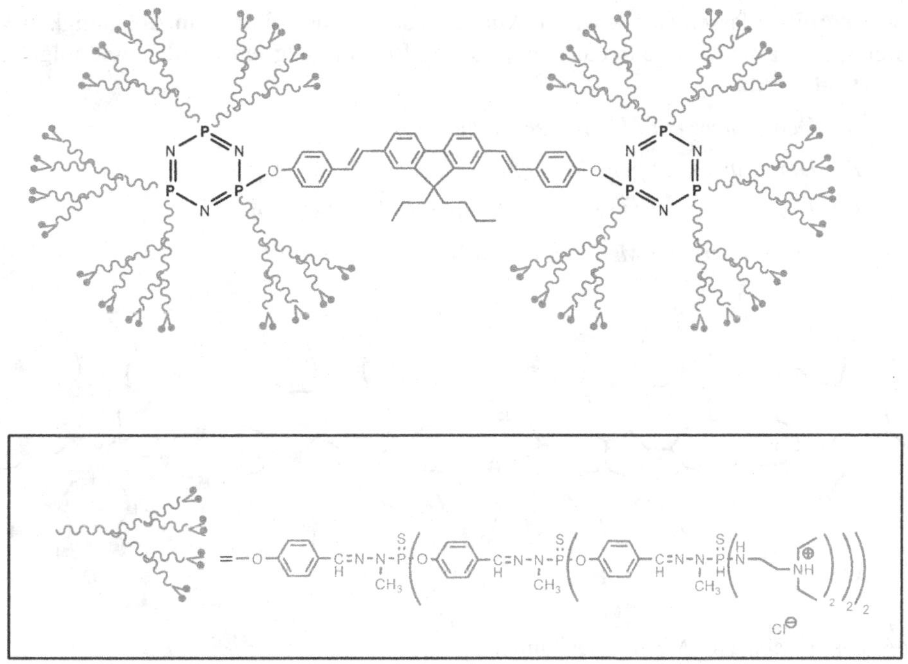

Bild 4-55 Phospho-Dendrimere mit Stilben-Einheiten als Zweiphotonen-Marker (nach *Majoral et al.*)

Phospho-Dendrimere, deren Peripherie mit λ^3-Phosphor in Form von Diphenylphospin-Gruppen bestückt ist, können auch als Liganden in Palladium-, Platin- und Rhodium-Komplexen fungieren.[112] Dabei müssen die Metalle jedoch nicht unbedingt an der Peripherie sitzen, sondern sie können auch als Kerneinheit dienen, wie bei Phospho-Dendrimeren mit Ferrocen-Einheit als Kern. An solche Dendrimere wurden – bis zur fünften Generation – Elektronen-ziehende P=N-P=S-Einheiten angeknüpft, die sich auf die elektrochemischen Eigenschaften des Ferrocens stark auswirken.[113] Phosphor-basierte Dendrimere, die Ferro-cen-Einheiten zugleich im Kern, in den Verzweigungseinheiten und in der Peripherie enthalten, sind gleichermaßen herstellbar.[114] Die polykationischen Phospho-Dendrimere seien hier der Vollständigkeit halber erwähnt; Näheres zu dieser Thematik findet sich im *Abschnitt 4.1.5* (Ionische Dendrimere).[115]

4.1.11 Metallo- (und *Newkome*-) Dendrimere

Metallo-Dendrimere sind aufgrund ihrer physikalischen, photophysikalischen oder katalyti-schen Eigenschaften ein weit verbreiteter Dendrimer-Typ. Durch Kombination der Dendri-mer-Charakteristika mit denen von Übergangsmetallen lassen sich beispielsweise Lichtsam-mel- Effekte (s. *Kapitel 5.2*) und Energietransfer-Gradienten erzeugen.

Der Aufbau der Metallo-Dendrimere kann supramolekular,[116] (s. *Kapitel 2.6*), durch Me-tall/Ligand-Komplexierung (Koordinations-chemisch) und nicht zuletzt kovalent erfolgen.

Metallo-Dendrimere lassen sich – wie in *Kapitel 3* schon ausgeführt – in Abhängigkeit von der Position, in der die Metalle in das dendritische Molekül integriert wurden, wie folgt klassifizieren (**Bild 4-56**):

A. *Dendrimere mit Metall-Kerneinheit*

B. *Dendrimere mit peripher komplexiertem Metall*

C. *Dendrimere mit Metall in den dendritischen Zweigen*

D. *Dendrimere mit Metallen in den Verzweigungspunkten.*

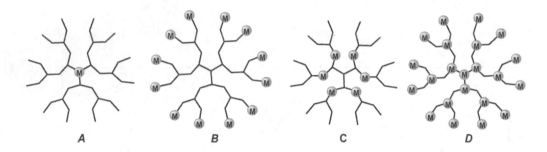

Bild 4-56 Klassifizierung der Metallo-Dendrimere

A. *Dendrimere mit Metall-Kerneinheit*

Die Synthese dendritischer Strukturen mit einem Metallkomplex als Kerneinheit kann auf zwei verschiedenen Wegen erfolgen:

Kovalente Knüpfung: Ein bereits gebildeter Metallkomplex wird kovalent mit Dendrons verknüpft und so mit einer dendritischen Hülle umgeben. Beispiele hierfür sind die redox-aktiven Metallo-Dendrimere von *Kaifer et al.*[117] oder die von *Diederich et al.*[118] und *Aida et al.*[119] dargestellten und hinsichtlich ihrer Eigenschaften untersuchten dendritischen Porphyrin/Metall-Komplexe.

Supramolekulare oder koordinative[120] ***Komplexierung:*** Eine von *Kawa* und *Fréchet* realisierte Möglichkeit zur Darstellung von Dendrimeren mit zentraler Metallkomplex-Einheit besteht in der Komplexierung eines Metall-Kations mit geeignet funktionalisierten Dendron-Liganden. Durch Selbstorganisation von drei *Fréchet*-Typ-Dendrons mit je einer Carboxylat-Gruppe im fokalen Punkt um ein dreiwertiges Lanthanid-Ion [Erbium(III), Europium(III) oder Terbium(III)] als Kerneinheit herum (*Kapitel 2*, **Bild 2-9**) erhielten sie dendritische Komplexe mit bemerkenswerten photophysikalischen Eigenschaften.[121] So zeigen diese Metallo-Dendrimere infolge des Energietransfers von den Aryl-Benzylether-Gruppen zum Metallzentrum hin, sowie der Abschirmung der Metall-Ionen voneinander, im Vergleich zum isolierten (nicht dendritischen) Lanthanid-Komplex eine deutlich stärkere Lumineszenz (s. *Kapitel 5*).

Ein Metallo-Dendrimer mit koordinativ an Phenanthrolin-Liganden gebundener Kupfer(I)-Kerneinheit, dessen Dendrons mit terminalen Fulleren-Einheiten bestückt sind, synthetisierten *Nierengarten et al.* (**Bild 4-57**).[122]

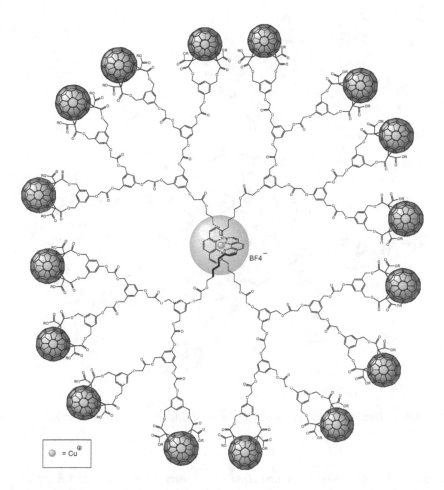

Bild 4-57 Metallo-Dendrimer mit Cu(I)-Phenanthrolin-Kern und terminalem Fulleren (nach *Nieren-garten et al.*)

B. Dendrimere mit peripher komplexiertem Metall

Metallocene wurden in der Dendrimer-Chemie – wie schon in den vorherigen Kapiteln gezeigt – häufig als terminale Einheiten eingesetzt. Sie interessieren überwiegend wegen potenzieller Anwendungen in der Katalyse.[123] Ein ungewöhnliches Metallo-Dendrimer mit peripheren Ferrocen-Einheiten und optisch aktiven Ferrocenyldiphosphin-Liganden (*Josiphos-Liganden*) stellten *Togni et al.* her (**Bild 4-58**).[124] Als Kerneinheit wurde u. a. Adamantan-tetracarbonsäure gewählt.

Mit der Integration chiraler Bauelemente – insbesondere von bereits bewährten Komplexliganden in – dafür designte – dendritische Moleküle (s. *Abschnitt 4.2*) erweitert sich die Palette der Anwendungen, da dann auch asymmetrisch katalysierte Reaktionen mit Dendrimeren durchgeführt werden können.

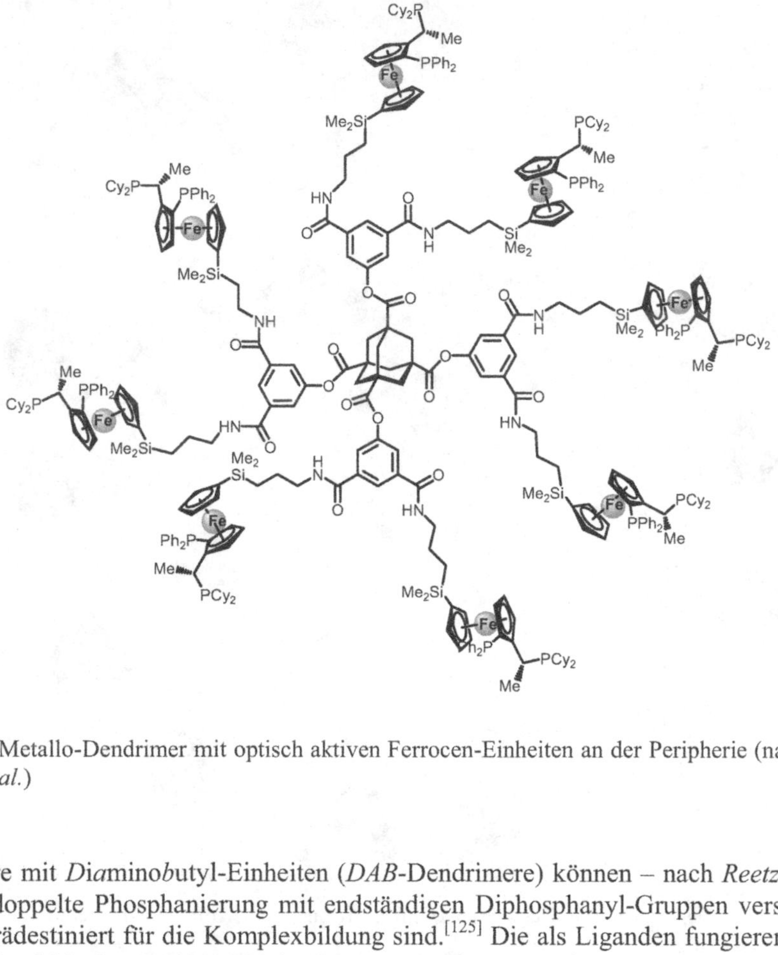

Bild 4-58   Metallo-Dendrimer mit optisch aktiven Ferrocen-Einheiten an der Peripherie (nach *Togni et al.*)

Dendrimere mit *Diaminobutyl*-Einheiten (*DAB*-Dendrimere) können – nach *Reetz et al.* – z. B. durch doppelte Phosphanierung mit endständigen Diphosphanyl-Gruppen versehen werden, die prädestiniert für die Komplexbildung sind.[125] Die als Liganden fungierenden zweizähnigen dendritischen N-(CH$_2$PPh$_2$)$_2$-Gruppen eröffnen – nach *van Koten et al.* – den Weg zu peripheren Palladium-, Nickel-, Iridium- und Rhodium-Übergangsmetall-Komplexen mit Anwendungen in diversen katalytischen Reaktionen (z. B. *Heck*-Kupplung), aber auch als Sensor für Schwefeldioxid und andere Gase (s. *Kapitel 8*).[126]

C. Dendrimere mit Metall in den dendritischen Zweigen

Dendrimere mit Metallkomplex-Einheiten in ihren Zweigen bedingen den Einbau spezifischer Koordinationsstellen im Dendrimer-Gerüst. *Newkome et al.* nutzten ein solches mit zwölf Alkin-Einheiten für den Punkt-genauen Einbau von 1,2-Dicarba-*closo*-dodecaboran-Gruppen (**Bild 4-59,** oben rechts).[127] Auch die gezielte Koordination mit Dicobalt-octacarbonyl zu einem Metallo-Dendrimer mit zwölf Dicobalt-hexacarbonyl-Einheiten gelang. Letztere können zum einen als Schutzgruppen,[128] zum anderen als Katalysatoren fungieren.[129]

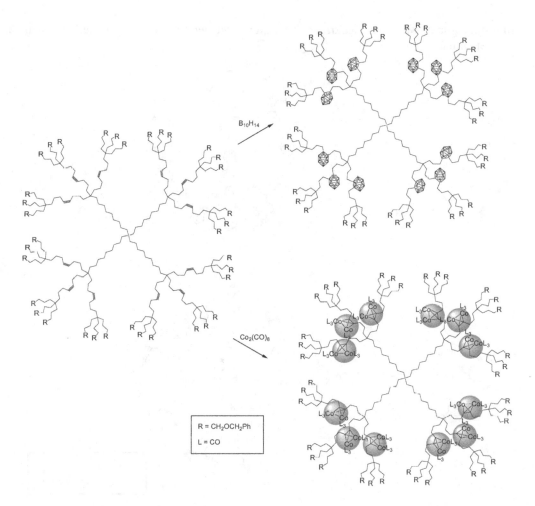

Bild 4-59 Dendrimere mit gezielt – im Inneren – angebrachten Koordinationsstellen (nach *Newkome et al.*)

D. *Dendrimere mit Metallen in den Verzweigungspunkten*

Ein Dendrimer mit Metallkomplexen sowohl in der Kerneinheit als auch in den Verzweigungen beschrieben *Balzani et al.*. Der lumineszierende, heteroleptische (unterschiedliche Liganden aufweisende), dendritische Polypyridin-Ruthenium- oder -Osmium-Komplex ist sowohl divergent als auch konvergent herstellbar[130] (vgl. *Kapitel 2.5.2*).

Newkome et al. bauten Metallo-Dendrimere Koordinations-chemisch durch Ligand /Ruthenium/Ligand-Kupplung auf. Das Synthesekonzept bietet die Möglichkeit, vorkonstruierte Dendrons (**Bild 4-60**) zu einem dendritischen Netzwerk zu verknüpfen. Die entsprechenden Dendrons werden durch die beiden Terpyridin-Liganden um das Ruthenium herum angeordnet, was dem Dendrimer – aufgrund der dendritischen Schutzhülle – auch höhere Stabilität verleiht.[131]

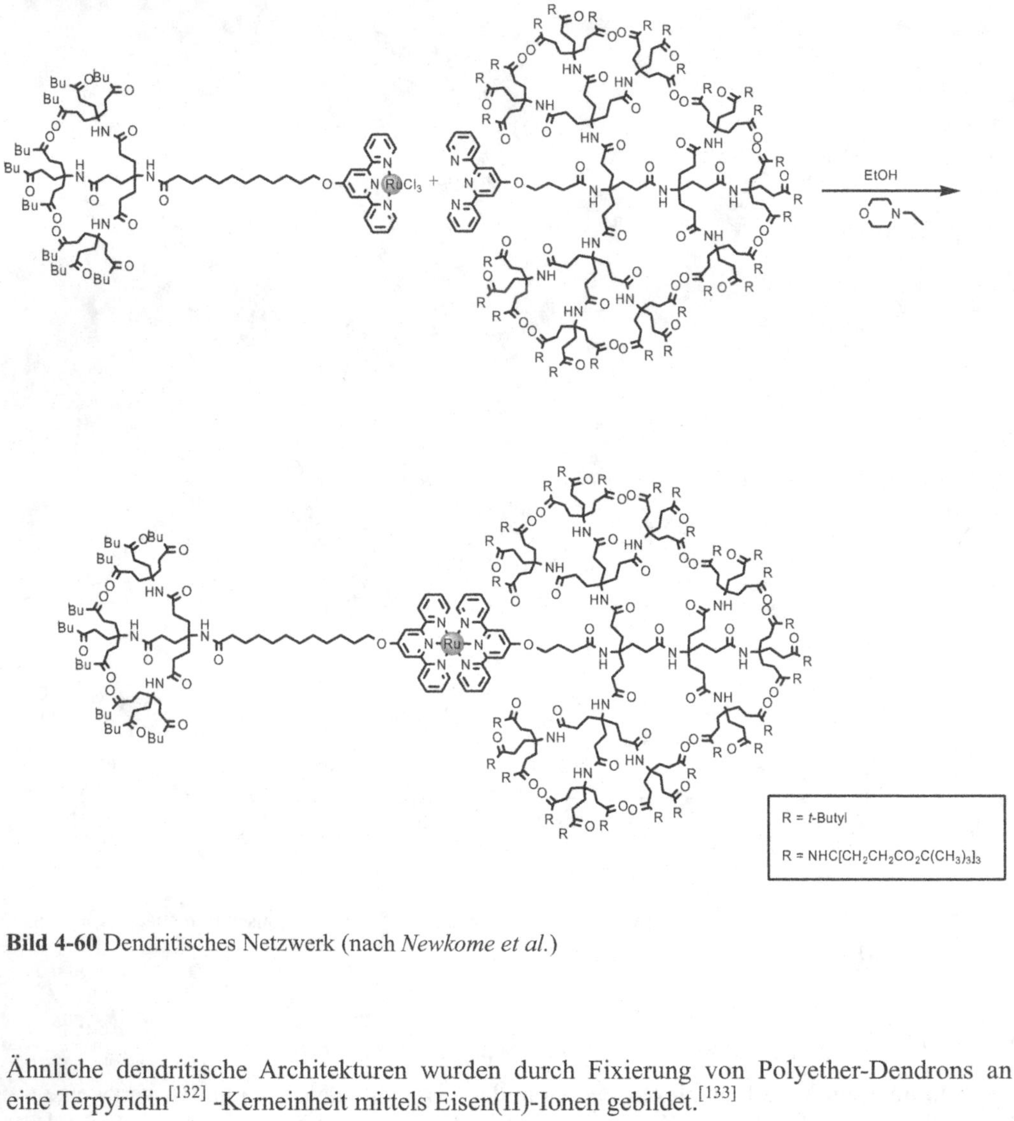

Bild 4-60 Dendritisches Netzwerk (nach *Newkome et al.*)

Ähnliche dendritische Architekturen wurden durch Fixierung von Polyether-Dendrons an eine Terpyridin[132]-Kerneinheit mittels Eisen(II)-Ionen gebildet.[133]

Dendrimere und Dendrons des *Newkome*-Typs mit 1→3- und 1→4-Verzweigungsmuster sind seit kurzem im Handel unter dem Namen „NTreon" erhältlich.[134]

Das vorliegende Kapitel musste sich auf die wichtigsten Dendrimer-Typen und deren Synthesen beschränken. In der jeweils zitierten Literatur findet man viele weitere Beispiele.

Literaturverzeichnis und Anmerkungen zu *Kapitel 4.1*

„Achirale Dendrimere"

Übersichtsartikel sind durch ein vorgestelltes fett gedrucktes „Übersicht(en)" bzw.
Buch/Bücher gekennzeichnet.

[1] Astramol®, Firma *DSM*, Eindhoven, Niederlande.

[2] J. C. Hummelen, J. L. J. van Dongen, E. W. Meijer, *Chem. Eur. J.* **1997**, *3*, 1489-1493.

[3] Daten auf folgenden Internet-Seiten: „www.dsm.com und www.dendritech.com"

[4] E. Buhleier, W. Wehner, F. Vögtle, *Synthesis* **1978**, 155-158.

[5] R. Moors, F. Vögtle, *Chem. Ber.* **1993**, *126*, 2133-2135.

[6] M. de Brabander-van den Berg, E. W. Meijer, *Angew. Chem.* **1993**, *105*, 1370-1372; *Angew. Chem. Int. Ed.* **1993**, *32*, 1308-1310; C. Wörner, R. Mülhaupt, *Angew. Chem.* **1993**, *105*, 1367-1370; *Angew. Chem. Int. Ed.* **1993**, *32*, 1306-1308.

[7] F. Vögtle, S. Gestermann, C. Kauffmann, P. Ceroni, V. Vicinelli, B. Balzani, *J. Am. Chem. Soc.* **2000**, *122*, 10398-10404.

[8] B. González, C. M. Casado, B. Alonso, I. Cuadrado, M. Moran, Y. Wang. A. E. Kaifer, *Chem. Commun.* **1998**, 2569-2570.

[9] a) B. González, B. Alonso, J. Losada, M. P. García-Armada, C. M. Casado, *Organometallics* **2006**, *25*, 3558-3561; b) V. Vicinelli, P. Ceroni, M. Maestri, M. Lazzari, V. Balzani, S.-K. Lee, J. van Heyst, F. Vögtle, *Org. Biomol. Chem.* **2004**, *2*, 2207-2213.

[10] Vertrieb durch *Aldrich*; Verkaufsrechte: *Dendritech*®, Michigan, USA.

[11] D. A. Tomalia, A. M. Naylor, W. A. Goddard III, *Angew. Chem.* **1990**, *102*, 119-238; *Angew. Chem. Int. Ed.* **1990**, *29*, 138-175.

[12] J. D. Eichmann, A. U. Bielinska, J. F. Kukowska-Latallo, J. R. Baker, *Pharm. Sci. Technol. Today* **2000**, *3*, 232-245.

[13] A. Archut, G. C. Azzellini, V. Balzani, L. De Cola, F. Vögtle, *J. Am. Chem. Soc.* **1998**, *120*, 12187-12191; M. W. P. L. Baars, R. Kleppinger, M. H. J. Koch, S.-L. Yeu, E. W. Meijer, *Angew. Chem.* **2000**, *112*, 1341-1344; *Angew. Chem. Int. Ed.* **2000**, *39*, 1285-1288.

[14] D. A. Tomalia, H. Baker, J. R. Dewald, M. Hall, G. Kallos, S. Martin, J. Roeck, J. Ryder, P. Smith, *Polym. J.* **1985**, *17*, 117-132; D. A. Tomalia, H. Baker, J. R. Dewald, M. Hall, G. Kallos, S. Martin, J. Roeck, J. Ryder, P. Smith, *Macromolecules* **1986**, *16*, 2466-2468.

[15] J. W. Lee, B.-K. Kim, H. J. Kim, S. C. Han, W. S. Shin, S.-H. Jin, *Macromolecules* **2006**, *39*, 2418-2422.

[16] Y. Haba, C. Kojima, A. Harada, K. Kono, *Angew. Chem.* **2007**, *119*, 238-241; *Angew. Chem. Int. Ed.* **2007**, *46*, 234-237.

[17] I. J. Majoros, C. B. Metha, J. R. Baker Jr., Mathematical Description of Dendrimer Structure; http://www.forsight.org/conferences/MNT8/abstract/Majoros/index.html

[18] I. J. Majoros, L. Piehler, D. A. Tomalia, J. R. Baker Jr., Synthesis and Characterisation of Novel POPAM-PAMAM (POMAM) Hybrid Dendrimers as a Building Block in Nanotechnology. http://www.forsight.org/conferences/MNT8/abstract/Baker/index.html

[19] Dissertation J. Friedhofen, Kekulé-Institut der Universität Bonn, **2006**:

„http://hss.ulb.uni-bonn.de/diss_online"

[20] B. Qualmann, M. M. Kessels, H.-J. Musiol, W. D. Sierralta, P. W. Jungblut, L. Moroder, *Angew. Chem.* **1996**, *108*, 970-973; *Angew. Chem. Int. Ed.* **1996**, *35*, 909-911.

[21] R. G. Denkewalter, J. F. Kolc, W. J. Lukasavage, *U.S. Pat. 4360646*, **1979**; R. G. Denkewalter, J. F. Kolc, W. J. Lukasavage, *U.S. Pat. 4289872*, **1981**; R. G. Denkewalter, J. F. Kolc, W. J. Lukasavage, *U.S. Pat. 4410688*, **1983**.

[22] a) V. Balzani, P. Ceroni, S. Gestermann, M. Gorka, C. Kauffmann, F. Vögtle, *J. Chem. Soc., Dalton Trans.* **2000**, 3765-3771; D. Parker, *Coord. Chem. Rev.* **2000**, *205*, 109. V. Vicinelli, P. Ceroni, M. Maestri, V. Balzani, M. Gorka, F. Vögtle, *J. Am. Chem. Soc.* **2002**, *124*, 6461-6468; 21 b) F. Vögtle, M. Gorka, V. Vicinelli, P. Ceroni, M. Maestri, V. Balzani, *Chem. Phys. Chem.* **2001**, *12*, 769-773.

[23] *Übersicht*: H. Hart, *Pure Appl. Chem.* **1993**, *65*, 27-34; H. Hart, *J. Org. Chem.* **1991**, 56, 6905-6912; K. Shahlai, H. Hart, *J. Am. Chem. Soc.* **1990**, *112*, 3687-3688.

[24] *Buch*: J. K. Young, J. S. Moore, (Hrsg. P. J. Stang, F. Diederich), *Modern Acetylene Chemistry*, VCH, Weinheim, New York **1995**; Z. Xu, J. S. Moore, *Angew. Chem.* **1993**, *105*, 261-264; *Angew. Chem. Int. Ed.* **1993**, *32*, 1354-1357; Formtreue Makrocyclen siehe auch: W. Zhang, J. S. Moore, *Angew. Chem.* **2006**, *118*, 4524-4548; *Angew. Chem. Int. Ed.* **2006**, *45*, 4416-4439; S. Höger, *Angew. Chem.* **2005**, *117*, 3872-3875; *Angew. Chem. Int. Ed.* **2005**, *44*, 3806-3808; G.-B. Pan, X.-H. Cheng, S. Höger, W. Freyland, *J. Am. Chem. Soc.* **2006**, *128*, 4218-4219; S. Klyatskaya, N. Dingenouts, C. Rosenauer, B. Müller, S. Höger, *J. Am. Chem. Soc.* **2006**, *128*, 3150-3151.

[25] Z. Xu, J. S. Moore, *Acta Polymer* **1994**, *45*, 83-87.

[26] J. H. Friedhofen, F. Vögtle, *New J. Chem.* **2006**, *30*, 32-43.

[27] V. Percec, J. G. Rudick, M. Peterca S. R. Staley, M. Wagner, M. Obata, C. M. Mitchell, W.-D. Cho, V. S. K. Balagurusamy, J. N. Lowe, M. Glodde, O. Weichold, K. J. Chung, S. Ghionni, S. N. Magonov, P. A. Heiney, *Chem. Eur. J.* **2006**, *12*, 5731-5746.

[28] S. A. Soomro, R. Benmouna, R. Berger, H. Meier, *Eur. J. Org. Chem.* **2005**, 3586-3593.

[29] T. M. Miller, T. X. Neenan, *Chem Mater.* **1990**, *2*, 346-349. T. M. Miller, T. X. Neenan, R. Zayas, H. E. Bair, *J. Am. Chem. Soc.* **1992**, *114*, 1018-1025. Wir verwenden anstelle von „Polyphenylen-Dendrimere" die Familienbezeichnung Polybenzen-Dendrimere (allgemein Polyaren-Dendrimere), da Phenylen nomenklatorisch auf -C_6H_4- beschränkt ist.

[30] *Übersicht*: U.-M. Wiesler, T. Weil, K. Müllen, *Top. Curr. Chem.* (Bandhrsg. F. Vögtle) **2000**, *212*, 1-41.

[31] F. Morgenroth, K. Müllen, *Tetrahedron* **1997**, *53*, 15349-15366.

[32] U.-M. Wiesler, A. J. Berresheim, F. Morgenroth, G. Lieser, K. Müllen, *Macromolecules* **2001**, *34*, 187-199.

[33] E. V. Andreitchenko, C. G. Clark, Jr., R. E. Bauer, G. Lieser, K. Müllen, *Angew. Chem.* **2005**, *117*, 6506-6512; *Angew. Chem. Int. Ed.* **2005**, *44*, 6348-6354.

[34] a) U.-M. Wiesler, K. Müllen, *Chem. Commun.* **1999**, *22*, 2293-2294; b) U.-M. Wiesler, Dissertation, Johannes Gutenberg Universität, Mainz **2001**, C. Hampel, Dissertation, Johannes Gutenberg-Universität, Mainz **2001**.

[35] F. Morgenroth, E. Reuther K. Müllen, *Angew. Chem.* **1997**, *109*, 647-649; *Angew. Chem. Int. Ed.* **1997**, *36*, 631-634; J. Schmidt, W. Pisula, D. Sebastiani, K. Müllen, *J. Am. Chem. Soc.* **2006**, *128*, 9526-9534; R. E. Bauer, V. Enkelmann, U. M. Wiesler, A. J. Berresheim, K. Müllen, *Chem. Eur. J.* **2002**, *8*, 3858-3864.

[36] A. Herrmann, G. Mihov, G. W. M. Vandermeulen, H.-A. Klok, K. Müllen, *Tetrahedron* **2003**, 59, 3925-3935.

[37] H. Meier, M. Lehmann, *Angew. Chem.* **1998**, *110*, 666-669; *Angew. Chem. Int. Ed.* **1998**, *37*, 643-645; S. A. Soomro, R. Benmouna, R. Berger, H. Meier, *Eur. J. Org. Chem.* **2005**, 3586-3593, M. Lehmann, C. Köhn, H. Meier, S. Renker, A. Oehlhof, *J. Mater. Chem.* **2006**, *16*, 441-451. *Übersicht*: H. Meier, M. Lehmann in H. S. Nalwa: *Encyclopedia of Nanoscience and Nanotechnology* **2004**, *10*, 95-105.

[38] *Übersicht*: V. Vicinelli, P. Ceroni, M. Maestri, M. Lazzari, V. Balzani, S.-K. Lee, J. van Heyst, F. Vögtle, *Org. Biomol. Chem.* **2004**, *2*, 2207-2213.

[39] Y. H. Kim, O. W. Webster, *J. Am. Chem. Soc.* **1990**, *112*, 4592-4593.

[40] J. K. Stille, F. W. Harris, R. O. Rakutis, H. Mukamal, *J. Polym. Sci., Part B* **1966**, *4*, 791-793; H. Mukamal, F. W. Harris, J. K. Stille, *J. Polym. Sci., Part A* **1967**, *5*, 2721.

[41] T. Horn, S. Wegner, K. Müllen, *Macromol. Chem. Phys.* **1995**, *196*, 2463-2474; A. Müller, R. Stadler, *Macromol. Chem. Phys.* **1996**, *197*, 1373-1385; A. D. Schlüter, *Polym. Preprints* **1995**, *36*, 592.

[42] C. Hawker, J. M. J. Fréchet, *J. Chem. Soc., Chem. Commun.* **1990**, 1010-1013; C. J. Hawker, J. M. J. Fréchet, *J. Am. Chem. Soc.* **1990**, *112*, 7638-7647.

[43] K. L. Wooley, C. J. Hawker, J. M. J. Fréchet, *J. Am. Chem. Soc.* **1991**, *113*, 4252-4261.

[44] A. Klaikherd, B. S. Sandanaraj, D. R. Vutukuri, S. Thayumanavan, *J. Am. Chem. Soc.* **2006**, *128*, 9231-9237; C. Akpo, E. Weber, J. Reiche, *New. J. Chem.* **2006**, *30*, 1820-1833.

[45] *Übersicht*: S. Nummelin, M. Skrifvars, K. Rissanen, *Top. Curr. Chem.* (Bandhrsg. F. Vögtle) **2000**, *210*, 8-38.

[46] E. Gilles, J. M. J. Fréchet, *J. Am. Chem. Soc.* **2002**, *124*, 14137-14146.

[47] *Übersicht*: N. Röckendorf, T. K. Lindhorst, *Top. Curr. Chem.* (Bandhrsg. F. Vögtle, C. A. Schalley) **2002**, *217*, 201-241.

[48] P. R. Ashton, V. Balzani, M. Clemente-Leon, B. Colonna, A. Credi, N. Jayaraman, F. M. Raymo, J. F. Stoddart, M. Venturi, *Chemistry* **2002**, *8*, 673-684.

[49] R. Roy, D. Zanini, J. Meunier, A. Romanowska, *J. Chem. Soc., Chem. Commun.* **1993**, 1869-1890; R. Roy, *Polymer News* **1996**, *21*, 226-232.

[50] F. Bambino, R. T. Brownlee, F. C. Chiu, *Tetrahedron Lett.* **1994**, *35*, 4619-4622.

[51] P. R. Ashton, S. E. Boyd, C. L. Brown, N. Jayaraman, S. A. Nepogodiev, J. F. Stoddart, *Chem. Eur. J.* **1996**, *2*, 1115-1128.

[52] K. Sadalapure, T. K. Lindhorst, Angew. *Chem.* **2000**, *112*, 2066-2069; *Angew. Chem. Int. Ed.* **2000**, *29*, 2010-2013.

[53] L. V. Backinowsky, P. I. Abronina, A. S. Shashkov, A. A. Grachev, N. K. Kocetkov, S. A. Nepogodiev, J. F. Stoddart, *Chem. Eur. J.* **2002**, *8*, 4412-4423.

[54] M. M. K. Boysen, T. K. Lindhorst, *Organic Letters* **1999**, *1* 1925-1927.

[55] M. Dubber, T. K. Lindhorst, *Chem. Commun.* **1998**, 1265-1266.

[56] K. I. Sugiura, H. Tanaka, T. Matsumoto, T. Kawai, Y. Sakata, *Chem. Lett.* **1999**, 1193-1194.

[57] H. F. Chow, T. K.-K. Mong, M. F. Nongrum, C.-W. Wan, *Tetrahedron* **1998**, *54*, 8543-8660.

[58] T. Dwars, E. Paetzold, G. Oehme, *Angew. Chem.* **2005**, *117*, 7338-7364; *Angew. Chem. Int. Ed.* **2005**, *44*, 7174-7199.

[59] G. R. Newkome, C. N. Moorefield, G. R. Baker, M. J. Saunders, S. H. Grossman, *Angew. Chem.* **1991**, *103*, 1207-1209; *Angew. Chem. Int. Ed.* **1991** *30*, 1178-1180.

[60] C. J. Hawker, K. L. Wooley, J. M. J. Fréchet, *J. Chem. Soc. Perkin Trans 1* **1993**, 1287-1297.

[61] M. Braun, S. Atalick, D. M. Guldi, H. Lang, M. Brettreich, S. Burghardt, M. Hatzimarinaki, E. Ravanelli, M. Prato, R. van Eldik, A. Hirsch, *Chem. Eur. J.* **2003**, *9*, 3867-3875.

[62] Y. H. Kim, O. W. Webster, *J. Am. Chem. Soc.* **1990**, *112*, 4592-4593.

[63] C. Loup, M.-A. Zanta, A.-M. Caminade, J.-P. Majoral, B. Meunier, *Chem. Eur. J.* **1999**, *5*, 3644-3650.

[64] „Hatschepsut", *Geo Magazin* **2002**, 07.

[65] J. F. Stoddart, P. R. Ashton, K. Shibata, A. N. Shipway, *Angew. Chem.* **1997**, *109*, 2902-2905; *Angew. Chem. Int. Ed.* **1997**, *36*, 2781-2783.

[66] C. Larre, A.-M. Caminade, J.-P. Majoral, *Angew. Chem.* **1997**, *109*, 614-617; *Angew. Chem. Int. Ed.* **1997**, *36*, 596-599.

[67] A. W. Kleij, R. van de Coevering, R. J. M. Klein Gebbink, A.-M. Noordman, A. L. Spek, G. van Koten, *Chem. Eur. J.* **2001**, *7*, 181-192.

[68] *Buch/Übersichten*: D. Y. Son in *"The Chemistry of Organic Silicon Compounds"*, Z. Rappoport, Y. Apeloig (Hrsg.), Bd. *3*, Kapitel 13, 745-803, Wiley, New York **2001**; J.-M. Majoral, A.-M. Caminade, *Chem. Rev.* **1999**, *99*, 845-880.

[69] J. B. Lambert, J. L. Pflug, C. L. Stern, *Angew. Chem.* **1995**, *107*, 106-108; *Angew. Chem. Int Ed.* **1995**, *34*, 98-99.

[70] H. Suzuki, Y. Kimata, S. Satoh, A Kuriyama, *Chem. Lett.* **1995**, *24*, 293-294.

[71] J. B. Lambert, J. L. Pflug, J. M. Denari, *Organometallics* **1996**, *15*, 615-625.

[72] *Übersicht*: M. Nanjo, A. Sekiguchi, C. Kuboto, H. Sakurai, *The Sendai International Symposium on The Frontiers of Organosilicon Chemistry*, Sendai, Japan, **1994**; A. Sekiguchi, M. Nanjo, C. Kubuto, H. Sakurai, *J. Am. Chem. Soc.* **1995**, *117*, 4195-4196; D. Gudat, *Angew. Chem.* **1997**, *109*, 2039-2043; *Angew. Chem. Int. Ed.* **1997**, *36*, 1951-1955.

[73] J. B. Lambert, H. Wu, *Organometallics* **1998**, *17*, 4904-4909.

[74] W. Uhlig, *Z. Naturforsch.* **2003**, *58b*, 183-190.

[75] C. Schlenk, H. Frey, *Monatsh. Chem.* **1999**, *130*, 3-14.

[76] a) A. W. van der Made, P. W. N. M. van Leeuwen, *J. Chem. Soc., Chem. Commun.* **1992**, 1400-1401; b) A. W. van der Made, P. W. N. M. van Leeuwen, J. C. de Wilde, R. A. C. Brandes, *Adv. Mater.* **1993**, *5*, 466-468.

[77] L.-L. Zhou, J. Roovers, *Macromolecules* **1993**, *26*, 963-968.

[78] A. M. Muzafarov, E. A. Rebrov, V. S. Papkov, *Usp. Kim.* **1991**, *60*, 1596-1612; G. M. Ignat'eva, E. A. Rebrov, V. D. Myakushev, T. B. Chenskaya, A. M. Muzafarov, *Polym. Sci. Ser. A* **1997**, *39*, 843.

[79] D. Seyferth, D. Y. Son, A. L. Rheingold, R. L. Ostrander, *Organometallics* **1994**, *13*, 2682-2690.

[80] T. Matsuo, K. Uchida, A. Sekiguchi, *Chem. Commun.* **1999**, 1799-1800.

[81] A. Tuchbreiter, H. Werner, L. Gade, *Dalton Trans.* **2005**, *8*, 1394-1402.

[82] M. M. K. Boysen, T. K. Lindhorst, *Tetrahedron* **2003**, *59*, 3895-3898.

[83] Erste Arbeiten zu Saccharid-substituierten Carbosilan-Dendrimeren: K. Matsuoka, M. Terabatake, Y. Esumi, D. Terunuma, H. Kuzuhara, *Tetrahedron Lett.* **1999**, *40*, 7839–7842; K. Matsuoka, H. Kurosawa, Y. Esumi, D. Terunuma, H. Kuzuhara, *Carbohydr. Res.* **2000**, *329*, 765–772; K. Matsuoka, H. Oka, T. Koyma, Y. Esumi, D. Terunuma, *Tetrahedron Lett.* **2001**, *42*, 3327–3330; T. Mori, K. Hatano, K. Matsuoka Y. Esumi, E. J. Toone, D. Terunuma, *Tetrahedron* **2005**, *61*, 2751-2760.

[84] A. Yamada, K. Hatano, K. Matsuoka, T. Koyama, Y. Esumi, H. Koshino, K. Hino, K. Nishikawa, Y. Natori, D. Terunuma, *Tetrahedron* **2006**, *62*, 5074-5083.

[85] J. Nakayama, J. S. Lin, *Tetrahedron Lett.* **1997**, *38*, 6043-6046.

[86] R. Buschbeck, H. Lang, *Organomet. Chem.* **2005**, *690*, 696-703.

[87] D. de Groot, J. N. H. Reek, P. C. J. Kamer, P. W. N. M. van Leeuwen, *Eur. J. Org. Chem.* **2002**, 1085-1095.

[88] H. Lang, B. Lühmann, *Adv. Mater.* **2001**, *13*, 1523-1540.

[89] R. Buschbeck, K. Brüning, H. Lang, *Synthesis* **2001**, *15*, 2289-2298.

[90] C. Kim, E. Park, *J. Korean Chem. Soc.* **1998**, *42*, 277.

[91] K.-H. Jung, H.-K. Shin, C. Kim, Y.-S. Kwon, *Materials Science & Engineering, C: Biomimetic and Supramolecular Systems* **2004**, *C24(1-2)*, 177-180; C. Kim, S. Son, S. *J. Organomet. Chem.* **2000**, *599*, 123-127.

[92] R. Buschbeck, H. Sachse, H. Lang, *Organomet. Chem.* **2005**, *690*, 751-763.

[93] R. Buschbeck, H. Lang, *Organomet. Chem.* **2005**, *690*, 1198-1204.

[94] *Buch*: A. Mutluay, P. Jutzi, in N. Auner, J. Weis (Hrsg.), *Organosilicon Chemistry: From Molecules to Materials*, Wiley-VCH, 1. Auflage, Weinheim **2000**, Bd. *4*, 531.

[95] K. Brüning, B. Lühmann, H. Lang, *Z. Naturforsch.* **1999**, *54b*, 751-756.

[96] R. Bischoff, S. E. Cray, *Progress in Polymer Science,* **1999**, *24,* 185-219. *Übersichten*: J.-M. Majoral, A.-M. Caminade, *Chem. Rev.* **1999**, *99*, 845-880; H. Lang, B. Lühmann, *Adv. Mater.* **2001**, *13*, 1523-1540.

[97] E. A. Rebrov, A. M. Muzafarov, V. S. Papkov, A. A. Zhdanov, *Dokl. Akad. Nauk. SSSR* **1989**, *309*, 376-380.

[98] H. Uchida, Y. Kabe, K. Yoshino, A. Kawamata, T. Tsumuraya, S. Masamune, *J. Am. Chem. Soc.* **1990**, *112*, 7077-7079.

[99] A. Morikawa, M. Kakimoto, Y. Imai, *Macromolecules* **1991**, *24*, 3469-3474.

[100] L. J. Mathias, T. W. Carothers, *J. Am. Chem. Soc.* **1991**, *113*, 4043-4044.

[101] *Übersicht*: H. Frey, C. Schlenk, in *Topics in Current Chemistry* (Bandhrsg. F. Vögtle) **2000**, *210*, 69-129.

[102] L. J. Mathias, T. W. Carothers, R. M. Bozen, *Polym. Prepr. Am. Chem. Soc. Div. Polym. Chem.* **1991**, *32*, 633-639.

[103] C. K. Whitmarsh, L. V. Interrante, *Organometallics* **1991**, *10*, 1336-1344.

[104] N. Launay, A.-M Caminade, R. Lahana, J.-P. Majoral, *Angew. Chem.* **1994**, *106*, 1682-1684; *Angew. Chem. Int. Ed.* **1994**, *33*, 1589-1592.

[105] A. Miedaner, C. J. Curtis, R. M. Barkley, D. L. DuBois, *Inorg. Chem.* **1994**, *33*, 5482-5490.

[106] *Übersichten*: J.-M. Majoral, A.-M. Caminade, *Chem. Rev.* **1999**, *99*, 845-880; J.-P. Majoral, A.-M. Caminade, *Top. Curr. Chem.* (Bandhrsg. F. Vögtle) **1998**, 197, 79-124; J.-M. Majoral, A.-M. Caminade, R. Laurent, P. Sutra, *Heteroatom Chemistry* **2002**, *13*, 474-485.

[107] J.-C. Blais, C.-O. Turrin, A.-M. Caminade, J.-P. Majoral, *Anal. Chem.* **2000**, *72*, 5097-5105.

[108] M.-L. Lartigue, M. Slany, A.-M. Caminade, J.-P. Majoral, *Chem. Eur. J.* **1996**, *2*, 1417-1426.

[109] *Übersicht*: A.-M. Caminade, J.-P. Majoral, *Acc. Chem. Res.* **2004**, *37*, 341-348; J.-M. Majoral, C.-O. Turrin, R. Laurent, A.-M. Caminade, *Macromolecular Symposia*, **2005**, *229*, 1-7.

[110] C. Marmillon, F. Gauffre, T. Gulik-Krzywicki, C. Loup, A.-M. Caminade, J.-P. Majoral, J.-P. Vors, E. Rump, *Angew. Chem.* **2001**, *113*, 2696-2699; *Angew. Chem. Int. Ed.* **2001**, *40*, 2626-2629.

[111] T. R. Krishna, M. Parent, M. H. V. Werts, L. Moreaux, S. Gmouh, S. Chapak, A.-M. Caminade, J.-P. Majoral, M. Blanchard-Desce, *Angew. Chem.* **2006**, *118*, 4761-4764; *Angew. Chem. Int. Ed.* **2006**, *45*, 4645-4648.

[112] C.-O. Turrin, B. Donnadieu, A.-M. Caminade, J.-P. Majoral, *Z. Anorg. All. Chem.* **2005**, *631*, 2881-2887; C.-O. Turrin, J. Chiffre, D. de Montauzon, G. Balavoine, E. Manoury, A.-M. Caminade, J.-P. Majoral, *Organometallics* **2002**, *21*, 1891-1897.

[113] M. Bardaji, M. Kustos, A.-M. Caminade, J.-P. Majoral, B. Chaudret, *Organometallics* **1997**, *16*, 403-410.

[114] C.-O. Turrin, J. Chiffre, D. de Montauzon, J.-C. Daran, A.-M. Caminade, E. Manoury, G. Balavoine, J.-P. Majoral, *Macomolecules* **2000**, *33*, 7328-7336.

[115] C. Loup, M.-A. Zanta, A.-M. Caminade, J.-P. Majoral, B. Meunier, *Chem. Eur. J.* **1999**, *5*, 3644-3650.

[116] *Übersicht*: H.-J. van Manen, F. C. J. M. van Veggel, D. N. Reinhoudt, *Topics in Current Chemistry* (Bandhrsg. F. Vögtle, C. A. Schalley) **2002**, *217*, 121-162.

[117] C. M. Cardona, A. E. Kaifer, *J. Am. Chem. Soc.* **1998**, *120*, 4023-4024.

[118] a) P. J. Dandliker, F. Diederich, M. Gross, C. B. Knobler, A. Louti, E. M. Sanford, *Angew. Chem.* **1994**, *106*, 1821-1824; *Angew. Chem. Int. Ed.* **1994**, *33*, 1739-1742; b) P. J. Dandliker, F. Diederich, J. P. Gisselbrecht, A. Louati, M. Gross, *Angew. Chem.* **1995**, *107*, 2906-2909; *Angew. Chem. Int. Ed.* **1995**, *34*, 2725-2728.

[119] Y. Tomoyose, D. L. Jiang, R. H. Jin, T. Aida, T. Yamashiti, K. Horie, E. Yashima, Y. Okamoto, *Macromolecules* **1996**, *29*, 5236-5238.

[120] Siehe hierzu Anmerkung [30 a] in *Kapitel 2*.

[121] M. Kawa, J. M. J. Fréchet, *Chem. Mater.* **1998**, *10*, 286-296.

[122] J.-F. Nierengarten, D. Felder, J.-F. Nicoud, *Tetrahedron Lett.* **1999**, *40*, 273-276.

[123] E. Alonso, D. Astruc, *J. Am. Chem. Soc.* **2000**, *122*, 3222-3223; G. E. Oosterom, J. N. H. Reek, P. C. J. Kamer, P. W. N. M. van Leeuwen, *Angew. Chem.* **2001**, *113*, 1878-1901; *Angew. Chem. Int. Ed.* **2001**, *40*, 1828-1849; B. González, C. M. Casado, B. Alonso, I. Cuadrado, M. Morán, Y. Wang, A. E. Kaifer, *J. Chem. Soc.,Chem. Commun.* **1998**, 2569-2570.

[124] C. Köller, B. Pugin, A. Togni, *J. Am. Chem. Soc.* **1998**, *120*, 10274-10275.

[125] M. T. Reetz, G. Lohmer, R. Schwickardi, *Angew. Chem.* **1997**, *109*, 1559-1562; *Angew. Chem. Int. Ed.* **1997**, *36*, 1526-1529.

[126] M. Albrecht, R. A. Gossage, A. L. Spek, G. van Koten, *J. Chem. Soc., Chem. Commun.* **1998**, 1003-1004.

[127] G. R. Newkome, C. N. Moorefield, G. R. Baker, A. L. Johnson, R. K. Behera, *Angew. Chem.* **1991**, *103*, 1205-1207; *Angew. Chem. Int. Ed.* **1991**, *30*, 1176-1178.

[128] K. M. Nicholas, R. Pettit, *Tetrahedron Lett.* **1971**, *12*, 3475-3478.

[129] C. Exon, P. Magnus, *J. Am. Chem. Soc.* **1983**, *105*, 2477-2478; M. J. Knudsen, N. E. Schore, *J. Org. Chem.* **1984**, *49*, 5025-5026; P. Magnus, R. T. Lewis, J. C. Huffman, *J. Am. Chem. Soc.* **1988**, *110*, 6921-6923.

[130] G. Denti, S. Serroni, S. Campagna, V. Ricevuto, V. Balzani, *Inorg. Chim. Acta* **1991**, *182*, 127-129; S. Campagna, S. Serroni, A. Juris, V. Balzani, *Inorg. Chem.* **1992**, *31*, 2982-2984; *Übersichten*: S. Campagna, S. Serroni, V. Balzani, G. Denti, A. Juris, M. Venturi, *Acc. Chem. Res.* **1998**, *31*, 29-34; S. Campagna, S. Serroni, V. Balzani, A. Juris, M. Venturi, *Chem. Rev.* **1996**, *96*, 756-833; Y.-H. Liao, J. R. Moos, *J. Chem. Soc. Chem. Commun.* **1993**, 1774-1777.

[131] G. R. Newkome, C. N. Moorefield, G. R. Baker, A. L. Johnson, R. K. Behera, *Angew. Chem.* **1991**, *103*, 1205-1207; *Angew. Chem. Int. Ed.* **1991**, *30*, 1176-1178; G. R. Newkome, R. Güther, C. N. Moorefield, F. Cardullo, L. Echegoyen, E. Pérez-Cordero, H. Luftmann, *Angew. Chem.* **1995**, *107*, 2159-2162; *Angew. Chem. Int. Ed.* **1995**, *34*, 2023-2026; G. R. Newkome, X. Lin, *Macromolecules* **1991**, *24*, 1443-1444; G. R. Newkome, C. N. Moorefield, *Polym. Prepr. Am. Chem. Soc. Div. Polym. Chem.* **1993**, *34*, 75-76.

[132] *Buch*: U. S. Schubert, H. Hofmeier, G. R. Newkome *Modern Terpyridine Chemistry,* Wiley-VCH, New York, Weinheim **2006**.

[133] H.-F. Chow, I. Y.-K. Chan, D. T. W. Chan, R. W. M. Kwok, *Chem. Eur. J.* **1996**, *2*, 1085-1091; U. S. Schubert, C. Eschbaumer, *Angew. Chem.* **2002**, *114*, 3016-3050; *Angew. Chem. Int. Ed.* **2002**, *41*, 2892-2926.

[134] Frontier Scientific, Inc.: http://www.frontiersci.com

4.2 Chirale Dendrimere

4.2.1 Klassifizierung chiraler Dendrimere

Chiralität in dendritischen Architekturen kann auf Patente von *Denkewalter et al.* zurückgeführt werden, in denen der Aufbau Peptid-ähnlicher dendritischer Strukturen aus *L*-Lysin-Einheiten beschrieben ist.[1] Trotz der teils aufwendigen Synthese wurde bis zum heutigen Tag eine Vielzahl von chiralen dendritischen Strukturen hergestellt und auf ihre Eigenschaften hin untersucht.[2] Dies lässt sich nicht allein durch das eher akademische Interesse am Einfluss chiraler monomerer Bausteine auf die Chiralität des Gesamtmoleküls erklären. Auch die Aussicht auf den Einsatz chiraler Dendrimere als Modell-Verbindungen für Biopolymere in molekularen Erkennungsprozessen, die Entwicklung neuer dendritischer Materialien für die Sensortechnologie und die asymmetrische Katalyse werden eine Triebfeder für die Forschung auf diesem Gebiet bleiben.

Bei der Klassifizierung chiraler Dendrimere können der Weg, auf dem die Chiralität in das Molekül eingeführt wurde, oder die Stelle, an der chirale Bauelemente implementiert sind, als Unterscheidungskriterium herangezogen werden. Danach sind die bislang in der Literatur beschriebenen chiralen Dendrimere einer der folgenden Gruppen zuzuordnen (**Bild 4-61**):[2a,c,3]

- (*A*) *Dendrimere mit chiralem Kern und achiralem Verzweigungsgerüst (s. Abschnitt 4.2.3)*

- (*B*) *Dendrimere mit chiralen Endgruppen (s. Abschnitt 4.2.5)*

- (*C*) *Dendrimere mit chiralen Spacern oder chiralen Verzweigungseinheiten (s. Abschnitt 4.2.4)*

- (*D*) *Dendrimere mit achiraler Kerneinheit und wenigstens drei konstitutionell unterschiedlichen Dendrons*

- (*E*) *Dendrimere mit sowohl chiralem Kern als auch chiralen Verzweigungeinheiten und chiralen Endgruppen.*

Die beiden letzten Dendrimer-Typen sind weniger bekannt, weil bei *D* die Chiralität niedrig oder bei *E* die Deutung chiraler Effekte erschwert sein dürfte (s. *Kapitel 4.2.7*).

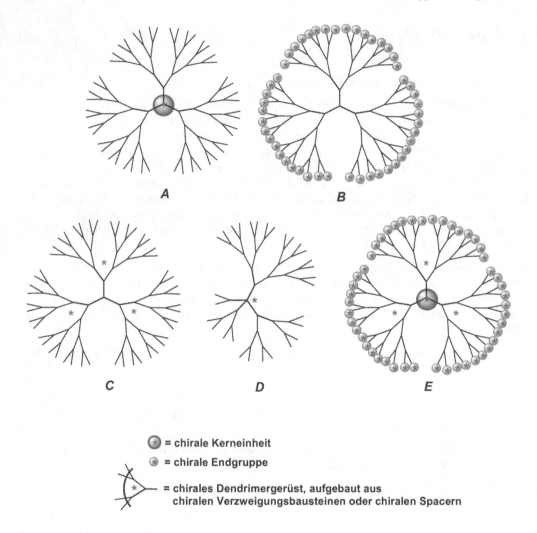

⊛ = chirale Kerneinheit

⊛ = chirale Endgruppe

* = chirales Dendrimergerüst, aufgebaut aus
    chiralen Verzweigungsbausteinen oder chiralen Spacern

Bild 4-61   Klassifizierung (*A-E*) chiraler Dendrimere. Die Position des Chiralitätselements (Kerneinheit, Endgruppe, Verzweigungseinheit) ist jeweils mit einem roten Stern symbolisiert

In den meisten Fällen wird die Chiralität durch stereogene Zentren (Stereozentren) hervorgerufen. So werden häufig optisch aktive Naturstoffe, wie Aminosäuren,[4] Kohlenhydrate[5] oder Nukleinsäuren[6] als Bausteine oder Endgruppen verwendet, um Chiralität in
Dendrons oder Dendrimere einzuführen. Neben diesen gibt es auch chirale Dendrimere, die
mit synthetischen chiralen Bausteinen hergestellt werden und der systematischen Untersuchung des Einflusses chiraler Bausteine auf die Dendrimer-Konformation dienen. Hierzu
gehören auch dendritische Strukturen, deren Chiralität auf planar-chiralen,[7] axial-chiralen,[8]
topologisch-chiralen[9] oder cycloenantiomeren[7b] Einheiten beruht. Meistens handelt es sich
hierbei um Dendrimere mit chiraler Kerneinheit (Fall *A* in **Bild 4-61**).

4.2.2 Untersuchungen zur Chiralität dendritischer Moleküle

4.2.2.1 Chiroptische Untersuchungen

Untersuchungen zur Chiralität dendritischer Moleküle basieren in der Regel auf der Interpretation analytischer Daten wie des optischen Drehwerts oder des Circulardichroismus. Diese chiroptischen Parameter sind empfindlich gegenüber Konformationsänderungen, weshalb chiroptische Untersuchungsmethoden oft zur Strukturaufklärung in Lösung herangezogen werden.[10] So lassen sich auch aus dem Vergleich der chiroptischen Eigenschaften von Dendrimeren mit denen der entsprechenden chiralen Monomere oder geeigneter Modell-Verbindungen üblicherweise Informationen zum Einfluss der chiralen Bausteine auf die konformative Ordnung von Dendrimeren ableiten.[11] Bei Dendrimeren, die mehr als einen monomeren chiralen Baustein enthalten, lässt eine additive Beziehung zwischen den chiroptischen Parametern der einzelnen Monomere und der gesamten Dendrimer-Struktur darauf schließen, dass das konformative Gleichgewicht der monomeren Bausteine durch den Einbau ins Dendrimer-Gerüst nicht gestört wird. Werden hingegen beispielsweise bei Dendrimeren mit chiralen peripheren Gruppen Abweichungen von dieser Additivität festgestellt, können Packungseffekte wirksam sein und die chiralen monomeren Bausteine des Dendrimers in anderen Konformationen vorliegen als die freien Monomere. In Abhängigkeit vom Dendrimer-Typ sind die ehemaligen Monomere in verschiedenen Teilen des Dendrimer-Gerüsts implementiert, wo sie eine unterschiedliche lokale Umgebung aufweisen. In solchen Fällen kann eine Abweichung von der Additivität andererseits auch mit konstitutionellen Unterschieden erklärt werden.[11] Bei vergleichenden Untersuchungen an Dendrimeren einer Serie ist zu beachten, dass zwischen den Dendrimeren verschiedener Generation in der Regel große Massenunterschiede bestehen und sich die spezifischen Drehwerte mit der Konzentration der gemessenen Lösung verändern können. Deshalb ist es häufig sinnvoller, den molaren Drehwert $[\Phi]_D$ zu betrachten, da dieser die spezifische Drehung in Abhängigkeit vom Molekulargewicht wiedergibt und damit auf die gleiche Anzahl von Molekülen bezogen ist.

Durch die Auswahl geeigneter chiraler Bausteine und ihrer Platzierung an vorher festgelegten Positionen innerhalb des Dendrimer-Gerüsts mithilfe konvergenter oder divergenter Synthesemethoden kann der Einfluss der dreidimensionalen Anordnung dieser chiralen Elemente auf die makroskopischen chiroptischen Eigenschaften der Dendrimere untersucht werden.

Grundsätzlich besteht das Ziel darin, die Faktoren zu definieren, die zur makroskopischen Chiralität des Dendrimers führen. Trotz zahlreicher Untersuchungen zu dieser Thematik konnte die Beziehung zwischen der molekularen Chiralität der dendritischen Bausteine und der makroskopischen Chiralität der Moleküle noch nicht vollständig geklärt werden.[12] Diese Beziehung zu verstehen, ist jedoch für die Entwicklung neuer – auch polymerer – Materialien wichtig, deren Eigenschaften und Funktion von ihrer Chiralität auf makroskopischer Ebene abhängen.[13]

4.2.2.2 Mögliche Nutzung chiraler Dendrimere

Von Anwendungsinteresse ist die Fähigkeit chiraler Dendrimere zur stereoselektiven Wirt/Gast-Wechselwirkung und Clathrat-Bildung. Solche Eigenschaften könnten zum Einsatz in der Sensortechnologie[14] und zur Entwicklung neuer chiraler Chromatographie-Materialien (*chirale stationäre Phasen*, *„CSP"*; engl. *Chiral Stationary Phases*) auf Dendrimer-Basis führen. Auch ein Einsatz chiraler dendritischer Strukturen als Katalysatoren oder Liganden in der asymmetrischen Synthese wird erwartet[15] (s. *Kapitel 8.2.3*). Mit ihrer im Idealfall monodispersen und asymmetrischen, globulären Struktur ähneln Dendrimere höherer Generation, die aus optisch aktiven Naturstoffen aufgebaut sind, in der Natur vorkommenden makromolekularen Systemen. Der Fokus des Interesses gilt deshalb der möglichen Rolle solcher chiralen Dendrimere in biologischen Systemen[16] und weniger der Untersuchung ihrer chiroptischen Eigenschaften. Biokompatible Dendrimere dieser Art sind vor allem als mögliche Enzym-Mimetika[17] interessant. Darüber hinaus wird ihre Eignung als Wirkstoff-Träger für den Einsatz in der Medizin untersucht.

Die folgenden Abschnitte befassen sich mit den unterschiedlichen Typen (*A-E* in **Bild 4-61**) chiraler Dendrimere. Es werden einzelne Arbeiten vorgestellt, die Erkenntnisse über die Beziehung zwischen der molekularen Chiralität der dendritischen Bausteine und der makroskopischen Chiralität der Moleküle sowie anwendungsrelevante Eigenschaften von chiralen Dendrimeren geliefert haben.

4.2.3 Dendrimere mit chiralem Kern und achiralem Verzweigungsgerüst

Dendrimere mit Chiralität im Kern werden verhältnismäßig einfach in einer konvergenten Synthese durch Anknüpfung achiraler Dendrons an eine chirale Kerneinheit erhalten. Auf diese Weise (*Williamson*-Ether-Kupplung) wurde bereits eine Vielzahl von Poly(arylether)-Dendrimeren vom *Frechét*-Typ mit chiraler Kerneinheit hergestellt. Aufgrund ihrer strukturellen Reinheit dienen die konvergent synthetisierten Dendrimere vor allem der Untersuchung folgender Fragestellungen zur Chiralität synthetischer Makromoleküle:

- Bleibt die optische Aktivität der chiralen Kerneinheit beim Anknüpfen eines Verzweigungsgerüsts aus achiralen Bausteinen erhalten?

- Kann die Chiralität der Kerneinheit auf einen weiter entfernten Molekülteil übertragen werden und eine chirale konformative Ordnung induzieren?

- Ermöglicht die chirale Kerneinheit eine enantioselektive (Dendrimer-)Wirt/(Substrat-)Gast-Komplexierung im Inneren des Dendrimer-Gerüsts?

4.2.3.1 Chiroptische Untersuchungen kernchiraler Dendrimere

Die ersten kernchiralen Dendrimere für Untersuchungen zum Einfluss der stereogenen Zentren einer Kerneinheit auf die chiroptischen Eigenschaften des Gesamtmoleküls wurden von der Arbeitsgruppe *Seebach* vorgestellt.[18] Sie synthetisierte zunächst Dendrimere auf der Basis einer chiralen Tris(hydroxymethyl)methan-Kerneinheit. An diesen waren *Frechét*-Dendrons der nullten bis zweiten Generation direkt oder durch einen aliphatischen (*n*-Propyl-Spacer) oder aromatischen Abstandshalter (*p*-Xylylen-Spacer) vom Kern getrennt angebracht (**Bild 4-62**). Die Dendrimere mit aliphatischem Spacer zeigten bemerkenswerterweise keine nennenswerte optische Aktivität. Dieser „Verlust" der chiralen Information wurde auf einen „Verdünnungseffekt", hervorgerufen durch Anknüpfung der achiralen Dendrons an die chirale Kerneinheit, und der – durch die konformativ beweglichen aliphatischen Spacer – gesteigerten Flexibilität der Dendrons zurückgeführt. Im Falle der Dendrimer-Serie mit aromatischem Spacer (*p*-Xylylen) wurden hingegen unabhängig von der Generationszahl nahezu konstante molare Drehwerte ([Φ]$_D^{RT}$ G0: +98, G1: +101, G2: +103) gemessen. Dies weist darauf hin, dass die Chiralität der Kerneinheit „erhalten" bleibt, sie jedoch keine nennenswerten chiralen Unterstrukturen im Dendrimer-Gerüst induziert. Bei den Dendrimeren ohne Spacer zwischen Kerneinheit und Dendrons wurde beim Übergang von der ersten zur zweiten Generation zunächst eine leichte Abnahme der molaren Drehwerte ([Φ]$_D^{RT}$ G0: +48; G1: +46) und beim Übergang zur zweiten Generation nahezu eine Verdopplung des molaren Drehwerts beobachtet [([Φ]$_D^{RT}$ G1: +46; G2: +87). Dies wurde als Hinweis darauf gewertet, dass die chirale Kerneinheit innerhalb des größeren Dendrimers aufgrund der insgesamt steiferen Gesamtstruktur eine chirale konformative Ordnung in Richtung Dendrimer-Peripherie zu induzieren vermag.

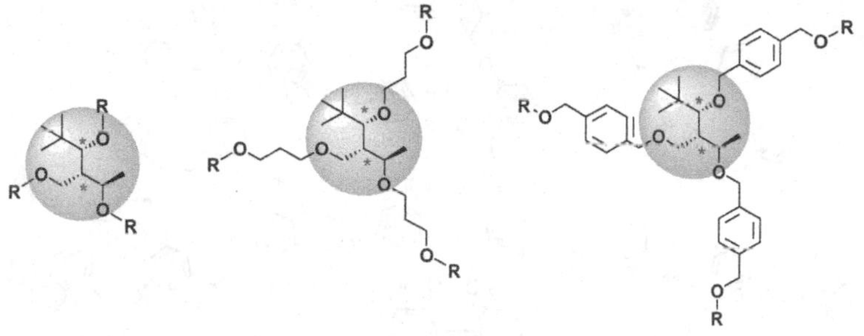

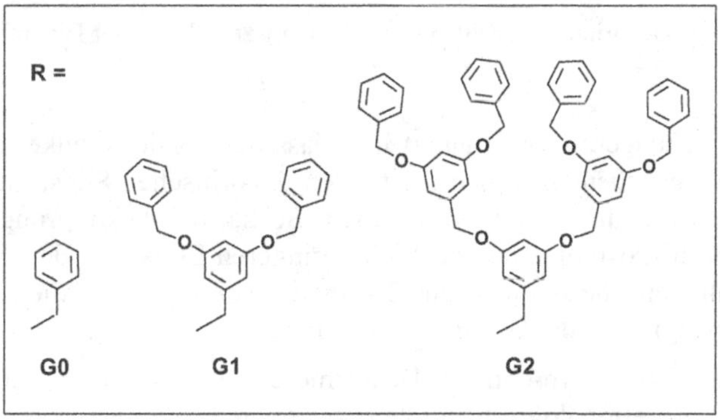

Bild 4-62 Kernchirale Dendrimere verschiedener Generation (nach *Seebach et al.*), bestehend aus einer chiralen Tris(hydroxymethyl)methan-Kerneinheit und Poly(arylether)-Dendrons (G0, G1 oder G2), die entweder direkt (**A**), über einen aliphatischen Spacer (**B**) oder über einen aromatischen Spacer (**C**) an den Kern geknüpft sind

Insgesamt zeigen die Untersuchungen an Poly(benzylether)-Dendrimeren mit verschiedenen chiralen Kerneinheiten, dass der Einfluss des achiralen Dendrimer-Gerüsts auf die chiroptischen Eigenschaften der Kerneinheit in erster Linie davon abhängt, welchen Ursprung ihre Chiralität hat.

So nehmen die molaren Drehwerte enantiomerenreiner dendritischer Analoga des axial-chiralen (S)-1,1'-Bi-2-naphthols (**Bild 4-63**) beim Übergang von der zweiten zur fünften Dendrimer-Generation zunehmend negative Werte an. Eine quantitative Analyse der CD-Daten ergab, dass dies auf eine Aufweitung des Torsionswinkels zwischen den beiden Naphthyl-Gruppen infolge der wachsenden sterischen Hinderung zwischen den dendritischen Substituenten zurückgeführt werden kann.[8c]

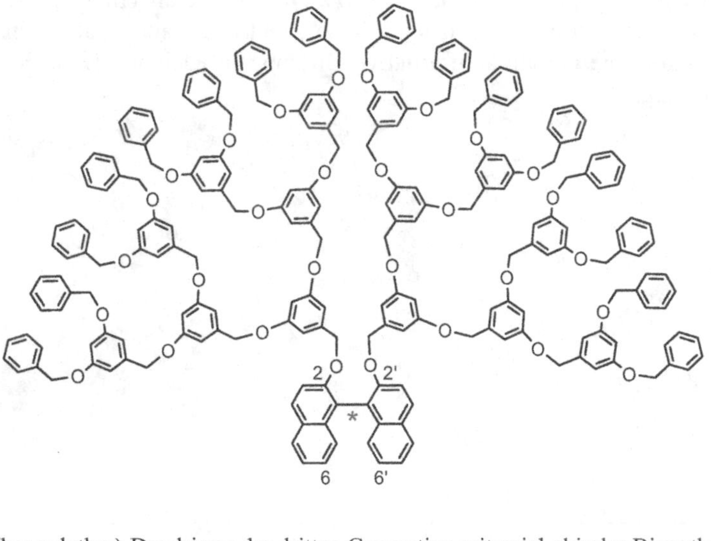

Bild 4-63 Poly(benzylether)-Dendrimer der dritten Generation mit axial-chiraler Binapthyl-Kerneinheit

Weiterführende Untersuchungen weisen darauf hin, dass der Torsionswinkel der Binapthyl-Einheit nicht nur vom sterischen Anspruch der beiden dendritischen Substituenten abhängt, sondern auch von deren Stellung an der Kerneinheit. So hat die Anknüpfung von *Fréchet*-Dendrons an die 6- und 6'-Position einen deutlich geringeren Effekt auf den Torsionswinkel der Binapthyl-Kerneinheit als die an die 2- und 2'-Position; die Werte für die molare optische Rotation bleiben unabhängig von der Generationenzahl nahezu konstant.

Zu den selteneren Vertretern Kern-chiraler Dendrimere gehören solche, die über planar-chirale *[2.2]Paracyclophane*, topologisch chirale *[2]Catenane* und *molekulare Knoten*[9] oder cycloenantiomere *[2]Rotaxane*[7b] als Kerneinheit verfügen. Bei der CD-spektroskopischen Untersuchung einer Serie von planar-chiralen „Dendrophanen"[7b, 19] (**Bild 4-64**) und topologisch-chiralen „Dendroknoten"[9a, b] (**Bild 4-65**) mit Poly(benzylether)-Dendrimer-Gerüst vom *Fréchet*-Typ wurde eine Verstärkung des CD-Signals mit zunehmender Größe der dendritischen Substituenten festgestellt. Dieser *Dendritische Effekt* (s. *Kapitel 6.3*) weist darauf hin, dass der chirale Kern einen Circulardichroismus im „inhärent" achiralen Poly(benzylether)-Dendrimer-Gerüst induziert, indem er die Dendrimer-Zweige unter dem Einfluss der zunehmenden sterischen Hinderung in eine chirale konformative Anordnung zwingt (Näheres hierzu s. *Abschnitt 4.2.7*).

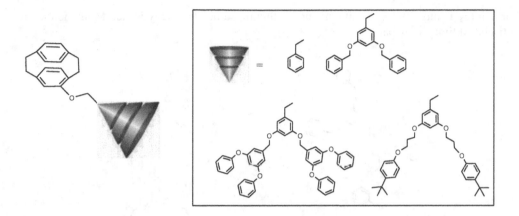

Bild 4-64 Dendryl-Substituenten am [2.2.]Paracyclophan-Kern: *Dendrophane*

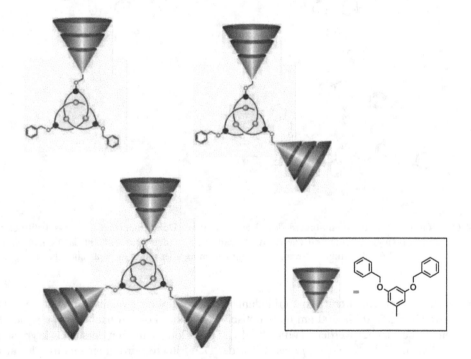

Bild 4-65 Dendron-substituierte Knoten (schematisch): *Dendroknoten*

Die lokale Chiralität einer Kerneinheit muss nicht zwingend in einer makroskopischen Chiralität des Dendrimers zum Ausdruck kommen. Dies verdeutlicht das Beispiel der von *Meijer et al.* aus einem Glycerin-Derivat als chiraler Kerneinheit und vier *Fréchet*-Typ-Dendrons unterschiedlicher Generation aufgebauten Dendrimere (**Bild 4-66**). Bei beiden enantiomeren

Formen (S)-**1** und (R)-**1** war mit den zur Verfügung stehenden analytischen Methoden keine optische Aktivität messbar.[2a]

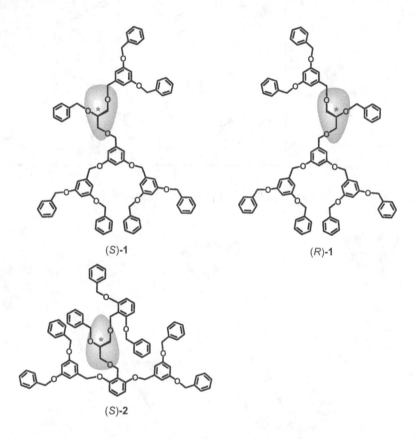

Bild 4-66 Während für die Enantiomere des „kryptochiralen" Dendrimers **1** (mit 3,5-substituierten Benzen-Ringen) keine optische Aktivität gemessen werden konnte, zeigt das konstitutions-isomere (2,6-substituierte) Dendrimer **2** eine geringe, aber messbare optische Aktivität

Solche enantiomerenreinen chiralen Verbindungen, die im üblicherweise genutzten UV/Vis-Spektralbereich von 200 bis 800 nm nicht optisch aktiv sind, können nach *Mislow et al.* als „kryptochiral" bezeichnet werden, da die chirale Information sozusagen versteckt (kryptisch) im Molekül vorliegt[12a, 20] Die *Kryptochiralität* der Dendrimere wird einerseits mit der ausgeprägten konformativen Beweglichkeit der Dendrimer-Äste und andererseits mit den geringen elektronischen Unterschieden der dendritischen Substituenten erklärt.

Durch Anknüpfung von Polybenzylether-Dendrons mit sterisch anspruchsvolleren Verzweigungseinheiten (2,6-Substitutionsmuster am Benzolring; vgl. (S)-**2** in **Bild 4-66**) an einen analogen (S)-(+)-konfigurierten Kern wurde dagegen ein Dendrimer erhalten, das überraschenderweise – bei niedrigen Temperaturen – optische Aktivität zeigt.[21] Bei 30°C verschwindet die optische Aktivität des Dendrimers allerdings wieder, was sich aber mit der höheren Flexibilität des Dendrimer-Gerüsts bei dieser Temperatur erklären lässt. Demnach muss das Molekülgerüst bei Dendrimeren dieses Typs einen bestimmten Grad an struktureller Starrheit aufweisen, damit der Kern eine chirale Konformation im Dendrimer-Gerüst zu induzieren vermag und die lokale Chiralität des Kerns in einer für das Gesamtmolekül charakteristischen makroskopischen Chiralität zum Ausdruck kommt. Diese Feststellung steht im Einklang mit den Ergebnissen chiroptischer Untersuchungen an anderen Dendrimeren mit chiraler Kerneinheit.

Aufschluss über eine „Weiterleitung" der Chiralität in Dendrimer-Molekülen gaben auch von optisch aktiven Alkaloiden abgeleitete Dendrimere verschiedener Generationen. Ausgehend von Atropin bzw. Chinin wurden durch Quaternisierung am aliphatischen Stickstoff mit dendritischen Benzylbromiden vom *Fréchet*-Typ entsprechende Ammoniumsalze **1** bzw. **2** bis zur dritten Generation synthetisiert (**Bild 4-67**)[22].

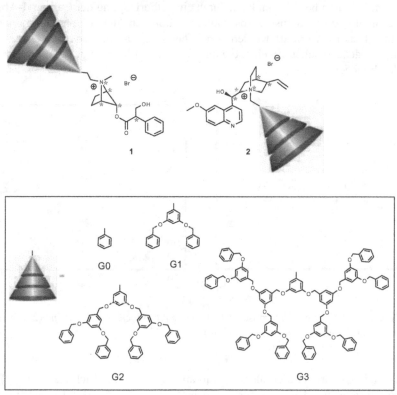

Bild 4-67 Dendritisch substituierte Alkaloid-Derivate (nach *Vögtle et al.*)

Die entsprechenden Racemate wurden durch HPLC an chiralen Stationärphasen (*CSP*) in die Enantiomere getrennt.[23] Chiroptische Untersuchungen mittels Circulardichroismus ließen auf einen Einfluss des chiralen Dendrimer-Kerns auf den (achiralen) dendritischen Molekülteil schließen. Die Chiralität erwies sich als abhängig von der Art der Chiralitäts-Elemente und der Generationszahl der formal achiralen dendritischen Verzweigungen, die am chiralen Kern angebracht waren: „Dendritischer Effekt" (s. *Kapitel 6.3*). Beispielhaft sollen hier die Vorgehensweise und die Schlussfolgerungen etwas ausführlicher beschrieben werden:[22]

Bild 4-68 gibt die Circulardichrogramme der jeweils nullten bis zweiten Generationen wieder. Im links stehenden Diagramm fällt auf den ersten Blick das nahezu spiegelbildliche Aussehen der *Cotton*-Effekte der Enantiomere (mit Maximum um 220 nm) auf. Die Intensitäten der molaren Circulardichroismen nehmen mit steigender Dendrimer-Generation zu (Dendritischer Effekt). Es wurde daher angenommen, dass für einen solchen verstärkten Dichroismus-Effekt ein CD-Signal in die achiralen Zweige induziert wird, wenn sie in eine chirale Umgebung platziert werden. Da die Anzahl der chromophoren Gruppen (Benzen- und Dimethoxy-benzen-Einheiten) mit höherer Generation ansteigt, wurde auch ein vermehrter Gesamt-Extinktions-Koeffizient für die Enantiomere erhalten. Das etwas verschobene Maximum für die höheren Generationen bei 220 nm kann durch eine Überlappung der Carbonyl-Absorption der Atropin-Einheit und die intensive Absorption der höheren Anzahl von Chromophoren der Polybenzylether-Dendrons erklärt werden. Auch bei den Chinin-Dendrimeren wurden mit Vergrößerung der dendritischen Zweige, die an den chiralen Kern angehängt sind, verstärkte *Cotton*-Effekte beobachtet.

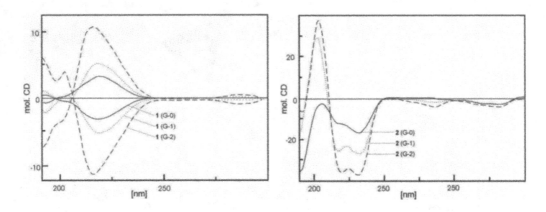

Bild 4-68   Circulardichrogramme dendritisch substituierter Atropine (**1**) und Chinine (**2**); jeweils nullte bis zweite Generation (nach *Vögtle et al.*)

Mittels Schwingungs-Circulardichroismus (*Vibrational Circular Dichroism; VCD*) konnte darüber hinaus gezeigt werden, dass der beobachtete dendritische Effekt mehr auf die Benzen- und COC-Gruppen zurückgeführt werden kann als auf die CH_2-Untereinheiten der dendritischen Verzweigungen. Auch beim VCD wurden mit zunehmender Generation stärkere CD-Signale beobachtet, für welche die steigende Anzahl von Benzen- und Dimethoxyben-zen-Einheiten (Chromophore) bei höheren Generationen verantwortlich gemacht werden.

Insgesamt ist dieser zunehmende (positive) Dendritische Effekt mit wachsender Generations-zahl ähnlich den Verhältnissen bei den *Dendrophanen* und *Dendroknoten* (siehe **Bilder 4-64,** und **4-65**) zu sehen. Im Vergleich zu jenen chiralen Architekturen (mit planar-chiralen bzw. topologisch chiralen Elementen) liegen bei den hier beschriebenen Dendron-substituierten

Alkaloiden relativ einfache zentrochirale Einheiten vor, wobei beide Ammoniumsalze fünf Stereozentren enthalten. Eine mögliche Erklärung für dieses öfters zu erwartende Phänomen des induzierten Circulardichroismus könnte darin bestehen, dass eine chiral induzierte Bildung einer Propeller-artigen Anordnung der Benzen-Ringe in den dendritischen Flügeln vorliegt. In solchen „Mikrodomänen" könnte ein Chiralitätssinn (im oder gegen den Uhrzeigersinn) bevorzugt sein und zu verstärkten *Cotton*-Intensitäten führen. Theoretische Berechnungen könnten in Zukunft helfen, solche Befunde detaillierter zu deuten, aber derzeit sind trotz großer Fortschritte bei der Interpretation von CD-Spektren exakte Berechnungen bei derart flexiblen und großen Molekülen – die zahlreiche unterschiedliche, energetisch ähnliche Konformationen einnehmen können – noch schwierig.

Die bisherigen Untersuchungen an kernchiralen Dendrimeren liefern wichtige Hinweise auf den Einfluss des achiralen Dendrimer-Gerüsts auf die chiroptischen Eigenschaften der Kerneinheit. Sie zeigen jedoch auch, dass die Voraussage der chiroptischen Eigenschaften des Dendrimers schwierig ist, da die chirale Beziehung zwischen der lokalen Chiralität der Kerneinheit und der nanoskopischen Konformation der gesamten Dendrimer-Struktur von einer Vielzahl an strukturellen Faktoren beeinflusst wird. Um genauer zu verstehen, auf welchem Weg ein einzelner chiraler Kernbaustein Chiralität in der gesamten Dendrimer-Architektur induzieren kann, bedarf es noch weiterer Untersuchungen (s. *Abschnitt 4.2.7*).

Zum Schluss sei noch auf dendronisierte chirale Salen-Liganden und ihre Co^{2+}- und Ni^{2+}-Komplexe hingewiesen, die für den Einsatz als *Jacobsen*-Typ-Katalysatoren durch Diaza-*Cope*-Umlagerung dargestellt wurden.[24] Anstelle der erhaltenen *meso*-Verbindungen müssen allerdings noch die Enantiomere direkt enantioselektiv synthetisiert werden (**Bild 4-69**).

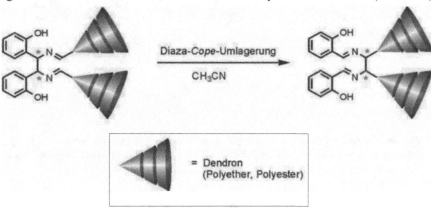

Bild 6-69 Chirale Salen-Liganden (nach *Vögtle, Portner*)

4.2.3.2 Mögliche Einsatzbereiche für kernchirale Dendrimere

Das erste Beispiel für den Einsatz eines kernchiralen Dendrimers als enantioselektiver Rezeptor in molekularen Erkennungsprozessen wurde von *Diederich* vorgestellt (s. **Bild 4-70**). Dieses als „Dendrocleft" bezeichnete Dendrimer fungiert als enantioselektiver Rezeptor für

Monosaccharide. Es trägt eine zentrale axial-chirale 9,9'-Spirobi[9H-fluoren]-Einheit, welche über zwei Spacer aus 2,6-Bis(carbonylamino)pyridin-Gruppen jeweils in 2,2'-Position mit Triethylenglykolmonomethylether-Dendrons verknüpft ist.[14b] Sowohl ^{1}H-NMR-Untersuchungen als auch die Analyse der Sensorantworten im CD-Spektrum – nach Zugabe von Zucker-Gast zum Dendrocleft-Wirt – zeigen, dass die Fähigkeit dieses dendritischen Wirts zur enantioselektiven Erkennung von Monosacchariden mit steigender Generation der die chirale Kerneinheit umgebenden Dendrons abnimmt. Die Diastereoselektivität des dendritischen Wirts nimmt hingegen zu. Dies weist darauf hin, dass die Monosaccharid-Gäste bei Abschirmung der chiralen Kerneinheit mit sterisch anspruchsvolleren Dendrons in *Dendroclefts* höherer Generation nicht mehr in unmittelbarer Nähe der chiralen Kerneinheit gebunden werden, sondern eine weniger spezifische Wirt/Gast-Wechselwirkung mit dem Dendrimer-Gerüst erfolgt.

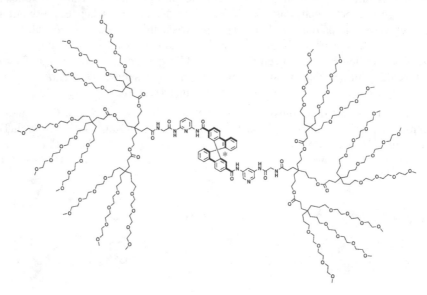

Bild 4-70 *Dendrocleft* (nach *Diederich et al.*) zur stereoselektiven Wirt/Gast-Wechselwirkung in Abhängigkeit von der Größe des den chiralen Kern (rot gekennzeichnet) umgebenden Dendrimer-Gerüsts

Den Prototyp eines ersten Fluoreszenz-Sensors für die enantioselektive Erkennung chiraler Aminoalkohole synthetisierten *Pu et al.* durch Anknüpfen von Phenylacetylen-Dendrons an eine axial-chirale Binaphthol-Kerneinheit (s. **Bild 4-71**).[14c,d, 25]

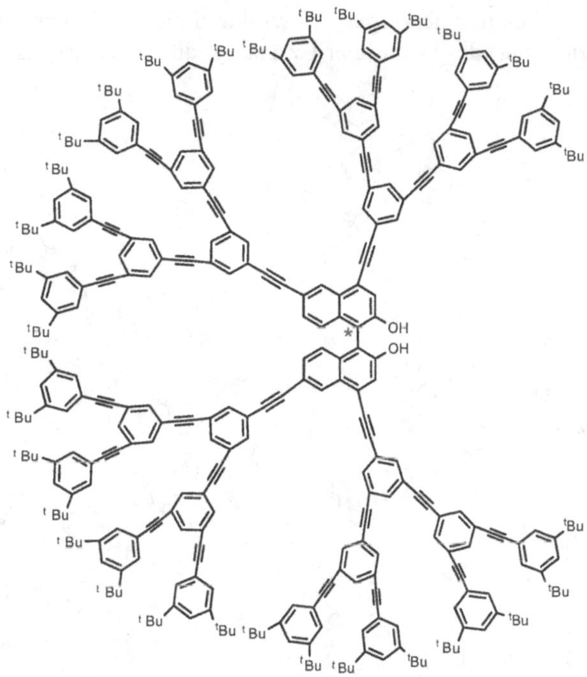

Bild 4-71 Axial-chiraler dendritischer Fluoreszenz-Sensor zur enantioselektiven Erkennung chiraler Aminoalkohole (nach *Pu et al.*). Der chirale Kern ist durch einen roten Stern gekennzeichnet

Derartige chirale, lumineszierende Dendrimere, deren Fluoreszenz durch das eine Enantiomer eines chiralen Gastmoleküls deutlich stärker gelöscht (*gequencht*) wird als durch das spiegelbildliche andere, wären für die rasche Bestimmung der enantiomeren Zusammensetzung chiraler Verbindungen von Interesse und könnten Anwendung bei der kombinatorischen Suche nach chiralen Katalysatoren finden.

4.2.4 Dendrimere mit chiralen Bausteinen als Spacer oder Verzweigungseinheiten

4.2.4.1 *Chiroptische Untersuchungen von Dendrimeren mit chiralem Dendrimer-Gerüst*

Bei Dendrimeren mit Trimesinsäure als achiraler Kerneinheit und vollständig chiralem Polyether-Dendrimer-Gerüst basierend auf 1,2-Diol-Verzweigungseinheiten (**Bild 4-72**) beobachteten *Sharpless et al.* eine Zunahme des spezifischen Drehwerts mit steigender Generationszahl.[27] Die beobachteten molaren optischen Drehwerte entsprachen dabei der Summe der Drehwerte der chiralen monomeren Bausteine. Dies weist darauf hin, dass die optische Akti-

vität durch die chiralen Einheiten hervorgerufen wird und nicht durch eine chirale konformative Anordnung (Ausrichtung) des Dendrimer-Gerüsts (s. auch *Abschn. 4.2.7*).

Bild 4-72   Dendrimer mit „vollständig" chiralem Dendrimer-Gerüst basierend auf chiralen Verzweigungseinheiten (nach *Sharpless et al*)

Zu ähnlichen Ergebnissen gelangten *Chow* und *Mak* bei der Untersuchung der chiroptischen
Eigenschaften von Dendrimeren, die aus Weinsäure gewonnene enantiomerenreine Threitol-
Bausteine als Spacer zwischen den achiralen Phloroglucin-Verzweigungseinheiten enthielten
(s. **Bild 4-73**).[27] Sie stellten fest, dass sich die chiralen Spacer im Dendrimer-Gerüst gegenseitig nicht beeinflussen und additiv zum gesamten Drehwert beitragen. Darüber hinaus beobachteten sie, dass beim Einbau beider Enantiomere jeweils eine (*R,R*)-Threitol-Einheit genau den Drehwertanteil einer (*S,S*)-Threitol-Einheit kompensierte, wenn die enantiomeren
Bausteine jeweils an gleicher Position innerhalb des Dendrimer-Gerüsts liegen. Aus CD-
spektroskopischen Daten ging allerdings hervor, dass der Beitrag der äußeren im Vergleich

mit dem Beitrag der inneren Threitol-Einheiten zum Gesamtdrehwert geringfügig verschieden sein muss.

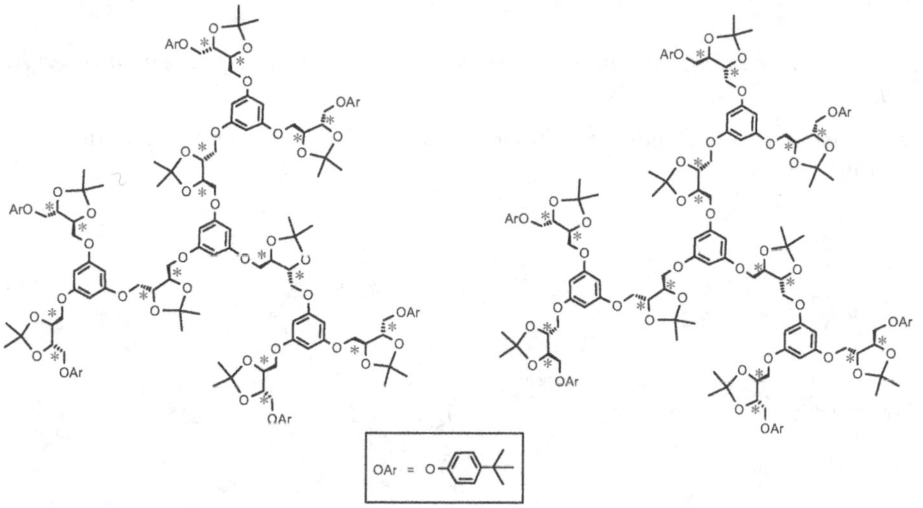

Bild 4-73   Durch gezielten Einbau beider Enantiomere (*RR, SS*) eines chiralen Spacers (Threitol) wird der Drehwert bei diesen Dendrimeren kompensiert (nach *Chow* und *Mak*; Stereozentren sind rot markiert)

Majoral et al. bauten ausgehend von Phosphor-haltigen Dendrimeren der 5. bzw. 3. Generation mit peripheren planar-chiralen Ferrocen-Gruppen höhere Dendrimer-Generationen auf.[28] Auf diese Weise konnten sie die optisch aktiven Gruppen gezielt auf einer bestimmten Generationsstufe innerhalb des Molekülgerüsts positionieren. Beim Vergleich der chiroptischen Eigenschaften zeigten sich Übereinstimmungen zwischen dem Verhalten der Dendrimere hoher Generation und klassischen Polymeren. So werden die chiroptischen Eigenschaften nur durch die Zahl der chiralen Gruppen und ihre chemische Umgebung beeinflusst, nicht aber durch ihre Position innerhalb des Molekülgerüsts.

4.2.4.2 Mögliche Einsatzbereiche für Dendrimere mit chiralem Verzweigungsgerüst

Aufgrund ihrer Größe und der Möglichkeit, die Dendrimer-Struktur und globuläre Morphologie über die Synthese zu kontrollieren, sind Dendrimere mit chiralem Verzweigungsgerüst als mögliche Protein-Mimetika von Interesse. Zudem sollte die Einführung chiraler Verzweigungseinheiten oder Spacer in das Molekülgerüst zur Entwicklung unsymmetrischer makromolekularer Konformationen führen und chirale Hohlräume für die asymmetrische Katalyse oder chirale Erkennungsprozesse bereitstellen.

4.2.5 Chiralität in der Peripherie

Eine der gängigsten Methoden zur Herstellung chiraler Dendrimere ist die Anknüpfung chiraler Einheiten an die peripheren Funktionalitäten eines divergent aufgebauten Dendrimers.

Alternativ können Dendrimere mit Chiralität in der Molekülperipherie auch ausgehend von chiralen monomeren Einheiten nach der konvergenten Methode aufgebaut werden.

4.2.5.1 Chiroptische Untersuchungen von Dendrimeren mit peripheren chiralen Einheiten

Das erste Beispiel für ein Dendrimer mit peripheren chiralen Einheiten präsentierten *Newkome et al.* 1991.[29]

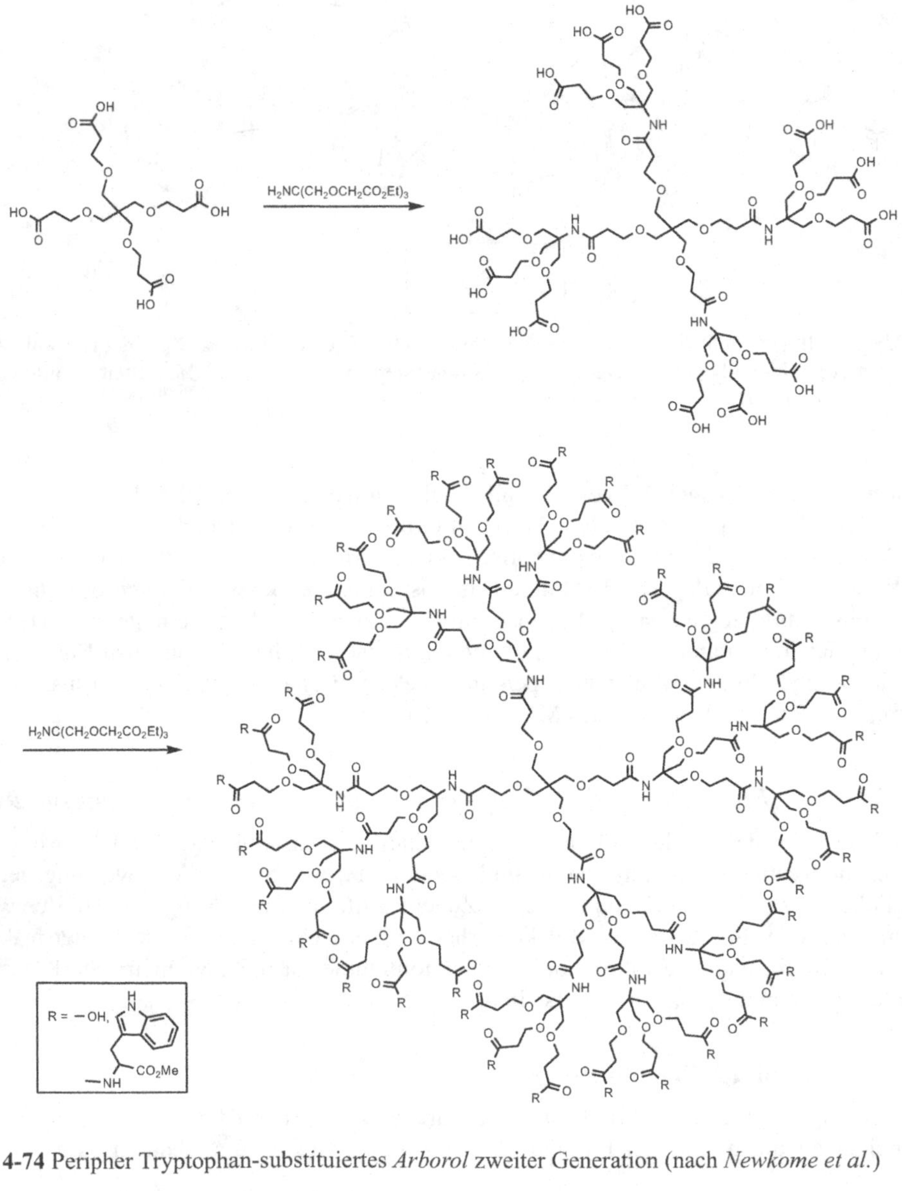

Bild 4-74 Peripher Tryptophan-substituiertes *Arborol* zweiter Generation (nach *Newkome et al.*)

Sie funktionalisierten Polyether-amid-Dendrimere (*Arborole;* s. *Kapitel 1*) bis zur zweiten Generation mit enantiomerenreinen Tryptophan-Einheiten (**Bild 4-74**). Die gemessenen optischen Aktivitäten pro chiraler Endgruppe waren bei allen Molekülen dieser Dendrimer-Serie ungefähr konstant.

Im Gegensatz dazu nahm bei POPAM-Dendrimeren der ersten bis fünften Generation mit sterisch anspruchsvollen Boc-geschützten Aminosäuren als Endgruppen (**Bild 4-75**) der Drehwert pro chiraler Endgruppe mit zunehmender Generation deutlich ab und strebte gegen den Wert null.[30]

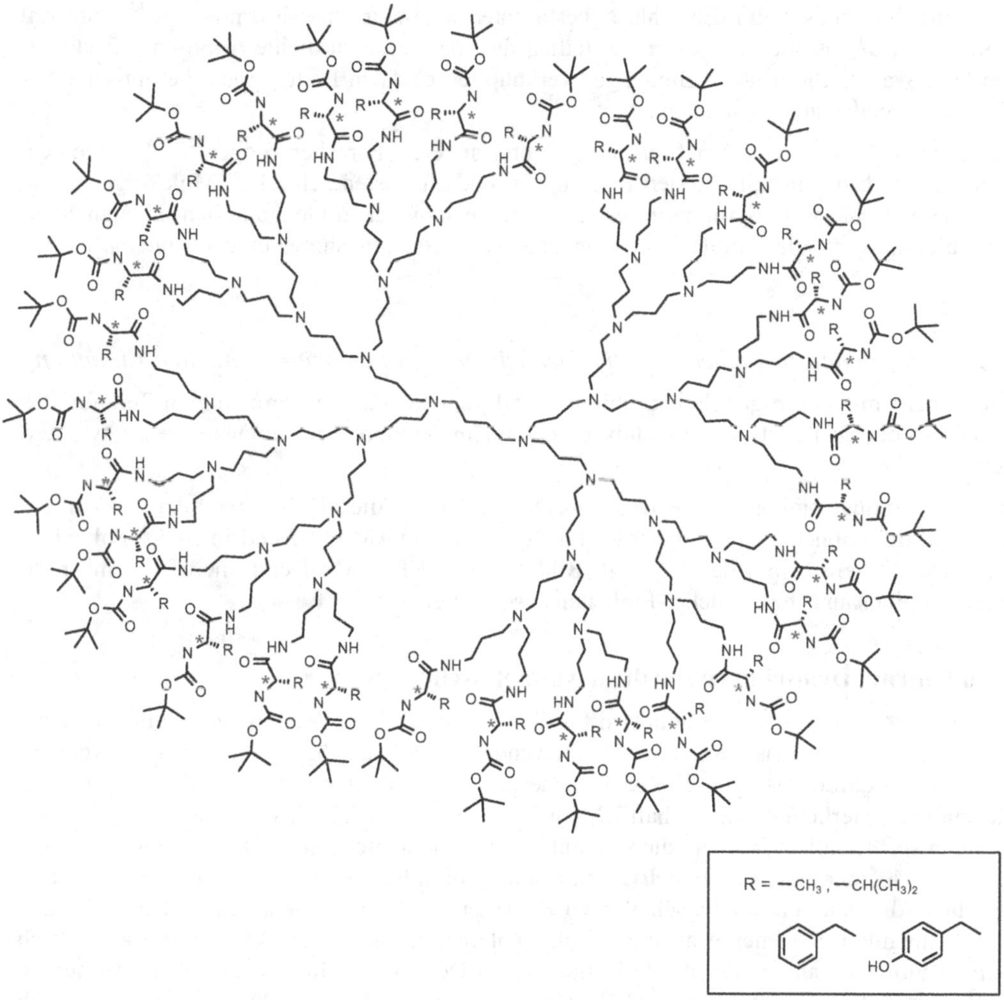

Bild 4-75 POPAM-Dendrimer mit chiralen Boc-geschützten Aminosäuren in der Molekülperipherie (nach *Meijer et al.*)

Diesen Befund führten *Meijer et al.* darauf zurück, dass infolge der zunehmenden sterischen Hinderung einzelne Konformationen „eingefroren" werden und sich somit gegenseitig aufheben. Diese These wird durch die Beobachtung gestützt, dass nach Einführung einer flexiblen Alkylkette zwischen den *L*-Phenylalanin-Einheiten und dem POPAM-Dendrimer-Gerüst die Drehwerte pro chiraler Gruppe von der ersten bis fünften Generation wieder annähernd gleich groß sind. Der aliphatische Spacer vergrößert den Radius des Dendrimers und sorgt so für einen größeren Abstand zwischen den chiralen Endgruppen, weshalb sich diese untereinander deutlich weniger beeinflussen.[2a] Einen bemerkenswerten Hinweis auf die Chiralität innerhalb der von 64 Boc-geschützten *L*-Phenylalanin-Einheiten „verschlossenen" sogenannten „dendritischen Box" (*dendritische Schachtel*) lieferte das Auftreten eines induzierten Circulardichroismus beim Einschluss bestimmter achiraler Farbstoffmoleküle.[31] Sowohl *Newkome et al.* als auch *Meijer et al.* stellten fest, dass eine zu dichte Anordnung (Packung) von über Wasserstoffbrücken-Bindungen verknüpften chiralen Endgruppen die optische Aktivität des Dendrimers zunichte macht.[29, 30a]

Die Untersuchungen von *Newkome, Meijer* und anderen Forschergruppen[29, 30a, 32] zeigen, dass bei Dendrimeren mit chiralen Endgruppen und ansonsten achiralem Molekülgerüst die optische Aktivität je Endgruppe generell für die verschiedenen Generationen ungefähr konstant bleibt, wenn die chiralen Gruppen gegenüber Packungsunterschieden unempfindlich sind.

4.2.5.2 Mögliche Einsatzbereiche für Dendrimere mit peripheren chiralen Einheiten

Dendrimere mit gut zugänglichen chiralen Endgruppen wurden zum größten Teil für den Einsatz in der asymmetrischen Katalyse oder für molekulare Erkennungsprozesse synthetisiert.

In der Hoffnung, biokompatible Dendrimere zu erhalten, die als Therapeutika zur Vorbeugung von Infektionen eingesetzt werden können, wurden PAMAM-Dendrimere,[33] Polyether-Amid-Dendrimere, Arborole[29, 34] (vgl. **Bild 4-74**) und POPAM-Dendrimere[30, 35] mit peripheren Aminosäure- bzw. Zucker-Einheiten ausgestattet.

4.2.6 Chirale Dendrimere für die asymmetrische Katalyse

Viel Energie und Geld wurde und wird für die Entwicklung und Verbesserung von Katalysatoren für die asymmetrische Katalyse aufgewendet. Fehlende Möglichkeiten zur Rückgewinnung sorgen dafür, dass der Einsatz löslicher chiraler Metallkomplexe – sofern im großen Maßstab erforderlich – unwirtschaftlich wird. In den letzten Jahren sind zahlreiche Untersuchungen veröffentlicht worden, die sich mit den Möglichkeiten zur Rückgewinnung und zum Recycling solcher teuren asymmetrischen Katalysatoren beschäftigen. Eine denkbare Lösung besteht im Einbau von katalytisch aktiven Einheiten wie chirale Metall-Liganden in Dendrimere. Um mit Dendrimeren asymmetrische Katalyse zu betreiben, können die katalytisch aktiven Einheiten an verschiedenen Positionen im Dendrimer-Molekül eingebaut werden, z. B. als chirale Einheiten in die Molekülperipherie oder ins Innere des Dendrimers. Aber auch Dendrimere mit achiralen katalytisch aktiven Einheiten, die von chiralen Zweigen im Inneren des Dendrimers umgeben sind, sind für den Einsatz in der asymmetrischen Katalyse denkbar. Der regelmäßige Aufbau des Dendrimer-Gerüsts stellt sicher, dass jede katalytisch aktive Einheit nahezu dieselbe chirale Umgebung aufweist.

Chirale Dendrimere mit katalytisch aktiven peripheren Gruppen untersuchten *Meijer et al.*, indem sie POPAM-Dendrimere verschiedener Generation mit enantiomerenreinen Aminoalkoholen funktionalisierten.[2a, 34, 36] Beim Einsatz dieser Oberflächen-modifizierten Dendrimere für die enantioselektive Addition von Diethylzink an Benzaldehyd wurde eine abnehmende Katalyseleistung mit zunehmender Größe des Dendrimers festgestellt. Sowohl die Ausbeuten als auch die Selektivitäten verringerten sich und erreichten beim Dendrimer fünfter Generation mit 64 peripheren Einheiten das Minimum. Dieses Phänomen wurde auf die zunehmende sterische Hinderung in der Dendrimer-Peripherie und die damit einhergehende Beeinträchtigung der Konformations-Freiheit der katalytisch aktiven Gruppen zurückgeführt. Näheres zu Dendritischen Effekten in der Katalyse siehe *Kapitel 6.3.2*.

4.2.7 Zur Deutung der Chiralität dendritischer Moleküle

In den vorangehenden Abschnitten über chirale Dendrimere war öfters ein „Dendritischer Chiralitätseffekt" in Form von „Chiralitätsverstärkung" oder „-Verringerung" beim Übergang zu höheren Generationen konstatiert worden (positiver bzw. negativer *Dendritischer Effekt*). In diesem Abschnitt soll abschließend versucht werden, Erklärungsmöglichkeiten für diese – über die Dendrimer-Chemie hinaus wichtigen – Befunde aufzuzeigen. Dies ist nicht nur von allgemeinerem theoretischem Interesse (für das Verständnis der Chiralität), sondern auch für deren Anwendung (z. B. Katalyse; s. voriger *Abschnitt 4.2.6, Kapitel 6.3.2* und *8.2*). Außerdem lassen Befunde an Dendrimeren eventuell Rückschlüsse auf entsprechende Effekte bei Polymeren zu.

Allgemeine Schlussfolgerungen zum Circulardichroismus und zur Chiralität von Dendrimeren sind im *Kapitel 7.9* zusammengestellt.

Chiralitäts-Verstärkung und -Verringerung: Die chiroselektive Wirt/Gast-Erkennung und chirale Induktion – bei chemischen Reaktionen – sind in den vergangenen Jahren immer wichtiger geworden. Bei chromatographischen Racemat-Trennungen mit chiralen Säulenmaterialien (*CSP: Chiral Stationary Phase*) werden immer höhere Anforderungen an die Trennleistung gestellt.[37c] Da Chiralitäts-Verstärkungen inzwischen große Bedeutung bei stereoselektiven Reaktionen und insbesondere bei der asymmetrischen Katalyse (s. auch *Kapitel 8.2.3*) beigemessen wird, seien hier einige Ansätze zur Deutung bei Dendrimeren näher erläutert. Dabei sind umgekehrt neuere Erkenntnisse aus der Polymer-Chemie bei stereoselektiven Polymerisationen dienlich, im Verlauf derer zentrochirale substituierte Alken-Monomere – intermolekular – zu helikalen Polymer-Strängen reagieren, sich also eine chirale Sekundärstruktur ausbildet. Deren Chiralität ist in bestimmten Fällen insgesamt höher als die durch die Stereozentren allein verursachte. Die Bildung chiraler Cluster achiraler Moleküle auf Oberflächen, die zu zweidimensional chiralen Objekten – dreidimensional bei Berücksichtigung der nur auf einer Seite befindlichen Oberfläche – führen, und Beobachtungen entsprechender dynamischer Racemisierungs-Effekte auf Oberflächen sind für Deutungen gleichfalls nützlich.[38]

Im **Bild 4-76** ist ein intramolekulares dynamisches Gleichgewicht eines Dendrimers mit vierflügeligen Dendrons gezeigt, in dessen Verlauf sich die (helikale) Propellerkonformation umkehrt, d.h. der Chiralitäts-Sinn sich ändert.[37a] In solchen Fällen wurde beobachtet, dass eine korrelierte Bewegung aller vier Dendrons stattfindet, also nicht ein Dendron allein die

Konformation wechselt, ohne dass sich die anderen drei Dendrons mitdrehen. Diese korrelierte konformative Beweglichkeit hängt selbstverständlich von der Größe, Gestalt und Steif-
heit der Dendrons ab. Jedenfalls zeigt sich auf diese Weise, dass selbst weit (Nanometer)
voneinander entfernte Gruppen in einem Dendrimer hinsichtlich ihrer Beweglichkeit und
auch hinsichtlich ihrer Chiralität voneinander abhängen, „miteinander kommunizieren". Solche Vorgänge konnten mittels Temperatur-abhängiger NMR-Spektroskopie nachgewiesen
werden (vgl. *Kapitel 7.3.4*).

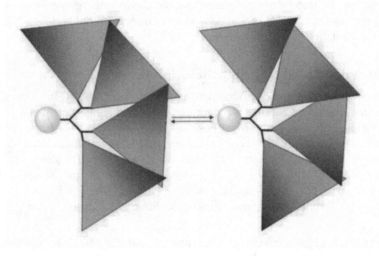

Bild 4-76 Ein Dendrimer mit Propeller-artig angeordneten, flachen Dendrons, in dem sich durch
korrellierte intramolekulare konformative Bewegung der Chiralitäts-Sinn umkehrt: Beim
Umklappen eines der Dendrons müssen – wegen des partiellen sterischen Ineinandergreifens
– die drei anderen zwangsweise mit umklappen (vgl. **Bild 4-72**). Auf diese Weise kann Kon-
formations-Information (hier Chiralität) von einer an eine weit entfernte andere Stelle eines
Dendrimers/Polymers übertragen werden (schematisch, nach *Parquette et al.*)

In **Bild 4-77** ist angedeutet, wie eine solche Wechselwirkung über größere Entfernungen
stattfinden könnte: Nach der sogenannten *„Kick-line*-Analogie" für die „Allosterische Trans-
mission" (Übertragung) lokaler Störungen schließt sich eine ganze Reihe von Molekülteilen –
hier als Gruppe von Tänzern veranschaulicht – einer Bewegung an. Wenn ein Molekülteil
außen rechts (grün symbolisiert) stürzt, dann fallen alle anderen damit „gekoppelten" Teile in
ähnlicher Art und Weise um, womit die Störung selbst an entfernte Stellen weitergeleitet
werden kann. Dies bedeutet, dass jeweils benachbarte Gruppen eine Störung („Botschaft",
„Chiralitäts-Information") von einer Stelle des Dendrimers auf eine andere übertragen, wobei
auch der Chiralitäts-Sinn (Links- oder Rechtsschraube) entsprechend beeinflussbar ist.

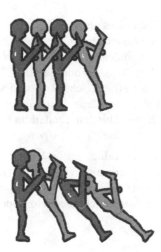

Bild 4-77 „Schusslinien"-Analogie (*Kick-line analogy*; schematisch; nach *Parquette et al.*) für die allosterische Übertragung von lokalen Störungen ausgehend von einem bestimmten Molekül(-Teil) auf ein(en) anderes(n): Eine lineare Reihe von Tänzern bildet eine – durch spezifische Wechselwirkungen – definierte Tanzformation (Schusslinie), hier als eine zweidimensional-chirale Anordnung dargestellt (dreidimensional, wenn die als darunterliegend angenommene Papierfläche mitberücksichtigt wird – ähnlich wie bei zweidimensional-chiralen Anordnungen von Clustern auf Metalloberflächen).[38] Eine kleine Störung (rückwärts fallendes „grünes Männchen" auf der rechten Seite des Bilds) an einer bestimmten Stelle der polymerisierenden Monomer-Reihe (*intermolekular*) oder an einer bestimmten Stelle eines Polymer-/Dendrimer-Moleküls (*intramolekular*) führt dazu, dass alle weiteren Personen (Moleküle oder Teile davon), die sich in Kontakt mit ihm befinden (miteinander wechselwirken), gleichfalls auf dieselbe Art in der gleichen Richtung fallen, wobei aufgrund der engen konformativen Verbindung der Chiralitäts-Sinn erhalten bleibt. Konformationelle Kooperativität der Monomer-Einheiten entlang des Polymer-Rückgrats verstärkt die energetische Differenz zwischen den beiden helikalen Polymer-Konfigurationen. Sollte einer der Tänzer, die in synchronisierter Weise mit dem Fuß treten, in die falsche Richtung, nämlich entgegengesetzt zur Mehrzahl der anderen „schießen", dann besteht die „Strafe" darin, dass die anderen Tänzer, deren Bewegungen innerhalb der Linie korreliert sind, destabilisiert werden. Dieses Modell aus der Polymer-Chemie wurde durch statistische Thermodynamik quantifiziert; es kann als Modell für die Verstärkung chiraler Information auch in anderen Systemen – wie Dendrimeren – dienen

Dass solche konformativen und konfigurativen Effekte bei der Übertragung von Chiralität in Molekülen in der Realität vorkommen, zeigen entsprechende Befunde und Gedankenmodelle aus der Polymerchemie: Das „Sergeant-und-Soldaten"-Prinzip (*Sergeant and soldier-principle*) und die „Majoritäts-Regeln" (*Majority rules-model*).[38]

Beim *Sergeant-und-Soldaten-Effekt* beeinflusst eine geringe Anahl von chiralen Molekül(teil)en (*Sergeanten*) die (Konformations-)Eigenschaften einer großen Anzahl achiraler Substrat-Molekül(teil)e (*Soldaten*). Konkret führt eine geringe Konzentration an optisch aktivem Monomer in einem überwiegend achiralen Monomer im daraus entstehenden Polymer (Polyisocyanat) zum Vorherrschen eines einzigen helikalen Chiralitäts-Sinns. Das in **Bild 4-78b** illustrierte chirale – unter den herrschenden Bedingungen Inversions-fähige – Monomer (grün) wird durch die bereits vorhandene Schusslinie (*kick-line* **a**) gezwungen, in dieselbe Richtung zu „kicken" (**Bild 4-78c** links), wodurch eine „Mismatch-Destabilisierung"(**c**, rechte Seite) aufgrund eines Kickens in die falsche Richtung vermieden wird. Aufgrund der Stabilität einer einmal gebildeten Polymer-Helix läuft dieser Prozess durch den gesamten Polymer-Faden und führt zu einer hohen chiralen Verstärkung („chiral amplification"): *Wenige (grüne) Sergeanten kontrollieren das räumliche Ausrichten vieler Soldaten.*

Nach den *Majoritäts-Regeln* wird die Chiralität des im Überschuss vorliegenden Enantiomers eines chiralen Monomers bei der Polymerisation verstärkt[38] (**Bild 4-78**). Auch wenn nur ein kleiner Enantiomeren-Überschuss vorliegt, zeigt das resultierende Polymer eine helikale Ungleichheit, die mit dem entsprechenden chiralen Homopolymer identisch ist (Näheres siehe Legende zu **Bild 4-78**).

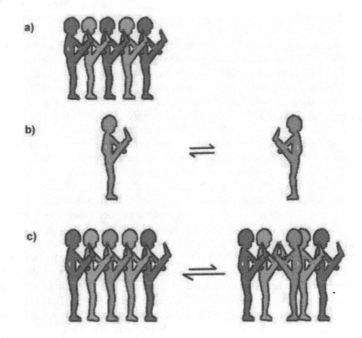

Bild 4-78 „Majoritätsregel-Prinzip" als Modell für eine Chiralitäts-Verstärkung bei der (*intermolekularen*) Polymerisation von (einseitig substituierten) monomeren Ethenen zu Polymeren, das auch eine Vorstellung von der (*intramolekularen*) Weiterleitung chiraler Störungen (z. B. ausgehend von einem stereogenen Zentrum) in dendritischen Molekülen vermitteln kann: Die in ein vorgeordnetes System (Tanzgruppe **a**) implementierte Störung (in Form eines Überschusses einer der beiden – unter diesen Bedingungen ineinander konvertierbaren – Enantiomere **b**) wirkt sich wegen des definierten Kontakts (Wechselwirkungen) innerhalb der Tanzgruppe so aus, dass einer der enantiomeren Gäste (grün gekennzeichnet) bevorzugt (selektiv) in Reih und Glied der Majorität aufgenommen („eingebaut") und damit dem Gleichgewicht **b** entzogen wird (schematisch; nach *Parquette et al.*)

Für beide Effekte (*Sergeant/Soldaten-* und *Majoritäts*-Regeln) sind dynamische helikale Konformationen der sich bildenden Polymerstränge (mit mobilen helikalen Umkehrpunkten) Voraussetzung.

Wir haben obige Erläuterungen etwas ausführlich gestaltet, da solche konformationellen Synchronisationseffekte auch viele ungewöhnliche Eigenschaften von Materialien in der Natur (Proteine) ausmachen, etwa bei nicht-linearen Antworten auf externe Reize (Stimuli). Auf diese Weise können kleine Störungen eines bestimmten Parameters starke Änderungen in der Struktur und Funktion von Proteinen bewirken. Die korrelierten Bewegungen erleichtern auch den allosterischen Transfer lokaler Strukturstörungen durch die gesamte Struktur und haben wichtige Konsequenzen auf die Thermodynamik des Faltens, Komplexbindens und die Katalyse von und mit Proteinen. Auf diese Weise lassen sich entsprechend auch in synthetischen funktionalen Materialien kleine energetische Differenzen verstärken, was für Anwendungszwecke hochattraktiv ist, etwa in der Sensorik: globale Antwort auf ein lokales molekulares Ereignis.

Literaturverzeichnis und Anmerkungen zu *Kapitel 4.2*

„Chirale Dendrimere"

Übersichtsartikel sind durch ein vorgestelltes fett gedrucktes „Übersicht(en)" bzw. „Buch/Bücher" gekennzeichnet.

[1] a) R. G. Denkewalter, J. F. Kolc, W. J. Lukasavage, U. S. Pat. 4 410 688, **1979**; 4 289 872, **1981**; 4 360 646, **1982**.

[2] *Übersichten*: a) H. W. I. Peerlings, E. W. Meijer, *Chem. Eur. J.* **1997**, *3*, 1563-1579; b) C. W. Thomas, Y. Tor, *Chirality* **1998**, *10*, 53-59; c) D. Seebach, P. B. Rheiner, G. Greiveldinger, T. Butz, H. Sellner, *Top. Curr. Chem.* (Bandhrsg. F. Vögtle) **1998**, *197*, 125-164; B. Romagnoli, W. Hayes, *J. Mater. Chem.* **2002**, *12*, 767-799.

[3] Mit der Klassifizierung chiraler dendritischer Moleküle befasst sich die *Übersicht*: C. W. Thomas, Y. Tor, *Chirality* **1998**, *10*, 53-59.

[4] a) J. F. G. A. Jansen, H. W. I. Peerlings, E. M. M. de Brabander-Van den Berg, E. W. Meijer, *Angew. Chem.* **1995**, *107*, 1321-1324; *Angew. Chem. Int. Ed.* **1995**, *34*, 1206-1209; b) M. Niggemann, H. Ritter, *Acta Polymer* **1996**, *47*, 351-356; c) S. J. E. Mulders, A. J. Brouwer, R. M. J. Liskamp, *Tetrahedron Lett.* **1997**, *38*, 3085-3088; d) A. J. Brouwer, S. J. E. Mulders, R. M. J. Liskamp, *Eur. J. Org. Chem.* **2001**, 1903-1915.

[5] *Übersichten*: N. Röckendorf, T. K. Lindhorst, *Top. Curr. Chem.* (Bandhrsg. F. Vögtle, C. Schalley), **2001**, *217*, 201-236; M. Dubber, T. K. Lindhorst, *Chem. Commun.* **1998**, 1265-1266.

[6] R. H. E. Hudson, M. J. Damha, *J. Am. Chem. Soc.* **1993**, *115*, 2119-2124; L. J. Twymann, A. E. Beezer, J. C. Mitchell, *Tetrahedron Lett.* **1994**, *15*, 4423-4424.

[7] a) J. Issberner, M. Böhme, S. Grimme, M. Nieger, W. Paulus, F. Vögtle, *Tetrahedron: Asymmetry* **1996**, *7*, 2223-2232; b) C. Reuter, G. Pawlitzki, U. Wörsdörfer, M. Plevoets, A. Mohry, T. Kubota, Y. Okamoto, F. Vögtle, *Eur. J. Org. Chem.* **2000**, 3059-3067.

[8] Alle bekannten Verbindungen dieser Art leiten sich von 1,1'-Binaphthyl-Derivaten ab: a) H. W. Peerlings, E. W. Meijer, *Eur. J. Org. Chem.* **1998**, *63*, 573-577; b) S. Yamango, M. Furukawa, A. Azuma, J.-I. Yoshida, *Tetrahedron Lett.* **1998**, *39*, 3783-3786; c) C. Rosini, S. Superchi, H. W. I. Peerlings, E. W. Meijer, *Eur. J. Org. Chem.* **2000**, 61-71; d) A. Bahr, B. Felber, K. Schneider, F. Diederich, *Helv. Chim. Acta* **2000**, *83*, 1346-1376; e) P. Ganghi, B. Huang, J.C. Gallucci, J. R. Parquette, *Org. Lett.* **2001**, *3*, 3129-3132; f) P. Rajakumar, K. Ganesan, *Tetrahedron: Asymmetry* **2005**, *16*, 2295-2298.

[9] a) J. Recker, W. M. Müller, U. Müller, T. Kubota, Y. Okamoto, M. Nieger, F. Vögtle, *Chem. Eur. J.* **2002**, *8*, 4434-4442; b) O. Lukin, T. Kubota, Y. Okamoto, A. Kaufmann, F. Vögtle, *Chem. Eur. J.* **2004**, *10*, 2804-2810; O. Lukin, F. Vögtle, *Angew. Chem.* **2005**, *117*, 2-23; *Angew. Chem. Int. Ed.* **2005**, *44*, 1456-1477.

[10] a) A. Ritzen, T. Frejd, *Eur. J. Org. Chem.* **2000**, *65*, 3771-3782; b) *Bücher*: K. Nakanishi, N. Berova, R. W. Woody, *Circular Dichroism*, VCH, New York **1994**; c) P. Schreier, A. Bernreuther, M. Huffer, *Analysis of Chiral Organic Molecules*, de Gruyter, Berlin **1995**.

[11] J. R. McElhanon, D. V. McGrath, *J. Am. Chem. Soc.* **1998**, *120*, 1647-1656.

[12] Begriffe wie *makroskopische, nanoskopische* und *mesoskopische Chiralität* sind aus Studien von *Mislow* [a] A. B. Buda, T. Auf der Heyde, K. Mislow, *Angew. Chem.* **1992**, *104*, 1012-1031; *Angew. Chem. Int. Ed.* **1992**, *32*, 989-1007] und *Avnir* [b] O. Katzenelson, H. Z. Hel-Or, D. Avnir, *Chem. Eur. J.* **1996**, *2*, 174-181] hervorgegangen und dienen der Definition der Chiralität von großen supramolekularen und makromolekularen Systemen (z. B. chirale Cluster, -Aggregate, -Polymere oder -Dendrimere.

[13] *Übersicht*: O. W. Matthews, A. N. Shipway, J. F. Stoddart, *Prog. Polym. Sci.* **1998**, *23*, 1-56.

[14] a) Q.-S. Hu, V. Pugh, M. Sabat, L. Pu, *J. Org. Chem.* **1999**, *64*, 7528-7536; b) D. K. Smith, A. Zingg, F. Diederich, *Helv. Chim. Acta* **1999**, *82*, 1225-1241; c) V. Pugh, Q.-S. Hu, L. Pu, *Angew. Chem.* **2000**, *112*, 3784-3787; *Angew. Chem. Int. Ed.* **2000**, *39*, 3638-3641; d) V. J. Pugh, Q.-S. Hu, X. Zuo, F. D. Lewis, L. Pu, *J. Org. Chem.* **2001**, *66*, 6136-6140.

[15] a) *Übersichten* über dendritische Katalysatoren: D. Astruc, F. Chardac, *Chem. Rev.* **2001**, *101*, 2991-3023; b) R. Kreiter, A. W. Kleij, R. J. M. Klein Gebbink, G. van Koten, in *Top. Curr. Chem.* (Bandhrsg. F. Vögtle, C. Schalley)

2001, *217*, 163-199; c) R. van Heerbeek, P. C. J. Kamer, P.W. N. M. van Leeuwen, J. N. H. Reek, *Chem. Rev.* **2002**, *102*, 3717-3756. Spezielle Artikel: a) A. R. Schmitzer, S. Franceschi, E. Perez, I. Rico-Lattes, A. Lattes, L. Thion, M. Erard, C. Vidal, *J. Am. Chem. Soc.* **2001**, *123*, 5956-5961; c) G. D. Engel, L. H. Gade, *Chem. Eur. J.* **2002**, *8*, 4319-4329; Y. Ribourdouille, G. D. Engel, M. Richard-Plouet, L. H. Gade, *Chem. Commun.* **2003**, *11*, 1228-1229; d) Y.-C. Chen, T.-F. Wu, J.-G. Deng, H. Liu, X. Cui, J. Zhu, Y.-Z. Jiang, M. C. K. Choi, A. S. C. Chan *J. Org. Chem.* **2002**, *67*, 5301-5306; e) Y.-C. Chen, T.-F. Wu, L. Jiang, J.-G. Deng, H. Liu, J. Zhu, Y.-Z. Jiang, *J. Org. Chem.* **2005**, *70*, 1006-1010; Allgemein: T. Ikariya, K. Murata, R. Notori, *Org. Biomol. Chem.* **2006**, *4*, 393-406.

[16] a) A. Pessi, E. Bianchi, F. Bonelli, L. Chiappinelli, *J. Chem. Soc., Chem. Commun.*, **1990**, 8-9; b) T. D. Pallin, J. P. Tam, *Chem. Commun.* **1996**, 1345-1346; c) M. S. Shchepinov, I. A. Udalova, A. J. Bridgman, E. M. Couthern, *Nucleic Acids Res.* **1997**, *25*, 4447-4454; d) D. Ranganathan, S. Kurur, *Tetrahedron Lett.* **1997**, *38*, 1265-1268.

[17] Peptid-Dendrimere als Protein-Mimetika: a) C. Douat-Casassus, T. Darbre, J.-L. Reymond, *J. Am. Chem. Soc.* **2004**, *126*, 7817-7826; b) G. Sanclimens, L. Crespo, E. Giralt, F. Albericio, M. Royo, *J. Org. Chem.* **2005**, *70*, 6274-6281.

[18] a) D. Seebach, J.-M. Lapierre, G. Greiveldinger, K. Skobridis, *Helv. Chim. Acta* **1994**, *77*, 1673-1688; b) D. Seebach, J.-M. Lapierre, K. Skobridis, G. Greiveldinger, *Angew. Chem.* **1994**, *106*, 457-458; *Angew. Chem. Int. Ed.* **1994**, *33*, 440-442; c) P. K. Murer, D. Seebach, *Angew. Chem.* **1995**, *107*, 2297-2300; *Angew. Chem., Int. Ed.* **1995**, *34*, 2116-2119.

[19] Der Begriff *Dendrophane* wurde von *Diederich* geprägt: a) S. Mattei, P. Seiler, F. Diederich, *Helv. Chim. Acta* **1995**, *78*, 1904-1912; b) B. Kenda, F. Diederich, *Angew. Chem.* **1998**, *110*, 3357-3361; *Angew. Chem. Int. Ed.*. **1998**, *37*, 3154-3158.

[20] K. Mislow, P. Bickart, *Isr. J. Chem.* **1977**, *15*, 1-6.

[21] H. W. I. Peerlings, D. C. Trimbach, E. W. Meijer, *Chem. Commun.* **1998**, 497-498.

[22] U. Hahn, A. Kaufmann, M. Nieger, O. Julinek, M. Urbanova, F. Vögtle, *Eur. J. Org. Chem.* **2006**,1237-1244.

[23] *Übersicht*: *Top. Curr. Chem.* (Bandhrsg. K. Sakai, N. Hirayama, R. Tamura) **2007**, *Band 296*.

[24] K. Portner, F. Vögtle, M. Nieger, *Synlett* **2004**, 1167-1170.

[25] L.-Z. Gong, Q. S. Hu, L. Pu, *J. Org. Chem.* **2001**, *66*, 2358-2367.

[26] H.-T. Chang, C.-T. Chen, T. Kondo, G. Siuzdak, K. B. Sharpless, *Angew. Chem.* **1996**, *108*, 202-206; *Angew. Chem. Int. Ed.* **1996**, *35*, 182-186.

[27] *Übersicht*: H.-F. Chow, C. C. Mak, *Pure Appl. Chem.* **1997**, *69*, 483-488.

[28] C.-O. Turrin, J. Chiffre, D. de Montauzon, G. Balavoine, E. Manoury, A.-M. Caminade, J. P. Majoral, *Organometallics* **2002**, *21*, 1891-1897.

[29] G. R. Newkome, X. Lin, C. D. Weis, *Tetrahedron: Asymmetry*, **1991**, *2*, 957-960.

[30] a) J. F. G. A. Jansen, H. W. I. Peerlings, E. M. M. de Brabander-van den Berg, E. W. Meijer, *Angew. Chem.* **1995**, *107*, 1321-1324; *Angew. Chem. Int. Ed.* **1995**, *34*, 1206-1209; b) J. F. G. A. Jansen, E. M. M. de Brabander-van den Berg, E. W. Meijer, *Science* **1994**, *266*, 1226-1229.

[31] J. F. G. A. Jansen, E. M. M. de Brabander-van den Berg, E. W. Meijer, *Recl. Trav. Chim. Pays-Bas* **1995**, *114*, 225-230.

[32] a) H.-F. Chow, C. C. Mak, *Tetrahedron Lett.* **1996**, *37*, 5935-5938; b) M. L. Lartigue, A. M. Caminade, J. P. Majoral, *Tetrahedron: Asymmetry* **1997**, *8*, 2697-2708; c) C. O. Turrin, J. Chiffre, J. C. Daran, D. deMountauzon, A. M. Caminade, E. Manoury, G. Balavoine, J. P. Majoral, *Tetrahedron* **2001**, *57*, 2521-2536; d) J. Issberner, M. Böhme, S. Grimme, M. Nieger, W. Paulus, F. Vögtle, *Tetrahedron: Asymmetry* **1996**, *7*, 2223-2232.

[33] a) K. Aoi, K. Itoh, M. Okada, *Macromolecules* **1995**, *28*, 5391-5393; b) T. K. Lindhorst, C. Kieburg, *Angew. Chem.* **1996**, *108*, 2083-2086; *Angew. Chem. Int. Ed.* **1996**, *35*, 1953-1956.

[34] G. R. Newkome, Z.-Q. Yao, G. R. Baker, V. K. Gupta, *J. Org. Chem.* **1985**, *50*, 2003-2004.

[35] P. R. Ashton, S. E. Boyed, C. L. Brown, S. A. Nepogodiev, E. W. Meijer, H. W. I. Peerlings, J. F. Stoddart, *Chem. Eur. J.* **1997**, *3*, 974-984.

[36] M. S. T. H. Sanders-Hovens, J. F. G. A. Jansen, J. A. J. M. Vakemans, E. W. Meijer, *Polym. Mater. Sci. Eng.* **1995**, *73*, 338-339.

[37] *Übersichten*: a) J. W. Lockman, N. M. Paul, J. R. Parquette, *Progr. Polym. Sci.* **2005**, *30*, 423-452; dort weitere Hinweise; b) M. Crego-Calama, D. N. Reinhoudt (Bandhrsg.), *Supramolecular Chirality*, *Top. Curr. Chem.* **2006**, *265*; c) s. auch: E. Francotte, W. Lindner (Hrsg.), Chirality in Drug Research, in *Methods and Principles in Medicinal Chemistry*, Vol. *33*, VCH-Wiley, Weinheim/New York **2007**; d) V. V. Borovkov, Y. Inoue, *Top. Curr. Chem.* (Bandhrsg. M. Crego-Calama, D. N. Reinhoudt) **2006**, *265*, 89-146.

[38] S. Weigelt, C. Busse, L. Petersen, E. Rauls, B. Hammer, K. V. Gothelf, F. Besenbacher, T. R. Linderoth, *Nature Materials* **2006**, *5*, 11; *Übersicht*: K.-H. Ernst, *Top. Curr. Chem.* (Bandhrsg. M. Crego-Calama, D. N. Reinhoudt) **2006**, *265*, 209-252.

5. Photophysikalische Eigenschaften dendritischer Moleküle

Dendrimere finden aufgrund ihrer physikalischen Eigenschaften, sei es wegen des Viskositätsverhaltens, der photoinduzierten Energie- und Elektronenübertragung (-transfer) oder Licht-sammelnder Effekte[1] reges Interesse. Besonders die photophysikalischen Eigenschaften sind wegen des Anreizes, etwa die Lumineszenz durch Anheften vieler gleichartiger – oder verschiedener, miteinander wechselwirkender – lichtaktiver Molekülbausteine (Chromophore, Fluorophore, Luminophore) zu verstärken, intensiv bearbeitet worden. Sie sollen daher im folgenden Abschnitt – aus Sicht der Grundlagenforschung – allgemeiner erläutert werden, während andere, vor allem Anwendungs-bezogene Eigenschaften, im *Kapitel 8* zusammengefasst sind.

5.1 Lumineszenz und Energietransfer

5.1.1 Lumineszenz

Lumineszenz wird als Emission von Licht im sichtbaren, UV- und IR- Spektralbereich von Materialien nach Energiezufuhr definiert.[2] Die Lichtquanten-Abgabe erfolgt bei Molekülen aus einem (photo-)angeregten Zustand *via* Übergang eines Elektrons in einen energetisch tieferliegenden Zustand. Je nach Art der Erzeugung des energetischen Anregungszustands können Photolumineszenz, Chemolumineszenz, Radiolumineszenz und Thermolumineszenz unterschieden werden (**Tabelle 5-1**). Im Bereich der Photolumineszenz wird abhängig vom Zeitraum zwischen Anregung und Emission in Fluoreszenz und Phosphoreszenz unterschieden.

Tabelle 5-1 Lumineszenztypen und ihre Anregungsart

Lumineszenztyp	Anregungsart
Photolumineszenz	Lichtabsorption
Chemolumineszenz	Chemische Reaktion
Radiolumineszenz	Kernstrahlung
Thermolumineszenz	thermisch aktivierte Ionenrekombination
Elektrolumineszenz	elektrisches Feld

Fluoreszenz: Das Elektron fällt aus dem angeregten Zustand (Lebensdauer ca. 10^{-9}s) in den ursprünglichen (Grundzustand) zurück (**Bild 5-1a**). Die Emission erfolgt spontan nach der Absorption – der Zeitraum zwischen Anregung und Emission ist im Falle der Fluoreszenz verschwindend gering – mit größerer Wellenlänge. Absorptions- und Fluoreszenz-Spektrum sind oft annähernd spiegelbildlich (**Bild 5-1b**). Der Wellenlängenunterschied zwischen Absorptions- und Emissions-Maxima wird auch als „*Stokes*-Verschiebung" (*Stokes*-shift) bezeichnet.

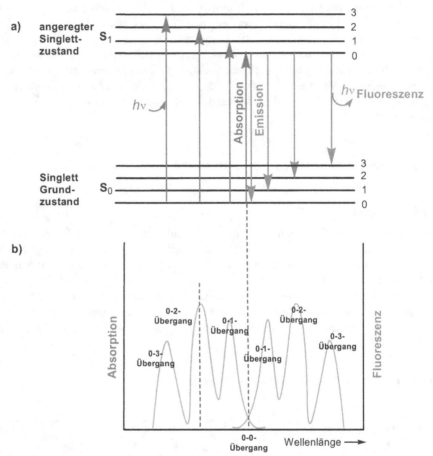

Bild 5-1 Absorption und Emission (Fluoreszenz). a) Übersicht über elektronische und vibronische Energieniveaux (schematisch). Das Absorptionsspektrum zeigt eine Schwingungsstruktur, die für den Photo-angeregten Zustand (S_1) charakteristisch ist. b) Bandenspektren mit *Stokes*-Verschiebung (schematisch). Das Fluoreszenz-Spektrum erscheint annähernd als Spiegelbild des Absorptionsspektrums. Die Schwingungsstruktur des Fluoreszenz-Spektrums ist für den Grundzustand (S_0) charakteristisch; es ist zu längeren Wellen verschoben. Lediglich die beiden 0-0-Übergänge liegen an derselben Stelle. Die *Stokes*-Verschiebung macht Aussagen über (Absorptions/Emissions-)Verschiebungen anderer Übergänge.

Die Emission von Fluoreszenz-Lichtquanten kann durch Löschung der Fluoreszenz (*Quench*-Prozesse) ausbleiben. In solchen Fällen wird Anregungsenergie

- durch strahlungslose Desaktivierung, indem Moleküle mit anderen Molekülen zusammenstoßen, verloren gehen, oder

- in Form von Phosphoreszenz-Lichtquanten abgestrahlt.

Die Fluoreszenz-Spektroskopie wird oft zur Detektion von Atomen und Molekülen eingesetzt. Als Anregungsquelle dienen zunehmend Laser (*LIF*: *L*aser-*i*nduzierte *F*luoreszenz).

Die *Fluoreszenz-Ausbeute* beschreibt das Verhältnis zwischen Anzahl von emittierten Photonen im angeregten Singlett-Zustand (S_1) zur Anzahl von absorbierten Photonen (Werte zwischen 0 und 1).

Phosphoreszenz: Bei der Phosphoreszenz fällt das Elektron über Interkombinations-Vorgänge mit Spinumkehr (*Inter-System-Crossing*) aus dem angeregten Singlett(S_1)-Zustand in den niedrigsten Triplett-Zustand (T_1; Lebensdauer 10^{-6}-10^{-3}s). Das Elektron verweilt hier zunächst, weil der Übergang in den Singlett-Zustand Symmetrie-verboten ist, um dann in den Grundzustand zurückzufallen (**Bild 5-2**). Die Dauer zwischen Anregung und Emission ist daher deutlich größer als bei der Fluoreszenz.

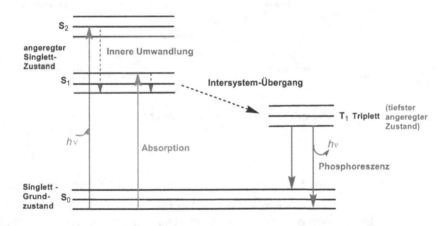

Bild 5-2 Phosphoreszenz (schematisch)

Als *Phosphoreszenz-Ausbeute* ist das Verhältnis zwischen Anzahl von emittierten Photonen im Triplett-Zustand und absorbierten Photonen (Werte zwischen 0 und 1) definiert.

Excimer ist die Abkürzung für den englischen Begriff „*excited dimer*", also angeregtes Dimer. Es handelt sich um eine kurzlebige Verbindung zweier Moleküle (oder auch Atome), die nur im angeregten Zustand existiert. Im Grundzustand zerfällt sie in die Komponenten, die sich auch abstoßen können. In einem Excimer-Molekül müssen alle Komponenten identisch sein. Anwendung finden derartige Moleküle in der Lasertechnik.

Exciplex ist eine Wortkombination aus dem englischen *excited* und *complex*. Auch Exciplexe sind im Grundzustand nicht existent. Im Gegensatz zum Excimer können die Komponenten des - kurzlebigen - Exciplexes Verbindungen aus Molekülen oder Atomen unterschiedlicher Natur sein.

5.1.2 Energietransfer

5.1.2.1 *Dexter-Mechanismus*: Energietransfer über Strahlungs-Emission

Der *Dexter*-Mechanismus beschreibt einen Elektronenaustausch vom angeregten Zustand des Donors zum angeregten Zustand des Acceptors, begleitet von einem simultanen Austausch eines Elektrons des Grundzustands vom Acceptor zum Donor (**Bild 5-3**). Dieser Elektronen-austausch bedingt eine Überlappung der Donor- und Acceptor-Orbitale, jedoch ist keine spektrale Überlappung erforderlich. Es liegt eine kurzräumige Wechselwirkung (über weniger als 10 Å Abstand) vor, die exponentiell mit der Distanz abnimmt.

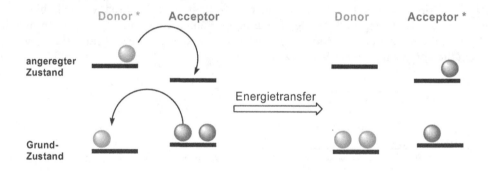

Bild 5-3 Energietransfer nach dem *Dexter-Mechanismus* (schematisch)

5.1.2.2 *Förster-Mechanismus:* Energietransfer über Dipol-Dipol-Wechselwirkungen

Ein strahlungsloser Energietransfer allein durch Dipol-Dipol-Wechselwirkungen – ohne Be-anspruchung eines Elektronenaustauschs – vom Energie-Donor auf einen -Acceptor (**Bild 5-4**) wird mit dem *Förster*-Mechanismus beschrieben.

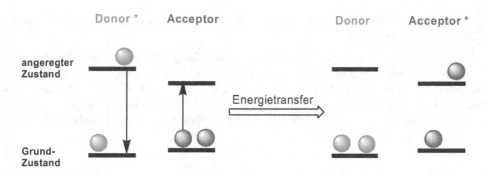

Bild 5-4 Energietransfer nach dem *Förster-Mechanismus* (schematisch)

Eine wesentliche Bedingung für den Energietransfer über diesen Weg ist eine Überlappung des Fluoreszenz-Emissionsspektrums des Donors mit dem Absorptionsspektrum des Acceptors. Ein geringer Abstand (weniger als 10 nm) zwischen Donor und Acceptor ist gleichfalls wichtig, weil nach *Förster* die Effizienz des Energietransfers mit der inversen sechsten Potenz der Distanz zwischen Donor und Acceptor abnimmt:

$$E = \frac{1}{1 + \left(\dfrac{r}{R_0}\right)^6}$$

(5-1)

r = Abstand zwischen Donor und Acceptor

R_0 = *Förster*-Radius

Die Chromophore können hier weiter von einander entfernt liegen (10-100Å; weiträumige Wechselwirkungen), da dieser Mechanismus keine Überlappung der Orbitale voraussetzt. Der *Förster-Radius* bezeichnet den Abstand zwischen Donor und Acceptor, bei dem die Effizienz des Energietransfers genau 50% beträgt. Die angeregten Donor-Moleküle werden dabei zur Hälfte durch Fluoreszenzresonanz-Energietransfer desaktiviert, die anderen 50% durch Fluoreszenz oder Phosphoreszenz.

5.1.2.3 Beispiele aus dem Bereich dendritischer Moleküle

Die oben allgemein beschriebenen photophysikalischen Effekte und Mechanismen seien im folgenden mit Befunden und Interpretationen aus dem Dendrimer-Bereich illustriert. Da einfache Lumineszenzeffekte z. T. auch an anderer Stelle dieses Buches bei den Synthesen (*Kapitel 2*) und den einzelnen Verbindungstypen (*Kapitel 4*) erwähnt werden und zudem im *Abschnitt 5.2* in komplexere Vorgänge einfließen, seien nur einige wenige charakteristische Beispiele zur Fluoreszenz und Phosphoreszenz von Dendrimeren aufgezeigt: Hier können wegen der Nachbarschaft vieler Gruppen im Molekül komplexe Vorgänge ablaufen, die manchmal genaue Rückschlüsse erschweren, manchmal aber auch für Anwendungszwecke nützlich und optimierbar sind.

Grundsätzlich können Dendrimere und Dendrons so „designt" werden, dass lumineszente Bauelemente (Fluorophore, Luminophore) im Dendrimer selbst, in entsprechenden Wechselwirkungspartnern (Gästen) oder in beiden vorhanden und – während der Interaktion – zu beobachten sind. Damit wurden supramolekulare (Wirt/Gast-)Wechselwirkungen thermodynamisch und kinetisch analysiert, Sensoreffekte entschlüsselt und diagnostische Anwendungen angestrebt (vgl. hierzu auch Lit. [3]).

a) Fluoreszentes Dendrimer

Das in **Bild 5-5** gezeigte Dendrimer vom gemischten POPAM/*Fréchet*-Typ trägt – formal – mehrere Fluorophor-Typen in drei „Schalen": An der Peripherie Naphthyl-Einheiten, weiter innen zwei Schichten mit Dimethoxybenzen-Charakter und schließlich die stark fluoreszierenden Dansyl-Gruppen – insgesamt 64 luminophore Molekülteile. Von außen kommende UV-Strahlung wechselwirkt zunächst mit den Naphthyl-Resten, welche die Energie *via* Energietransfer (ET, s.o.) an die intramolekular benachbarten Dansylgruppen – deren elektronische Energie-Niveaus tiefer liegen (s. **Bild 5-5**) – weitergeben. Schließlich wird vom Dansyl-System sichtbares Licht (λ 514 nm) abgestrahlt.

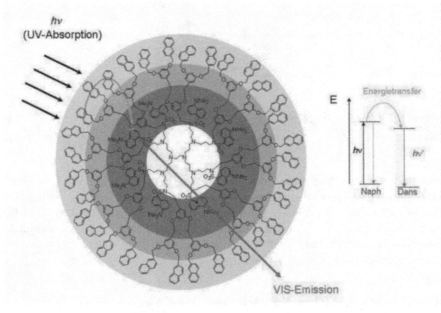

Bild 5-5 Eingestrahlte UV-Lichtenergie wird von den 32 peripheren Naphthyl-Chromophoren an die Dansyl-Einheiten weitergeleitet (Energietransfer) und als sichtbares Licht emittiert (schematisch; nach *Balzani, Vögtle et al.*)

Fügt man derartigen fluoreszenten Dendrimeren nicht-fluoreszierende Gastverbindungen zu, die mit den Heteroatomen des Dendrimers wechselwirken – im einfachsten Fall Cu^{2+}- oder Co^{2+}-Ionen – so wird die Fluoreszenz (teilweise) gelöscht (*gequencht*). Ein konkretes Beispiel hierfür findet sich im *Kapitel 6.2.3.3.*

b) Fluoreszente Gäste (im nicht-fluoreszenten Dendrimer)

Bild 5-6 zeigt den oktaedrischen Komplex dreier nicht-lumineszenter, doppelt Dendron-substituierter Bipyridine mit dem photoaktiven Ruthenium-Kation.[4] Die gestrichelten Ru^{2+}-N-Bindungen sind so stabil, dass sogar die peripheren Carboxyl-Gruppen beispielsweise in das Säurechlorid umgewandelt und anschließend zum Carbonsäureamid umgesetzt werden können, ohne dass der Komplex Schaden nimmt. *Balzani et al.* zeigten, dass die Lebensdauer des photoangeregten Zustands und damit die Photostabilität bei den – wegen der zahlreichen Ethergruppen wasserlöslichen – dendritischen Komplexen höher liegt als bei der unsubstituierten Referenzverbindung (Tris-bipyridin-Ruthenium-Komplex). Außerdem nimmt sie mit der Generationszahl deutlich zu – und zwar sowohl bei Gegenwart als auch bei Abwesenheit von Luftsauerstoff: „positiver Dendritischer Effekt". Diese Eigenschaft ist bei Tris-Bipyridin-Ruthenium-Komplexen äußerst erwünscht, da derartige Komplexe bei der Photospaltung von Wasser eingesetzt werden (Wasserstoff-Technologie).

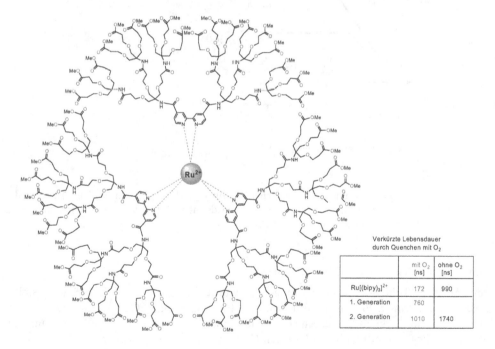

	Verkürzte Lebensdauer durch Quenchen mit O_2	
	mit O_2 [ns]	ohne O_2 [ns]
$Ru[(bipy)_3]^{2+}$	172	990
1. Generation	760	
2. Generation	1010	1740

Bild 5-6 Lebensdauer des photoangeregten Zustands dendritischer Ru^{2+}-Bipyiridin-Komplexe – in Gegenwart und Abwesenheit von Luftsauerstoff (nach *Balzani, De Cola, Vögtle et al.*), im Vergleich zum unsubstituierten Ruthenium-tris-bipy

In **Bild 5-7** sind die Lumineszenz-Lebensdauern verschiedener homo- und heteroleptischer [Ru(bipy)$_3$]$^{2+}$-Komplexe mit acyclischen und macrocyclischen Bipyridinen zusammen mit dem gerade vorgestellten dendritischen verglichen.[4] Auch hier zeigt sich, dass die Stabilität gegen Photooxidation wiederum bei den sterisch stärker abgeschirmten homoleptischen Komplexen höher ist als bei den weniger stark abschirmenden heteroleptischen, die jeweils noch einen unsubstituierten Bipyridin-Liganden enthalten. Die Variante mit „dendritischem Schutzschild" ist jedoch der „Champion" (*Dendritischer Effekt*).

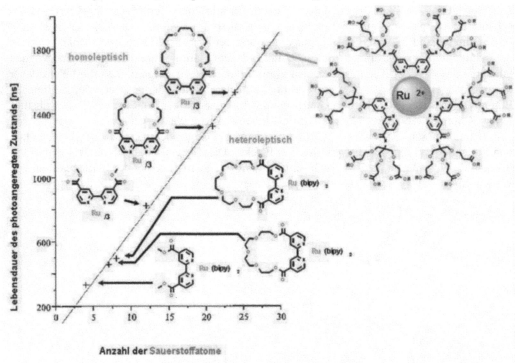

Bild 5-7   Lumineszenz homo- und heteroleptischer [Ru(bipy)$_3$]$^{2+}$-Komplexe in Abhängigkeit von der Anzahl der Sauerstoffatome im Molekül – und damit von der sterischen Abschirmung des Zentral-Ions (nach *Balzani, Vögtle et al.*)

c) Fluoreszentes Dendrimer und fluoreszente Gäste

Dieser Fall ist in **Bild 5-8** illustriert. Eingesetzt wurde das bereits in **Bild 5-5** vorgestellte fluoreszente Dendrimer. Fügt man zu diesem den fluoreszierenden Gast Eosin und bestrahlt mit UV-Licht, so sammelt dieser entsprechend seiner tieferliegenden Energieniveaux die Lichtenergie aller 64 chromophoren Gruppen (*light harvesting*, s. *Abschnitt 5.2*). Als Konsequenz wird sichtbares Licht der (Fluoreszenz-)Wellenlänge des Eosins (λ 555nm) abgestrahlt.[5] Solche Effekte sind im Hinblick auf eine zukünftig möglich erscheinende künstliche Nachahmung photosynthetischer Grundprozesse von Interesse (**Bild 5-9**).[6]

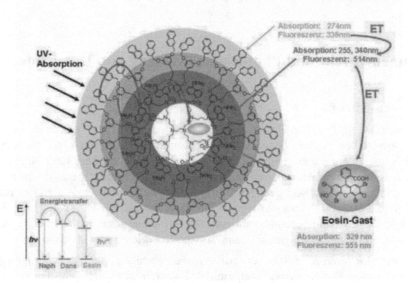

Bild 5-8 Löschen der Fluoreszenz des Dendrimer-Wirts bei Gegenwart von Eosin (als Gast) durch Energietransfer ausgehend von den photoaktiven Dansylresten. Im Gastmolekül Eosin wird Lichtenergie aller 64 chromophoren Gruppen (Naphthalen, Dialkoxyphenyl, Dansyl) gesammelt (schematisch; nach *Vögtle, Balzani, Ceroni, et al.*)

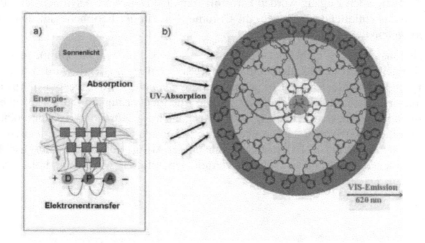

Bild 5-9 a) Lichtenergie wird mithilfe des Chlorophylls gesammelt und dient Pflanzen zur Photosynthese; b) Beispiel eines einfachen dendritischen Lichtsammel-Systems: Nanometer-skaliger Komplex aus photoaktiven Dendrons und photoaktivem Metall-Ion. Das von den Naphthyl-Resten absorbierte UV-Licht (λ 270nm) wird auf das Ruthenium übertragen, das sichtbares Licht der Wellenlänge 620 nm abstrahlt (nach *Balzani, De Cola, Vögtle et al.*)

Im *Kapitel 3.2.1* (**Bild 3-14**) ist ein weiteres Beispiel für diesen Wechselwirkungs-Typ aufgeführt.

5.2 Antennen-Effekt und Photoisomerisierung von Dendrimeren

5.2.1 Antennen-Effekt

Die Möglichkeit, viele funktionelle Gruppen um einen Kern herum anordnen zu können, eröffnet einen gezielten Aufbau dendritischer Lichtsammel-Systeme (*light harvesting*), der zum Beispiel eine Energieübertragung (*energy transfer*) zwischen Peripherie und Kern ermöglicht. Licht-sammelnde Antennensysteme enthalten generell eine Vielzahl von miteinander wechselwirkenden lichtabsorbierenden Chromophor-Molekülen, die – als Donoren – die angeregte Energie zu einer Acceptor-Einheit im Dendrimer-Inneren leiten (**Bild 5-5**)[3,7]. Wechselwirken die Chromophore nicht miteinander, wird die gesammelte Energie zerstreut und die angeregten Zustände klingen ab, ohne dass ein Energietransfer stattfindet.

Das Prinzip des *Antennen-Effekts* basiert auf den weiträumigen Wechselwirkungen (s. *Abschnitt 5.11*) zwischen Peripherie und Kerneinheit. Dadurch ist es möglich, den Kern zu beeinflussen, was ohne diese Wechselwirkungen auf die Peripherie beschränkt wäre. Durch gezielte Endgruppen-Funktionalisierung eines Dendrimers mit entsprechenden miteinander wechselwirkenden Chromophor-Einheiten – um einen großen Absorptionsquerschnitt zu erreichen – konnten dendritische Licht-sammelnde Systeme (Antennen)[8] aufgebaut werden. Über den konvergenten Zugang wurden Farbstoff-tragende Dendrimere synthetisiert (Bild 5-10), in denen das einfallende Licht über die Chromophore an der Peripherie auf den fluoreszenten Kern gelenkt wird.

Der Energietransfer erfolgt nicht über – mehrstufige – Hüpf-Prozesse (*hopping*), sondern die Energie wird gezielt auf den fokalen Punkt, den Kern übertragen. Hierzu wurden *Cumarin 2* – vielfach – als terminaler Donor-Chromophor und *Cumarin 343* als Acceptor-Farbstoff im Kern des dendritischen Moleküls eingesetzt.[9] Die Energieübertragung läuft wahrscheinlich über Dipol/Dipol-Wechselwirkungen (*Förster*-Mechanismus, *Abschnitt 5.1*) ab, denn das gewählte chromophore System verfügt über starke Dipolmomente. Eine Energieübertragung über das (kovalente) Dendrimer-Gerüst kann anhand der Absorptionsmaxima ausgeschlossen werden. An solchen Dendrimeren – bis zur vierten Generation – wurde eine hohe Effizienz des Energietransfers beobachtet.

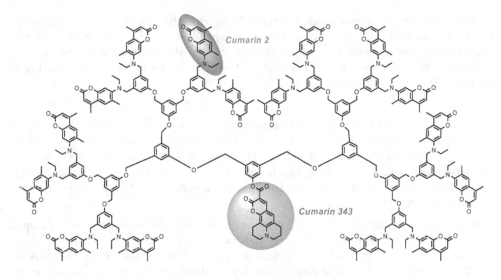

Bild 5-10 Licht-sammelnde dendritische Antenne (nach *Fréchet et al.*)

Fullerene bilden aufgrund ihrer kugeligen Molekülgestalt attraktive funktionale Kerneinheiten für Licht-sammelnde dendritische Systeme. An Fulleren-Dendrimeren des in **Bild 5-11** gezeigten Typs wird bei Anregung der endständigen Oligophenylenvinylen-Gruppen am Absorptions-Maximum deren Fluoreszenz gelöscht.

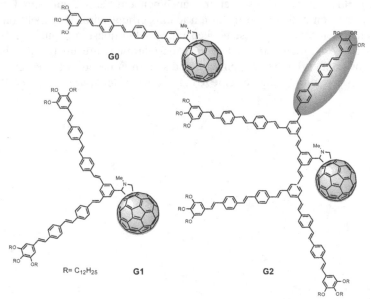

Bild 5-11 Fulleren-Dendrimere der Generationen 0 bis 2 (nach *Nierengarten et al.*)

Dies ist ein Hinweis auf einen Singlett-Singlett-Energietransfer der Oligophenylenvinylen-Gruppen auf den Fulleren-Kern. Bei 394 nm – entsprechend dem Oligophenylenvinylen-Absorptionsmaximum – steigt die molare Absorption der Fulleren-Dendrimere mit steigendem Generationsgrad (Gn) an. Mit Zunahme der Polylen-Gruppen treten die Licht-sammelnden Eigenschaften stärker hervor.[10]

Entsprechende Untersuchungen der Energietransfer-Dynamik von der Peripherie zum Kern an zwei ungleichen Licht-sammelnden Dendrimer-Typen unterschiedlichen Generationsgrads zeigten, dass Wechselwirkungen über kleinere Distanzen, bedingt durch ein Überlappen der Wellenfunktionen zwischen Peripherie und Kern, entscheidend sind. Die hohe Geschwindigkeit des Energietransfers wird mit der raschen Relaxation vom *Frank-Condon*-Zustand in die Peripherie begründet.[11]

Über einen konvergenten Weg konnten *Moore et al.* auf Arylacetylen-Einheiten basierende Dendrons der ersten bis sechsten Generation aufbauen. Diese wurden am fokalen Punkt mit einer – fluoreszenten – Perylen-Einheit funktionalisiert und hinsichtlich ihrer Fluoreszenz-Eigenschaften untersucht.[12, 13] Mit zunehmendem Generationsgrad wurde ein Ansteigen der Fluoreszenz-Intensität beobachtet, was in einem wachsenden molaren Extinktions-Koeffizienten begründet ist (*positiver Dendritischer Effekt*). Auch hier ist demnach ein Lichtsammel-Effekt (*light harvesting-effect*) zu beobachten. Die Effizienz des Energietransfers im dendritischen Molekül nimmt hingegen von den Arylacetylen-Einheiten zur Perylengruppe – als Acceptor – mit zunehmender Dendrimer-Generation ab (*negativer Dendritischer Effekt*).[13] Eine Beschleunigung des Energietransfers von der Peripherie zum fokalen Punkt entlang eines Gradienten wurde durch Verlängerung des Elektronensystems mit zusätzlichen Tolan-Einheiten (**Bild 5-12**) erzielt, wobei mit zunehmendem Verzweigungsgrad die Zahl der Arylacetylen-Spacer von außen nach innen um je eins erhöht wird. Das Elektron fällt beim Passieren der einzelnen Verzweigungseinheiten im Molekül quasi auf immer tiefer liegende Energienivaux. Die Anregung erreicht lediglich die Chromophore im Gerüst, die dann im fokalen Punkt auf das Perylen übertragen wird und sich in Form von Fluoreszenz zeigt. Dieses dendritische System wirkt daher als eine Art „Energietrichter" (*energy funnel*).[14]

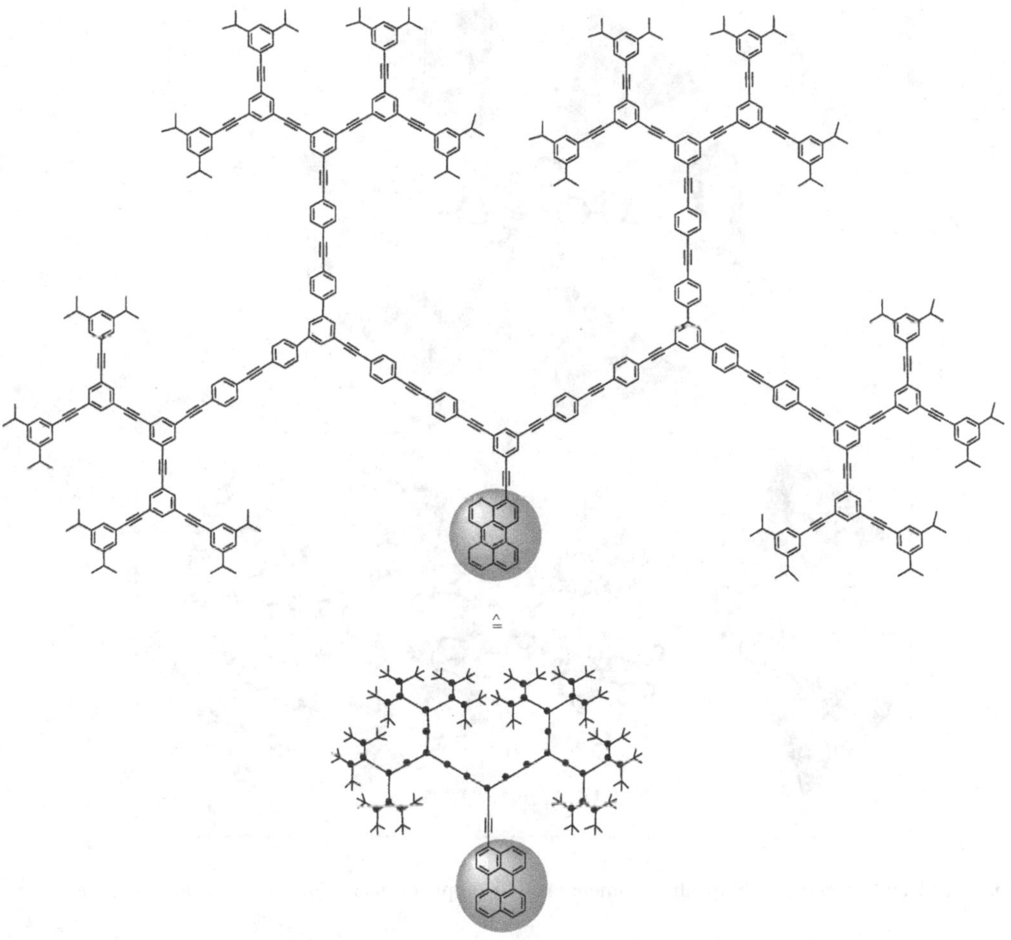

Bild 5-12 Dendritischer Energietrichter (nach *Moore et al.*)

Vögtle et al.[4] synthetisierten die ersten dendritisch substituierten 2,2′-Bipyridine, die eben-falls einen Antennen-Effekt (*light harvesting*) mit Verstärkung der Lumineszenz aufweisen. Ausgehend von diesen Liganden wurden die entsprechenden dendritischen Tris(bipyridin)-Ruthenium(II)-Komplexe präpariert (**Bild 5-13**).[15] Der von den äußeren Naphthalen-Einheiten in **1** ausgeübte Antennen-Effekt äußert sich in verstärkter Lumineszenz, was hier auf den effizienten Energietransfer von den Licht-absorbierenden Naphthalen-Gruppen zum Licht-emittierenden Ruthenium-Kation zurückzuführen ist.[16] Quantenausbeute und Lebens-dauer des photoangeregten Zustands nehmen bei Ausschluss, aber auch – weniger ausgeprägt – in Gegenwart von molekularem Sauerstoff mit steigender dendritischer Generationszahl zu (vgl. *Abschnitt 5.1.2.3 b*).

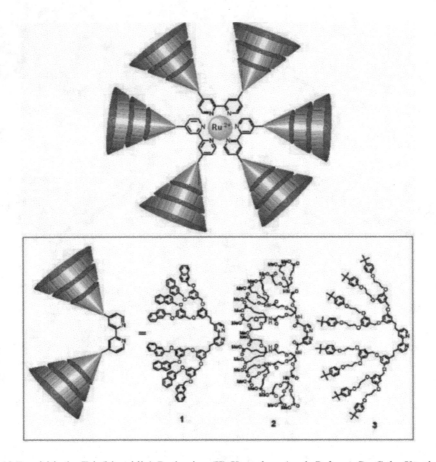

Bild 5-13 Dendritische Tris(bipyridin)-Ruthenium(II)-Komplexe (nach *Balzani, De Cola, Vögtle et al.*)

Dieser erwünschte Stabilisierungseffekt – auch hinsichtlich einer Photooxidation – des angeregten Zustands wird durch die sterisch abschirmende Dendrimer-Hülle verursacht, die das „luminophore" Ruthenium-Bipyridin-Zentrum vor Löschmolekülen (*Quenchern*, wie beispielsweise Sauerstoffmolekülen) schützt. Die für Anwendungszwecke gleichfalls nützliche Wasserlöslichkeit wurde mit der Synthese des dendritischen Tris(bipyridin)-Ruthenium-Komplexes **2** mit Polyetheramid-Hülle erreicht (vgl. **Bild 5-6**). Dieses Metallo-Dendrimer hat im Vergleich zu den nicht dendritischen Komplexen den Vorteil, dass die Lebensdauer des photoangeregten Zustands, verglichen mit der nicht dendritischen Referenzsubstanz, um das 50-fache gesteigert werden konnte. Der *Abschirmungseffekt* ist demzufolge nicht auf Dendrons des *Fréchet*-Typs beschränkt. Auch die dendritische Polyetheramid-Hülle, die divergent nach der Methodik von *Newkome et al.* synthetisiert wurde (Generationen 1 bis 3), bewirkt eine Verminderung der Fluoreszenz-Löschung durch molekularen Sauerstoff mit zunehmender Größe der dendritischen Reste.[4] *Balzani*, *De Cola* und *Vögtle et al.* untersuchten auch den Einfluss weiterer dendritischer Substituenten auf photo- und elektroaktive Kerneinheiten dieses supramolekular aufgebauten und weiterer Dendrimer-Typen.[17]

Das Design von dendritischen Multiporphyrin-Systemen[18] ermöglicht eine Energieübertragung über größere Entfernungen. Die Außenschale des in **Bild 5-14** gezeigten Dendrimers ist aus acht Porphyrin-Zink-Komplexen als Energie-Donoreinheiten aufgebaut. Werden die Einheiten der Außenhülle angeregt, so verursacht dies eine Fluoreszenz-Emission des Metall-freien Porphyrinkerns aufgrund eines Energietransfers von der Peripherie zum Energie-Acceptor.[19]

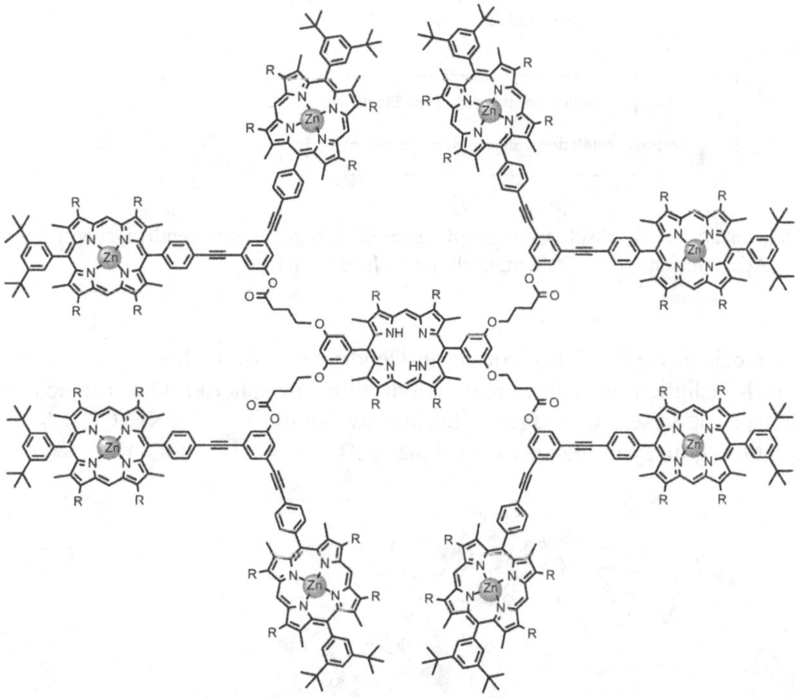

Bild 5-14 Dendritisches Multiporphyrin-System (nach *Aida et al.*)

Aida et al. beobachteten auch eine elektrostatische Assoziation zwischen negativ geladenen Polycarboxylat-funktionalisierten (als Donor) und positiv geladenen Ammonium-terminierten Porphyrin-Dendrimeren (als Acceptor) dritter Generation in protischen Lösungsmitteln. Abhängig vom molaren Verhältnis wurden unterschiedlich organisierte Anordnungen von gegensätzlich geladenen dendritischen Elektrolyten gefunden (**Bild 5-15**).[20] In den resultierenden nanometergroßen Assoziaten ist bei photochemischer Anregung ein intermolekularer Singlett-Energietransfer von einem Dendrimer auf ein benachbartes möglich. Dieser Prozess ist abhängig von der Feinstruktur (Topographie) der Dendrimer-Cluster, die wiederum vom Molverhältnis bestimmt wird.

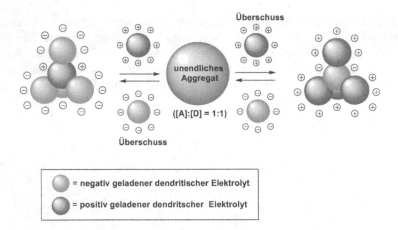

Bild 5-15 Elektrostatische Wechselwirkung von gegensätzlich geladenen dendritischen Elektrolyten
(A: Acceptor; D: Donor; schematisch; nach *Aida et al.*)

Das Gerüst der beiden verwendeten Porphyrin-Dendrimere ist identisch (**Bild 5-16**), sie unterscheiden sich lediglich in der Funktionalität ihrer Peripherie. Das rot schematisierte Dendrimer entspricht diesem Grundgerüst beispielsweise mit R = $CONH(CH_2)_2N^+Me_3$, entsprechend trägt das grün symbolisierte Dendrimer z. B. den Rest = COO^-K^+.

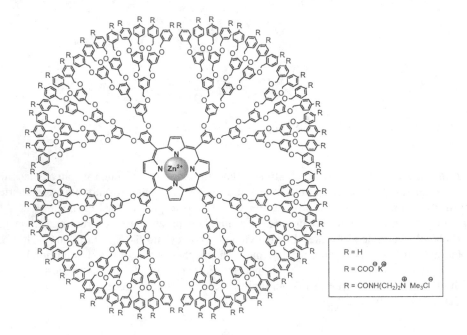

Bild 5-16 Ionische Porphyrin-Dendrimere (nach *Fréchet* und *Aida et al.*)

Dendrimere mit Cyclam-Kerneinheit (1,4,8,11-Tetraazacyclotetradecan) und *Fréchet*-artigen Dendrons, dekoriert mit acht oder 16 Naphthyl-Einheiten (**Bild 5-17**), wurden auf Veränderungen ihrer Lumineszenz- und Absorptionsspektren während der Protonierung untersucht.[21] Die Kerneinheit selbst ist photoinaktiv, kann jedoch mit photoaktiven Gruppen in den dendritischen Verzweigungen wechselwirken, was die Emissions-Eigenschaften der Chromophor-Einheiten beeinflusst, wodurch neue Emissonsbanden entstehen können.

In Acetonitril/Dichlormethan-Lösung zeigt dieser Dendrimer-Typ drei Arten von Emissionsbanden, die ihre Ursache in den im Naphthyl-lokalisierten angeregten Zustand, einem Naphthyl-Excimer und einem Naphthyl-/Amin-Exciplex haben. Titrationen mit Trifluoressigsäure ergaben, dass der Cyclam-Kern trotz seiner formal vier Stickstoffatome successive nur zwei Protonierungs-Stufen durchläuft, die die Lumineszenz-Eigenschaften deutlich beeinflussen.

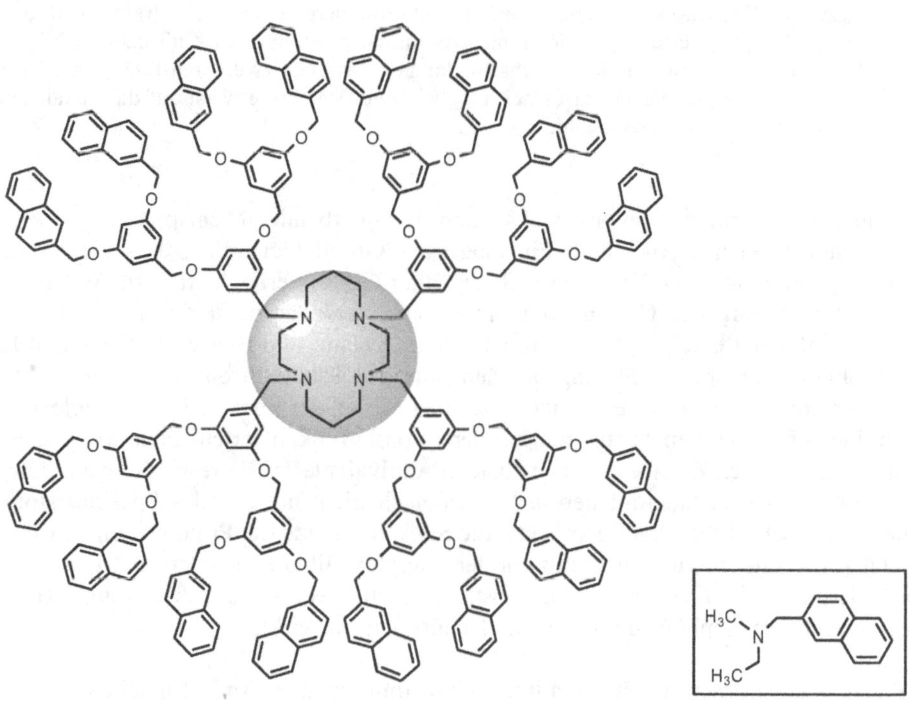

Bild 5-17   Naphthyl-dekoriertes Dendrimer mit Cyclam-Kerneinheit (nach *Balzani, Vögtle et al.*); Vergleichssubstanz ohne dendritische Verzweigung eingerahmt

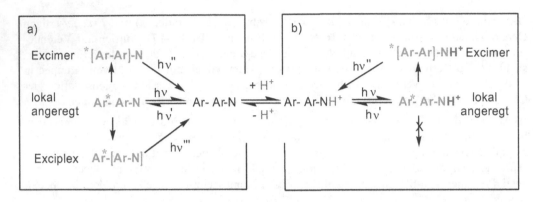

Bild 5-18 Für die beobachteten Emissionen verantwortliche photoangeregte Zustände des in **Bild 5-17** gezeigten Cyclam-Dendrimers; a) vor, b) nach Protonierung (schematisch). Ar steht für eine Aren-, beispielsweise Naphthalen-Einheit, N für das N-Atom eines Amins; Ar-Ar-N symbolisiert ein Dendrimer, in dem Wechselwirkungen zwischen zwei Aren-Einheiten oder zwischen einer Aren- und Amin-Einheit möglich sind. Der Stern weist auf die Lokalisierung der elektronischen Anregung hin

Das protonierte Dendrimer zeigt eine viel stärkere Excimerbande als entsprechende *Fréchet*-Dendrons ohne Cyclam-Kerneinheit. Ein möglicher Grund hierfür ist, dass die Excimer-Bildung durch Faltung des – flexiblen – Benzylether-Gerüsts erleichtert wird. Während im Zuge der Protonierung des Cyclam-Dendrimers eine Veränderung der Emissionsintensität beobachtet wird, zeigt eine Vergleichssubstanz ohne Cyclam- und Benzen-Einheiten (**Bild 5-17**) im Einklang mit obiger Deutung bei Zunahme der Säurekonzentration einen linearen Anstieg der Naphthyl-lokalisierten Bande, aber einen Abfall der Intensität des Exciplexes.

Die nichtlinearen spektralen Veränderungen der Naphthyl-lokalisierten Exciplex- und Excimer-Banden treten nach Zugabe der ersten beiden Äquivalente Trifluoressigsäure auf. Um die Exciplex-Entstehung zu unterdrücken, ist es demnach nicht nötig, jedes Stickstoffatom zu protonieren, da sich – bildlich ausgedrückt – die Stickstoffatome die Protonen teilen. Desweiteren schützt die Protonierung nicht nur vor der Exciplex-Bildung, sondern führt zu Konformationsänderungen der Cyclam-Einheit selbst, was sich wiederum auf die Excimer-Bildung zwischen peripheren Naphthyl-Einheiten des Dendrimers auswirkt.

Auch POPAM-Dendrimere verfügen in ihrem Gerüstinneren über Amin-Einheiten, die protoniert werden oder Metall-Ionen koordinieren können. Die spektroskopischen und photochemischen Eigenschaften der ersten bis vierten POPAM-Generation mit peripheren, fluoreszierenden Naphthylsulfonamid-Gruppen wurden mit denjenigen der Referenz-Verbindungen **A** (*N*-Methylnaphthalen-sulfonamid) und **B** (*N*-(3-Dimethyl-aminopropyl)-2-naphthalen-1-sulfonamid) verglichen[22] (**Bild 5-19**).

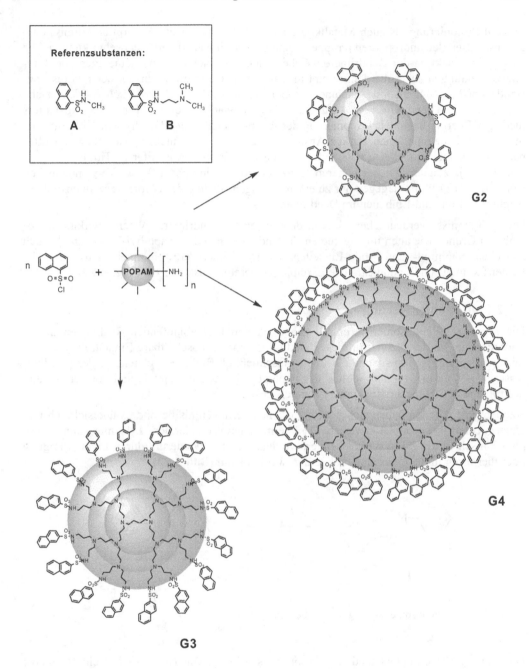

Bild 5-19 Sulfonamid-substituierte POPAM-Dendrimere der Generationen G2-G4; entsprechende Mono-Sulfonamide **A** und **B** als Referenzsubstanzen (nach *Pina*, *Balzani*, *Vögtle et al.*)

Sowohl Protonierung als auch Metallkoordination beeinflussen die Absorptions-/Emissions-Eigenschaften der fluorophoren Gruppen – und darüber hinaus deren Wechselwirkungen. Die Absorptionsspektren der Dendrimere weichen dabei entscheidend von denjenigen der Referenzverbindungen ab. Außerdem nimmt in den Dendrimeren die Intensität der Fluoreszenz-Bande bei λ_{max} 343nm mit zunehmender Generation stark ab (*Dendritischer Effekt*, siehe auch *Kapitel 6.3*) und wird vom Auftreten eines geschwächten, breiten Emissions-Ausläufers niedriger Energie begleitet. Protonierung der Amin-Einheiten des Dendrimers mit CF_3SO_3H in Acetonitril bedingt einen starken Anstieg der Lumineszenz-Intensität der Naphthylsulfo-namid-Einheiten und eine Veränderung des Emissions-Ausläufers. Titrationen mit $Zn(CF_3SO_3)_2$ zeigten erst bei höheren Konzentrationen ähnliche Effekte. Verwendung von $Co(NO_3)_2 \cdot 6H_2O$ führte dagegen nur zu einem geringen Anstieg der Fluoreszenz-Intensität der Naphthylsulfonamid-Einheiten im Dendrimer.

Diese Ergebnisse verdeutlichen, dass in den einzelnen Dendrimeren Wechselwirkungen sowohl im Grund- wie auch im angeregten Zustand zwischen den Naphthyl-Einheiten als auch zwischen Naphthyl- und Amin-Einheiten der Dendrimer-Verzweigungen stattfinden, die Dimer/Excimer- und Ladungstransfer/Exciplex-angeregte Zustände zur Folge haben.

5.2.2 Photoisomerisierung

Die reversible Photoisomerisierung[23] gehört zu den best ablaufenden Reaktionen in der Photochemie. Voraussetzung für diese Reaktion ist eine photoschaltbare Einheit. Da die Photoisomerisierung für Physik und Chemie – einschließlich Biologie – gleichermaßen von Interesse ist, sei sie hier an den Schluss des photophysikalischen Kapitels und vor den Anfang des folgenden Chemische Reaktionen-Kapitels gestellt.

Azobenzen-Einheiten haben sich bei Photoisomerisierungen als besonders übersichtlich und experimentell gut geeignet erwiesen. Das thermodynamisch stabilere *E*-Isomer kann photophysikalisch in die *Z*-Form transformiert werden, welches wiederum durch Licht-Anregung oder thermisch in die *E*-Form zurückgeführt werden kann (**Bild 5-20**).

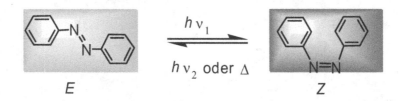

Bild 5-20   *E/Z*-Photoisomerisierung des Azobenzens

Die Isomere zeigen unterschiedliche Absorptionsspektren: Die *E*-Form weist eine intensive $\pi\pi^*$-Bande im nahen UV-Bereich und eine breite, symmetrisch verbotene $n\pi^*$-Bande im sichtbaren Bereich auf. Findet die Isomerisierung zur *Z*-Form statt, dann verschiebt sich die $\pi\pi^*$-Bande zu kürzeren Wellenlängen einhergehend mit einem Anstieg der $n\pi^*$-Bande. Die *E*→*Z*- Isomerisierung bringt eine starke strukturelle Veränderung des Moleküls mit sich, die sich auch in der Erhöhung des Dipolmoments ausdrückt (siehe auch *Kapitel 8.8.1*).

Die Effizienz der *E/Z*-Photoreaktion – und insbesondere die Geschwindigkeit der thermischen *Z/E*-Rückreaktion – hängt stark vom elektronischen und sterischen Einfluss der Substituenten an den Aren-Einheiten ab. π-Donoren in *para*-Position beschleunigen sie, π-Acceptoren hemmen sie, push-pull-Substituenten senken die Barriere besonders stark.

Wird die Peripherie eines POPAM-Dendrimers mit Azobenzen-Einheiten dekoriert, so können Farbstoffmoleküle als Gäste in das Dendrimer-Gerüst eingeschlossen werden (siehe auch Wirt/Gast-Chemie in *Kapitel 6.2.3*).[23] Dabei unterscheiden sich *E*- und *Z*-Isomere (bzw. deren angereicherte Versionen) in ihrem Aufnahmevermögen für die Gäste. Im Prinzip kann dadurch die Gastaufnahme kontrolliert (geschaltet) werden (**Bild 5-21**).

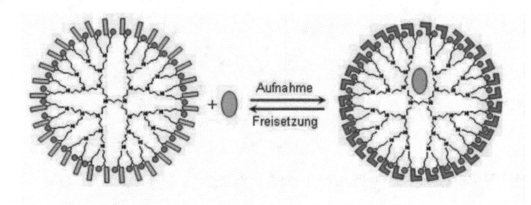

Bild 5-21 Ein POPAM-Dendrimer mit peripheren Azobenzen-Einheiten, links in der *E*-, rechts in der *Z*-Konfiguration (schematisiert). Die *E*- und *Z*-Isomere wechselwirken unterschiedlich mit Eosin als Gast

Die Untersuchung der supramolekularen Wechselwirkung dieser Azobenzen-dekorierten dendritischen Wirtverbindungen mit Eosin als Gastsubstanz ergab, dass die *Z*- mehr davon aufnimmt als die *E*-Form. Dies ermöglicht das Aufnehmen/Freisetzen von Gastmolekülen durch entsprechende Bestrahlung. Letzteres ist für eventuelle medizinische Anwendungen relevant, wenn man an die dosierte Abgabe von Arzneistoffen durch Lichteinwirkung an bestimmten Stellen des Organismus denkt. Die thermische *Z→E*-Isomerisierungs-Geschwindigkeit liegt in der Größenordnung $3 \times 10^6 \ \text{sec}^{-1}$.[24-26]

Eine Funktionalisierung von POPAM-Dendrimeren mit dem *push/pull*-Azobenzen-Derivat Methylorange (**Bild 5-21**)[27] bietet weitere Möglichkeiten zur Photoschaltung. Der Farbwechsel dieses p*H*-Indikators von rot (p*H* 3,1) nach gelb (p*H* 4,4) ist durch Protonierung der Azo-Funktion zum Mesomerie-stabilisierten Azonium-Ion zu erklären (**Bild 5-22**).

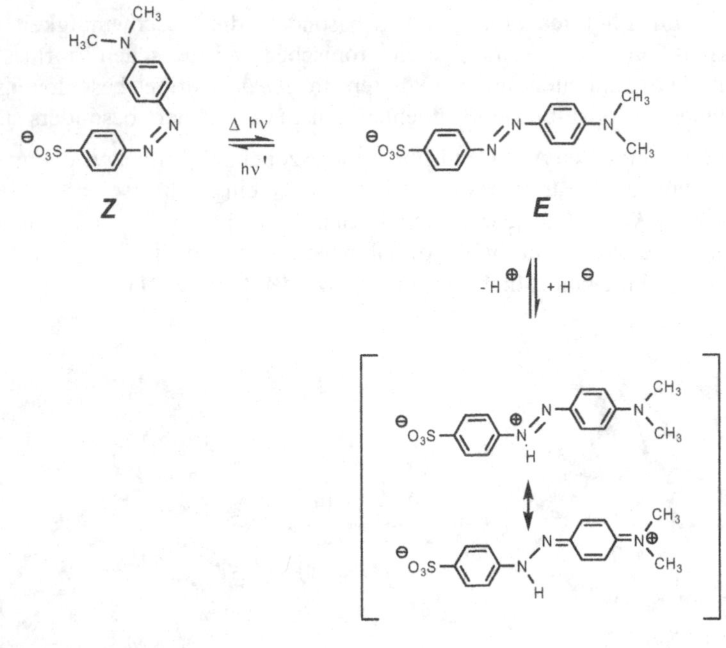

Bild 5-22 Ursache des Farbwechsels des p*H*-Indikators Methylorange

Auch Methylorange kann der reversiblen Photoisomerisierung unterworfen werden.[28] Eine entsprechende Dekoration der Außenhülle eines POPAM-Dendrimers bringt demnach zwei Steuerungsmöglichkeiten – Konformations- und p*H*-Kontrolle – mit sich. Ähnlich den Azo-benzen-funktionalisierten POPAM-Dendrimeren sind die photo-physikalischen Eigenschaften Generations-unabhängig, mit Ausnahme des *molaren Extinktions-Koeffizienten* (*Lambert-Beersches* Gesetz), der im Falle der vierten und fünften Generation stark vom erwarteten Wert abweicht, bedingt durch den exponentiellen Anstieg der Anzahl von Methylorange-Funktionen. Verglichen mit den normalen Azobenzenen sind *E/Z*- und *Z/E*-Isomerisationsraten hier höher. Die Ursache hierfür ist in dem von der Dimethylamino-Gruppe als π-Elektronen-Donor und der SO_2-Gruppe als π-Elektronen-Acceptor gebildeten *push-pull-System* (**Bild 5-23**) zu suchen, das die Energiebarriere für den Isomerisierungspro-zess herabsetzt.

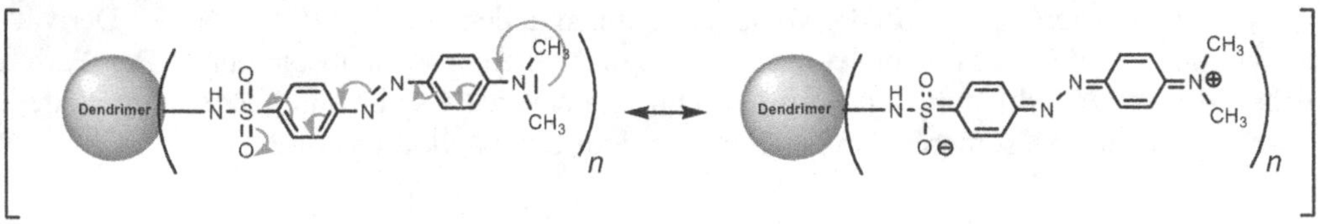

Bild 5-23 Dendrimer mit push/pull-π-Azobenzen-System (schematisch)

Die p*H*-Abhängigkeit der Methylorange-funktionalisierten Dendrimere (**Bild 5-24**) ist zum einen Generations-abhängig (*Dendritischer Effekt*, siehe *Kapitel 6.3*) und wird zum anderen stark von den tertiären Amino-Gruppierungen im Kern beeinflusst. Letztere werden als basischster Teil im Dendrimer-Gerüst zuerst protoniert, was zugleich die Protonierung der Methylorange-Einheiten beeinflusst. In den höheren Generationen ist der Farbwechsel nicht so rasch und eindeutig im Vergleich zum monomeren Methylorange und nur durch Zugabe von überschüssiger Säure zu erreichen.[29]

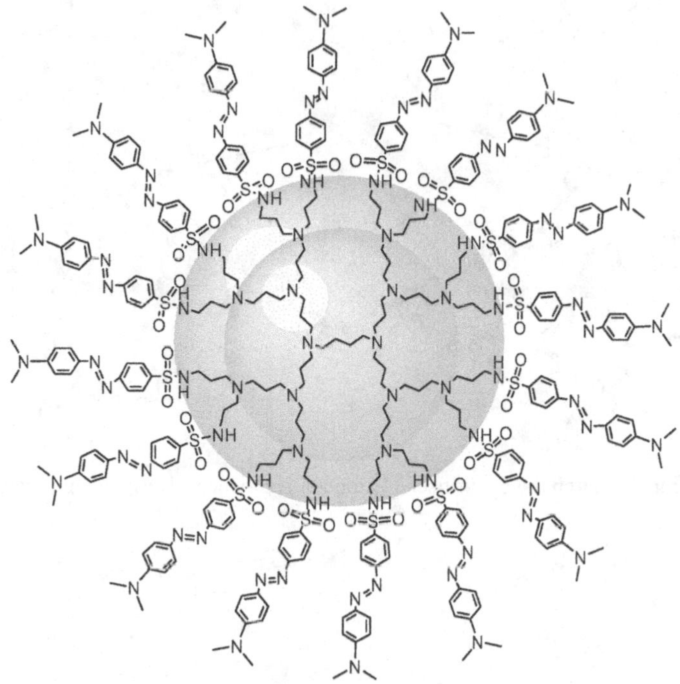

Bild 5-24 Methylorange-funktionalisiertes POPAM-Dendrimer der dritten Generation (nach *De Cola, Vögtle, Pina et al.*)

Eine Familie von photoschaltbaren Dendrimeren mit Azobenzen-Kerneinheit wurde von *Aida et al.* beschrieben. An den vier *meta*-Positionen des Azobenzens wurden *Fréchet*-Typ-Dendrons – bis zur fünften Generation – angeheftet (**Bild 5-25**).[30] Die Isomerisierung – mit Infrarot-Licht – vom *Z*- zum *E*-Konformer – läuft bei 21°C 260 mal schneller ab als ohne Licht. Die Photoisomersierung der Azobenzen-Kerneinheit bedarf jedoch einer höheren Energie als durch infrarote Lichtquanten üblicherweise zugeführt wird. Eine Erklärung für dieses unerwartete Phänomen wird mit dem von der Vielzahl an Arylether-Einheiten in den Dendrons ausgeübten Antennen-Effekt (*Abschnitt 5.2.1*) versucht. Die peripheren Einheiten absorbieren und sammeln die Energie und transferieren sie zum fokalen Punkt. Da der Kern des Dendrimer-Moleküls durch die raumerfüllenden äußeren Dendrons isoliert ist, kann die Energie offenbar nicht gestreut werden.

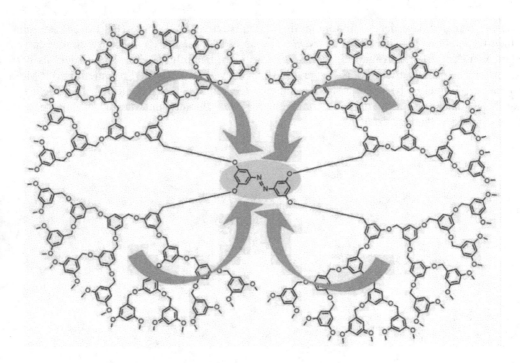

Bild 5-25 Energietransfer durch die dendritische Hülle zur Azobenzen-Kerneinheit (nach *Aida et al.*)

Literaturverzeichnis und Anmerkungen zu *Kapitel 5*

„Photophysikalische Eigenschaften dendritischer Moleküle"

Übersichtsartikel sind durch ein vorgestelltes fett gedrucktes „Übersicht(en)" bzw. ***Buch/Bücher*** *gekennzeichnet.*

[1] *Übersicht*: A. Adronov, J. M. J. Fréchet, *Chem. Commun.* **2000**, 1701-1710. ***Buch:*** V. Balzani, P. Piotrowiak, M. A. J. Rodgers, J. Mattay, D. Astruc, H. B. Gray, J. Winkler, S. Shunichi, T. E. Mallouk, Y. Haas, A. P. de Silva, I. Gould (Hrsg.), *Electron Transfer in Chemistry*, Wiley-VCH, Weinheim **2001**; G. Bergamini, P. Ceroni, M. Maestri, V. Balzani, S. K. Lee, F. Vögtle, *Photochem. Photobiol. Sci.* **2004**, *3*, 898-905; P. Ceroni, V. Vicinelli, M. Maestri, V. Balzani, S. K. Lee, J. van Heyst, M. Gorka, F. Vögtle, *J. Organomet. Chem.* **2004**, *689*, 4375-4383.

[2] ***Bücher***: P. W. Atkins *Kurzlehrbuch Physikalische Chemie*, 3. Auflage, Wiley-VCH, Weinheim **2001**; B. Valeur, Molecular Fluorescence – Prinziples and Application, Wiley-VCH, Weinheim **2002**; s. auch H. A. Staab, *Einführung in die Theoretische Organische Chemie*, Verlag Chemie, Weinheim **1962**; W. Foerst (Hrsg.), *Optische Anregung Organischer Systeme*, Verlag Chemie, Weinheim **1966**.

[3] V. Balzani, P. Ceroni, C. Giansante, V. Vicinelli, F.-G. Klärner, C. Verhaelen, F. Vögtle, U. Hahn, *Angew. Chem.* **2005**, *117*, 4650-4654; *Angew. Chem. Int. Ed.* **2005**, *44*, 4574-4578.

[4] J. Issberner, F. Vögtle, L. De Cola, V. Balzani, *Chem. Eur. J.* **1997**, *3*, 706-712.

[5] U. Hahn, M. Gorka, F. Vögtle, V. Vicinelli, P. Ceroni, M. Maestri, V. Balzani, *Angew. Chem.* **2002**, *114*, 3747-3750; *Angew. Chem. Int. Ed.* **2002**, *41*, 3595-3598; G. Teobaldi, F. Zerbetto, *J. Am. Chem. Soc.* **2003**, *125*, 7388-7393.

[6] M. Plevoets, F. Vögtle, L. De Cola, V. Balzani, *New J. Chem.* **1999**, *23*, 63-69; N. Armaroli, V. Balzani, *Angew. Chem.* **2007**, *119*, 52-67; *Angew. Chem. Int. Ed.* **2007**, *46*, 52-66.

[7] A. Dirksen, U. Hahn, F. Schwanke, M. Nieger, J. N. H. Reek, F. Vögtle, L. De Cola, *Chem. Eur. J.* **2004**, *10*, 2036-2047.

[8] L. Jullien, J. Canceill, B. Valeur, E. Bardez, J.-M. Lehn, *Angew. Chem.* **1994**, *106*, 2582-2584, *Angew. Chem. Int. Ed.* **1994**, *33*, 2438-2439; L. Jullien, J. Canceill, B. Valeur, E. Bardez, J.-P. Lefèvre, J.-M. Lehn, V. Marchi-Artzner, R. Pansu, *J. Am. Chem. Soc.* **1996**, *118*, 5432-5442. J. Seth, V. Palaniappan, T. E. Johnson, S. Prathapan, J. S. Lindsey, D. F. Bocian, *J. Am. Chem. Soc.* **1996**, *118*, 11194-11207; M. S. Vollmer, F. Würthner, F. Effenberger, P. Emele, D. U. Meyer, T. Stümpfig, H. Port, H. C. Wolf, *Chem. Eur. J.* **1998**, *4*, 260-269.

[9] S. L. Gilat, A. Adronov, J. M. J. Fréchet, *Angew. Chem.* **1999**, *111*, 1519-1524; *Angew. Chem. Int. Ed.* **1999**, *38*, 1422-1427.

[10] G. Accorsi, N. Armaroli, J.-F. Eckert, J.-F. Nierengarten *Tetrahedron Letters*, **2002**, *43*, 65-68. *Übersicht*: J.-F. Nierengarten, *Top. Curr. Chem.* (Bandhrsg. C. A. Schalley, F. Vögtle), **1998**, *228*, 87-110.

[11] I. Akai, H. Nakao, K. Kanemoto, T. Karasawa, H. Hashimoto, M. Kimura, *Journal of Luminescence* **2005**, *112*, 449-453.

[12] C. Devadoss, P. Bharathi, J. S. Moore, *Angew. Chem.* **1997**, *109*, 1706-1709; *Angew. Chem. Int. Ed.* **1997**, *36*, 1709-1711.

[13] C. Devadoss, P. Bharathi, J. S. Moore, *J. Am. Chem. Soc.* **1996**, *118*, 9635-9644.

[14] Z. Xu, J. S. Moore, *Acta Polymer.* **1994**, *45*, 83-87; R. Kopelman, M. Shortreed, Z.-Y. Shi, W. Tan, Z. Xu, J. S. Moore, A. B. Haim, J. Klafter, *Phys. Rev. Lett.* **1997**, *78*, 1239-1242.

[15] M. Plevoets, F. Vögtle, L. De Cola, V. Balzani, *New. J. Chem.* **1999**, 63-69.

[16] Verwandte Dendrons und ihre Energie-sammelnden und -übertragenden Eigenschaften: G. M. Stewart, M. A. Fox, *J. Am. Chem. Soc.* **1996**, *118*, 4354-4360.

[17] M. Plevoets, F. Vögtle, M. Nieger, G. C. Azzellini, A. Credi, L. De Cola, V. de Marchis, M. Venturi, V. Balzani, *J. Am. Chem. Soc.* **1999**, *121*, 6290-6298.

[18] D. L. Officer, A. K. Burrell, D. C. W. Reid, *Chem. Commun.* **1996**, 1657-1658. C. C. Mak. N. Bampos, J. K .M. Sanders, *Angew. Chem.* **1998**, *110*, 3169-3172; *Angew. Chem. Int. Ed.* **1998**, *37*, 3020-3023.

[19] M.-S. Choi, T. Yamazaki, I. Yamazaki, T. Aida, *Angew. Chem.* **2003**, *116*, 152-160; *Angew. Chem. Int. Ed.* **2003**, *42*, 150-158. M.-S. Choi, T. Aida, T. Yamazaki, I. Yamazaki, *Chem. Eur. J.* **2002**, *8*, 2667-2678.

[20] N. Tomioka, D. Takasu, T. Takahashi, T. Aida, *Angew. Chem.* **1998**, *110*, 1611-1614; *Angew. Chem. Int. Ed.* **1998**, *37*, 1531-1534.

[21] C. Saudan, V. Balzani, P. Ceroni, M. Gorka, M. Maestri, V. Vicinelli, F. Vögtle, *Tetrahedron* **2003**, *59*, 3845-3852. G. Bergamini, P. Ceroni, V. Balzani, L. Cornelissen, J. van Heyst, S.-K. Lee, F. Vögtle, *J. Mater. Chem.* **2005**, *15*, 2959-2964.

[22] F. Pina, P. Passaniti M. Maestri, V. Balzani, F. Vögtle, M. Gorka, S.-K. Lee, J. van Heyst, H. Fakhrnabavi, *ChemPhysChem* **2004**, *5*, 473-480.

[23] **Bücher** und **Übersichten** über – nicht-dendritische – Azobenzen-Photoisomerisierungen und andere Photoschalter: V. Balzani, F. Scandola, *Supramolecular Photochemistry*, Ellis Horwood, New York **1991**; N. N. P. Moonen, A. H. Flood, J. M. Fernández, J. F. Stoddart, *Top. Curr. Chem.* **2005**, *262*, 99-132; B. L. Feringa (Hrsg.), Molecular Switches, Wiley-VCH, Weinheim **2001**; B. L. Feringa, N. Koumura, R. A. van Delden, M. K. J. ter Wiel, *Appl. Phys. A*, **2002**, *75*, 301-308; C. Dugave (Hrsg.), *cis-trans Isomerization in Biochemistry*, Wiley-VCH, Weinheim, New York **2006**.

[24] A. Archut, G. C. Azzellini, V. Balzani, L. De Cola, F. Vögtle *J. Am. Chem. Soc.* **1998**, *120*, 12187-12191; F. Puntoriero, P. Ceroni, V. Balzani, G. Bergamini, F. Vögtle, **2007**, in Vorbereitung.

[25] A. Archut, F. Vögtle, L. De Cola, G. C. Azzellini, V. Balzani, P. S. Ramanucham, R. H. Berg, *Chem. Eur. J.* **1998**, *4*, 699-706.

[26] P. Sierocki, H. Maas, P. Dragut, G. Richardt, F. Vögtle, L. De Cola, F. (A. M.) Brouwer, J. I. Zink, *J. Phys. Chem. B.* **2006**, *110*, 24390-24398.

[27] A. Dirksen, E. Zuidema, R. M. Williams, L. De Cola, C. Kauffmann, F. Vögtle, A. Roque, F. Pina, *Macromolecules* **2002**, *35*, 2743-2747.

[28] D. M. Junge, D. V. McGrath, *J. Am. Chem. Soc.* **1999**, *121*, 4912-4913.

[29] A. Dirksen, L. De Cola, *C. R. Chimie* **2003**, *6*, 873-882.

[30] D. L. Jiang, T. Aida, *Nature* **1997**, *388*, 455-456.

6. (Spezielle) Chemische Reaktionen dendritischer Moleküle

6.1 Kovalente chemische Reaktionen

Die Vielseitigkeit dendritischer Moleküle spiegelt sich nicht nur in ihren physikalischen Eigenschaften, sondern auch in der Einsatzfähigkeit bei chemischen Umsetzungen wider. Schon im Design kann hinsichtlich Kern, Verzweigung und Peripherie vor Beginn der Synthese eine Steuerung der chemischen Eigenschaften versucht werden. Die mit Reagenzien oft gut zugängliche Dendrimer-Oberfläche mit ihrer definierten Anzahl von Endgruppen bietet eine Vielzahl an Funktionalisierungsmöglichkeiten. Durch Balance der Philie-Eigenschaften (Hydrophilie/Lipophilie), sinnvolle Wahl der terminalen Gruppen an der Peripherie sowie der konformativen Flexibilität der Verzweigungen kann eine gewisse Anpassung an die gegebenen Reaktionspartner und -parameter vorgenommen werden. Der Molekülbau bestimmt zudem die Dichteverteilung innerhalb des Dendrimers und somit auch permanente oder dynamische – sich erst im Zuge der Wechselwirkungen ausbildenden – Nischen, die wiederum für die Wirt/Gast-Chemie wichtig sind.

Da im *Kapitel 3* bereits die – naheliegenden – kovalenten Reaktionen an der Peripherie von Dendrimeren (Funktionalisierungen und Umfunktionalisierungen) beschrieben wurden, seien hier einige darüber hinausgehende, speziellere Reaktionsweisen ergänzt. Dazu gehören auch solche, bei denen im Inneren des Dendrimer-Moleküls, zwischen Kern und Peripherie, Bindungen geknüpft oder gespalten werden. In diesem Bereich gibt es bisher allerdings mehr supramolekulare (nicht-kovalent reversible) Beispiele (siehe *Abschnitt 6.2*) als kovalente, die zwar als etwas spezieller, aber auch als recht originell gelten können und auf die im folgenden *Abschnitt 6.1.1* eingegangen wird.

6.1.1 Metathese

Fréchet und *Liang* synthetisierten ein Benzylether-Dendrimer der fünften Generation mit 22 internen Allygruppen. Anschließende Olefin-Metathese[1] verursachte zum einen eine intramolekulare Vernetzung, zum anderen wurde eine kovalente Verknüpfungsstelle für Olefinfunktionalisierte Gäste geschaffen (**Bild 6-1**).[2] Auf diese Weise konnte auch eine intermolekulare Quervernetzung – zwischen G5-Dendrimer-Molekülen – erreicht werden.

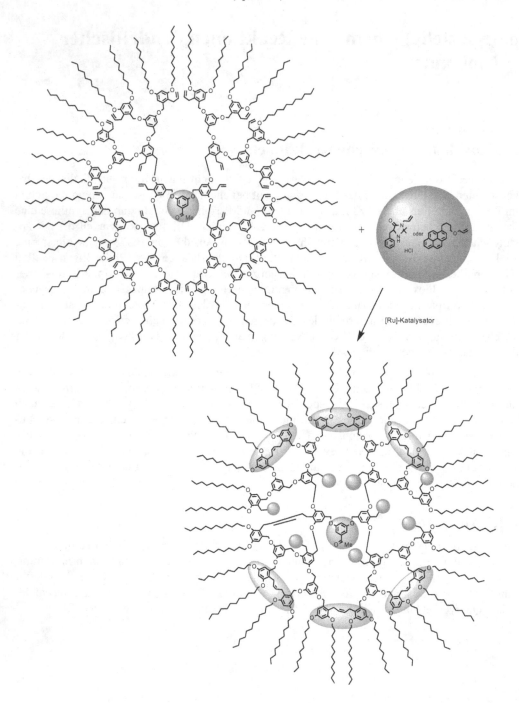

Bild 6-1   Olefin-Metathese zur Quervernetzung (grau markiert) innerhalb des Dendrimer-Moleküls (Einige Bindungen sind der Übersichtlichkeit halber in die Länge gezogen; nach *Fréchet, Liang et al.*)

Von *Astruc et al.* hergestellte Ruthenium-Carben-komplexierte Dendrimere bis zur dritten Generation (**Bild 6-2**) enthalten ein chelatisierendes Diphosphan, das hinreichend stabil ist für den Aufbau der dendritischen Architektur, und zugleich reaktiv genug, um durch Ringöffnungs-Metathese-Polymerisation (ROMP) das in **Bild 6-3** gezeigte Dendrimer synthetisieren zu können.[3]

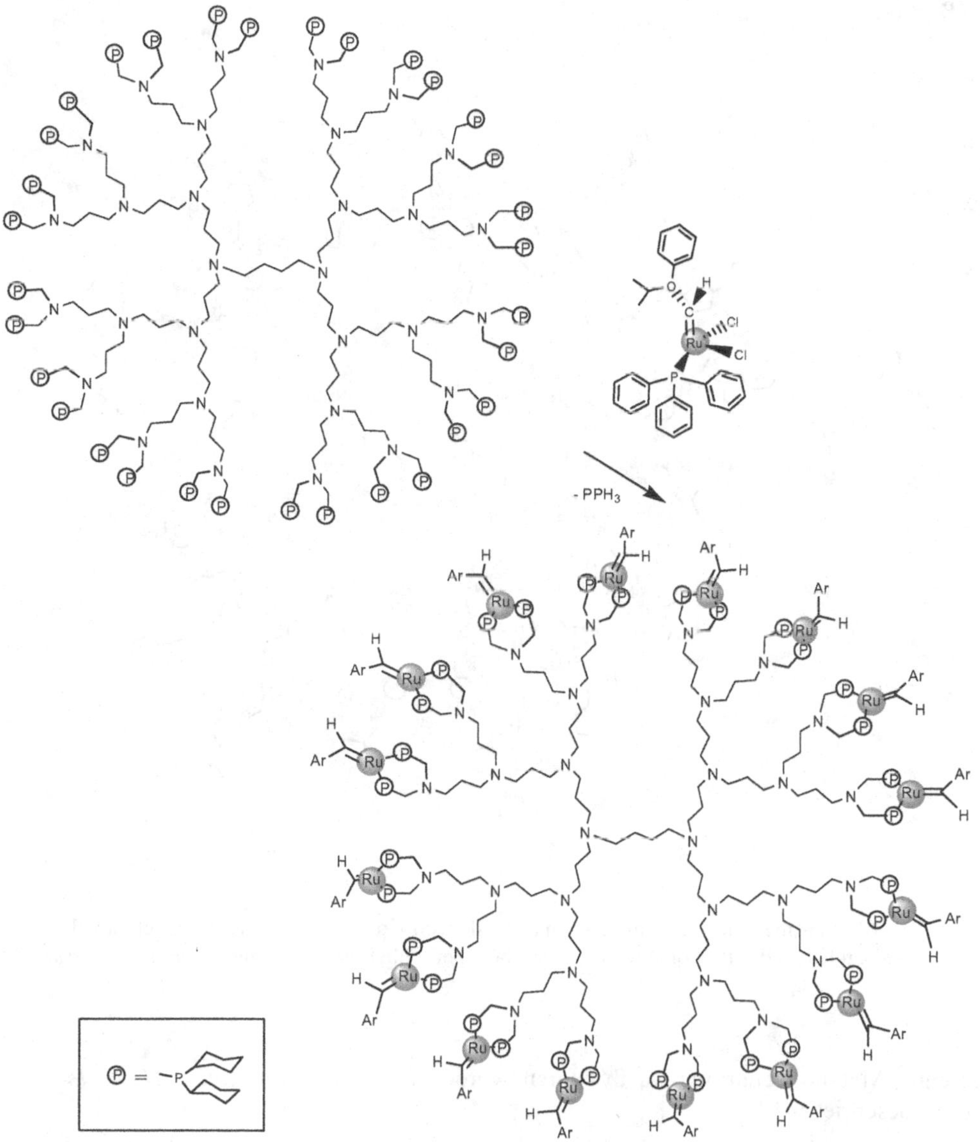

Bild 6-2 Ruthenium-Carben-komplexiertes Dendrimer (nach *Astruc et al.*; die beiden Cyclohexyl-Reste an jedem der P-Atome wurden der Übersichtlichkeit halber weggelassen)

Hierzu wurde ein *Hoveyda*-Katalysator [Ru(=CH-*o*-O-i-Pr-C$_6$H$_4$)Cl$_2$(PPh$_3$)] verwendet, der durch einen Isopropyloxy-Substituenten in *ortho*-Position des Benzyliden-Liganden modifiziert war, womit einer der Phosphan- durch den hemilabilen chelatisierenden Ether-Liganden ersetzt ist.[4] Anschließend wurde das so hergestellte Ruthenium-Carben-komplexierte Dendrimer zur Ringöffnungsmetathese-Polymerisation von Nornornen eingesetzt (**Bild 6-3**).

Bild 6-3 Ringöffnungsmetathese-Polymerisation (ROMP) von Nornornen (die beiden Cyclohexyl-Reste an jedem der P-Atome wurden der Übersichtlichkeit halber weggelassen; nach *Astruc et al.*)

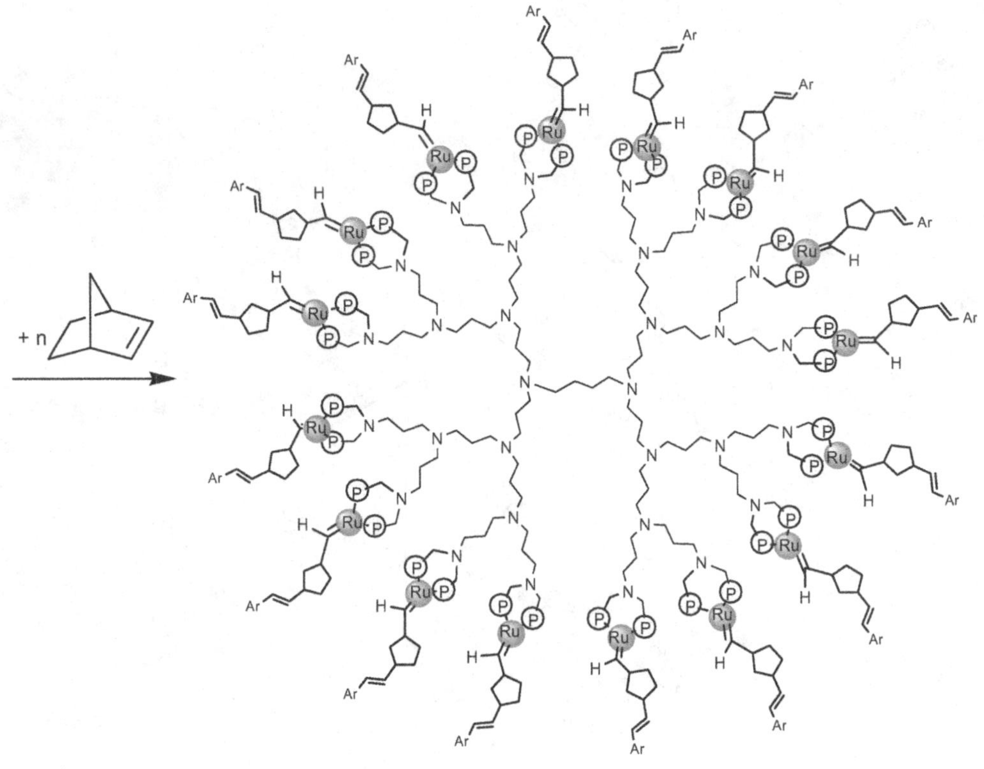

Verzweigte Metallo-Dendrimer-Katalysatoren wurden auch von *van Koten, Hoveyda und Verdonck* beschrieben.[5]

Mittels einer katalytisch durchgeführten gekreuzten Olefin-Metathese lassen sich Polyolefin-Dendrimere stereoselektiv mono- oder bifunktionalisieren.[6] Bereits *Grubbs et al.* zeigten, dass ein endständiges Alken in Gegenwart eines anderen (mit Elektronen-ziehenden Substituenten), mithilfe der zweiten Generation von Ru-Katalysatoren einer Metathese-Reaktion unterworfen werden kann, die in hohen Ausbeuten stereoselektiv zu gekreuzten *E*-konfigurierten Olefinen führt.[7]

Auf die kovalente Chemie wasserlöslicher Dendrimere übertragen, wird in einem ersten Schritt ein Oligomethylbenzen wie Mesitylen oder Hexamethylbenzen durch Cyclopentadienyl-komplexiertes Eisen (**1** in **Bild 6-4**) aktiviert. Die Folgereaktion mit KOH und Allylbromid (oder 1-Iodundecan) in Tetrahydrofuran und anschließender Bestrahlung mit sichtbarem Licht (in MeCN) ergibt nach Dekomplexierung den dendritschen Kern **2**. Da endständige Polyolefine zur Ringschluss-Metathese neigen, wird, um dies zu verhindern, die Kerneinheit durch Hydrosilylierung mit $HSiMe_2CH_2Cl$ „verlängert". Umsetzung mit der Allylverbindung $HOC_6H_4C(CH_2CH=CH_2)_3$ und erneuter Verlängerung und Reaktion mit dem langkettigen Alken $HOC_6H_4O(CH_2)_9CH=CH_2$ macht aus dem 27-fachen Allyl-Dendrimer **3** der ersten Generation das 27-fache Olefin-Dendrimer **4**. Abschließende Umsetzung mit *Grubbs*-Katalysator und einem Alken mit Elektronen-ziehenden Resten führt zum gewünschten Polyolefin **5** mit den entsprechenden Resten (R = H oder Methyl).

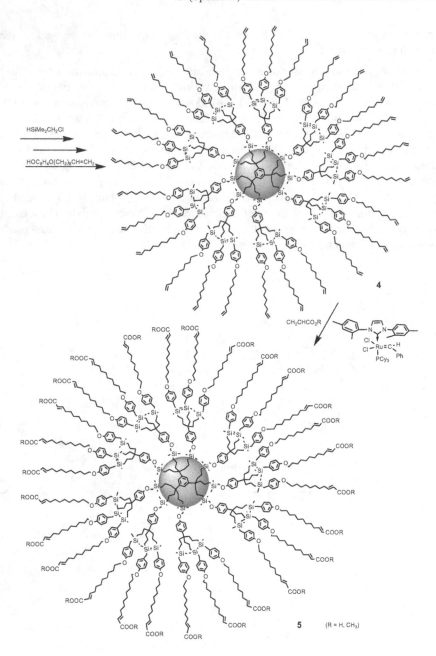

Bild 6-4 Olefin-Metathese an Dendrimeren (nach *Astruc et al.*)

So erhaltene Polycarbonsäure-Dendrimere wurden mit Ferrocen-substituierten *tert*-Aminen N[(CH$_2$)$_4$–Fc]$_3$ (Fc = Ferrocenyl) umgesetzt, was zu Ammonium-Salzen mit insgesamt 243 terminalen Ferrocen-Einheiten führte.[6]

6.1.2 Molekulares Prägen

Auch beim „Molekularen Prägen"[8] (*molecular imprinting*) wird ein polymeres Netzwerk aufgebaut. Anders als in der üblichen Wirt/Gast-Chemie nutzt man hier nicht niedermolekulare Wirtsubstanzen, sondern ein polymeres Netzwerk (Matrix) mit vorgeprägten Hohlräumen (Poren). Letztere werden zum selektiven Gaseinschluss vorbereitet und eingesetzt. Hierzu werden Monomere (z. B. Styren) mehrfach reversibel um ein – später als Gast gewünschtes, konvexes – Templat herum gebunden und anschließend mithilfe eines Vernetzers (z. B. Ethylendimethacrylat) polymerisiert. Die ehemaligen Monomerbausteine umschließen danach das „Templat" (molekulare Schablone)[9] als *m*olekular geprägtes (*i*mprinted) *P*olymer (*MIP*). Das Templat selbst ist nicht an der Polymerisation beteiligt, sondern dient nur als Platzhalter für die späteren (konkaven Nano-)Poren. Nach Entfernen des Templats durch Auswaschen/Extraktion verbleiben definierte Hohlräume („*imprints*"), deren Form und Polaritätseigenschaften komplementär zum Templat sind, ähnlich einem „Gipsabdruck" (**Bild 6-5**).

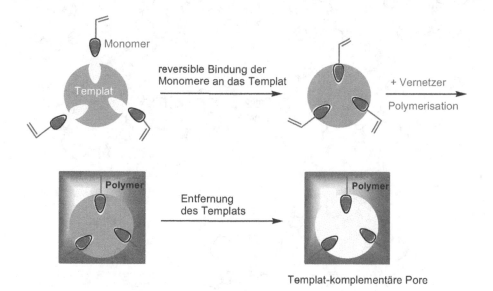

Bild 6-5 Prinzip des Molekularen Prägens (*molecular imprinting*; schematisch, nach *Wulff et al.*)

Die Anbindung der Alken-Monomere an das Templat (**Bild 6-5**), die auf jeden Fall reversibel – leicht zu knüpfen und zu spalten – sein muss, um das Templat nach der Polymerisation wieder entfernen zu können, kann generell auf zwei Wegen erfolgen: kovalent oder nicht kovalent. Während letztere Wechselwirkungen (ionische-, hydrophobe-, π-π-, Wasserstoffbrücken-) leicht rückgängig gemacht werden können, gibt es für reversible kovalente Anknüpfungen weniger Möglichkeiten. Eine davon ist die Bildung von Boronsäure-Estern – aus Boronsäure-Einheiten der Monomere und OH-Gruppen von Zucker-Templaten.

Molekulares Prägen mit Dendrimeren

Zimmerman et al. synthetisierten durch konvergente Synthese Dendrimere mit einem Benzen-1,3,5-tricarbonsäure-Kern, um den herum 3,5-Dihydroxybenzylether-Dendrons mit terminalen Homoallylether-Funktionen gruppiert sind. Das Dendrimer wird durch *R*ingschluss-Metathese (*RCM; C* von *C*losing) mithilfe eines *Grubbs*-Katalysators in stark verdünnter Lösung an der Peripherie geschlossen (**Bild 6-6**). Durch anschließende Hydrolyse wird der Trimesinsäure-Kern entfernt, der als kovalentes Templat diente, so dass nur der definierte Hohlraum zurückbleibt.[10,11] Die Reaktionsführung in verdünnter Lösung ist erforderlich, um intermolekulare Reaktionen wie Dimerbildung zu vermeiden. Wird eine Konzentration von 10^{-5} mol/l überschritten, kommt es zu den unerwünschten Nebenreaktionen.

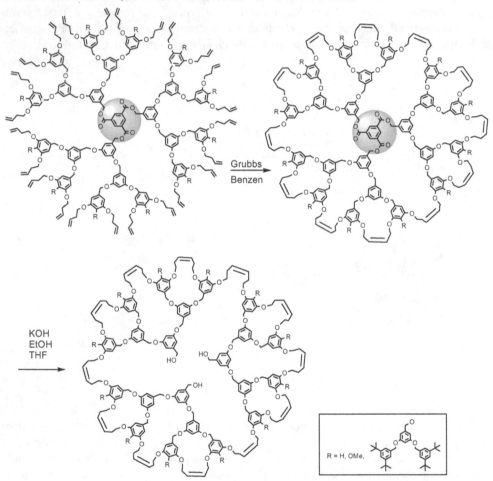

Bild 6-6 Molekulares Prägen mit Dendrimeren (nach *Zimmerman et al.*)

Um diese zurückzudrängen, wurde unter Beibehalten der Gerüstarchitektur die Peripherie des Edukt-Dendrimers durch Einfügen von raumfüllenden Benzylether-Einheiten zwischen den Homoallyl-Gruppierungen modifiziert (R in **Bild 6-6**). Die anschließende Durchführung der

Ringschluss-Metathese zeigte, dass damit auch bei höheren Konzentrationen (10^{-3} mol/l) gearbeitet werden kann, ohne dass dies zu nennenswerten intermolekularen Quervernetzungen (*cross-linking*) führt.[11] Das Verfahren des Molekularen Prägens wurde auch ausgehend von Dendrimer-Gerüsten mit 5,10,15,20-Tetrakis(4-hydroxyphenyl)porphyrin- sowie 5,10,15,20-Tetrakis(3,5-dihydroxyphenyl)porphyrin-Kernen, die als Template dienten, angewandt.[12] Durch *Molekulares Prägen* wurden auch Nanoröhren gewonnen. Weiterhin erwiesen sich molekular geprägte Oberflächen nützlich als Erkennungsschichten für akustische und optische Sensoren sowie für das Design von „MIP-Arrays" und Biochips. Nähere Informationen sind im *Kapitel 8* („Spezielle Eigenschaften und Anwendungspotenziale") zu finden.[13]

6.1.3 Kovalenter Einbau von Funktionalitäten im Inneren dendritischer Moleküle

Wie bereits im *Kapitel 2* beschrieben, können Dendrimere konvergent oder divergent aufgebaut werden. Die konvergente Synthesestrategie ermöglicht ein kontrolliertes Platzieren von Funktionalitäten innerhalb eines Dendron-Gerüsts oder im fokalen Punkt (**Bild 6-7**). Geeignete Dendrons sind daher wichtig. Das Modifizieren von Dendrimer-Gerüsten und von Funktions-tragenden Zentren ist essentiell für den nachträglichen Einbau von reaktiven Einheiten innerhalb der Verzweigungseinheiten, zur sterischen Umhüllung (Abschirmung) vorhandener Substituenten („Kragenbildung") und zur Löslichkeitsveränderung durch lipo-oder hydrophile Dendrons. Auf diese Weise kann z. B. auch verhindert oder erschwert werden, dass die Lumineszenz durch Zusammenstöße sich zu nahe kommender lumineszenter Dendrimer-Arme (teilweise) gelöscht wird.[14]

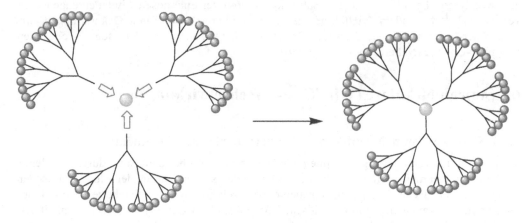

Bild 6-7 Konvergentes kovalentes Anknüpfen von – inerten oder funktionalen – Dendrons beim Dendrimer-Aufbau

Aber auch die divergente Synthesestrategie ermöglicht es, eine dendritische Hülle kovalent um eine Funktions-tragende Dendrimer-Kerneinheit aufzubauen (**Bild 6-8**; weitere Beispiele in *Kapitel 4.1*).

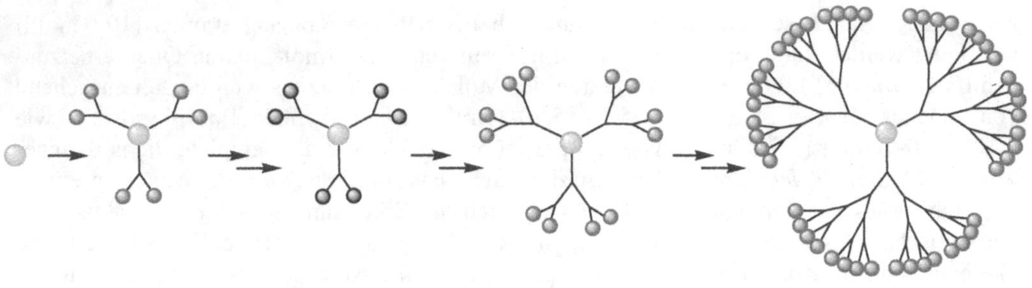

Bild 6-8   Divergentes kovalentes Anknüpfen von – inerten oder funktionalen – Bausteinen beim Dendrimer-Aufbau

Mit der sterischen Umhüllung des Kerns, der Verzweigungen oder der Endgruppen (**Bild 6-8**) kann die Zugänglichkeit von Reaktionspartnern zu reaktiven Zentren eingeschränkt werden. Dies ermöglicht das Ausbilden lokaler Mikro-Umgebungen, welche dann die chemischen, elektro- oder „photonischen"[15] Eigenschaften der so eingehüllten funktionalen Gruppen mitbestimmen. Im Vergleich zu nicht-dendritischen Referenzverbindungen können sich Solvatochromie und Redoxverhalten des reaktiven Zentrums, um nur wenige Eigenschaften zu nennen, durch die neu geschaffene Mikroumgebung entsprechend deren Elektronendichte, Polarität und Philie verändern.[16] Das Konzept der Einhüllung katalytisch wirksamer Einheiten durch Herumgruppierung von Dendrons kann den (selektiven) Zugang von Substraten zum Katalysator beeinflussen und so Substrat-, Regio- oder Enantioselektivität erzeugen oder verbessern.[17] Besonders vielfältige nachträgliche kovalente Bindungsknüpfungen im Dendrimer-Inneren erlauben *Majorals* Dendrimere unter Ausnutzen der Möglichkeiten der Phosphor-Chemie (Näheres in *Kapitel 4.1.10*).

6.2 Supramolekulare (Wirt/Gast-)Wechselwirkungen

6.2.1 Nicht-kovalente Modifikation der Peripherie eines Dendrimers

Während in den vorangegangen Kapiteln die Dendrimer-Peripherie meistens durch kovalente Umfunktionalisierung variiert wurde, beruht ein anderes Konzept auf der Modifikation der Dendrimer-Oberfläche durch nicht kovalente Wechselwirkungen.[18] Selektive Wechselwirkungen von Gastmolekülen mit dendritischen Wirten sind sowohl von der Beschaffenheit des Dendrimer-Kerns als auch der -Schale abhängig.

Kim et al. fanden eine Möglichkeit, Pseudorotaxan-Einheiten durch nicht-kovalente Wechselwirkungen – reversibel – an die Außenschale zu fixieren (**Bild 6-9**). Das Präfix *pseudo* steht für Rotaxane, die wegen fehlender oder kleiner Sperrgruppen (Stopper) ohne großen Energieaufwand abfädeln können. Diese endständigen Gruppen bilden eine vergleichsweise starre Dendrimer-Hülle, die – je nach dem Abfädelungsgrad der Rotaxanreife unter bestimmten Reaktionsbedingungen – beispielsweise zum (reversiblen) Einschluss von Gästen im

Inneren des Dendrimers genutzt werden könnte. Nach Freisetzung der Gäste infolge Abfädelung der Reife gewinnt die „starre Oberfläche" wieder an Flexibilität.

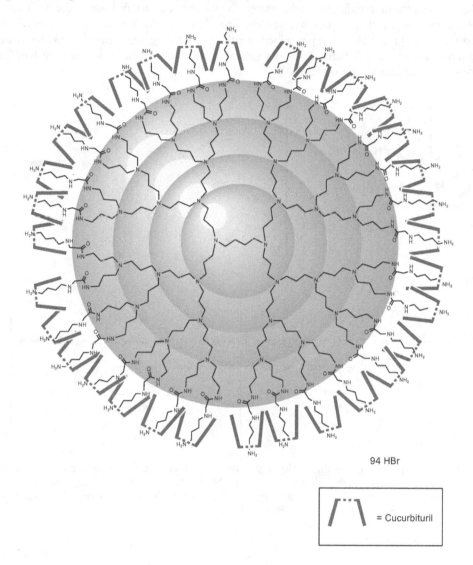

94 HBr

/‾‾\ = Cucurbituril

Bild 6-9 Pseudorotaxan-terminiertes Dendrimer der vierten Generation (nach *Kim et al.*)

Meijer et al. entwickelten eine allgemein anwendbare supramolekulare Methode, um die Peripherie von POPAM-Dendrimeren zu modifizieren. Kovalent gebundene Harnstoff-Endgruppen wurden an ein Gerüst geknüpft, das aus DAB-dendr-(NHCONH-Ad)$_n$ bestand, mit n = 4, 8, 16, 32 und 64, wobei DAB-dendr für das Dendrimer-Gerüst mit 1,4-Diaminobutan-Kern, Ad für Adamantyl steht. Damit gelang es, Glycinylharnstoff-

Gastmoleküle mithilfe direktionaler Mehrfach-Wechselwirkungen relativ stark und doch reversibel zu binden (**Bild 6-10**). Sie setzen sich aus ionischen- und Wasserstoffbrücken-Wechselwirkungen innerhalb der nischenförmigen zweidimensionalen Ebenen der peripheren Bis-Adamantylharnstoff-Einheiten zusammen. Die durch Andocken der Gäste gebildeten dendritischen Supramoleküle zeigen einen deutlichen Anstieg der Formsteifigkeit an der Peripherie, während am äußeren Ende der selektiv gebundenen Gastmoleküle eine Konformations-bedingte Flexibilität verbleibt.[19]

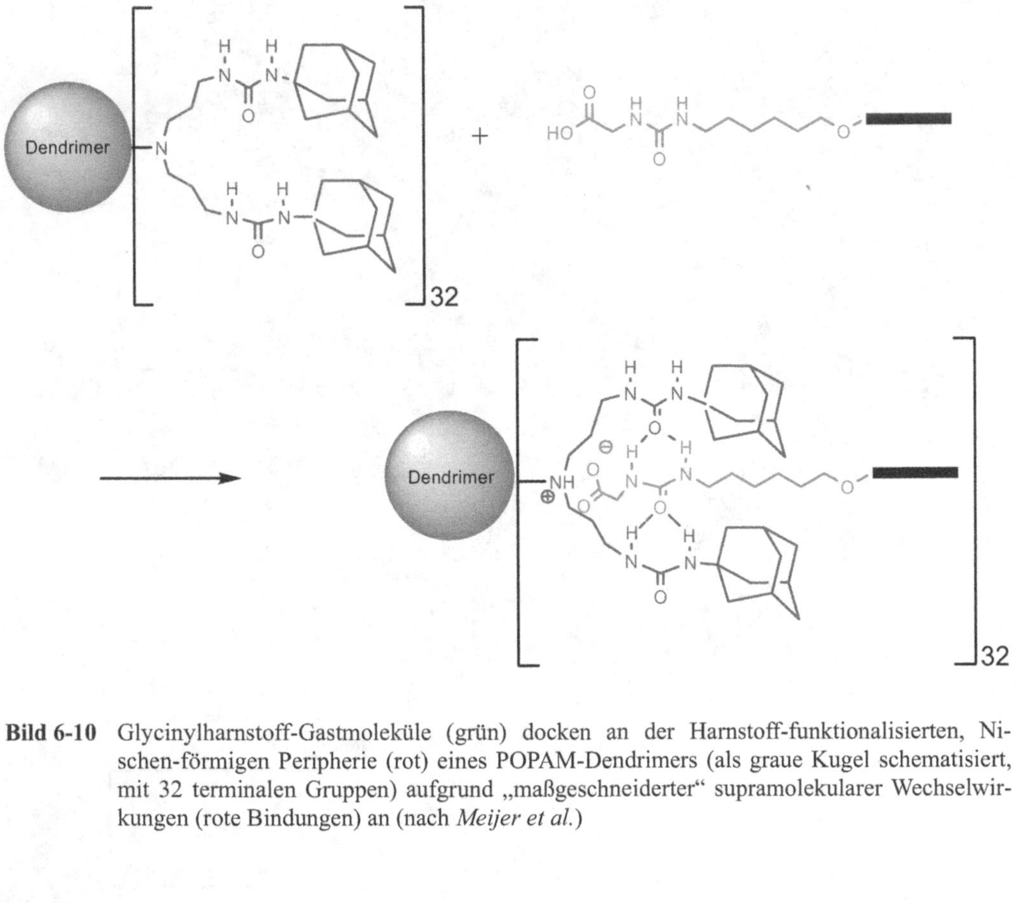

Bild 6-10 Glycinylharnstoff-Gastmoleküle (grün) docken an der Harnstoff-funktionalisierten, Nischen-förmigen Peripherie (rot) eines POPAM-Dendrimers (als graue Kugel schematisiert, mit 32 terminalen Gruppen) aufgrund „maßgeschneiderter" supramolekularer Wechselwirkungen (rote Bindungen) an (nach *Meijer et al.*)

Weitere Beispiele nicht-kovalenter Modifikationen an Dendrimer-Außenhüllen sind in der Literatur zu finden.[20]

6.2.2 Selbstorganisation von Dendrimeren

Tomalia et al. nutzten ionische Wechelwirkungen, um „Kern/Schale-Tecto-Dendrimere" auf-zubauen. Darunter verstanden sie ursprünglich aus dendritischen Molekülen zusammenge-setzte Cluster mit einem PAMAM-Dendrimer als Kern, um den herum Dendrimere niedrige-ren Generationsgrads kovalent angebunden sind. Der Kernbaustein und die – im Überschuss zugegebene – dendritische Schaleneinheit werden im vorliegenden Fall durch (ionische) Selbstorganisation (*self-assembly*) unter Ladungsneutralisation zur supramolekularen Kern/Schale-Architektur zusammengefügt. Anschließende Ausbildung kovalenter Bindungen mithilfe eines Amin-terminierten dendritischen Kerns als limitierendem Reagenz und Zugabe von überschüssigem Carbonsäure-terminiertem Dendrimerschalen-Reagenz führt zu den Tectodendrimeren.[21] Ein Vorteil dieser Nano-skaligen Gebilde liegt darin, dass jedem Teil-Dendrimer unterschiedliche Funktionalitäten zugeordnet werden können.

Der vollständige Selbstaufbau von diskreten supramolekularen Dendrimeren gelang unter Verwendung eines homotritopen (mit drei gleichen Wirteinheiten bestückten) *Hamilton*-Rezeptors 1 (vgl. *Abschnitt 6.2.3.1*) als Kerneinheit mit Wirtcharakter. Als Verzwei-gungseinheit diente ein AB_2-Element 2, das – kovalent – aus zwei *Hamilton*-Rezeptoren und einem komplementären Cyanursäure-Substrat aufgebaut ist. Jeweils ein Satz von $3 \cdot 2^n - 3$ (n = Generationsgrad) Molekülen der AB_2-Einheit 2, ein Kern (1) und die Barbiturat- oder Cya-nursäure-Endgruppen 3 bilden das supramolekulare Dendrimer 4. Tritt der Idealfall ein, dass alle Wasserstoffbrücken zwischen den Bausteinen 1 und 3 genutzt werden, so kann unter thermodynamischer Kontrolle durch Mischen der drei Reaktionspartner im Verhältnis $1:(3 \cdot 2^n - 3):(3 \cdot 2^n)$ (Kern: Verzweigungseinheit: Endgruppe) ein supramolekulares Dendrimer der n-ten Generation erwartet werden (**Bild 6-11**).[22] Dieses Konzept wurde auch zum Auf-bau von chiralen Depsipeptid-Dendrimeren genutzt.[23] Weitere supramolekulare Dendrimere sind in den *Kapiteln 2.6* und *4.1* zu finden.

Die Steuerung der Selbstorganisation mittels schaltbarer Redoxprozesse in Komplexen zwi-schen Dendrimeren mit π-Donor- und π-Acceptor-Einheiten ermöglichte konkrete Aussagen über die räumliche Ausdehnung der dendritischen Aggregate. Der Einsatz von Cucurbit[8]uril (s. **Bild 6-9**) als Donor-Wirtverbindung für Viologen-Gäste (dendronisierte 4,4'-Bipyridine als Acceptoren) fördert die Bildung solcher Charge-Transfer-Komplexe.[24]

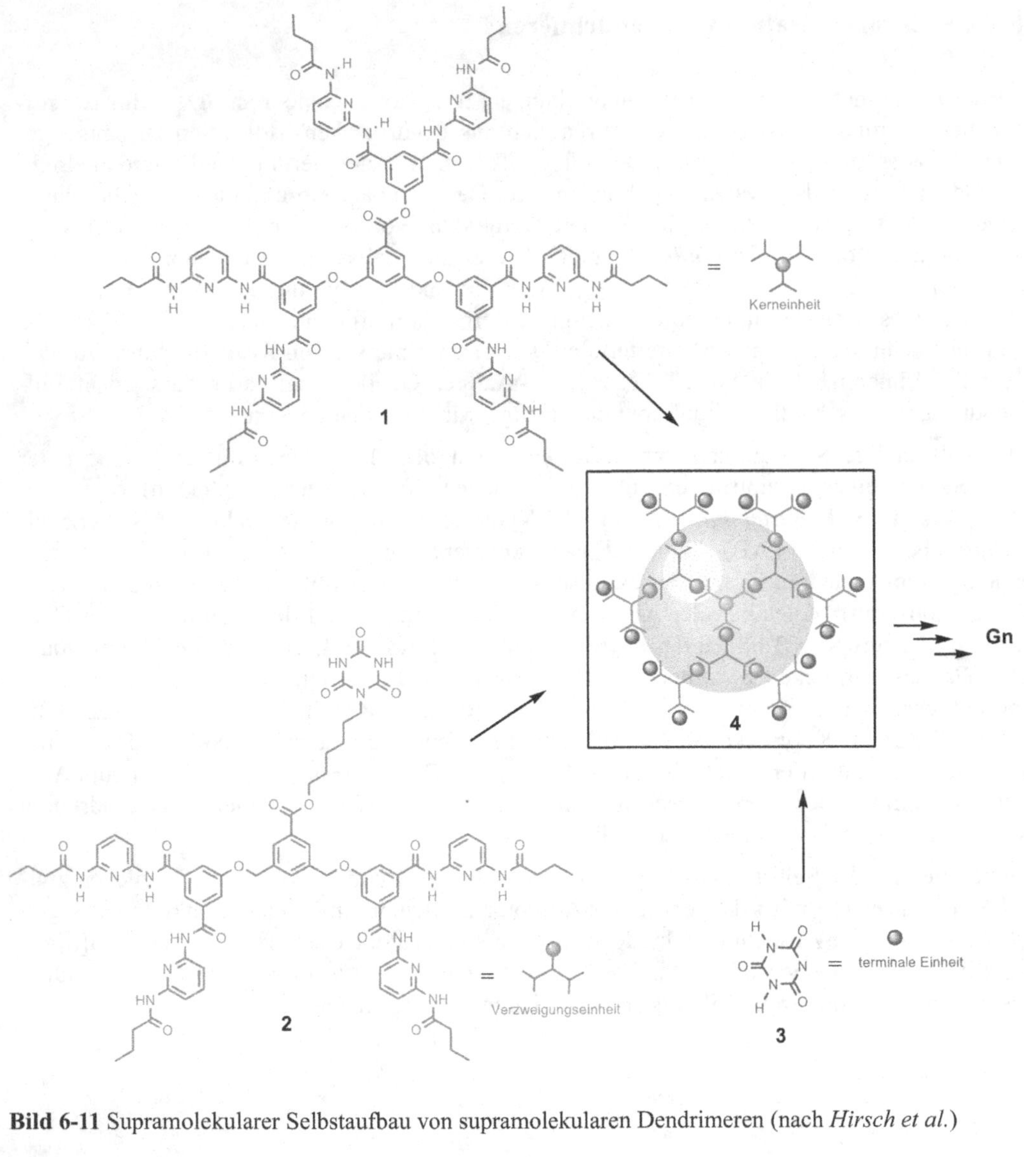

Bild 6-11 Supramolekularer Selbstaufbau von supramolekularen Dendrimeren (nach *Hirsch et al.*)

6.2.3 Einschluss von Gast-Species in dendritische Wirtmoleküle

6.2.3.1 Dendrimere mit multiplen Rezeptor-Einheiten

Die Peripherie von Dendrimeren ist prädestiniert für das Anknüpfen zahlreicher Rezeptor-Einheiten. Grundsätzlich ist dies auch im Kern oder an den Verzweigungseinheiten möglich.[25]

Eine der bekanntesten Rezeptor-Einheiten ist die von *Hamilton et al.* eingeführte.[26] Diese oft kurz als „*Hamilton*-Rezeptor" bezeichnete Barbiturat-Rezeptornische (**Bild 6-12**) besteht aus einem Isophthaloyl-Spacer, der von zwei acylierten 2,6-Diaminopyridin-Einheiten flankiert ist. Durch Makrocyclisierung mit einer starren Diphenylmethan-Einheit wird ein nicht kollabierender Wirthohlraum aufgespannt, der sich unter Ausbildung von sechs Wasserstoffbrücken-Bindungen zur selektiven Komplexierung von Barbiturat-Gastmolekülen eignet.

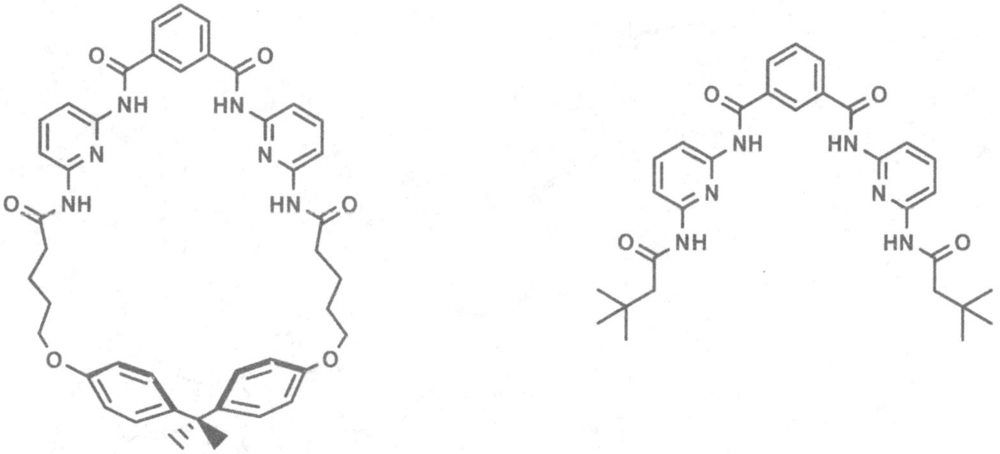

Bild 6-12   Makrocyclischer *Hamilton*-Rezeptor für Barbiturat-Gastmoleküle (linke Seite). Zum Vergleich (rechts) eine nichtcyclische *Hamilton*-Wirtverbindung, die entsprechende Gastmoleküle deutlich schwächer bindet

Dieses bewährte Wirt-System wurde auf Dendrimere übertragen, indem die Peripherie von POPAM-Dendrimeren mit der acyclischen *Hamilton*-Variante funktionalisiert wurde (**Bild 6.13**). Nach deren Monofunktionalisierung mit einer Aminogruppe am Isophthaloyl-System konnte sie mehrfach kovalent an das Dendrimer geknüpft werden. Auf diese Weise wurden POPAM-Dendrimere bis zur vierten Generation peripher mit Barbiturat-Rezeptoren „dekoriert". Die Funktionsweise der einzelnen Dendrimere als multivalente Wirtverbindungen konnte durch ^{1}H-NMR-Spektroskopie und photophysikalische Studien belegt werden, wobei sich auch *Dendritische Effekte* (*Kapitel 6.3*) offenbarten.

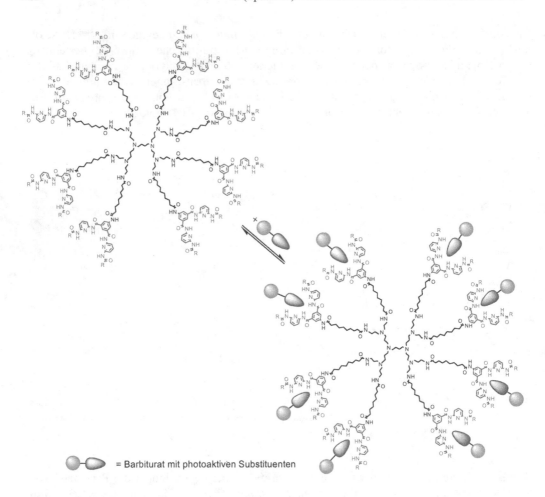

= Barbiturat mit photoaktiven Substituenten

Bild 6-13   POPAM-Dendrimer mit peripheren *Hamilton*-Rezeptornischen (rot) und „Andocken" von Barbiturat-Gastmolekülen (grün; schematisch)

Mit steigender Generationszahl wurde ein Anstieg der Quantenausbeute der Emission der „*Hamilton*-Rezeptor-Dendrimere" (**Bild 6-13**) festgestellt. Die Ursache dieses Anstiegs wurde der – durch die Bindung der Gäste initiierten – zunehmend starrer werdenden Konformation der *Hamilton*-Rezeptoren beim Übergang zu höheren Generationsgraden und in der damit einhergehenden stärkeren sterischen Hinderung an der Peripherie des Wirt/Gast-Komplexes zugeschrieben. Die Bindung des – im **Bild 6-14** gezeigten – Rheniumkomplex-substituierten Barbiturats, das einen photoangeregten Zustand niedrigerer Energie-Niveaus aufweist als die *Hamilton*-Einheit, verursacht einen Wirt→Gast-Energietransfer ($3.6 \cdot 10^{10}$ s^{-1}).

Zusammenfassend kann festgehalten werden, dass durch Funktionalisierung der Peripherie von POPAM-Dendrimeren stabile Wirt/Gast-Systeme mit hohem Gastaufnahmevermögen erhalten werden können.[27]

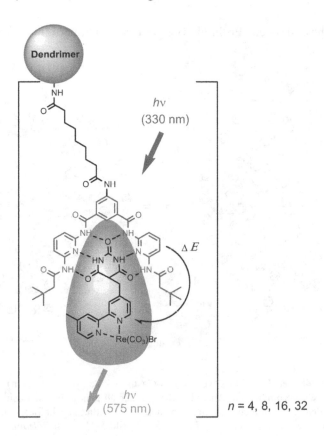

Bild 6-14 Energietransfer vom *Hamilton*-Wirt zum Barbiturat-Gast mit emittierendem Rhenium-komplex

POPAM-Dendrimere, die bis zu 32 photoschaltbare Azobenzen-Gruppen in der Peripherie tragen, wurden als Wirtverbindungen für *Eosin Y* (2'4'5',7'-Tetrabromfluorescein-Dianion) genutzt (s. auch *Kap. 5.1.2*). Die Wahl fiel auf diesen Farbstoff, zum einen, weil er starke Fluoreszenz zeigt, die im Falle einer Einhüllung durch das Dendrimer beeinflusst werden sollte. Zum anderen liegt die Energie seines niedrigsten Triplett-Zustands höher als die des niedrigsten Triplett-Zustands des Azobenzens, was eine Sensibilisierung der Photo-isomerisierung der peripheren Einheiten des POPAM-Dendrimers zur Folge hat. Die *E*-Form des Azobenzen-Dendrimers kann durch Licht-Anregung – reversibel – zur *Z*-Form umge-schaltet werden (vgl. *Kapitel 5.2.2*). Beide dendritische Oligo(azobenzen)-Isomere löschen die Fluoreszenz des Eosins, wahrscheinlich bedingt durch eine Elektronentransfer-Reaktion zwischen dem angeregten Singlett-Zustand des Eosins und den tertiären Amin-Gruppen des POPAM-Kerns. Das Löschen ist effizienter bei Vorliegen der *Z*- als der *E*-Form. Die *E* → *Z*- und *Z* → *E*-Photoisomerisierung der Azobenzen-Einheiten des Dendrimers wird durch Eosin *via* Triplett-Triplett-Energietransfer sensibilisiert. Letzterer läuft nach dem *Förster*-Mechanismus (s. *Kapitel 5.1.2*) intramolekular im Dendrimer selbst und „*intra*-supramolekular" vom Dendrimer zum Eosin-Farbstoff ab. Die erhaltenen Ergebnisse untermauern die Annahme, dass das Eosin als Gast in das Dendrimer-Innere eindringt (**Bild 6-15**).[28]

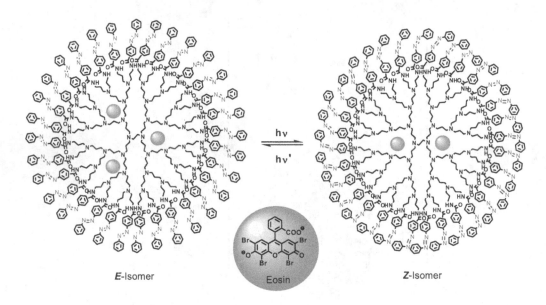

E-Isomer   Z-Isomer

Bild 6-15   Unterschiedlicher Einschluss von Eosin-Gastmolekülen in (isomeren) photoschaltbaren
POPAM-Wirtverbindungen. Anzahl und Lage der aufgenommenen Eosin-Moleküle variieren mit den Bedingungen (schematisch; der Übersichtlichkeit halber sind hier nur wenige
Gastmoleküle eingezeichnet; vgl. *Kapitel 5.2.2*, **Bild 5-21**) nach *Balzani, De Cola, Vögtle et
al.*)

Eine Licht-gesteuerte „Dendritische Box" wurde an analogen POPAM-Dendrimeren der
vierten Generation, deren Peripherie abwechselnd mit Azobenzen- und Naphthyl-Einheiten
bestückt war, untersucht. Messungen der Photoisomerisierung bei einer Wellenlänge von
365nm in Dichlormethan zeigten, dass nicht alle Azobenzen-Einheiten der *E*-Form in die *Z*-
Form übergehen, sondern dass beispielsweise vier Einheiten in der *E*-Form bestehen bleiben
und annähernd 28 Einheiten zur *Z*-Form isomerisieren. Von dieser Isomeren-Mischung wurden bei p*H* 7 sechs Eosin-Moleküle pro Wirtmolekül aufgenommen. Das reine *E*-Dendrimer
lagert dagegen unter gleichen Bedingungen acht Eosin-Gäste ein. Dies kann so erklärt werden, dass in der *E*-Form die Peripherie nicht so dicht gepackt ist (vgl. **Bilder 6-15** und **5-21**)
und die Gastmoleküle dadurch leichter in die sich an wechselnden Stellen dynamisch bildenden Nischen gelangen. In der „*nahezu-Z*-Form" – in der sich die Mehrzahl der Azobenzene in
der voluminöseren *Z*-Form befindet – liegen die terminalen Gruppen gedrängter nebeneinan-
der, so dass hier Gastmoleküle nicht so leicht in das Dendrimer-Innere vordringen können.[29]

6.2.3.2 Gast-Einschluss durch sterische Verdichtung

POPAM-Dendrimere können aufgrund ihrer konformativen Flexibilität als Wirtmoleküle für kleine Gastmoleküle dienen. Die nicht-kovalent reversible Aufnahme dieser Gäste ist auf elektrostatische, hydrophobe, H-Brücken- und Säure/Base-Effekte im Dendrimer-Inneren zurückzuführen.

Der Einschluss kann jedoch unter Bildung einer "Dendritischen Schachtel" (*dendritic box*) aufgrund einer sterischen Verdichtung der Peripherie (**Bild 6-16**) – nach kovalentem Anknüpfen hinreichend großer terminaler Gruppen – irreversibel gestaltet werden. Zur Einlagerung von Farbstoffmolekülen in derartige Dendrimere siehe auch *Kapitel 8.3.6*.

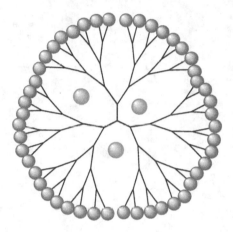

Bild 6-16   Irreversible Einkapselung von Gästen (grün) durch Verdichtung der Oberfläche zur dendritischen Schachtel (schematisch)

Ein konkretes Beispiel für eine nicht-kovalente Einkapselung von Gästen – durch supramolekular aufgebaute Wirtmoleküle – bieten wasserlösliche, als „Containermoleküle"[30] fungierende, mit 3,4,5-Tris(tetraethylenoxy)benzoyl-Einheiten modifizierte POPAM-Dendrimere (**Bild 6-17**). Das innere Dendrimer-Gerüst ist aufgrund der tertiären Amino-Gruppen basisch, die Peripherie hydrophil. Die Einlagerung von Gästen wurde in gepuffertem wässrigem Medium bei pH 7 mithilfe zweier anionischer wasserlöslicher Xanthen-Farbstoffe erzielt. Konkret wurden jeweils *Bengal Rose* und 4,5,6,7-Tetrachlorfluorescein zum Wirt-Dendrimer titriert. In beiden Fällen ergab sich eine Verschiebung der Wellenlänge des Absorptionsmaximums in Richtung langwelliger Bereich (*bathochrom*), ein Hinweis auf eine Wechselwirkung zwischen Dendrimer-Wirt und Farbstoff-Gästen.[31]

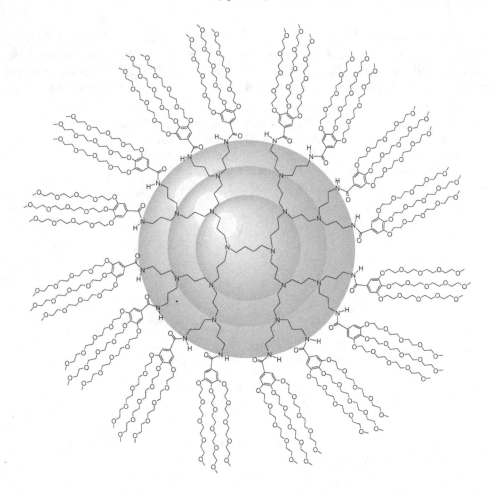

Bild 6-17 POPAM-Dendrimer mit peripheren Oligo-ethylenglycolether-Einheiten (nach *Meijer et al.*)

Die mögliche Ausbildung von Nischen lässt sich auch für die Katalyse chemischer Reaktionen nutzen. In einem PAMAM-Dendrimer der vierten Generation eingelagerte Palladium-Nanopartikel mit einem Durchmesser von 1.7 nm wurden als Katalysatoren für die *via Stille*-Reaktion ablaufende Kupplung von Halogen-Arenen mit Organo-Stannanen unter milden Bedingungen eingesetzt. Normalerweise verlaufen solche Kupplungen bei hohen Temperaturen und in organischen Lösungsmitteln. Des weiteren muss der gewöhnlich eingesetzte Katalysator aus einem Palladium(II)-Salz durch Reduktion zu Pd(0) gewonnen und mit Phosphin-Liganden stabilisiert werden. Die im PAMAM-Dendrimer eingeschlossenen Pd-Nanopartikel erfordern dies nicht. Die derart „dendritisch" katalysierte *Stille*-Kupplung verläuft in wässrigem Medium bei Raumtemperatur in guten Ausbeuten mit kleinsten Mengen Pd (0,1 Atom-%) im Sinne einer „grünen Chemie". Der kleine Durchmesser der Nanopartikel bewirkt ein hohes Oberfläche-zu-Volumen-Verhältnis, was für die hohe katalytische Aktivität wichtig ist.[32]

6.2.3.3 Gast-Einschluss durch dynamische Prozesse (Diffussion)

Das nicht-kovalente Binden von Gästen im Inneren eines Dendrimer-Moleküls kann auch dynamisch erfolgen. In Micellen-artigen amphipilen Dendrimeren können Gäste *via* hydrophile oder hydrophobe Wechselwirkungen in das Innere des Dendrimer-Gerüsts hinein und hinaus diffundieren (**Bild 6-18**).

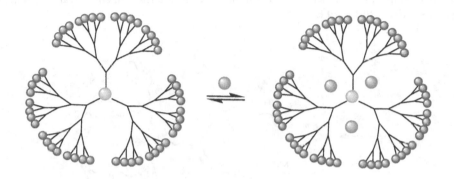

Bild 6-18 Ein- und Auslagerung von Gästen in Dendrimeren durch Diffusionsprozesse

Balzani, Vögtle et al. verfolgten am Beispiel Dansyl-„dekorierter" POPAM-Dendrimere (siehe *Kapitel 4*, **Bild 4-3**) die Kinetik der Komplexierung von Metall-Ionen (Co^{2+}, Cu^{2+}).[33] Im ersten Schritt wechselwirken die Kationen mit dem Dimethylamino-Stickstoff der Dansyl-Einheiten, was am Löschen von deren Fluoreszenz – bei hoher Ionen-Konzentration vollständig – zu erkennen ist (**Bild 6-19** a).

Bild 6-19   a) Wechselwirkung von Metall-Ionen mit den Dimethylamino-Gruppen der peripheren Dansyl-Einheiten (als rote Ellipsen symbolisiert) eines POPAM-Dendrimers: Die ursprüngliche Dansyl-Fluoreszenz des Dendrimers wird – hier teilweise – gelöscht (hellgraue Ellipsen)

Bei mehrstündigem Stehenlassen solcher Lösungen kehrte die Fluoreszenz überraschend zurück. Als Ursache wird ein langsames Eindringen der Metall-Ionen ins Dendrimer-Innere – an die N-Atome des POPAM-Kerns angenommen, womit die fluoreszenten Dansyl-Einheiten wieder frei werden (**Bild 6-19** b).

Bild 6-19   b) Die Kationen sind (nach einigen Stunden) von außen (**Bild 6-19** a) ins Dendrimer-Innere gewandert: Die Fluoreszenz der Dansyl-Einheiten kehrt „von selbst" zurück (nach *Balzani, Ceroni, Vögtle et al.*)

Selbstredend ist eine nicht-dendritische Monodansyl-amino-Verbindung als Referenzsubstanz nicht in der Lage, ein analoges Verhalten zu zeigen, da sie keine intramolekularen Nischen zum Einschluss von Kationen ausbilden kann. Insofern führen dendritische Architekturen zu spezifischen Eigenschaften, die ohne Verzweigungen nicht oder schwieriger erhältlich sind.

Newkome et al. synthetisierten erstmals symmetrische, „quater-direktionale" Kaskaden-Moleküle mit Kohlenwasserstoff-Gerüst, welches – im gleichen Abstand vom Neopentyl-Kern – endständig 36 Carboxyl-Reste trägt (**Bild 6-20**a). Letztere wurden in die entsprechenden Ammonium- und Tetramethylammonium-carboxylate umgewandelt. Die Synthese dieser dendritischen „unimolekularen Micellen" mit hydrophobem Kern und hydrophiler Schale erfolgte durch Kupplung eines dendritischen „Hyperkerns" (aufgebaut aus dem Monomer 4,4-Bis(4'-hydroxyphenyl)pentanol und *PEG*-mesylat *(PEG*= Polyethylenglycol). Sie gelang bis zur vierten Generation. Als Gäste wurden Farbstoffe wie *Chlortetracyclin, Phenolblau* und *Pinacyanolchlorid* eingelagert (**Bild 6-20**b). Chlortetracyclin wurde in wässriger Lösung zur Tetramethylammonium-Kaskaden-Verbindung gegeben. Durch Fluoreszenz-Mikroskopie und -Photometrie wurde eine Absorption mit anschließender Fluoreszenz bei 520 nm nachgewiesen. Beide Komponenten – Wirt und Gast – getrennt zeigen keine Fluoreszenz. Werden sie gemischt, so nimmt die Fluoreszenz-Intensität mit steigender Konzentration der „Micellanoate" (anionische Kaskaden-Moleküle mit Micell-Charakter) linear zu. Da Chlortetracyclin nur in lipophiler Umgebung fluoresziert, muss eine Wirt/Gast-Wechselwirkung im Inneren des Kaskaden-Gerüsts stattgefunden haben.[34]

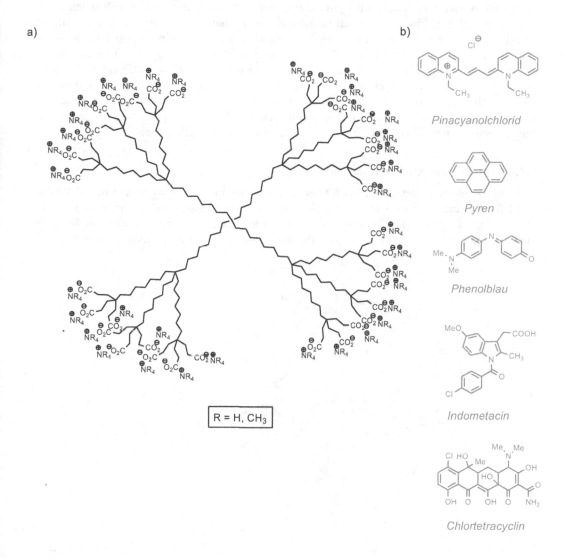

Bild 6-20 a) Quater-direktionales Kohlenwasserstoff-Kaskaden-Gerüst mit ionischer Peripherie und unimolekularem Micell-Charakter; b) Gastmoleküle (nach *Newkome, Moorefield et al.*)

Die Wirteigenschaften wurden außerdem durch Einlagerung von *Pyren* in wässriger Lösung eindrucksvoll demonstriert (**Bild 6-20**b). Auch das Einschleusen des anti-inflammatorischen (entzündungshemmenden) Wirkstoffs *Indometacin* gelang.[35] Spontane Selbstorganisation von Fettsäure-Molekülen an der Peripherie von Amino-terminierten PAMAM-Dendrimeren der vierten Generation führt zur Umwandlung von deren Außenhülle mit ursprünglich hydrophilen Eigenschaften in eine hydrophobe Oberfläche – basierend auf der Bildung von Ionenpaaren zwischen den Carboxyl-Gruppen der Fettsäuren mit den endständigen Aminogruppen des Dendrimers. Letztlich liefert dies den Zugang zu seitenverkehrten micellaren Strukturen. Solche Verbindungen werden aus wässriger Lösung in ein nicht-polares Medium extrahierbar und können dabei hydrophile Gastmoleküle mitschleppen (Phasentransfer-Prozess). Derartige Systeme sind außer für den Transport von Farbstoffen maßgeschneidert für katalytische Anwendungen, da so katalytisch aktive Metall-Nanopartikel in nichtpolaren Lösungsmitteln löslich werden. Die reversible Natur der Dendrimer/Fettsäure-Wechselwirkung macht es außerdem möglich, den Katalysator bei pH 2 aus wässriger Lösung zu recyclieren.[36] Weitere Literatur über „dendritische Micellen" siehe[37].

6.2.4 Dendrimere als Gastmoleküle

POPAM-Dendrimere der ersten bis fünften Generation mit endständigen Adamantyl-Resten (**Bild 6-21**) wurden in Gegenwart von β-Cyclodextrin in Wasser gelöst. Durch den hydrophoben Effekt werden die als Gäste fungierenden terminalen, lipophilen Adamantylreste in die komplementär passenden *endo*-lipophilen β-Cyclodextrin-Wirthohlräume gedrängt.

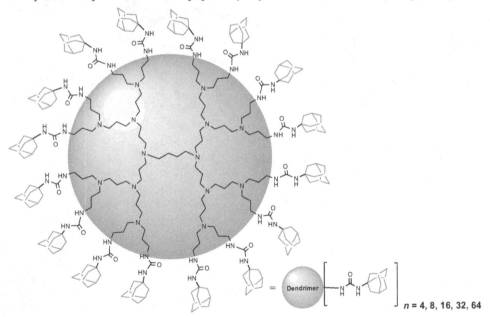

n = 4, 8, 16, 32, 64

Bild 6-21   POPAM-Dendrimere mit terminalen Adamantyl-Gasteinheiten zur Einlagerung in β-Cyclo-dextrin-Wirthohlräume (nach *Meijer* und *Reinhoudt et al.*)

Die beste Löslichkeit dieser Dendrimere in wässriger Cyclodextrin-Lösung zeigte sich bei einem pH-Wert von 2, weil dann die Protonierung der tertiären Amino-Gruppen im Dendrimer-Inneren vollständig abgeschlossen ist und das Dendrimer wegen der gegenseitigen Abstoßung der positiven Ladungen eine gestreckte kugelige Gestalt annimmt. Bis zu einem pH-Wert ≤ 7 bleiben die Dendrimere in Lösung; mit Ausnahme der ersten Generation fallen sie unter basischen Bedingungen aus. Für das POPAM-Dendrimer fünfter Generation wurde gefunden, dass nicht mehr alle seine Adamantyl-Reste von den Cyclodextrin-Molekülen supramolekular umschlossen werden können, da hierzu der Platz auf der Dendrimer-Außenhülle wegen sterischer Überhäufung („steric overcrowding") nicht ausreicht („supramolekulare starburst"-Situation).

Mithilfe der fluoreszenten Sonde 8-*A*nilino-*n*aphthalen-1-*s*ulfonat (*ANS*) wurde auch nachgewiesen, dass solche hochlipophil substituierte Dendrimere ihrerseits wiederum als Wirtverbindung für ANS in Wasser fungieren. Die Bindung dieser fluoreszenten Sonde als Gast ist hauptsächlich elektrostatisch gesteuert und nimmt mit steigendem Generationsgrad der Dendrimere zu.

Die unvollständige Besetzung der Oberfläche eines derartigen POPAM-Dendrimers der fünften Generation lässt hydrophobe Areale von nicht durch Cyclodextrine komplexierten Adamantyl-Einheiten auf der dendritischen Außenhülle frei.[38] Die Möglichkeit, dass dies in Wasser zu einer vom hydrophoben Effekt getriebenen Aggregation führen könnte, wurde durch Verwendung von *Pyrenen* als neutralen Fluoreszenz-Sonden untersucht.[39] Ihr Einschluss in das Dendrimer/Cyclodextrin-Aggregat bedingt Veränderungen in der Fluoreszenz-Intensität und der Schwingungs-Feinstruktur. Auch die Bildung von Excimeren war zu beobachten.

Das kovalente Binden von *Kohlenhydrat-Dendrons* – durch Ausbildung von Amid-Bindungen – an einen Ferrocen-Kern beeinflusst Eigenschaften wie Wasserlöslichkeit und Redoxverhalten. Werden beispielsweise nur *β-D*-Glucopyranosyl-Reste an den Ferrocen-Kern geknüpft, so werden die hydrophoben redoxaktiven Ferrocen-Einheiten in Wasser an zugesetztes *β*-Cyclodextrin gebunden. Dies führt zu einem Komplex bestehend aus Kohlenhydrat-basiertem Wirt und einem Kohlenhydrat enthaltenden (Ferrocenyl-)Gast. In solchen Komplexen ist der unsubstituierte Cyclopentadienyl-Ring der Ferrocen-Einheit zum Inneren des Wirthohlraums orientiert (**Bild 6-22** rechts oben). Werden dagegen an beide Cyclopentadienyl-Fünfringe des Ferrocen-Kerns *β-D*-Glucopyranosyl-haltige Reste geheftet, erfolgt verständlicherweise keine Komplexierung mehr.

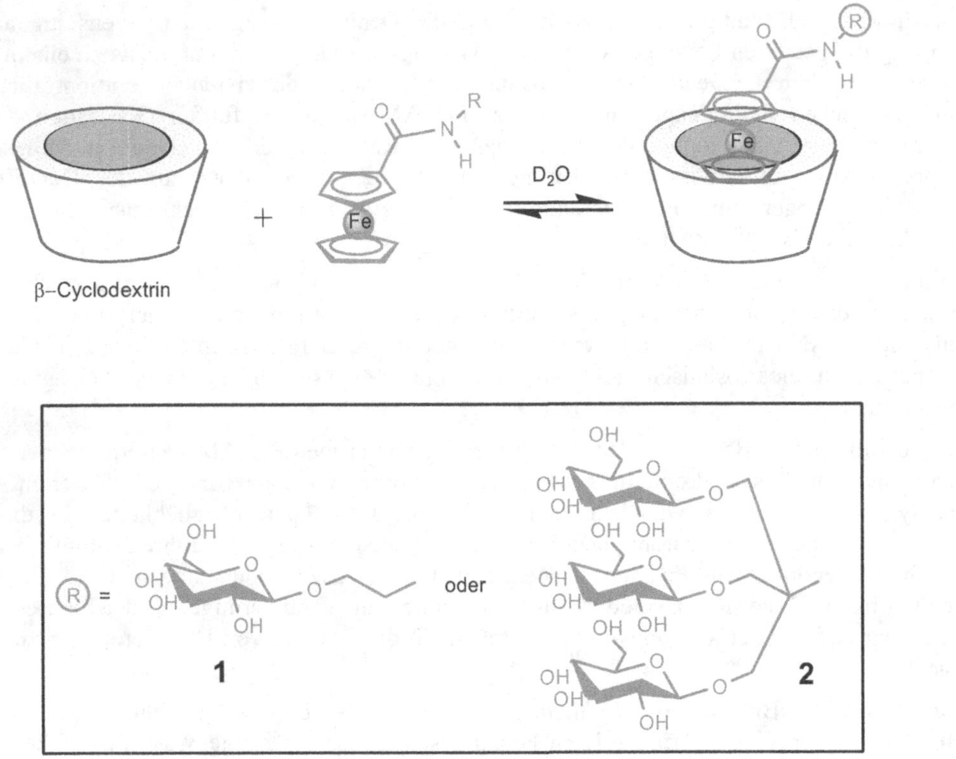

β–Cyclodextrin

Bild 6-22 Einschluss ein- oder dreiarmiger Kohlenhydrat-Dendrons **1** bzw. **2** (grün) mit Ferrocen-Kerneinheit als Gast in den Hohlraum des β-Cyclodextrins (rot; nach *Credi, Balzani, Raymo, Stoddart et al.*; schematisch)

Quantitative elektrochemische Studien führten zu Informationen über die schützende Wirkung der Zuckerreste auf den Komplex. Die Anzahl der Substituenten am Amid-Stickstoff (ein oder zwei) und die Anzahl der im Substituenten enthaltenen (ein oder drei) Kohlenhydrat-Arme ist für Wechselwirkungen mit dem Lösungsmittel wichtig.[40]

Von *Klärner et al.* wurden Wirt/Gast-Beziehungen zwischen einer aus kondensierten Kohlenwasserstoff-Arenen gebildeten Molekül-Pinzette und symmetrisch und unsymmetrisch Dendryl-substituierten Viologenen – mit als π-Elektronen-Acceptor wirkendem 4,4'-Bipyridinium-Kern und als π-Elektronen-Donor wirkenden *Fréchet*-Typ-Dendrons – im Detail untersucht (**Bild 6-23**). Die starke Fluoreszenz der 1,3-Dimethylenoxybenzen-Einheiten der *Fréchet*-Dendrons wird infolge der Donor/Acceptor-Wechselwirkung gelöscht. In Dichlormethan-Lösung wird demnach der 4,4'-Bipyridinium-Kern als Gast in der – in **Bild 6-23** gezeigten – molekularen Pinzette eingelagert. Dabei entstehen „Quasi-Rotaxane" – mit nicht-makrocyclischem Reif.

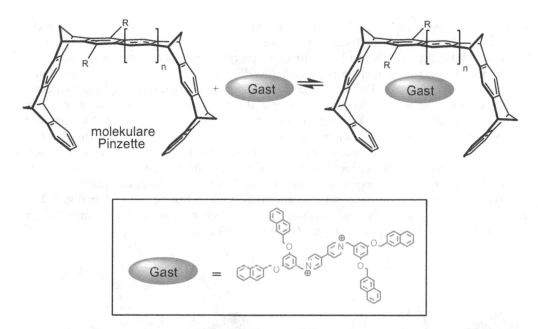

Bild 6-23 Aufnahme eines dendritischen Gastmoleküls vom Viologen-Typ in den Hohlraum einer molekularen Pinzette (schematisch; nach *Klärner et al.*)

Fluoreszenz-Messungen und ^{1}H-NMR-Titrationen ergaben, dass die Assoziations-Konstante (Größenordnung $10^4 . M^{-1}$) mit steigendem Generationsgrad der Dendrons aufgrund zunehmender sterischer Wechselwirkungen abnimmt (*Dendritischer Effekt*, siehe auch *Abschnitt 6.3*). Jedoch sind die Bindungskonstanten für die unsymmetrisch substituierten Dendrimere höher als für die entsprechenden symmetrisch substituierten gleichen Generationsgrads. NMR-Absorptionen von Wirt- und Gast-Protonen belegen, dass der Bipyridinium-Kern jeweils ganz in den Hohlraum (Spalt) der Pinzette eingelagert ist. Außerdem pendelt die Pinzette von einem Pyridinium-Ring des Viologen-Gastmoleküls zum anderen – und umgekehrt. Im Falle der mono-substiutierten Viologene wird in apolaren Lösungsmitteln vorzugsweise der weniger substituierte Pyridinium-Ring in die Pinzette aufgenommen. Die Komplexierung des Bipyridinium-Kerns verläuft je nach Größe des Hohlraums (bzw. Spalts) der Pinzette und der Dendrons unterschiedlich: Durch Klammern *(clipping,* bzw. *tweezering)* bei symmetrischen Viologenen mit voluminösen Dendron-Substituenten, jedoch *via* Durchfädeln *(threading)* für unsymmetrisch substituierte Viologene mit wenigstens einem hinreichend kleinen Dendron. Auch biologisch relevante kationische Gäste lassen sich mit maßgeschneiderten Pinzetten dieses Typs selektiv binden.[41, 42]

6.2.5 Dendritische Sperrgruppen (in Rotaxanen)

Zum Bereich der Reversibilität in der Supramolekularen Chemie kann auch – wie am Schluss des vorstehenden Abschnitts schon angeklungen – der Einsatz von Dendrons als Stopper von Rotaxan-Achsen gezählt werden. Wegen des fast beliebig voluminös einstellbaren dendritischen Gerüsts kann ein maßgeschneiderter Raumbedarf erzielt werden, der ein Abfädeln eines Reifs von der Achse des Rotaxans mehr oder weniger erschwert (**Bild 6-24**). Mit klassischen raumfüllenden Resten wie beispielsweise Mesityl-, 2,6-Di-*tert*-butylphenyl- oder Trityl-Gruppen lassen sich ähnlich sperrige, diffizil variierbare und zudem löslichkeitsfördernde Stopper kaum erhalten. Da Dendrons und Dendrimere aus überwiegend aliphatischen Bausteinen flexibel und weich und damit schwierig abzuschätzen sind, war es wichtig, einen effektiven Raumbedarf von Dendrons zu messen. Bei Einsatz von *Fréchet*-Dendrons der ersten Generation (G1) konnte schon bei der Synthese nur die freie Achse, nicht aber das Rotaxan isoliert werden: Die sterischen Ansprüche der G1-Dendrons waren nicht ausreichend, um ein Abfädeln des Reifs (Tetralactam-Ring **1** in **Bild 6-25**) von der Achse zu verhindern.[43] Rotaxane mit Stoppern des *Fréchet*-Typs **3** der zweiten (G2) und dritten Generation (G3), mit jeweils einem gegenüberliegendem Tritylphenol-Stopper T1 (**2** in **Bild 6-25**), fädeln den Reif erst beim Erhitzen, und dann über den T1-Stopper ab, da der Raumbedarf der zweiten und dritten dendritischen Stopper-Generation größer ist.

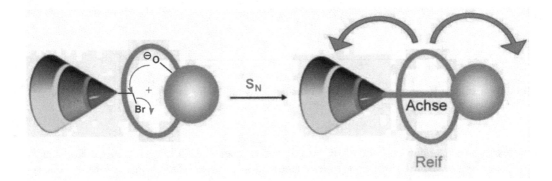

Bild 6-24 Synthese eines Rotaxans (schematisch) mit dendritischem Stopper (Kegel) und Tritylphenol-Stopper (Kugel). S_N = nukleophile Substitution. Die grauen Pfeile deuten das Abfädeln des Reifs (rote Ellipse) – wahlweise nach rechts oder links – von der Achse über einen der beiden Stopper hinweg an, wobei der – weniger Widerstand entgegensetzende – insgesamt weniger voluminöse Stopper favorisiert wird. Konkrete Bauteile siehe **Bild 6-25** (nach *Vögtle et al.*)

Wird der Tritylphenol-Stopper nochmals durch drei *tert*-Butylreste in seinen sterischen Ausmaßen vergrößert (T2 in **Bild 6-25**), so erfolgt die Abfädelung der Tetralactam-Reifs **1** über den dendritschen *Fréchet*-Stopper G2, da der T2-Stopper jetzt räumlich anspruchsvoller ist. In weiteren Versuchen wurden nur dendritische Stopper der zweiten Generation – auf jeder Seite der Achse – eingesetzt; auch hier erfolgte Abfädelung, die mittels Kernresonanz-Spektroskopie (s. *Kapitel 7.3*) verfolgt werden konnte. Unterschiedliche Generationen (G2, G3) als Stopper auf beiden Seiten ein und desselben Rotaxans ergaben, dass die Abfädelung erwartungsgemäß über den kleineren Stopper der zweiten Generation erfolgt (*Dendritischer Effekt*, siehe folgender *Abschnitt 6.3*.

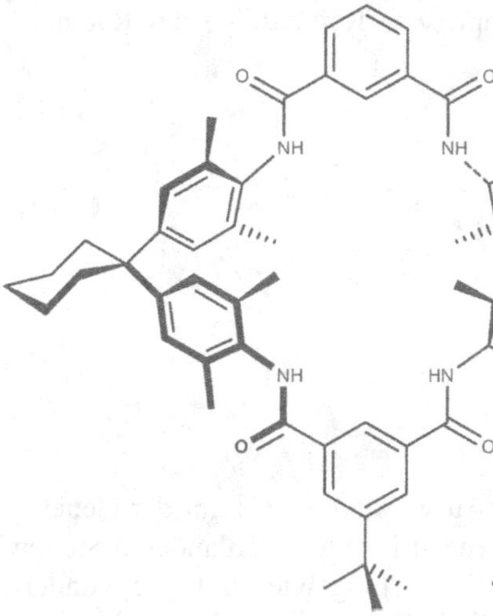

1

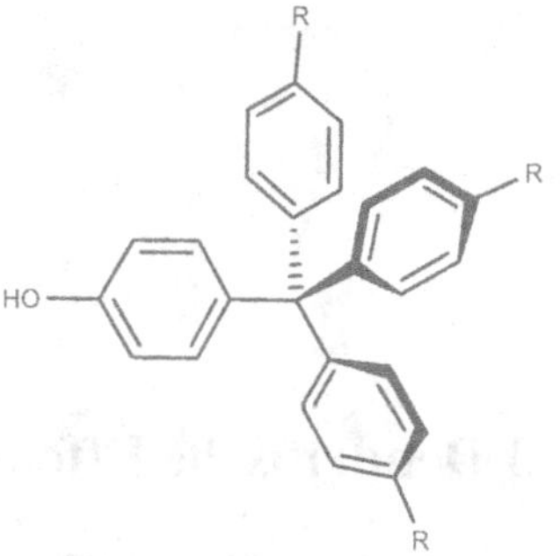

2 R = OH: (T1)
R = tBu: (T2)

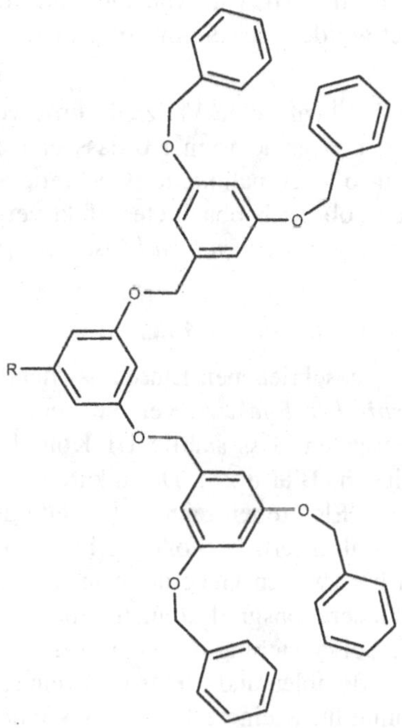

3 R = CH_2Br, OH: (G2)

Bild 6-25 Bauteile für Rotaxane nach **Bild 6-24**: Tetralactam-Reif **1**; in der Größe – in gewissen Grenzen – variable klassische Tritylphenol-Stopper **2**; *Fréchet*-Stopper **3** der Generation G2 (nach *Vögtle et al.*)

Anhand der Ergebnisse ließ sich insgesamt folgende empirische Reihenfolge des Raumbedarfs sterisch anspruchsvoller Substituenten aufstellen:

G1 < T1 < G2 < T2 < G3

6.3 Dendritische Effekte

Am Ende des vorstehenden Abschnitts wurden messbare Auswirkungen des mit der Generationszahl zunehmenden Raumbedarfs dendritischer Reste registriert. Auch an anderen Stellen dieser Monographie wurde schon öfters auf *Dendritische Effekte* hingewiesen. Es verwundert nicht, dass über zahlreiche weitere Konsequenzen hinsichtlich der physikalischen und chemischen Eigenschaften von Dendrimeren aller Art – in Abhängigkeit von der Generation des Dendrimers oder Dendrons – berichtet wurde, über die im folgenden – unseres Wissens erstmals – ein Überblick gegeben sei.

Unter dem Begriff *Dendritischer Effekt*[44] wird eine Vielzahl von diversen chemischen und physikalischen Effekten verstanden, denen gemeinsam ist, dass eine Änderung bestimmter Eigenschaften oder Phänomene mit Zu- oder Abnahme des Generationsgrads innerhalb einer Dendrimer-Familie eintritt. Je nachdem, ob der beobachtete Effekt verstärkt oder vermindert wird, spricht man von einem *positiven* bzw. *negativen Dendritischen Effekt*.

6.3.1 Dendritischer Effekt beim Einschluss von Gästen

Bereits bei dem oben (*Abschnitt 6.2.4*) beschriebenen Einschluss dendritischer Viologene in molekulare Pinzetten war ein *Dendritischer Effekt* zu verzeichnen. Untersuchungen dieser Wirt/Gast-Systeme in der Gasphase ergaben, dass stabile 1:1 Komplexe mit den dikationischen dendritischen Viologenen vorliegen (**Bild 6-26**). Der dikationische Gast – in isolierter Form wenig stabil – wird dabei von der Elektronen-reichen Pinzette durch Donor/Acceptor-(Charge-Transfer-)Wechselwirkungen stabilisiert. In Stoßexperimenten zeigte der Zerfall der Komplexe mit Dendrons der nullten bis zweiten Generation jeweils unterschiedliche Fragmentierungsmuster. Mit steigendem Generationsgrad können dendritische Substituenten den Viologen-Kern durch intramolekulare Solvatisierung offenbar besser stabilisieren: Durch die Möglichkeit der größeren, konformativ flexiblen und Elektronen-reichen Dendrons, sich nach innen zu falten, wird das Dikation umhüllt. Kleinere Dendrons können dagegen das Viologen-Kation kaum ummanteln und daher weniger gut stabilisieren.[42]

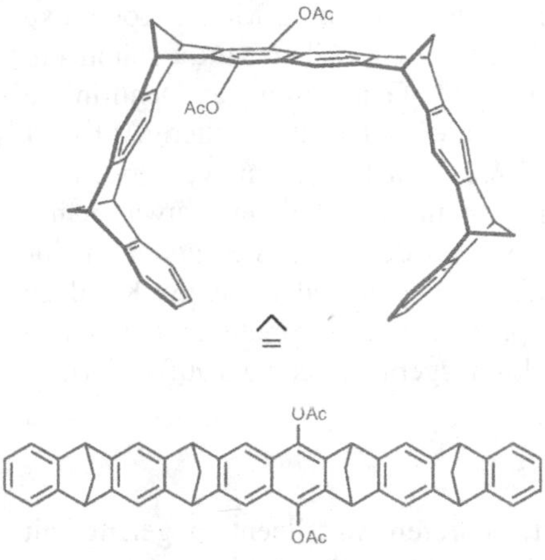

Bild 6-26 Molekulare Pinzette **1** als Wirtverbindung und dikationische, dendritisch substituierte Vio-
logen-Gastverbindungen (**3** und **4**) unterschiedlicher Generationszahl (nach *Balzani, Klärner, Vögtle et al.*)

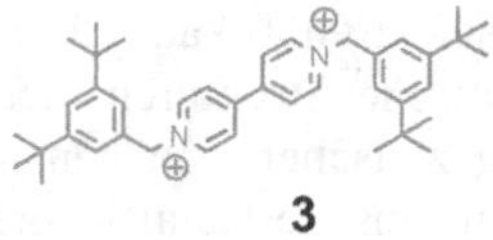

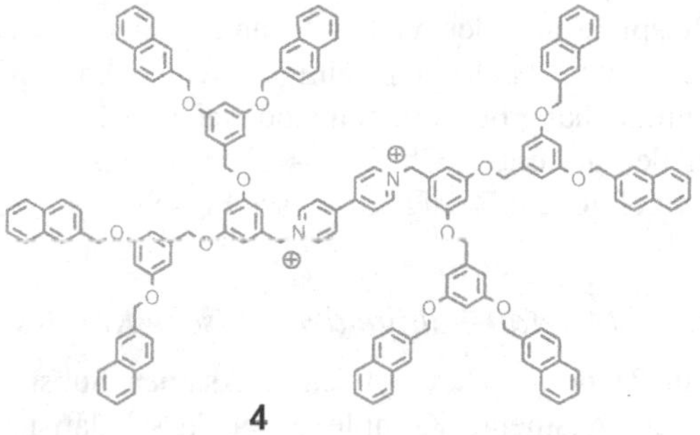

Eine Generations-Abhängigkeit wurde auch bei PAMAM-Dendrimeren hinsichtlich der Permeabilität von Gästen unterschiedlicher Größe gefunden. In der vierten Generation mit 64
terminalen Gruppen und einem Durchmesser von ca. 4,5nm (zum Vergleich: G1 ca. 2nm,
G10 ca. 13nm) nehmen die Dendrimere eine annähernd kugelige Form an. In der achten
Generation beträgt die Zahl der endständigen Gruppen bereits 1024, wohingegen sich der
Durchmesser des Dendrimers nur in etwa verdoppelt. Dies führt zu einer zunehmenden Verdichtung der Dendrimer-Oberfläche. Der Raum zwischen den einzelnen Gruppen an der
Peripherie nimmt also mit dem Generationswachstum ab. Deshalb ist das Passieren von kleineren und größeren Gastmolekülen durch PAMAM-Moleküle bis zur vierten Generation
problemlos möglich. Die sechste Generation lässt jedoch nur noch eine Permeabilität für
kleine Gastmoleküle zu. Ein übliches PAMAM-Dendrimer der achten Generation ist schließlich so verdichtet, dass Gastmoleküle nicht mehr in das Molekül-Innere dringen können.[45]

6.3.2 Dendritische Effekte in der Katalyse

Der Ausdruck „*Dendritischer Effekt*" wird inzwischen allgemein zur Charakterisierung Generations-abhängiger physikalischer und chemischer Phänomene bei Dendrimeren verwendet.
Beispiele für *Dendritische Effekte* lassen sich auch aus dem Bereich dendritscher Katalysatoren anführen.[46] Die Möglichkeiten solcher, zum Beispiel an der Peripherie geeignet funktionalisierter Dendrimere wurden schon 1994 von *Tomalia* und *Dvornic* diskutiert.[47] Derartige
Nano-Moleküle könnten die Vorteile von homogenen und heterogenen katalytischen Systemen in sich vereinen. Darüber hinaus ermöglicht ihre sphärische Gestalt in der Regel eine
bessere Rückgewinnung – vom organischen Katalysator-Träger, dessen Metallkomplex oder
eingeschlossenen Katalysator-Partikeln – als bei löslichen katalytischen Systemen auf Poly-
merbasis. Von Interesse ist daher, wie sich für katalytische Reaktionen wichtige Aspekte – z.

B. die Enantioselektivität, katalytische Aktivität, Stabilität entsprechender Metall-Komplexe
– durch dendritische Strukturen modifizieren lassen. In manchen Fällen wurde schon ein
Zusammenhang zwischen den genannten Parametern und der Generation der Dendrimere
festgestellt. Dendritische Katalysatoren haben in einigen Fällen sogar eine höhere Aktivität
als vergleichbare nicht-dendritische gezeigt (s. *Kapitel 8.2*). Im folgenden werden einige
Beispiele aus der Vielzahl dendritischer Katalysatoren zusammengestellt und etwas näher
betrachtet. Auch wenn einige davon schon an anderen Stellen des Buches in anderem Zusammenhang beschrieben sind, seien hier – wegen der überragenden Bedeutung der Katalyse
in der gesamten Chemie – die wichtigsten anhand repräsentativer Formeln und mit aus-
schließlichem Bezug auf dieses Forschungs- und Entwicklungsgebiet nochmals aufgeführt.

6.3.2.1 Metall-haltige dendritische Katalysatoren

Ein Zugang zu katalytisch wirksamen Substanzen mit mehreren Metallzentren gelang mit
Übergangsmetall-Komplexen N,C,N-chelatisierender Liganden und deren Fixierung an der
Peripherie von Carbosilan-Dendrimeren. So wurden entsprechende Nickel-Komplexzentren
direkt an Siliziumatome der Dendrimer-Oberfläche fixiert (**Bild 6-27**). Die Herstellung solcher „Nickel-Dendrimere" erfolgte durch Poly-Lithiierung eines Carbosilan-Liganden und
darauffolgende Transmetallierung mit [NiCl$_2$(PEt$_3$)$_2$]; allerdings wurden bei diesem Verfahren
nicht alle Ligandzentren metalliert. Dieses katalytische System wurde bei gleicher Nickel-
Konzentration unter Variation der Dendrimer-Größe im Hinblick auf seine Redox-Aktivität in
der *Kharasch*-Addition von Tetrachlorkohlenstoff an Methylacrylat geprüft.[48]

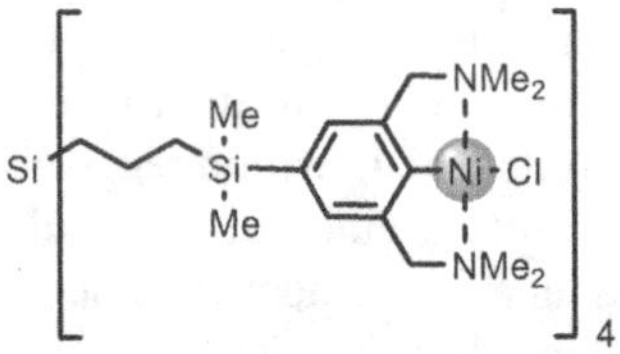

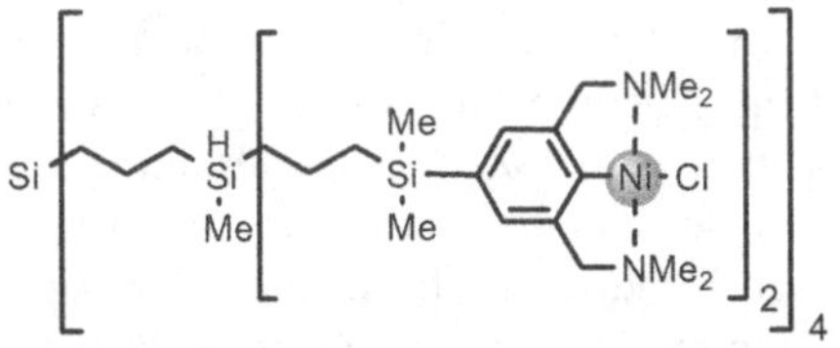

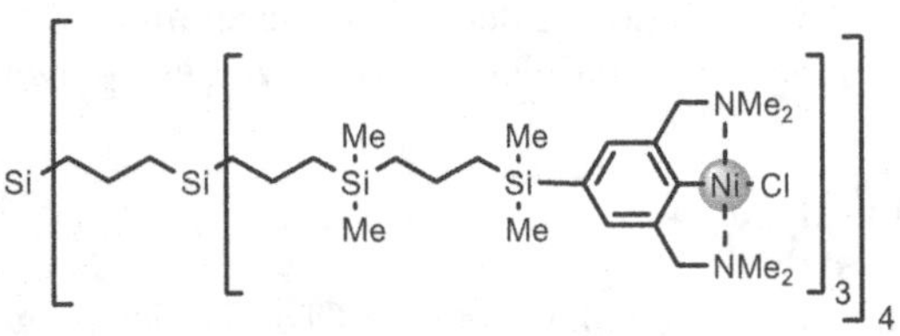

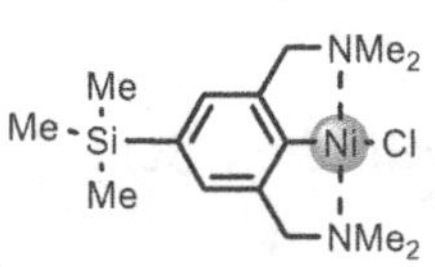

Bild 6-27 Nickel-beladene Carbosilan-Dendrimere **1-3** zunehmender Generationszahl (G0-G2) und
entsprechende nicht-dendritische Referenzsubstanz **4**

Die mit zunehmendem Generationsgrad entgegen den Erwartungen beobachtete Abnahme der katalytischen Aktivität wurde damit erklärt, dass der wachsende Raumanspruch der vermehrt an der Dendrimer-Peripherie gebundenen Nickelkomplex-Einheiten den Zugang zu deren aktiven Zentren mehr und mehr vermindert (s. **Bild 6-28**).

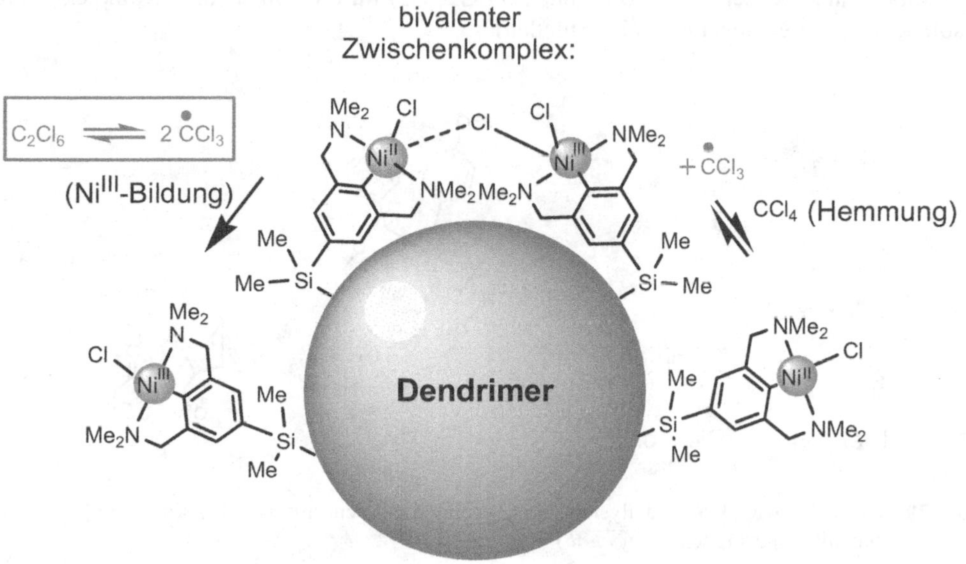

Bild 6-28 Zum Desaktivierungs-Mechanismus der katalytischen Aktivität auf der Carbosilan-Dendrimer-Oberfläche (schematisch; nach *van Koten et al.*)

Die Abnahme der katalytischen Aktivität der in **Bild 6-28** gezeigten nickelhaltigen Carbosilan-Dendrimere wurde durch die Bildung von Mischkomplexen mit Nickel beider Oxidationsstufen II und III an der Dendrimer-Oberfläche begründet, die in Konkurrenz zur Reaktion mit bei *Kharash*-Reaktionen auftretenden Substrat-Radikalen steht (**Bild 6-29**).

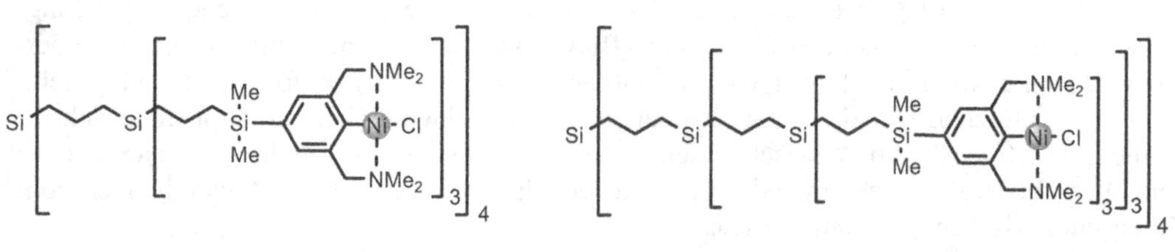

Bild 6-29 Dendritische Carbosilan-Nickel-Komplexe mit abnehmender katalytischer Aktivität aufgrund von Mischkomplex-Bildung

Mit Bis(oxazolin)-Metallkomplexen können *Diels-Alder*-Reaktionen zwischen Cyclopentadien und Crotonylimid (**Bild 6-30**) katalysiert werden. Ein dendritischer Kupfer(II)-
Katalysator wurde durch Mischen entsprechender dendritischer Liganden (jeweils unterschiedlicher Generation) und Kupfer(II)triflat im Verhältnis 1:1 in wasserfreiem Dichlor-
methan hergestellt. Erwartungsgemäß beanspruchten die dendritischen Liganden höherer
Generationen längere Zeit (hier 3-5 Stunden für G2, G3) für die vollständige Komplexierung
als solche niedrigerer Generation (1,5 Stunden).

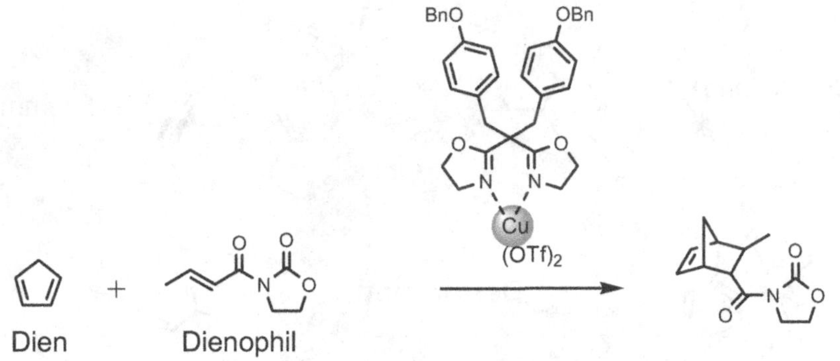

Bild 6-30 *Diels-Alder*-Reaktion, katalysiert durch einen – nicht dendritischen – Bis(oxazolin)-
Metallkomplex (nach *Chow et al.*).

Als dendritische Bis(oxazolin)-Liganden wurden solche nullter bis dritter Generation wie in
Bild 6-31 gezeigt verwendet. Sie wurden aus zwei Komponenten aufgebaut, der katalytischen
Kerneinheit bestehend aus dem Bis-Oxazolin und dem Dendron aus Polyether-Einheiten.[49]

Es zeigte sich, dass die katalytische Reaktivität und das Substratbindungs-Profil von der
Größe und Generation der Dendrons abhängen. Da die Reaktionen einer *Michaelis-Menten*-
Kinetik gehorchen, wurde diese Katalysator-Familie mit Blick auf Enzyme „Dendrizyme"
getauft. Die Dendrizym/Substrat-Bindungskonstante nimmt mit zunehmender Generationszahl des Dendrizyms ab. Diese Destabilisierung wird wahrscheinlich durch die zunehmende
Verformung des Komplexes verursacht – als Ergebnis ansteigender sterischer Abstoßung
zwischen den Dendrons höherer Generation (**Bild 6-32**). Die Geschwindigkeitskonstante der
Diels-Alder-Reaktion bleibt zwar von der nullten bis zweiten Generation annähernd gleich,
sinkt aber „plötzlich" für die dritte Generation. Der Geschwindigkeits-bestimmende Schritt
ist die *Diels-Alder*-Addition zwischen dem Katalysator/Dienophil-Komplex und dem Cyclopentadien; die Reaktionsgeschwindigkeit sollte jedoch durch die sterische Zugänglichkeit von
Katalysator-Nischen bestimmt werden.

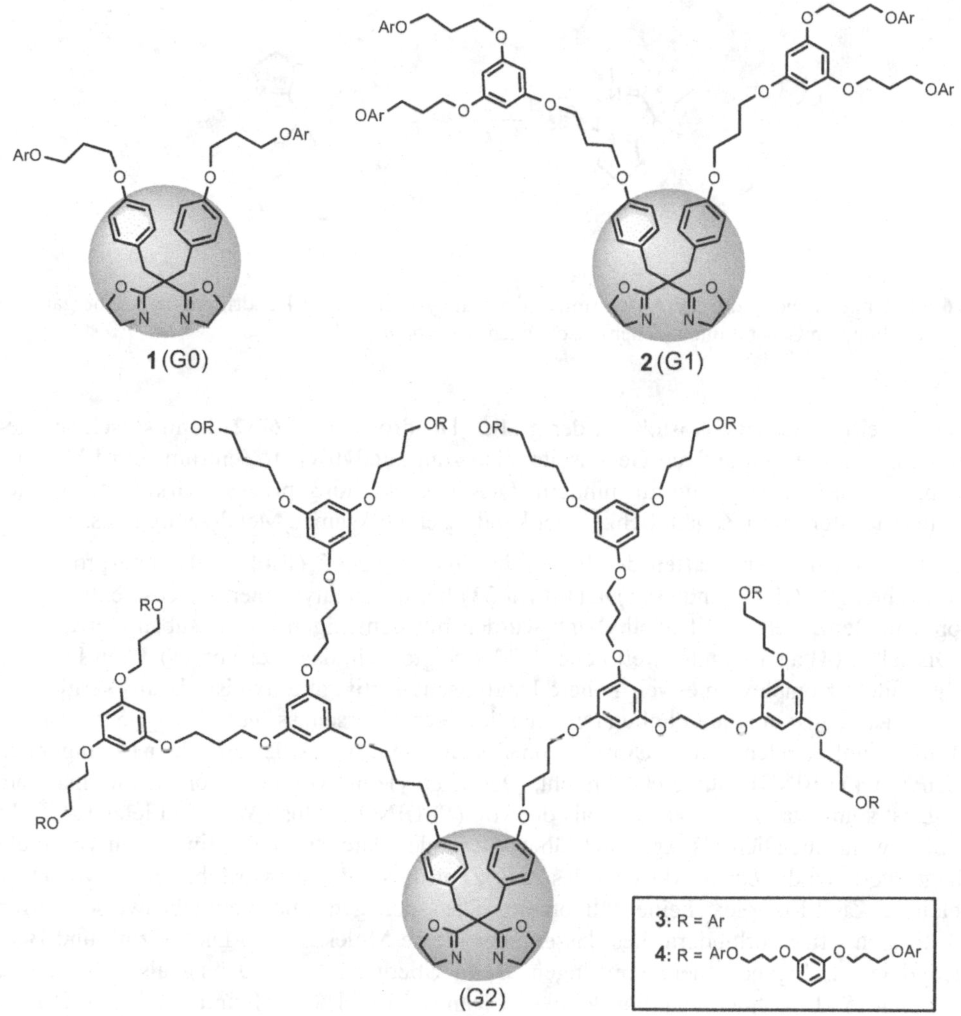

Bild 6-31 Katalytisch-wirksame dendritische Bis(oxazolin)-Liganden **2-4** und Referenz-Verbindung **1** für die *Diels-Alder*-Katalyse (nach *Chow et al.*)

Der abrupte Abfall der Reaktionsgeschwindigkeit des Dendrizyms der dritten Generation weist darauf hin, dass die katalytischen Zentren nur für G0 bis G2 zugänglich sind, durch die dendritische Umhüllung der dritten Generation jedoch abgeschirmt werden.

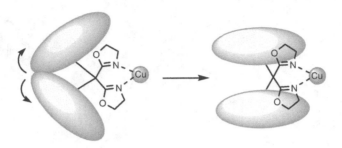

Bild 6-32   Zunehmende sterische Abschirmung der Katalysezentren im Dendrizym beim Übergang zu
höheren Generationen (schematisch; nach *van Koten et al.*)

Die gegenseitige sterische Abstoßung der großen Dendrons (**Bild 6-32**) kann so schwerwie-
gend sein, dass sie sich auf die Gegenseite, also zum katalytischen Zentrum selbst hin aus-
dehnen, um ihre Überlappung zu mindern. Dieser Rückfaltungsprozess wirkt sich in einer
Abnahme der sterischen Zugänglichkeit der katalytisch wirksamen Metallzentren aus.

Die katalytischen Eigenschaften des bereits in *Kapitel 4.2.3.2* (**Bild 4-70**) angesprochenen
dendritischen BINOL-Liganden (*S*)-**1** (**Bild 6-33**) bei der katalytischen stereoselektiven Reaktion von Benzaldehyd mit Diethylzink wurden mit denjenigen von unsubstituiertem (*S*)-
BINOL selbst (**4**) als Liganden verglichen.[50] Es zeigte sich, dass der von (*S*)-**1** mit Diethylzink gebildete Komplex eine weit höhere katalytische Aktivität aufweist als die Vergleichssubstanz, jedoch ist in beiden Fällen der Enantiomeren-Überschuss (*ee*) niedrig: 5 mol% von
(*S*)-**1** in Toluol erzielen 98,6% Umsatz von Benzaldehyd, unter den gleichen Bedingungen
werden mit (*S*)-BINOL nur 37% erreicht. Der Diethylzink-Komplex von dendronisiertem
BINOL ist somit stärker *Lewis*-sauer als der von (*S*)-BINOL selbst. Während letzterer Zink-
Komplex wahrscheinlich als Aggregat, über intermolekulare Zn-O-Zn-Bindungen verbrückt
vorliegt, wodurch die *Lewis*-Aktivität des Zink-Zentrums reduziert wird, bildet der von (*S*)-**1**
abgeleitete Zink-Komplex keine Oligomere. Die sperrigen und vergleichsweise starren
dendritischen Arme verhindern dies, lassen aber kleine Moleküle wie Diethylzink und Benzaldehyd in das Ligand-Innere vordringen. Beim Übergang zu Ti(O-*i*Pr)₄ als *Lewis*-Säure
erwies sich (*S*)-**1** als hoch enantioselektiver Ligand: 20 mol% (*S*)-**1** und 1,4 eq. Ti(O-*i*Pr)₄
liefern bei der Reduktion von 1-Formylnaphthalen mit Diethylzink innerhalb von 5 h 100%
Umsatz und einen *ee* von 90:10. Im Vergleich zu (*S*)-BINOL zeigen sich hier keine nennenswerten Unterschiede in den katalytischen Eigenschaften, was auf die – wahrscheinlich monomer vorliegenden – strukturell ähnlichen katalytisch aktiven Spezies für beide Liganden
zurückgeführt wurde.

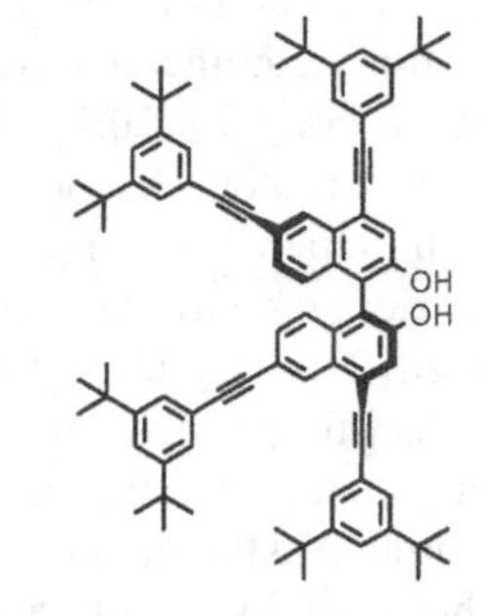

Bild 6-33 Optisch aktive Dendrimere und BINOL **4** (nach *Pu et al.*)

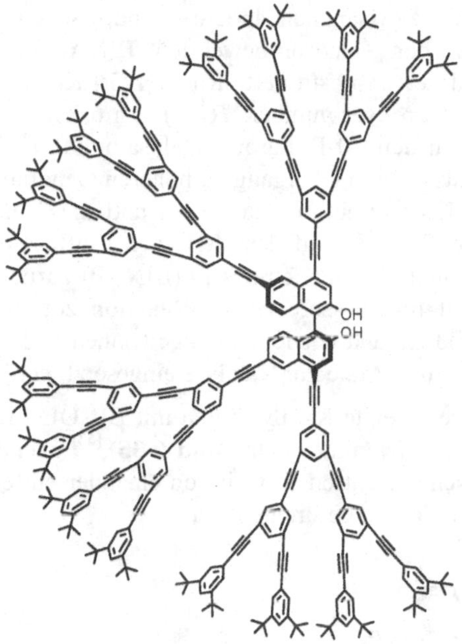

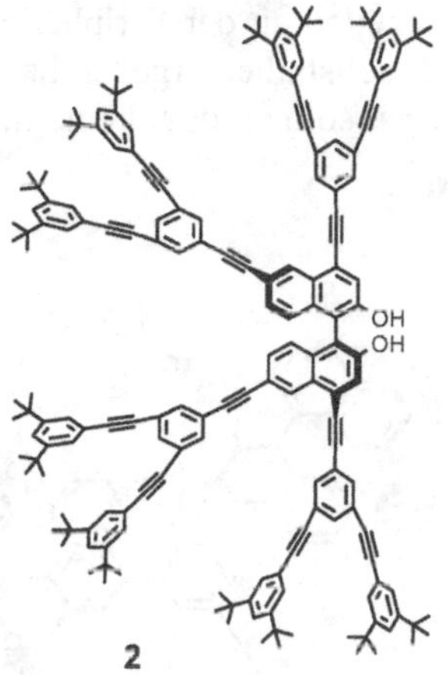

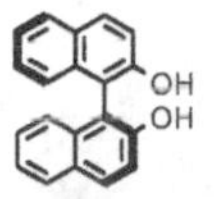

Verwandte Liganden für die Katalyse, nämlich mit *Fréchet*-Dendrons substituierte BINAP-Liganden (**5**, **Bild 6-34**) stellten *Chan et al.* her.[51] Diese bilden *in situ*-Ruthenium(II)-Komplexe, deren Aktivität bei der stereoselektiven Hydrierung von 2-[*p*-(2-Methyl-propyl)phenyl]acrylsäure untersucht wurde.

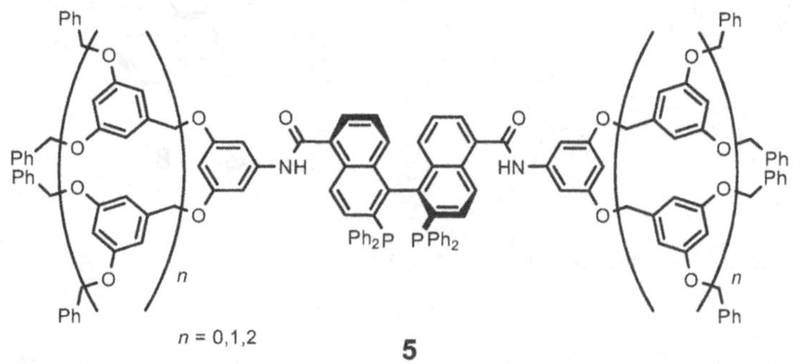

Bild 6-34 Dendritische BINAP-Liganden (nach *Chan et al.*)

Im Gegensatz zu manchen anderen dendritischen Katalysatoren nimmt die Reaktionsgeschwindigkeit der „Dendron-bewehrten" BINAP-Katalysatoren mit zunehmender Generation zu. Während der unsubstituierte Ru(BINAP)-Katalysator einen *ee* von 89,8:10,2 – bei einer Umsatzzahl (*turn over number*; *TON*) von 6,3 h^{-1} und einem Umsatz von 10,2% – aufwies, stieg der *ee* für den G0-Dendron-Katalysator auf 91,8:8,2 (bei ähnlichen TON und vergleichbarem Umsatz). Beim Übergang zu höheren Generationen blieb der *ee* relativ konstant, dafür stiegen der Umsatz auf bis zu 69,3% und die TON auf bis zu 21,4 h^{-1}. Dieser deutliche *Dendritische Effekt* ist auf den sterischen Einfluss der Dendrons auf den Diederwinkel der beiden Naphthalen-Einheiten des Ru(BINAP) zurückzuführen; er hat somit eine höhere Geschwindigkeit und bessere *ee* der Reaktion zur Folge.[52] Durch Ausfällen und Filtration konnte der G3-Ligand wieder zurückgewonnen und mit ähnlicher Aktivität und Enantioselektivität weitere drei Male zur Katalyse eingesetzt werden.

Verwandte verzweigte Katalysatoren mit BINOL-Ligandeinheiten an der Peripherie wurden von *Chow* und *Wan* untersucht (**Bild 6-35**),[53] nachdem Modellstudien ergeben hatten, dass die katalytischen Zentren so weit von einander entfernt liegen sollten, dass keine intramolekulare Interaktion zu befürchten war.

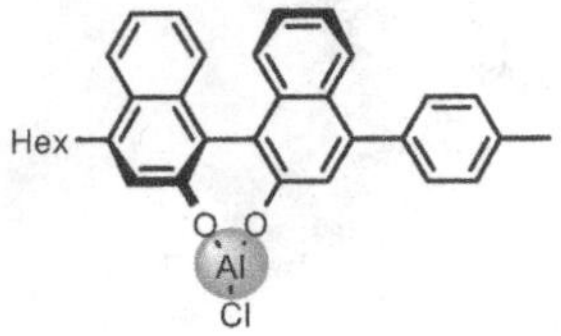

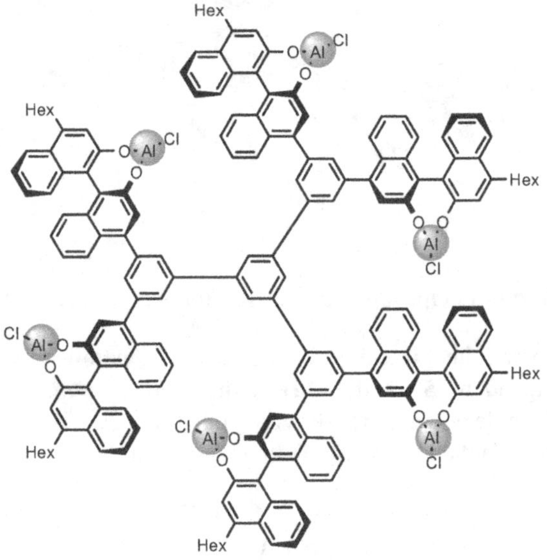

Bild 6-35 BINOL-Katalysatoren (nach *Chow* und *Wan*)

Messungen der molaren Drehwerte ergaben, dass diese annähernd proportional zur Anzahl der chiralen Binaphthyl-Einheiten ausfallen und der molare Drehwert pro einzelner Binaphthyl-Einheit nur gering schwankt. Bei der Katalyse der *Diels-Alder*-Reaktion von Cyclopentadien mit 3-[(*E*)-But-2-enoyl]oxazolidin-2-on zeigten die verzweigten Katalysatoren **7** und **8** zwar eine um ca. 25% höhere Reaktivität als der monofunktionale Katalysator **6**, jedoch bewirkten erstere nur eine geringe Verbesserung der *ee* und der *endo*-Selektivität gegenüber **6**. Somit kann hier nicht von einem *Dendritischen Effekt* in der Katalyse, wohl aber von einem bezüglich chiroptischer Eigenschaften die Rede sein.

Einen dendritischen Katalysator **9**, der wie **7** und **8** über einen chiralen Metall-Komplex als Kern verfügt, synthetisierten *Seebach et al.*.[54, 55] Als Kernbaustein fungierte α,α,α',α'-Tetraaryl-1,3-*d*ioxolan-4,5-*d*imethan*ol* (*TADDOL*), an welches sowohl chirale als auch achirale Dendrons und solche mit peripheren Octyl-Gruppen geknüpft wurden (**Bild 6-36**, vgl. *Kapitel 4.2.3*, **Bild 4-62**).

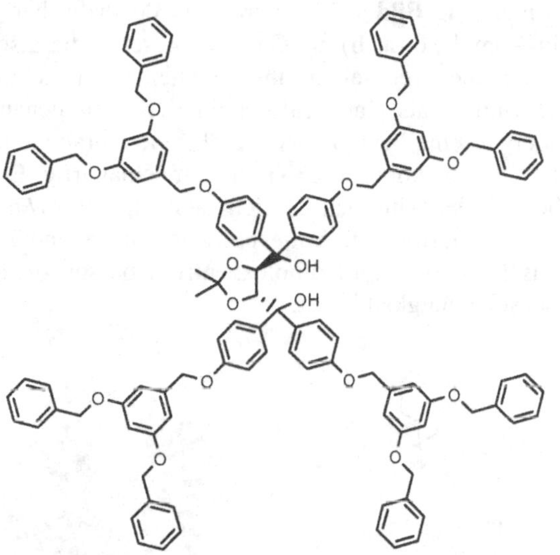

9

Bild 6-36 Dendritischer TADDOL-Ligand (nach *Seebach et al.*)

Die entsprechenden dendritischen Titan-TADDOL-Komplexe mit entweder chiralen oder achiralen Dendrons erzielten als homogene Katalysatoren bei der asymmetrischen reduktiven Alkylierung von Benzaldehyd mit Diethylzink zu sekundären Alkoholen Enantiomeren-Überschüsse (*ee*) von bis zu 98,5:1,5 bei einem Umsatz von 98,7% (für den Katalysator mit G0-Dendrons). Bei größeren Dendrons hielt sich die Verringerung der *ee* auf 94,5:5,5 (G4) in Grenzen, während der Rückgang des Umsatzes auf 46,8% (G4) drastisch ausfällt. Im Vergleich hierzu lieferte der unsubstituierte Ti-TADDOL-Komplex einen *ee* von 99:1 bei vollständigem Umsatz. Dieser negative *Dendritische Effekt* bei fortschreitendem Dendron-Wachstum ist auf die zunehmende Abschirmung des katalytischen Zentrums durch die sterisch anspruchsvoller werdenden Dendrons zurückzuführen (Abschirmungseffekt, engl. *shielding-effect*). Somit wird die Zugänglichkeit des katalytischen Zentrums für die umzusetzenden Substrate erschwert und der Umsatz geht zurück. Unabhängig von An- oder Abwesenheit chiraler Informationen in den Dendrons wurden nahezu gleiche *ee*-Werte erhalten. Eine zusätzliche chirale Induktion, vermittelt durch die Dendrons, bleibt also – wegen des großen Abstands zwischen Metall-Zentrum und zusätzlichen chiralen Bausteinen – aus.

Cobalt-Komplexe dendritischer Phthalocyanine (**Bild 6-37**) zeigten als Katalysatoren für die Oxidation von 2-Mercaptoethanol eine um 20% niedrigere katalytische Aktivität (TON 339 min^{-1} für G2-Dendrons) als nicht-dendritische Phthalocyanine.[56] Im Gegenzug erwiesen sich die dendritischen Katalysatoren jedoch als stabiler als die nicht-dendritischen, was wohl auf die Umhüllung der Metallo-Phthalocyanin-Kerneinheit durch die Dendrons zrückzuführen ist. Diese verhindert auch eine molekulare Aggregation der Phtalocyanine in polaren Lösungsmitteln und dünnen Filmen.

Ein mit *Poly-(N-iso*pr*opyla*cr*ylam*id) (*PIPAAm*) (siehe *Kapitel 4.1.2*) funktionalisiertes Poly(propylenamin)-Dendrimer (**11**, **Bild 6-37**) wurde als dendritischer Wirt für anionische Cobalt(II)-phthalocyanin-Komplexe (**a**, **b**) als Gäste eingesetzt, die also supramolekular (elektrostatische und hydrophobe Wechselwirkungen) aneinander gebunden sind.[57] Diese dendritischen Komplexe wurden als Katalysatoren in der oben genannten Oxidation von Thiolen untersucht, wobei sie eine bemerkenswerte Temperaturabhängigkeit zeigten: oberhalb von 34°C erhöht sich die Reaktionsgeschwindigkeit schlagartig. Ein Erklärungsversuch geht davon aus, dass oberhalb der kritischen Löslichkeitstemperatur (*Lower Critical Solubility Temperature*, *LCST*) die dendritischen Arme phasensepariert und kontraktiert sind. Bei dieser Temperatur ist das Phthalocyanin-Komplexzentrum besser zugänglich für Substrate und daher die Reaktionsgeschwindigkeit höher.

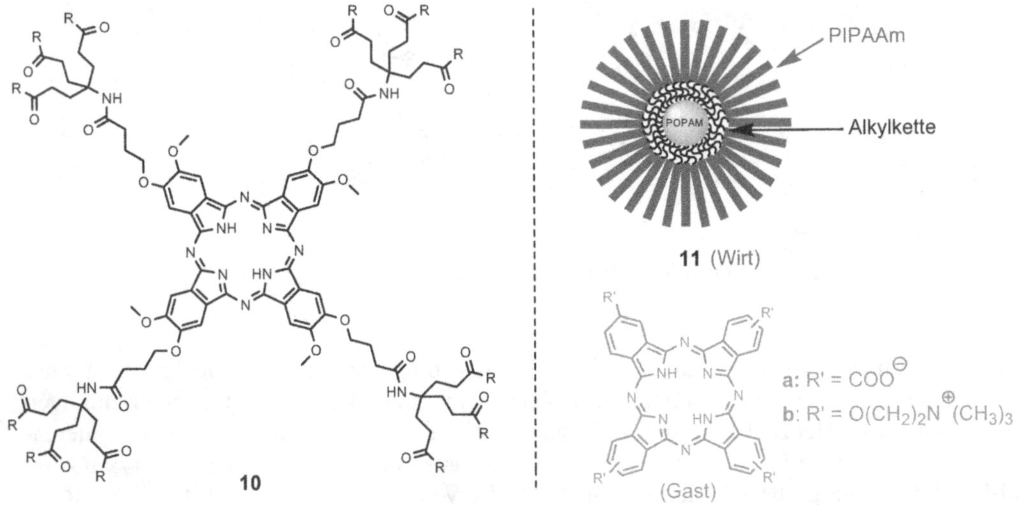

Bild 6-37   Dendritische Phthalocyanine **10** und supramolekulares Wirt-Gast-System **11a,b** (nach *Kimura et al.*)

Moore und *Suslick* führten „formselektive Katalysen" mit Metallo-Porphyrinen **12** durch, an die sterisch anspruchsvolle Polyester-Dendrons (**a**, **b**, **Bild 6-38**) geknüpft waren.[58, 59]

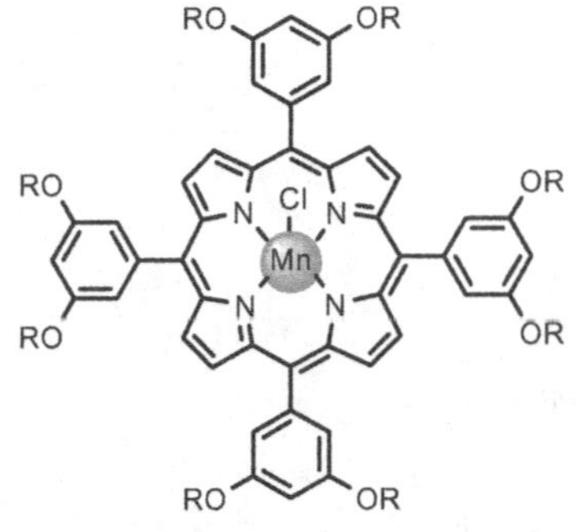

Bild 6-38 Metallo-Porphyrin-Dendrimere (nach *Moore, Suslick et al.*)

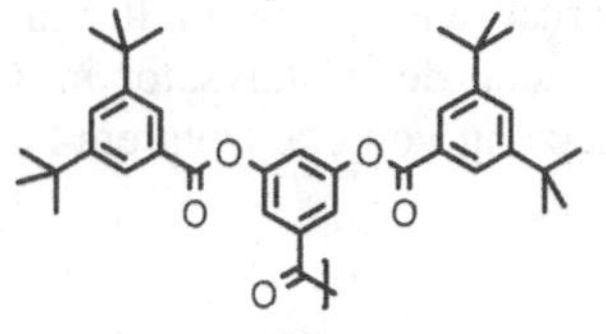

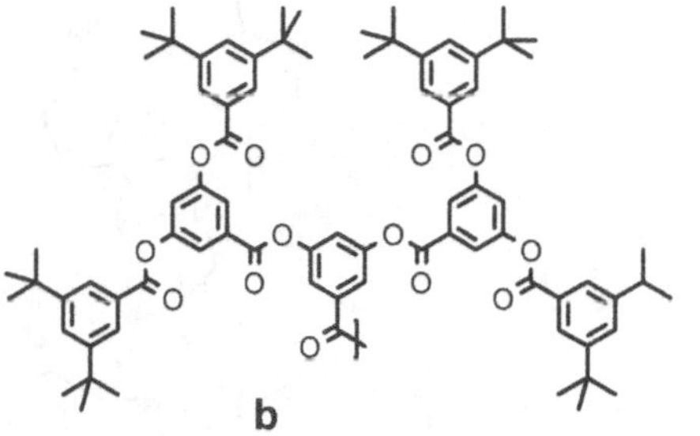

Sie untersuchten den Einfluß der Größe der Metallo-Dendrimere auf die Substrat-Selektivität für zwei Typen katalytischer Epoxidations-Reaktionen mit Iodosylbenzen als Sauerstoff-Lieferanten und verschiedenen Alkenen als Substrat. Die dendritischen wurden mit denen konventioneller Porphyrin-Komplexe (mit Magnesium als Zentral-Ion) verglichen. Dabei wurde mit steigender Größe des Metallo-Dendrimers eine deutliche Erhöhung der (Regio-) Selektivität für externe und somit weniger gehinderte Doppelbindungen gegenüber internen (stärker gehinderten) festgestellt. Außerdem zeigten die dendritischen Katalysatoren eine stärkere Affinität zu Elektronen-reichen Alkenen. Darüber hinaus wurde gefunden, dass die Metallo-Porphyrine mit wachsender Generation zunehmend stabiler gegenüber Oxidationen werden, was sich insofern positiv auf die Katalyse auswirkt, als die Umsatzzahlen pro Metallatom steigen. Sogar unter Bedingungen für Epoxidations-Reaktionen waren nach 1000 Reaktionszyklen weniger als 10% des Katalysators desaktiviert.

Aus obigen Beispielen wird deutlich, dass aufgrund der zunehmend stärkeren Abschirmung des katalytischen Zentrums mit fortschreitender Dendron-Größe dendritische Katalysatoren mit katalytisch aktiven Zentren an der Peripherie das überzeugendere Katalysator-Konzept gegenüber solchen mit katalytisch aktivem Zentrum im Dendrimer-Kern darstellen sollten.

Als an der Peripherie mit einer Art Pinzetten bewehrt präsentierten *Reetz et al.* ein auf *DAB* (1,4-*Dia*mino*butan*) basierendes Poly(propylenamin)-Dendrimer, dessen Zweigenden mit Diphenylphosphin-Gruppen funktionalisiert sind (**Bild 6-39**, weitere Phospho-Dendrimere siehe auch *Kapitel 4.1.10*)[60] Ein entsprechender dendritischer [PdMe₂]-Komplex wurde als Katalysator für die *Heck*-Reaktion[61] von Brombenzen mit Styren zu Stilben geprüft. Bemerkenswerterweise erwies sich die Aktivität dieses dendritischen Katalysators als höher als jene des nicht-dendritischen Analogons. Für das Dendrimer dritter Generation **13b** wurden Wechselzahlen (TON) von 54 h^{-1} gegenüber 16 h^{-1} für den klassischen Katalysator ermittelt. Eine

Abhängigkeit der TON von der Generation des Dendrimers wurde nicht berichtet. Das dendritische Gerüst wirkt sich in der homogenen Katalyse positiv auf die Katalysator-Stabilität aus, da sich der Katalysator im Gegensatz zu bisherigen Systemen nicht nennenswert unter Freisetzung von elementarem Palladium zersetzt.

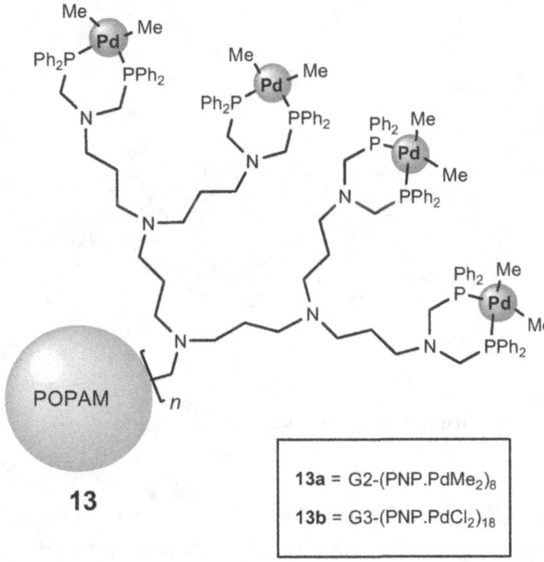

13

13a = G2-(PNP.PdMe$_2$)$_8$
13b = G3-(PNP.PdCl$_2$)$_{18}$

Bild 6-39 Phosphin-Dendrimer-Katalysator (nach *Reetz et al.*)

Bei den von *Breinbauer* und *Jacobsen* hergestellten dendritischen [Co(Salen)]-Komplexen dient wieder das Dendrimer als – kovalentes – Trägermaterial für die an der Peripherie angehefteten katalytischen Einheiten[62] Diese dendritischen *Jacobsen*-Katalysatoren wurden durch Umsetzen der entsprechenden PAMAM-Dendrimere mit Aktivester-Derivaten chiraler [Co(II)-(Salen)]-Einheiten nach standardisierten Peptid-Kupplungsmethoden gewonnen. Das Dendrimer **14** (**Bild 6-40**) zeigte bei der „hydrolytischen kinetischen Auflösung" von Vinyl-cyclohexanoxid eine drastisch gesteigerte Reaktivität verglichen mit dem kommerziell erhältlichen „monomeren *Jacobsen*-Katalysator".[63-67] Während man mit letzterem lediglich einen Umsatz von weniger als 1% mit einem nicht mehr ermittelbaren *ee* erzielte, wurde mit **14** ein Umsatz von 50% bei einem *ee* von 98:2 erhalten.

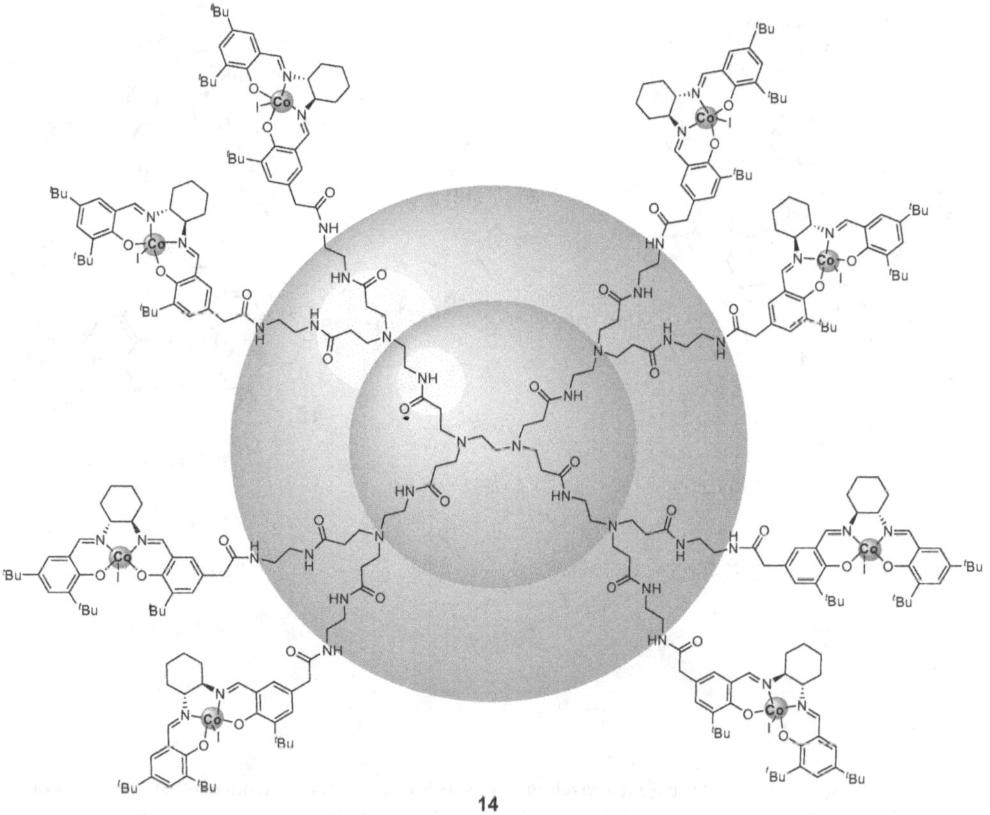

14

Bild 6-40 Dendritischer 8-Co-PAMAM-Katalysator **14**

Um die Ursache für die beobachtete Geschwindigkeitserhöhung zu ergründen, wurden sowohl das Monomer **15** mit einem repräsentativen Rest für die Verknüpfungsstellen der katalytischen Einheiten im Dendrimer als auch die „dimere" Modellverbindung **16** synthetisiert, welche die „Nachbarschaftsbeziehung" zweier katalytischer Einheiten innerhalb des Zweiges eines PAMAM-Dendrimers „nachahmt" (**Bild 6-41**). Beim katalytischen Einsatz zeigte sich, dass die dendritischen Katalysatoren wesentlich reaktiver waren als der monomere Komplex. Darüber hinaus wiesen die dendritischen Katalysatoren auffallend höhere katalytische Aktivitäten auf als die dimere Modellverbindung.

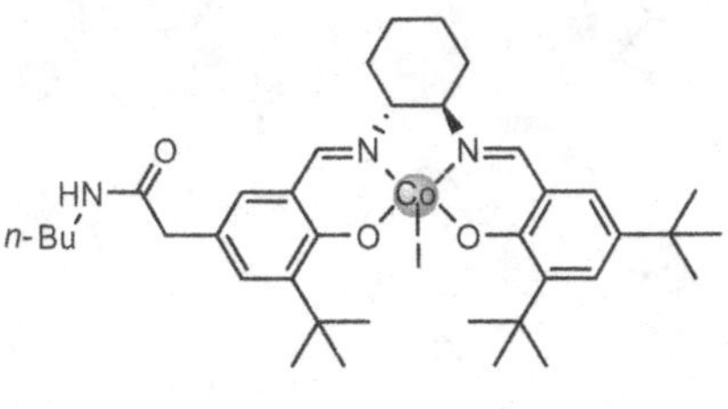

15

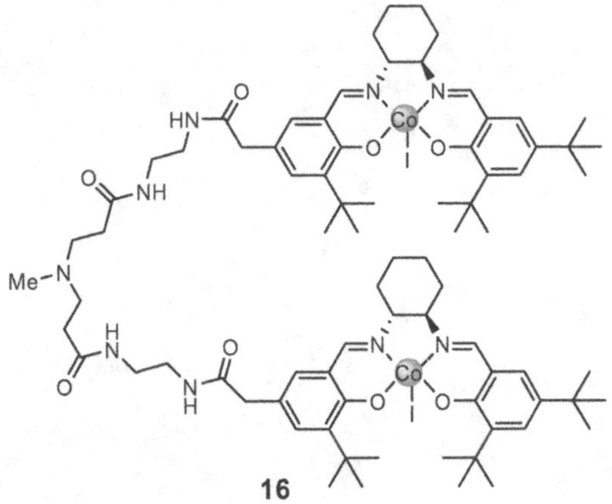

16

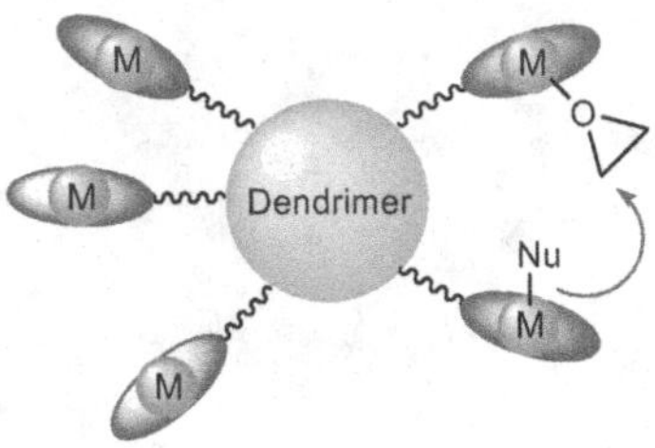

17

Bild 6-41 Möglicher kooperativer Effekt zwischen den Salen-Einheiten des dendritischen Katalysators
17 sowie monomere (**15**) und dimere Modell-Substanzen (**16**); M symbolisiert das Metallzentrum, die (roten) Ellipsen die Salen-Liganden

6.3.2.2 Metall-freie dendritische Katalysatoren

Der bisherige Schwerpunkt sowohl auf dem Gebiet der dendritischen Katalyse wie auch in
der organischen Katalyse allgemein liegt in der Katalyse mit Metallen. Der Trend geht jedoch
verstärkt zur Katalyse mit rein organischen Verbindungen. Einige Beispiele für derartige
Metall-freie – und dendritische – Katalysatoren seien hier aufgeführt, die für formselektive
Katalysen oder als chirale Auxiliare nützlich sein können.

Ford et al. funktionalisierten Polyether-Dendrimere mit quartären Ammonium-Ionen (**1** in
Bild 6-42).[68, 69]

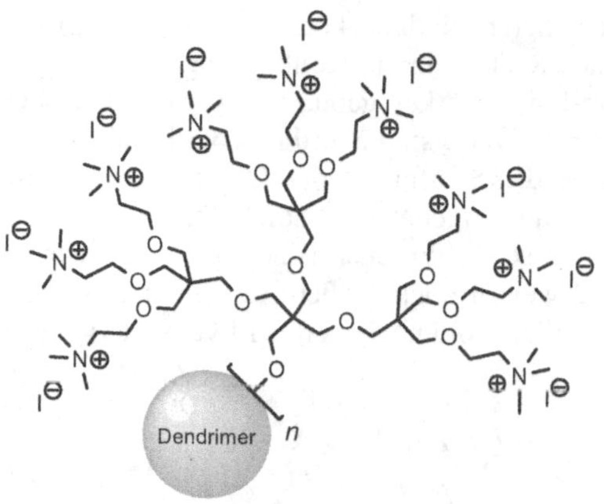

Bild 6-42 Polyether-Dendrimer, funktionalisiert mit quartären Ammonium-Gruppen (nach *Ford et al.*)

Das Potential dieser Dendrimere bei der unimolekularen Decarboxylierung von 6-Nitro-benzisoxazol und der durch *o*-Iodbenzoat katalysierten – bimolekularen Hydrolyse von *p*-Nitrophenyldiphenylphosphat wurde untersucht. In wässrigem Medium beschleunigen solche polykationische Dendrimere derartige Reaktionen durch Stabilisierung der organischen Anionen, die bei hoher Konzentration an der polykationischen Peripherie des Dendrimers ionisch wechselwirken. Somit fördert die *pseudo*-micellare Umgebung des Dendrimers die Bildung der nukleophilen organischen Anionen. Die entsprechenden POPAM-Komplexe mit Cu^{II}-, Zn^{II}- und Co^{II}-Ionen beschleunigten die gleichen Reaktionen allerdings um den Faktor 1,3 bis 6,3 gegenüber den Metall-Ion-freien Dendrimeren.[68]

Da interne quartäre Ammonium-Ionen eines Dendrimers als aktive Stellen für Phasentransfer- oder Polyelektrolyt-Katalysen dienen können, synthetisierten *Ford et al.* entsprechende amphiphile Polyamin-Dendrimere mit Octyl- und Triethylenoxymethylether-Ketten.[70] Die unimolekulare konzertierte Decarboxylierung von Natrium-6-nitrobenzisoxazol-3-carboxylat[71] diente zur Prüfung der katalytischen Fähigkeiten der Dendrimere, z. B. **2** (**Bild 6-43**). Bei der betrachteten Reaktion vermindern Wasserstoffbrücken-Bindungen protischer Lösungsmittelmoleküle mit den Carboxylat-Anionen die Reaktionsgeschwindigkeit, während dipolare aprotische Solventien die Geschwindigkeit steigern. Ein quartäres Ammoniumchlo-rid-Dendrimer wie **2** beschleunigt die Reaktion um den Faktor 200 bis 500 gegenüber der Umsetzung in Wasser. Unter der Annahme eines „single-site-Bindungsmodells", das der *Michaelis-Menten*-Enzymkinetik und dem *Menger-Portnoy*-Modell[72, 73] für die Katalyse durch oberflächenaktive Micellen ähnelt, kann davon ausgegangen werden, dass die Sub-stratbindung reversibel ist, das Substrat sich also zwischen der wässrigen Phase und dem Dendrimer verteilt. Von derselben Forschungsgruppe war zuvor ein Dendrimer mit 36 termi-nalen Alkyltrimethyl-ammoniumiodid-Gruppen und von Pentaerythritol abgeleiteten Ver-zweigungen synthetisiert worden, das jedoch über keine quartären Ammonium-Einheiten verfügt.[68] Die Dendrimere mit quartären Ammoniumionen weisen deutlich höhere Werte für die Geschwindigkeitskonstante k_c der im Inneren des Dendrimers ablaufenden Decarboxylie-rung auf und haben auch eine höhere Bindungskonstante K als die Dendrimere ohne quartäre

Ammonium-Gruppen. Die höheren Bindungskonstanten für Dendrimere wie **2** waren nicht zu erwarten, da die anionischen Reaktanden in Konkurrenz zu den Iodid-Ionen der Dendrimere ohne quartäre Ammonium-Ionen stärker gebunden werden und somit schwerer verdrängt werden sollten. Die höheren k_c-Werte sind allerdings bei Dendrimeren mit quartären Ammonium-Ionen zu erwarten, da diese aufgrund der Octyl-Ketten hydrophober sind. Dadurch befinden sich in ihrem Inneren weniger Wassermoleküle, die den Grundzustand des umzusetzenden Reaktanden über Wasserstoffbrücken-Bindungen stabilisieren können. Dendrimere höherer Generationen als **2** weisen noch größere Geschwindigkeitskonstanten auf, weshalb die Reaktanden in solchen Fällen wohl noch weniger hydratisiert vorliegen.

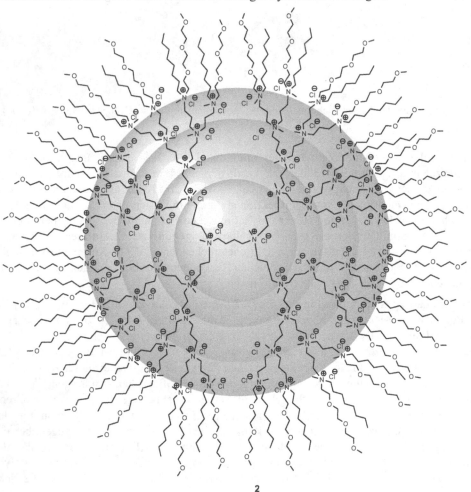

2

Bild 6-43 DAB-basiertes Dendrimer mit internen quartären Ammonium-Gruppen (nach *Ford et al.*)

Neutrale dendritische Katalysatoren ohne Metallzentren liegen auch mit den Aminen **3** von *Morao* und *Cossio* vor, die aus einem einfachen Amin-Kern, funktionalisiert mit *Fréchet-*

Dendrons, bestehen (**Bild 6-44**).[74] Solche Amine können die Nitroaldol- oder *Henry*-Reaktion[75] zwischen aromatischen Aldehyden und Nitroalkanen katalysieren. Während in der Reaktion von *p*-Nitrobenzaldehyd mit Nitroethan bei verschiedenen Generationen von dendritischen Katalysatoren weder Veränderungen im Umsatz noch in der Stereoselektivität (*syn/anti* 1:1) auftraten, wurde ein ausgeprägter *negativer Dendritischer Effekt* für die Reaktion von Benzaldehyd mit 3-Nitro-1-propanol festgestellt. Mit den Katalysatoren **3a** und **3b** wurde noch ein Umsatz von mehr als 95% innerhalb von 4-6 Stunden erzielt, der bis zum G2-Katalysator **3c** auf 75% zurückging, nun allerdings über einen Zeitraum von 48 h. Es traten jedoch keine signifikanten Änderungen der Stereoselektivität auf; sie blieb unverändert beim Verhältnis *syn/anti* 2:1. Die katalytische Aktivität nimmt mit zunehmender Generation ab, weil mit zunehmendem dendritischem Wachstum eine immer stärkere sterische/elektronische Abschirmung des Zentrums durch die Dendrons einhergeht. Dennoch ist bemerkenswert, dass sich bei der ersten untersuchten Reaktion kein negativer *Dendritischer Effekt* bemerkbar macht.

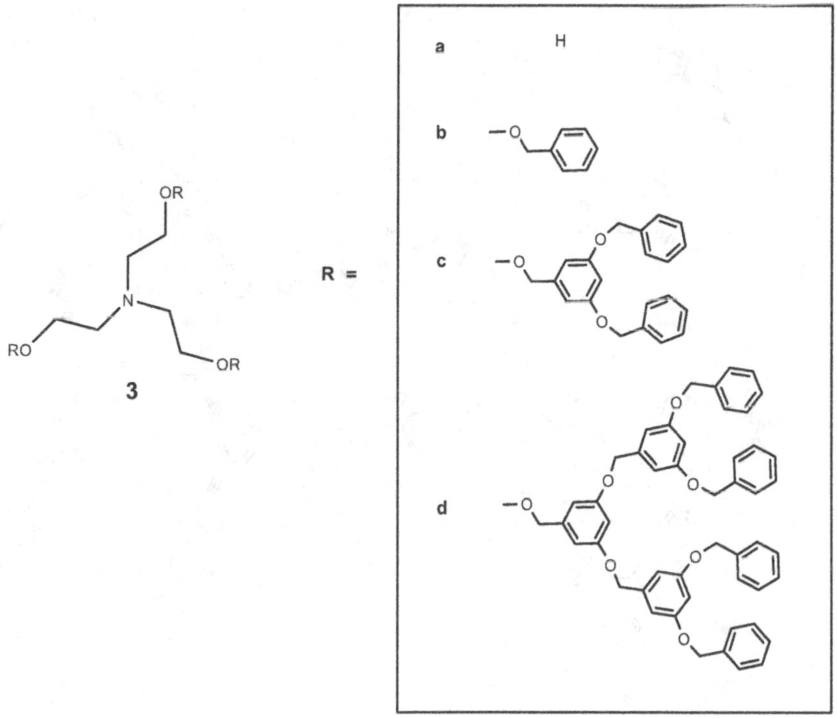

Bild 6-44 Durch Dendron-Substitution ummantelter Amin-Kern (nach *Morao* und *Cossio*)

Soai et al. untersuchten anhand der chiralen Dendrimere **4** und **5** den Einfluss der Flexibilität des dendritischen Trägergerüsts auf die katalytischen Eigenschaften (**Bild 6-45**). Für **4** benutzten sie PAMAM als Träger der chiralen Ephedrin-Gruppen.[76, 77] Die dendritischen Katalysatoren, z. B. **4**, bewirkten bei der chiralen Addition von Diethylzink an *N*-Diphenylphosphinylimine allerdings nur einen moderaten Effekt auf die Enantiomeren-

Überschüsse des Produkts. Mit der nicht-dendritischen Modellverbindung wurde sogar eine höhere chirale Induktion erzielt – und diese zudem bei deutlich geringenen Konzentrationen.[78] Sowohl für die Ausbeuten als auch für die *ee* wurde ein negativer *Dendritischer Effekt* beim Übergang vom G1- zum G2-Katalysator beobachtet. Bei Einsatz des vergleichsweise starren Kohlenwasserstoff-Gerüsts 5 als Träger für die gleichen Ephedrin-Gruppen wurde immerhin ein *ee* von 86% (bei Katalysator-Konzentrationen von 3.3 mol%) erhalten.[79] Insgesamt variierten die erzielten *ee* für G1 und G2-Katalysator nur geringfügig, während für die Ausbeuten beim Übergang von G1 zu G2 ein positiver *Dendritischer Effekt* konstatiert wurde. Die verschiedenen Ergebnisse für flexible und starre Systeme (4 bzw. 5) werden auf die Flexibilität der Arme des PAMAM-Dendrimers 4 zurückgeführt, wodurch die verschiedenen Ephedrin-Gruppen miteinander wechselwirken und einen effektiven Transfer chiraler Information während der C-C-Verknüpfung verhindern können. Im Gegensatz hierzu verringert die Formsteifheit des Kohlenwasserstoff-Rückgrats in 5 die Interaktion zwischen den chiralen Gruppen, was den stereoselektiven Prozess begünstigt.

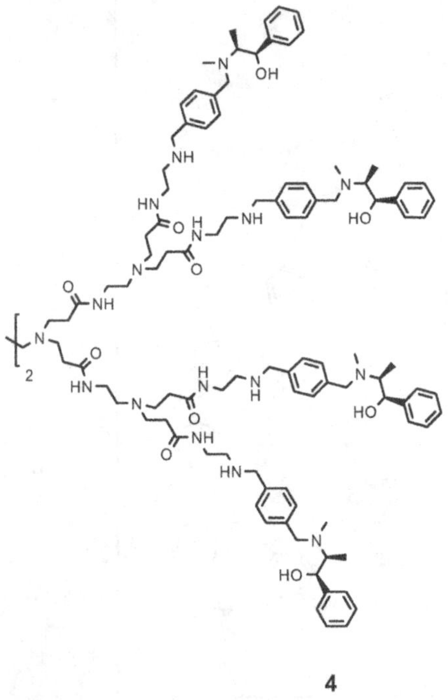

4 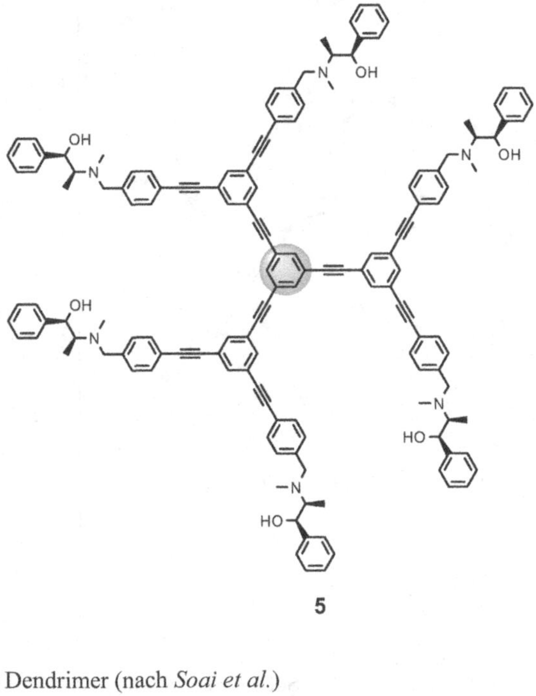   5

Bild 4-45 Flexibles (4) und starreres (5) chirales Dendrimer (nach *Soai et al.*)

Häm-haltige Monooxygenasen wie Cytochrom P450[80] und Peroxidasen[81] katalysieren eine Vielzahl wichtiger Oxidationen in der Natur. Daher stellt die Synthese von Verbindungen, welche die Struktur und zusätzlich die damit verbundene Funktionalität solcher Enzyme nachahmen, eine Herausforderung für den synthetischen Chemiker dar. Einige Porphyrin-Dendrimere[59, 82, 83] wurden hergestellt und erfolgreich auf ihre Aktivitäten als Mono-

Oxygenasen untersucht.[59, 82f, 83] Ausgehend von ihren Ergebnissen auf dem Gebiet dendriti-scher Cytochrom-Mimetika[84] synthetisierten *Diederich et al.* drei Generationen dendriti-scher Fe^{III}-Porphyrine mit kovalent gebundenen axialen Imidazol-Liganden als Modell-Verbindungen für Häm-Monooxygenasen.[85] Über den kovalent gebundenen Imidazol-Liganden sollte die Bildung einer fünffach koordinierten Spezies mit einer freien Koordinati-onsstelle gewährleistet sein. Von solchen axial-orientierten Stickstoff-Liganden ist bekannt, dass sie die Reaktivität von Oxidationen, die von Metall-Porphyrinen katalysiert werden, erhöhen.[86] In der Natur verfügen Peroxidasen ebenfalls über eine Mono-Imidazol-Koordinationsstelle ähnlich derjenigen in den Dendrimeren **6a-c** (**Bild 6-46**).

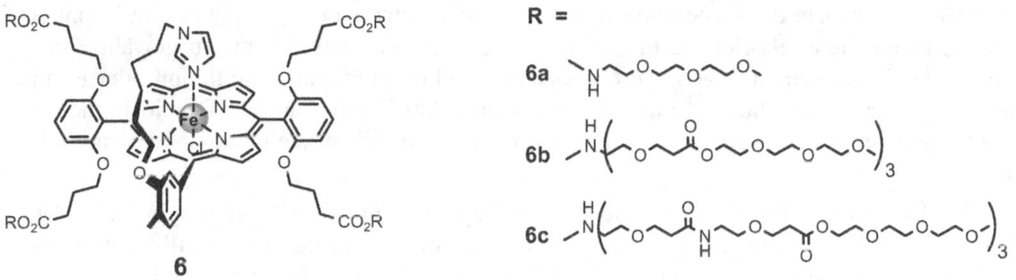

Bild 6-46 Dendritische Fe^{III}-Porphyrine als Modell-Verbindungen für Häm-Monooxygenasen (nach *Diederich et al.*)

Diederich et al. hatten postuliert, dass die hoch-reaktive Eisen-Oxo-Spezies, die aus dem Sauerstoff-Transfer vom Oxidans zum Fe^{III}-Zentrum durch einen Mechanismus in der Art einer „Peroxid-Ableitung" entsteht,[87] durch Umhüllen innerhalb einer dendritischen Über-struktur beträchtlich stabilisiert werden sollte. Das katalytische Potential der Dendrimere **6a-c** wurde in der Epoxidierung von Alkenen[83a, 88] (1-Octen und Cycloocten) und der Oxidation von Sulfiden[83a] ((Methylsulfanyl)benzen und Diphenylsulfid) zu Sulfoxiden – in Dichlor-methan mit Iodosylbenzen als Oxidationsmittel – ermittelt. Im Vergleich zu den bekannten Metall-Porphyrin-Katalysatoren zeigten **6a-c** bei den Oxidationen nur niedrige TON (7 bzw. 28 für **6a** und 25 bzw. 57 für **6c**). Dies wird auf mangelnde Stabilität der Metall-Porphyrine gegenüber Selbstoxidation zurückgeführt. Wahrscheinlich wird die einzige freie *meso*-Position am Porphyrin-Macrocyclus oxidativ unter Ringöffnung angegriffen.[89] Die Oxidati-on der Sulfide verläuft – wie zu erwarten – effizienter, mit Ausbeuten bis zu 80% und Selek-tivitäten von über 99%. Für die TON war ein deutlicher Anstieg beim Übergang von G0 (38 bzw. 30 für **6a**) zu G2 (77 bzw. 87 für **6c**) zu erkennen. Sowohl für die Olefin-Epoxidierungen als auch für die Sulfid-Oxidationen war ein deutlicher *positiver Dendriti-scher Effekt* zu beobachten. Die stärker werdende Abschirmung durch die dendritische Um-mantelung ahmt die Funktion der Proteinhülle in natürlichen Häm-Proteinen nach, verlang-samt die Zersetzung und sorgt für eine verbesserte Stabilität des Katalysators. Somit erwies sich der dendritische Katalysator zweiter Generation **6c** als effizientester Katalysator dieses Typs.

Der vorstehende kurze Überblick über den Stand bisheriger Entwicklungen dendritischer Katalysatoren zeigt einerseits das große Potenzial an strukturellen und funktionellen Möglichkeiten, andererseits, dass es wohl noch weiterer Grundlagen-Studien und neuer Ansätze bedarf, um eingefahrene konventionelle Katalysator-Systeme zu übertreffen (s. auch *Kapitel 8.2*).

6.3.3 Dendritische Effekte bei elektrochemischen Eigenschaften

6.3.3.1 Charge-Transfer-Komplex-basierte Leitfähigkeit

PAMAM-Dendrimere der Generationen eins bis fünf wurden an der Peripherie mit Naphthalendiimid-Einheiten dekoriert (**Bild 6-47**), welche, um Wasserlöslichkeit zu gewährleisten, kationische Substituenten tragen. Anschließende Reduktion mit Natriumdithionit oder Formamid in wässrigem Medium[90] führte zu Anionenradikal-Zentren an den Diimid-Einheiten. Diese aggregieren in Lösung zu π-Stapeln, in fester Form bilden sie elektrisch leitende Filme.[91]

Mittels ESR wurde gefunden, dass jede Diimid-Gruppierung bei der Reduktion in Wasser ein Elektron aufnimmt, und dass damit dünne dendritische Filme mit Luftfeuchtigkeitsabhängiger Leitfähigkeit erhalten werden können. Die Leitfähigkeit nimmt mit steigender Feuchtigkeit über dem Film zu und erreicht bei 90%iger Luftfeuchte Werte bis zu 18S/cm.

Zur Frage der Struktur/Eigenschafts-Beziehungen nahmen *Tomalia et al.* an, dass die Diimid-Gruppen in größeren Dendrimeren in engere Nachbarschaft treten. Das Dendrimer der ersten Generation mit nur sechs Diimid-Einheiten zeigte eine geringere Leitfähigkeit, jedoch wies die fünfte Generation mit 96 Diimid-Einheiten keine größeren Vorteile gegenüber dem Dendrimer der zweiten Generation mit nur 12 Diimid-Funktionen auf. Deshalb wurde postuliert, dass in jedem Dendrimer niedrige π-Stapel gebildet werden, sodass die Leitfähigkeit für alle hier untersuchten Dendrimere ähnlich ist. Innerhalb des PAMAM-Kerns gibt es offenbar genügend Flexibilität, die sowohl intra- als auch intermolekulare π-Stapel-Wechselwirkungen ermöglicht.[90]

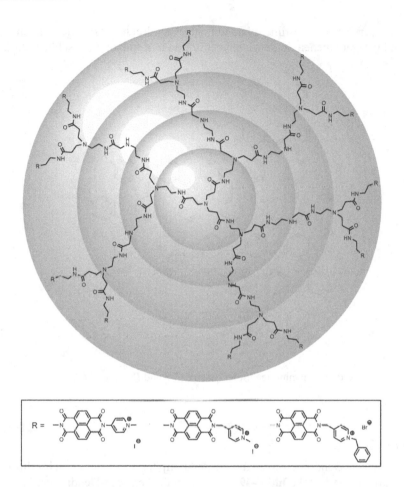

Bild 6-47 PAMAM-Dendrimer der Generation G2 mit drei unterschiedlichen kationischen Naphtha-lendiimid-Endgruppen (nach *Miller, Tomalia et al.*)

6.3.3.2 Redox-Gradienten

Blackstock et al. synthetisierten ein redoxaktives Polyarylamin-Dendrimer (**Bild 6-48**) mit Elektronentransport-Eigenschaften. Es baut sich aus einer 1,3,5-substituierten Benzen-Kerneinheit mit innenliegenden *p*-Phenylendiamin-Spacern (-Abstandshaltern) auf, die von Arylamino-Gruppen umschlossen sind.[92] Das Molekül weist C3-Symmetrie auf mit neun ausgeprägten *meta*-verknüpften Redox-Funktionen. Die schwer zu oxidierenden außenliegenden Triarylamino-Gruppen bilden eine Art Mantel um die einfacher zu oxidierenden innenliegenden Phenylendiamino-Gruppen. Dies bewirkt einen strahlenförmigen Redox-Gradienten innerhalb der dendritischen Architektur. Wahrscheinlich unterstützt der von der Peripherie zum Kern verlaufende Gradient die im Zuge von Oxidationen auftretende positive Kernladung und inhibiert zudem eine Entladung des positiven Kerns bei Reduktionsreaktio-

nen. Solche Polyarylamin-Dendrimere können daher als dreidimensionale „Ladungstrichter"
und als „Ladungslager" dienen, in denen eine auftretende Kernladung geschützt wird.

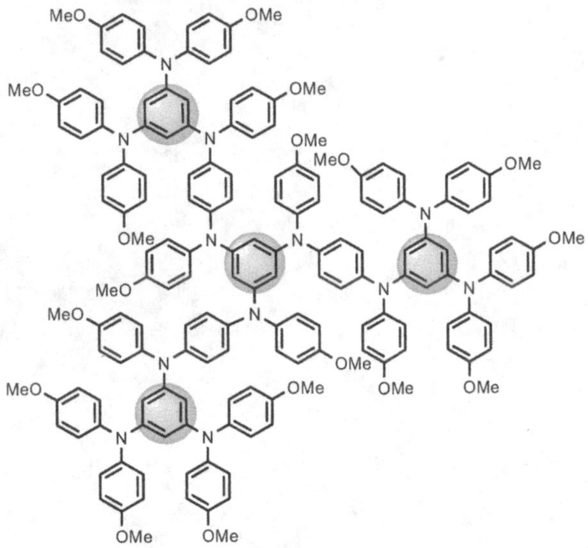

Bild 6-48 Redoxaktives Polyarylamin-Dendrimer (nach *Selby* und *Blackstock*)

6.3.3.3 Redox-Sensorik

Astruc et al. stellten Dendrimere dar, die an der Peripherie mit bis zu achtzehn Ferrocen-
Einheiten funktionalisiert sind (**Bild 6-49**). Diese Amido-Ferrocen-Dendrimere sind geeigne-
te Wirtmoleküle („Rezeptoren") für kleine Anionen. Durch *cyclische Voltammetrie* (*CV*-
Messungen) konnte das Redoxverhalten der Ferrocen-Endgruppen bei Gegenwart diverser
Anionen ($H_2PO_4^-$, HSO_4^-, Cl^-, Br^-, NO_3^-) verfolgt werden. Die Amido-Ferrocen-
Untereinheiten wechselwirken über Wasserstoffbrücken-Bindungen mit den Anionen, wobei
aufgrund der Oxidation der Ferrocen-Gruppen – zu Ferrocenium-Kationen – vor allem eine
elektrostatische Anziehung der anionischen Gäste stattfindet. Mit wachsendem Generationsgrad wurde ein Anion-induzierter Anstieg des Redoxpotentials beobachtet. Dieser *Dendritische Effekt* basiert auf der größeren Oberflächendichte der terminalen Redox-Sensorgruppen.

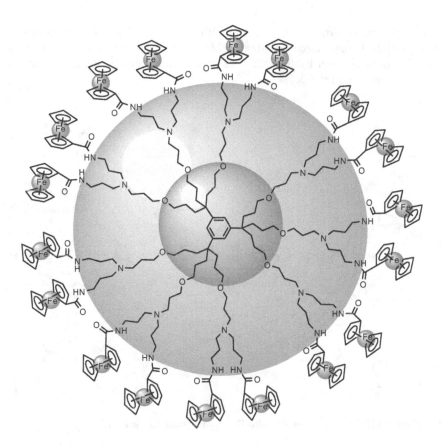

Bild 6-49 Redoxaktives Dendrimer mit 18 terminalen Ferrocen-Einheiten (nach *Astruc et al.*)

6.3.3.4 Redoxpotential und Redox-Transferkinetik

Die Veränderung der elektrochemischen Eigenschaften eines durch dendritische Fragmente eingehüllten Redoxzentrums[93] kann zu zwei unterschiedlichen *Dendritischen Effekten* führen. Der erste zeigt sich in einer Verschiebung des Redoxpotentials. Dessen Ausdehnung und Richtung hängen von der dendritischen Architektur und dem Lösungsmittel ab. Ein solches Verhalten wurde bei dendritischen Eisen-Porphyrinen gefunden.[94] Der zweite Effekt drückt sich in einer Verzögerung der Redox-Transferkinetik aus und ist durch einen schrittweisen Anstieg der Peakabstände im Cyclovoltammogramm mit zunehmender Dendrimer-Generation charakterisiert.

Bei Ruthenium(II)-bis(terpyridin)-Dendrimeren (**Bild 6-50**), in denen die Dendrimer-Größe schrittweise ansteigt, konnte durch Größenausschluss-Chromatographie und bei den elektrochemischen Eigenschaften ein Einfluss der Dendrimer-Größe auf die Reversibilität von Redoxprozessen nachgewiesen werden.[95]

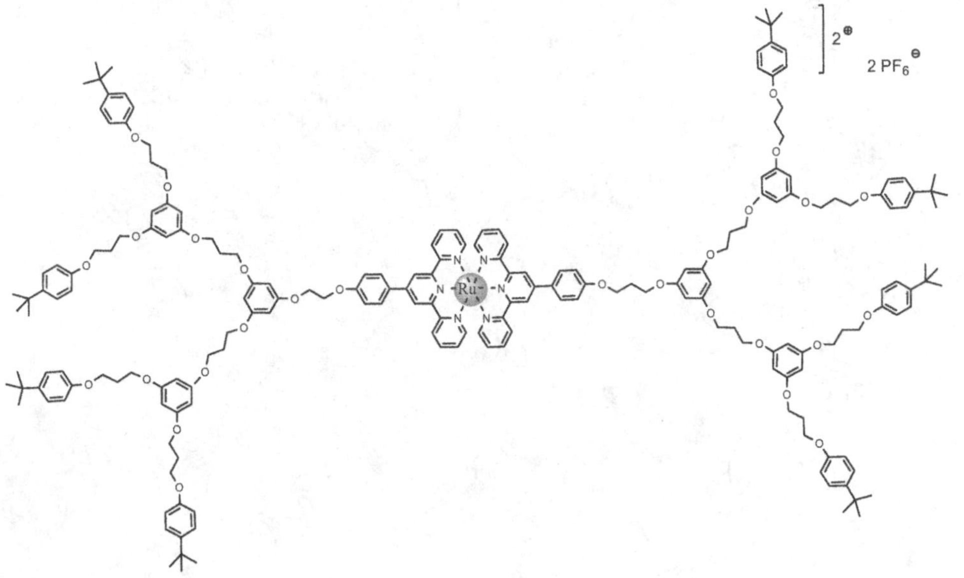

Bild 6-50 Ruthenium(II)-bis(terpyridin)-Metallo-Dendrimer (nach *Chow et al.*)

6.3.3.5 Ladungstrennungs-Prozesse

Dendritische Zink-Porphyrine mit endständigen Fulleren-Gruppierungen (**Bild 6-51**) wurden auf photoinduzierte Elektronentransfer-Eigenschaften untersucht. Solche kovalent gebundenen P_{Zn}-C_{60}-Dyaden (Zweiergruppen, von *dyas* = Zweiheit; P_{Zn} = Porphyrin/Zink-Komplex) gelten als gute photoinduzierte Elektronentransfer-Einheiten, bei denen der Ladungstrennungszustand, der aus dem Elektronenübergang vom Porphyrin zum Fulleren resultiert, wegen der niedrigen Reorganisations-Energie des Fullerens einen Vorteil bietet.[96]

Studien hinsichtlich der Lebensdauer des ladungsgetrennten Zustands bei diesen dendritischen Porphyrin/Zink-Fulleren-Systemen mit bis zu sieben Porphyrin-Einheiten ($7P_{Zn}$-C_{60}) zeigten nicht nur die – sichtbares – Licht-sammelnden Eigenschaften der großen dendritischen Antennen für den Elektronentransfer zum fokalen Fulleren, sondern auch eine Verzögerung des Rücktransports des Elektrons. Die Lebensdauer des ladungsgetrennten Zustands erwies sich für das im – im **Bild 6-51** gezeigten – „Heptamer" als wesentlich höher als bei kleineren Generationen (Monomer und Trimer).

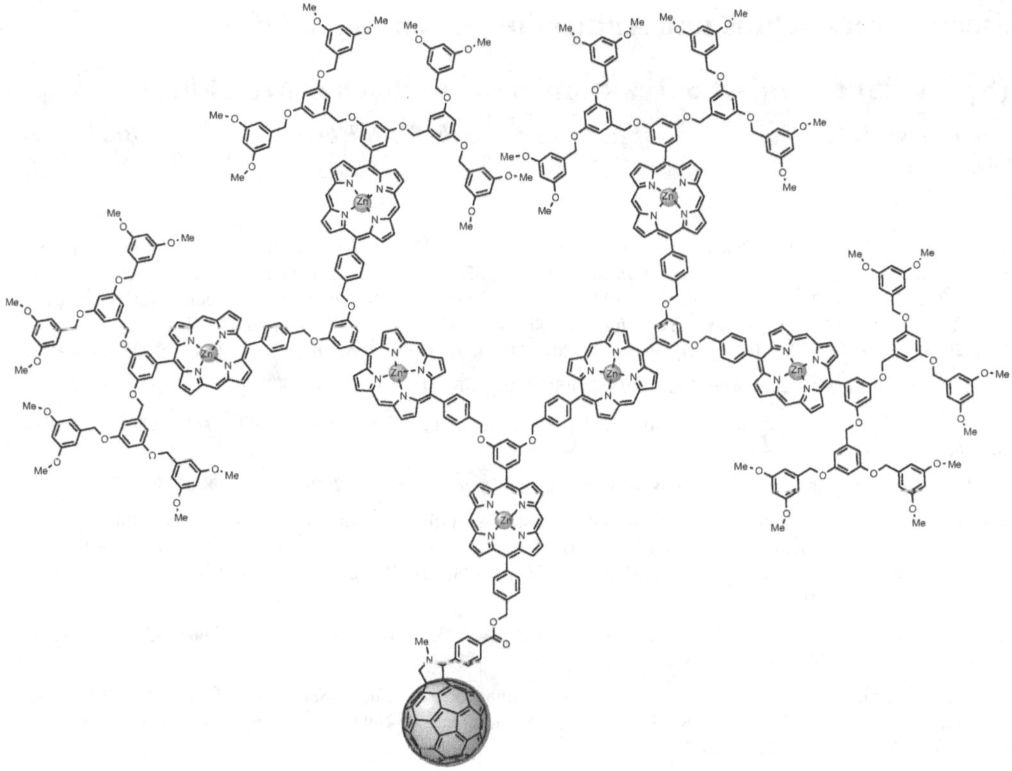

Bild 6-51   Dendritisch verknüpfte Porphyrin/Zink-Komplexe mit Fulleren im fokalen Punkt (nach
Aida et al.)

6.3.4 Zusammenfassung zum *Dendritischen Effekt*

Eine Vorhersage, ob sich bei einer dendritischen Verbindung tatsächlich ein *Dendritischer Effekt* einstellen kann, ist vom Molekülbau, insbesondere dem Verzweigungsgrad, der Generationszahl, den Spacern, der jeweiligen Zielverbindung sowie von seiner Umgebung (Temperatur, Lösungsmittel, Gastsubstanzen) abhängig. Mit flexiblen oder rigiden linearen Spacern dürften sich *Dendritische Effekte* oft abschwächen oder sogar aufheben lassen. Für photo-physikalische und elektrochemische Eigenschaften lassen sich *Dendritische Effekte* wohl eher „einplanen" oder – in Zukunft – sogar maßgeschneidert werden. Für die Katalyse mit Dendrimeren und auch für die molekulare Erkennung können solche Trends – wegen der Komplexität der chemischen Reaktionsmechanismen, die oft auch für den nicht-dendritischen Fall noch nicht völlig verstanden sind – nicht so deutlich prognostiziert werden. Je nach Aufbau des funktionalisierten Dendrimers wird für kleinere oder nachfolgende Generationen ein Maximum an Effektivität erreicht, während für die nachfolgenden Generationen der Effekt sich ins Negative umkehren könnte.

Literaturverzeichnis und Anmerkungen zu *Kapitel 6*

„(Spezielle) Chemische Reaktionen dendritischer Moleküle"

Übersichtsartikel sind durch ein vorgestelltes fett gedrucktes **Übersicht(en)** *bzw.* **Buch (Bücher)** *gekennzeichnet.*

[1] **Buch**: R. H. Grubbs, *Handbook of Metathesis*, Wiley-VCH **2003**, *Vol 1-3*; **Übersichten**: A. Fürstner, *Angew. Chem.* **2000**, *112*, 3140-3172; *Angew. Chem. Int. Ed.* **2000**, *39*, 3012-3043; M. Schuster, S. Blechert, *Angew. Chem.* **1997**, *109*, 2124-2144; *Angew. Chem. Int. Ed.* **1997**, *36*, 2036-2056; K. C. Nicolaou, P. G. Bulger, D. Sorlah, *Angew. Chem.* **2005**, *117*, 4564-4601; *Angew. Chem. Int. Ed* **2005**, *44*, 4490-4527; R. R. Schrock, A. H. Hoveyda, *Angew. Chem.* **2003**, *115*, 4740-4782; *Angew. Chem. Int. Ed.* **2003**, *42*, 4592-4633; D. Astruc, *New. J. Chem.* **2005**, *29*, 42-56.

[2] C. O. Liang, J. M. J. Fréchet, *Macromolecules* **2005**, *38*, 6276-6284.

[3] S. Gatard, S. Nlate, E. Cloutet, G. Bravic, J.-C. Blais, D. Astruc, *Angew. Chem.* **2003**, *115*, 468-472; *Angew. Chem. Int. Ed.* **2003**, *42*, 452-456.

[4] S. B. Garber, J. S. Kingsbury, B. L. Gray, A. H. Hoveyda, *J. Am. Chem. Soc.* **2000**, *122*, 8168-8179.

[5] P. Wijkens, J. T. B. H. Jastrzebski, P. A. Schaaf, R. Kolly, A. Hafner, G. van Koten, *Org. Letters* **2000**, *11*, 1621-1624; S. B. Garber, J. S. Kingsbury, B. L. Gray, A. H. Hoveyda, *J. Am. Chem. Soc.* **2000**, *122*, 8168-8179; H. Beerens, F. Verpoort, L. Verdonck, *J. Mol. Catal.* **2000**, *151*, 279-282; H. Beerens, F. Verpoort, L. Verdonck, *J. Mol. Catal.* **2000**, *159*, 197-201.

[6] C. Ornelas, D. Méry, J.-C. Blais, E. Cloutet, J. R. Aranzaes, D. Astruc, *Angew. Chem.* **2005**, *117*, 7565-7570; *Angew. Chem. Int. Ed.* **2005**, *44*, 3752-3753.

[7] A. K. Chatterjee, J. P. Morgan, M. Scholl, R. H. Grubbs, *J. Am. Chem. Soc.* **2000**, *122*, 3783-3784; A. K. Chatterjee, T.-L. Choi, D. P. Sanders, R. H. Grubbs, *J. Am. Chem. Soc.* **2003**, *125*, 11360-11370; **Übersicht**: R. H. Grubbs, *Acc. Chem. Res.* **2001**, *34*, 18-29.

[8] **Übersichten**: a) G. Wulff, *Chem. Rev.* **2002**, *102*, 1-28; b) A. J. Hall, M. Emgenbroich, B. Sellergren, *Top Curr. Chem.* (Bandhrsg. C. A. Schalley, F. Vögtle, K. H. Dötz) **2005**, *249*, 317-349; c) B. Sellergren, M. Lepistö, K. Mosbach, *J. Am. Chem. Soc.* **1988**, *110*, 5853-5860; d) F. L. Dickert, P. A. Lieberzeit, O. Hayden, *Nachrichten aus der Chemie*, November **2003**; e) K. J. Shea *J. Am. Chem. Soc.* **2001**, *123*, 2072-2073; f) K. Haupt, *Analyt. Chemistry* **2003**, *75*, 376A-383A; g) **Buch**: M. Komiyama, T. Takeuchi, T. Mukawa, H. Asanuma, *Molecular Imprinting*, Wiley-VCH, Weinheim **2002**.

[9] **Übersichten**: *Top. Curr. Chem* (Bandhrsg. C. A. Schalley, F. Vögtle, K. H. Dötz) **2004**, *248;* *Top. Curr. Chem* (Bandhrsg. C. A. Schalley, F. Vögtle, K. H. Dötz) **2005**, *249*.

[10] M. S. Wendland, S. C. Zimmerman, *J. Am. Chem. Soc.* **1999**, *121*, 1389-1390; S. L. Elmer, S. C. Zimmerman, *J. Org. Chem.* **2004**, *69*, 7363-7366; J. B. Beil, N. G. Lemcoff, S. C. Zimmerman, *J. Am. Chem. Soc.* **2004**, *12*, 13576-13577.

[11] L. G. Schultz, Y. Zhao S. C. Zimmerman, *Angew. Chem.* **2001**, *113*, 2016-2020; *Angew. Chem. Int. Ed.* **2001**, *40*, 1962-1966.

[12] S. C. Zimmerman, I. Zharov, M. S. Wendland, N. A. Rakow, K. S. Suslick, *J. Am. Chem. Soc.* **2003**, *125*, 13504-13518; S. C. Zimmerman, M. S. Wendland, N. A. Rakow, I. Zharov, K. S. Suslick, *Nature* **2002**, *418*, 399-403; siehe auch *Kapitel 8.8.3.*

[13] Y. Kim, M. F. Mayer, S. C. Zimmerman, *Angew. Chem.* **2003**, *115*, 1153-1158; *Angew. Chem. Int. Ed.* **2003**, *42*, 1121-1126.

[14] F. Vögtle, M. Plevoets, G. Nachtsheim, U. Wörsdörfer, *J. Prakt. Chem.* **1998**, *340*, 112-120; R. Herrmann, F. Vögtle, H.-P. Josel, B. Frommberger, G. Pappert, J. Issberner, Boehringer (Mannheim), Patent *DE 4439346A1*, **1994**.

[15] R. Misra, R. Kumar, T. K. Chandrashekar, C. H. Suresh, A. Nag, D. Goswami, *J. Am. Chem. Soc.* **2006**, *128*, 16083-16091.

[16] **Übersicht**: O. A. Mathews, A. N. Shipway, J. F. Stoddart, *Progr. Polymer Sci.* **1998**, *23*, 1-56; D. K. Smith, F. Diederich, *Chem. Eur. J.* **1998**, *4*, 1353-1361; S. Hecht, J. M. J. Fréchet, *Angew. Chem.* **2001**, *113*, 76-94; *Angew.*

Chem. Int. Ed. **2001**, *40*, 74-91; *Übersicht*: D. Seebach, P. B. Rheiner, G. Greiveldinger, T. Butz, H. Sellner, *Top. Curr. Chem.* (Bandhrsg. F. Vögtle) **1998**, *197*, 125-164; M. A. Hearshaw, J. R. Moss, *J. Chem. Soc., Chem. Commun.* **1999**, 1-8.

[17] P. Bhyrappa, J. K. Young, J. S. Moore, K. S. Suslick, *J. Am. Chem. Soc.* **1996**, *118*, 5708-5711; I. Marao, P. Cossio, *Tetrahedron Lett.* **1997**, *38*, 6461-6464; C. C. Mak, H.-F. Chow, *Macromolecules* **1997**, *30*, 1228-1230; H.-F. Chow, C. C. Mak, *J. Org. Chem.* **1997**, *62*, 5116-5127; P. B. Rheiner, H. Sellner, D. Seebach, *Helv. Chim. Acta* **1997**, *80*, 2027-2032; G. E. Oosterom, J. N. H. Reek, P. C. J. Kamer, P. W. N. M. van Leeuwen, *Angew. Chem.* **2001**, *113*, 1878-1901; *Angew. Chem. Int. Ed.* **2001**, *40*, 1828-1849.

[18] J. W. Lee, Y. H. Ko, S.-H. Park, K. Yamaguchi, K. Kim, *Angew. Chem.* **2001**, *113*, 769-771; *Angew. Chem. Int. Ed.* **2001**, *40*, 746-749.

[19] M. W. P. L. Baars, A. J. Karlsson, V. Sorokin, B. F. W. De Waal, E. W. Meijer, *Angew. Chem.* **2000**, *112*, 4432-4435; *Angew. Chem. Int. Ed.* **2000**, *39*, 4262-4265; U. Boas, S. H. M. Söntjens, K. J. Jensen, J. B. Christiansen, E. W. Meijer, *ChemBioChem* **2002**, *3* 433-439.

[20] V. Chechik, M. Zhao, R. M. Crooks, *J. Am. Chem. Soc.* **1999**, *121*, 4910-4911; B. González, C. M. Casado, B. Alonso, I. Cuadrado, M. Morán, Y. Wang, A. E. Kaifer, *Chem. Commun.* **1998**, 2569-2570; G. R. Newkome, L. A. Godínez, C. N. Moorefield, *Chem. Commun.* **1998**, 1821-1822.

[21] S. Uppuluri, D. R. Swanson, L. T. Piehler, J. Li, G. L. Hagnauer, D. A. Tomalia, *Adv. Mater.* **2000**, *12*, 796-800.

[22] A. Franz, W. Bauer, A. Hirsch, *Angew. Chem.* **2005**, *117*, 1588-1592; *Angew. Chem. Int. Ed.* **2005**, *44*, 2976-2979.

[23] K. Hager, A. Franz, A. Hirsch, *Chem. Eur. J.* **2006**, *12*, 2663-2679.

[24] W. Wang, A. E. Kaifer, *Angew. Chem.* **2006**, *118*, 7200-7204; *Angew. Chem. Int. Ed.* **2006**, *45*, 7042-7046.

[25] *Übersichten*: M. W. P. L. Baars, E. W. Meijer, *Top. Curr. Chem.* (Bandhrsg. F. Vögtle) **2000**, *210*, 131-182; R. M. Crooks, B. I. Lemon III, L. Sun, L. K. Yueng, M. Zhao, *Top. Curr. Chem.* (Bandhrsg. F. Vögtle) **2001**, *212*, 81-135; V. V. Narayanan, G. R. Newkome *Top. Curr. Chem.* (Bandhrsg. F. Vögtle) **1998**, *197*, 19-77; F. Zeng, S. C. Zimmerman, *Chem. Rev.* **1997**, *97*, 1681-1712; D. K. Smith, F. Diederich, *Top. Curr. Chem.* (Bandhrsg. F. Vögtle) **2000**, *210*, 181-227; R. M. Crooks, M. Zhao, L. Sun, V. Chechnik, L. K. Yueng, *Acc. Chem. Res.* **2001**, *34*, 181-190; A. Archut, G. C. Azellini, V. Balzani, L. De Cola, F. Vögtle, *J. Am. Chem. Soc.* **1998**, *120*, 12187-12191; *Buch*: G. R. Newkome, C. N. Moorefield, F. Vögtle, *Dendritic Molecules: Concepts, Syntheses, Perspectives*, VCH, New York **1996**.

[26] S.-K. Chang, A. D. Hamilton, *J. Am. Chem. Soc.* **1988**, *110*, 1318-1319.

[27] A. Dirksen, U. Hahn. F. Schwanke, M. Nieger, J. N. H. Reek, F. Vögtle, L. De Cola, *Chem. Eur. J.* **2004**, *10*, 2036-2047; A. Dirksen, L. De Cola, *C. R. Chimie* **2003**, *6*, 873-882.

[28] A. Archut, G. C. Azzellini, V. Balzani, L. De Cola, F. Vögtle, *J. Am. Chem. Soc.* **1998**, *120*, 12187-12191.

[29] F. Vögtle, M. Gorka, R. Hesse, R. Maestri, V. Balzani, *Photochem. Photobiol. Sci.* **2002**, 1, 45-51.

[30] *Buch*: D. J. Cram, J. M. Cram, *Container Molecules and Their Guests* (Hrsg. F. Stoddart), Monographs in Supramolecular Chemistry, Royal Society of Chemistry, Cambridge **1994**.

[31] M. W. P. L. Baars, R. Kleppinger, M. H. J. Koch, S.-L. Yeu, E. W. Meijer, *Angew. Chem.* **2000**, *112*, 1341-1344; *Angew. Chem. Int. Ed.* **2000**, *39*, 1285-1288.

[32] J. C. Garcia-Martinez, R. Lezutekong, R. M. Crooks, *J. Am. Chem. Soc.* **2005**, *127*, 5097-5103.

[33] V. Balzani, P. Ceroni, S. Gestermann, M. Gorka, C. Kauffmann, F. Vögtle, *J. Chem. Soc., Dalton Trans.* **2000**, 3765-3771; F. Vögtle, S. Gestermann, C. Kauffmann, P. Ceroni, V. Vicinelli, V. Balzani, *J. Am. Chem. Soc.* **2000**, *122*, 10398-10404; V. Balzani, P. Ceroni, S. Gestermann, M. Gorka, C. Kauffmann, M. Maestri, F. Vögtle, *ChemPhysChem.* **2000**, 224-227.

[34] G. R. Newkome, C. N. Moorefield, G. R. Baker, M. J. Saunders, S. H. Grossman, *Angew. Chem.* **1991**, *103*, 1207-1209; *Angew. Chem. Int. Ed.* **1991** *30*, 1178-1180.

[35] M. Liu, K. Kono, J. M. J. Fréchet, *J. Controlled Release* **2000**, *65*, 121-131.

[36] V. Chechnik, M. Zao, R. M. Crooks, *J. Am. Chem. Soc.* **1999**, *121*, 4910-4911.

[37] C. J. Hawker, K. L. Wooley, J. M. J. Fréchet, *J. Chem. Soc. Perkin. Trans. 1* **1993**, 1287-1297; S. Mattei, P. Seiler, F. Diederich, V. Gramlich, *Helv. Chim. Acta* **1995**, *78*, 1904-1912; S. Stevelsmans, J. C. M. van Hest, J. F. G.

A. Jansen, D. A. F. J. van Boxtel, E. M. M. de Brabander-van den Berg, E. W. Meijer, *J. Am. Chem. Soc.* **1996**, *118*, 7398-7399.

[38] J. J. Michels, M. W. P. L. Baars, E. W. Meijer, J. Huskens, D. N. Reinhoudt, *J. Chem. Soc. Perkin. Trans. 2* **2000**, 1914-1918.

[39] J. J. J. M. Donners, B. R. Heywood, E. W. Meijer, R. J. Nolte, C. Elissen-Roman, A. P. H. J. Schenning, N. A. J. M. Sommerdijk, *Chem. Commun.* **2000**, *19*, 1937-1938; J. N. H. Reek, A. P. H. J. Schenning, A. W. Bosman, E. W. Meijer, M. J. Crossley, *Chem. Commun.* **1998**, 11-12; *Übersicht*: A. W. Bosman, J. F. G. A. Jansen, E. W. Meijer, *Chem. Rev.* **1999**, *99*, 1665-1668; K. Kalyanasundaram, J. K. Thomas, *J. Am. Chem. Soc.* **1977**, *99*, 2039-2044.

[40] P. R. Ashton, V. Balzani, M. Clemente-León, B. Colonna, A. Credi, N. Jayaraman, F. M. Raymo, J. F. Stoddart, M. Venturi, *Chem. Eur. J.* **2002**, *8*, 673-684.

[41] V. Balzani, H. Bandmann, P. Ceroni, C. Giansante, U. Hahn, F.-G. Klärner, U. Müller, W. M. Müller, C. Verhaelen, V. Vicinelli, F. Vögtle, *J. Am. Chem. Soc.* **2006**, *128*, 637-648; V. Balzani, P. Ceroni, C. Giansante, V. Vicinelli, F.-G. Klärner, C. Verhaelen, F. Vögtle, U. Hahn, *Angew. Chem.* **2005**, *117*, 4650-4654; *Angew. Chem. Int. Ed.* **2005**, *44*, 4574-4578.

[42] C. A. Schalley, C. Verhaelen, F.-G. Klärner, U. Hahn, F. Vögtle, *Angew. Chemie*, **2005**, *117*, 481-485; *Angew. Chem. Int. Ed.* **2005**, *44*, 477-480.

[43] G. M. Hübner, G. Nachtsheim, Q. Y. Li, C. Seel, F. Vögtle, *Angew. Chem.* **2000**, *112*, 1315-1318; *Angew. Chem. Int. Ed.* **2000**, *39*, 1269-1272.

[44] Der Ausdruck *Dendritischer Effekt* wird inzwischen allgemein zur Charakterisierung Generations-abhängiger physikalischer und chemischer Phänomene bei dendritischen Molekülen verwendet. C. Valério, J.-L. Fillaut, J. Ruiz, J. Guittard, J.-C. Blais, D. Astruc *J. Am. Chem. Soc.* **1997**, *119*, 2588-2589; P. K. Murer, J.-M. Lapierre, G. Greiveldinger, D. Seebach, *Helv. Chim. Acta* **1997**, *80*, 1648-1681.

Bezeichnenderweise ist der Terminus *Dendritischer Effekt* weder in dem Band „Dendrimers and Other Dendritic Polymers* (Hrsg. J. M. J. Fréchet, D. A. Tomalia), Wiley, Chichester **2001** noch in der 1. Auflage von G. R. Newkome, C. Moorefield, F. Vögtle, *Dendritic Molecules: Concepts, Syntheses, Perspectives*, VCH, Weinheim **1996** im Sachverzeichnis aufgeführt, wohl aber in der Monographie G. R. Newkome, C. N. Moorefield, F. Vögtle, *Dendrimers and Dendrons: Concepts, Syntheses, Applications*, VCH, Weinheim **2001**.

[45] G. P. Perez, R. M. Crooks, *The Electrochemical Society Interface*, **2001**, 34-38.

[46] *Übersichten* zu dendritischen Katalysatoren: a) R. van Heerbeek, P. C. J. Kamer, P. W. N. M. van Leeuwen, J. N. H. Reek, *Chem. Rev.* **2002**, *102*, 3717-3756; b) G. E. Oosterom, J. N. H. Reek, P. C. J. Kamer, P. W. N. M. van Leeuwen, *Angew. Chem.* **2001**, *113*, 1878-1901.

[47] D. A. Tomalia, P. R. Dvornic, *Nature* **1994**, *372*, 617-618.

[48] A. W. Kleij, R. A. Gossage, J. T. B. H. Jastrzebski, J. Boersma, G. van Koten, *Angew. Chem.* **2000**, *112*, 179-181; *Angew. Chem. Int. Ed.* **2000**, *39*, 176-178.

[49] C. C. Mak, H.-F. Chow, *Macromolecules* **1997**, *30*, 1228-1230; H.-F. Chow, C. C. Mak, *J. Org. Chem.* **1997**, *62*, 5116-5127.

[50] a) H. F. Chow, C. C. Mak, *Chem. Comm.* **1996**, 1185-1186; b) H. F. Chow, C. C. Mak, *J. Chem. Soc. Perkin Trans. 1*, **1997**, 91-95; c) H. F. Chow, C. C. Mak, *Pure Appl. Chem.* **1997**, *69*, 483-488.

[51] Q.-H. Fan, Y.-M. Chen, X.-M. Chen, D.-Z. Jiang, F. Xi, A. S. C. Chan, *Chem. Commun.* **2000**, 789-790.

[52] Für ähnliche Effekt siehe: a) Q.-H. Fan, C.-Y. Ren, C.-H. Yeung, W.-H. Hu, A. S. C. Chan, *J. Am. Chem. Soc.* **1999**, *121*, 7407-7408; b) T. Uemura, X. Zhang, K. Matsumara, N. Sayo, H. Kumobayashi, T. Ohta, K. Nozaki, H. Takaya, *J. Org. Chem.* **1996**, *61*, 5510-5516; c) V. Enev, C. L. J. Ewers, M. Harre, K. Nickisch, J. T. Mohr, *J. Org. Chem.* **1997**, *62*, 7092-7093.

[53] H.-F. Chow, C.-W. Wan, *Helv. Chim. Acta* **2002**, *85*, 3444-3454; C. C. Mak, H.-F. Chow, *Macromolecules* **1997**, *30*, 1228-1230; C. C. Mak, H.-F. Chow, *J. Org. Chem.* **1997**, *62*, 5116-5127.

Zum Einfluß der Rückfaltung als Erklärung des ungewöhnlichen Löslichkeitsverhaltens mancher Metallo-Dendrizyme siehe: H. Brunner, *J. Organomet. Chem.* **1995**, *500*, 39-46.

[54] D. Seebach, R. E. Marti, T. Hintermann, *Helv. Chim. Acta* **1996**, *79*, 1710-1740.

[55] P. B. Rheiner, D. Seebach, *Chem. Eur. J.* **1999**, *5*, 3221-3236.

[56] M. Kimura, Y. Sugihara, T. Muto, K. Hanabusa, H. Shirai, N. Koboyashi, *Chem. Eur. J.* **1999**, *5*, 3495-3500.

[57] M. Kimura, M. Kato, T. Muto, K. Hanabusa, H. Shirai, *Macromolecules* **2000**, *33*, 1117-1119.

[58] P. Bhyrappa, J. K. Young, J. S. Moore, K. S. Suslick, *J. Mol. Kat. A. Chemical* **1996**, *113*, 109-116.

[59] P. Bhyrappa, J. K. Young, J. S. Moore, K. S. Suslick, *J. Am. Chem. Soc.* **1996**, *118*, 5708-5711.

[60] a) M. T. Reetz, G. Lohmer, R. Schwickardi, *Angew. Chem.* **1997**, *109*, 1559-1562; *Angew. Chem. Int. Ed.* **1997**, *36*, 1526-1529; b) Einsatz im kontinuierlich betriebenem Membranreaktor: N. Brinkmann, D. Giebel, G. Lohmer, M. T. Reetz, U. Kragl, *J. Cat.* **1999**, *183*, 163-168.

[61] a) R. F. Heck, „Vinyl Substitutions with Organopalladium Intermediates", in *Comprehensive Organic Synthesis* (B. M. Trost, I. Fleming, Hrsg.), Bd. 4, 833-863, Pergamon Press, Oxford **1991**; b) S. Chandrasekhar, C. Narsihmulu, S. S. Sultana, N. R. Reddy, *Org. Lett.* **2002**, *4*, 4399-4401; c) S. Li, Y. Lin, H. Xie, S. Zhang, J. Xu, *Org. Lett.* **2006**, *8*, 391-394; d) G. Battistuzzi, S. Cacchi, G. Fabrizi, *Org. Lett.* **2003**, *5*, 777-780; e) J. Mo, L. Xu, J. Xiao, *J. Am. Chem. Soc.* **2005**, *127*, 751-760; f) A. L. Hansen, T. Skrydstrup, *Org. Lett.* **2005**, *7*, 5585-5587.

[62] R. Breinbauer, E. N. Jacobsen, *Angew. Chem.* **2000**, *112*, 3750-3753; *Angew. Chem. Int. Ed.* **2000**, *39*, 3604-3607.

[63] Literatur zum *Jacobsen*-Katalysator: a) Darstellung, siehe: J. F. Larrow, E. N. Jacobsen, Y. Gao, Y. Hong, X. Nie, C. M. Zepp, *J. Org. Chem.* **1994**, *59*, 1939-1942; J. F. Larrow, E. N. Jacobsen, *Org. Synth.* **1997**, *75*, 1-10; b) zur Epoxidierung und Aziridierung von Olefinen siehe: W. Zhang, J. L. Loebach, S. R. Wilson, E. N. Jacobsen, *J. Am. Chem. Soc.* **1990**, *112*, 2801-2803; W. Zhang, E. N. Jacobsen, *J. Org. Chem.* **1991**, *56*, 2296-2298; E. N. Jacobsen, W. Zhang, A. R. Muci, J. R. Ecker, L. Deng, *J. Am. Chem. Soc.* **1991**, *113*, 7063-7064; M. Bandini, P. G. Cozzi, A. Umani-Ronchi, *J. Chem. Soc., Chem. Comm.* **2002**, 919-927. c) Varianten des *Jacobsen*-Katalysators: Lit. [65-67]

[64] Spezielle Literatur zur asymmetrischen Epoxidation mit *Jacobsen*-Katalysatoren: a) E. N. Jacobsen, *Acc. Chem. Res.* **2000**, *33*, 421-431; b) E. N. Jacobsen, W. Zhang, M. L. Güler, *J. Am. Chem. Soc.* **1991**, *113*, 6703-6704; c) M. Palucki, N. S. Finney, P. J. Pospisil, M. L. Güler, T. Ishida, E. N. Jacobsen, *J. Am. Chem. Soc.* **1998**, *120*, 948-954; d) W. Adam, K. J. Roschmann, C. R. Saha-Möller, D. Seebach, *J. Am. Chem. Soc.* **2002**, *124*, 5068-5073; e) T. G. Traylor, A. R. Miksztal, *J. Am. Chem. Soc.* **1989**, *111*, 7443-7448.

[65] Zur *Katsuki*-Variante des *Jacobsen*-Katalysators, siehe: a) R. Irie, K. Noda, Y. Ito, N. Matsumoto, T. Katsuki, *Tetrahedron Lett.* **1990**, *31*, 7345-7348; b) R. Irie, K. Noda, Y. Ito, T. Katsuki, *Tetrahedron Lett.* **1991**, *32*, 1055-1058; c) R. Irie, Y. Ito, T. Katsuki, *Synlett* **1991**, *2*, 265-266; d) R. Irie, K. Noda, Y. Ito, N. Matsumoto, T. Katsuki, *Tetrahedron: Asymmetry* **1991**, *2*, 481-494; e) N. Hosoya, R. Irie, Y. Ito, T. Katsuki, *Synlett* **1991**, *2*, 691-692.

[66] Modifikationen des *Jacobsen*-Katalysators nach *Burrows*: C. J. Burrows, K. J. O'Connor, S. J. Wey, *Tetrahedron Lett.* **1992**, *33*, 1001-1004.

[67] Modifikationen des *Jacobsen*-Katalysators nach *Thornton*: D. R. Reddy, E. R. Thornton, *J. Chem. Soc., Chem Comm.* **1992**, 172-173.

[68] J. J. Lee, W. T. Ford, J. A. Moore, Y. Li, *Macromolecules* **1994**, *27*, 4632-4634.

[69] K. Vassilev, W. T. Ford, *J. Polym. Sci. A: Polym. Chem.* **1999**, *37*, 2727-2736.

[70] Y. Pan, W. T. Ford, *Macromolecules* **2000**, *33*, 3731-3738.

[71] J. J. Lee, W. T. Ford, *Macromolecules* **1994**, *27*, 4632-4634; D. S. Kemp, K. G. Paul, *J. Am. Chem. Soc.* **1975**, *97*, 7305-7312; J. J. Lee, W. T. Ford, *J. Org. Chem.* **1993**, *58*, 4070-4077; P. D. Miller, W. T. Ford, *Langmuir* **2000**, *16*, 592-596.

[72] F. M. Menger, C. E. Portnoy, *J. Am. Chem. Soc.* **1967**, *89*, 4698-4703.

[73] P. D. Miller, H. O. Spivey, S. L. Copeland, R. Sanders, A. Woodruff, D. Gearhart, W. T. Ford, *Langmuir* **2000**, *16*, 108-114.

[74] I. Morao, F. P Cossío, *Tetrahedron Lett.* **1997**, *38*, 6461-6464.

[75] R. Ballini, G. Bosica, *J. Org. Chem.* **1997**, *62*, 425-427.

[76] T. Suzuki, Y. Hirokawa, K. Ohtake, T. Shibata, K. Soai, *Tetrahedron: Asymmetry* **1997**, *8*, 4033-4040.

[77] I. Sato, T. Shibata, K. Ohtake, R. Kodaka, Y. Hirokawa, N. Shirai, K. Soai, *Tetrahedron Lett.* **2000**, *41*, 3123-3126.

[78] Zur Anwendung im kontinuierlich betriebenen Membranreaktor siehe: A. W. Kleij, R. A. Gossage, R. J. M. Gebbink, N. Brinkmann, U. Kragl, E. J. Reyerse, M. Lutz, A. L. Spek, G. van Koten, *J. Am. Chem. Soc.* **2000**, *122*, 12112-12124.

[79] Die nickelhaltigen Systeme sind auch aktiv in der kontrollierten Radikalpolymerisation (ATRP). Siehe: a) T. E. Patten, J. Xia, T. Abernathy, K. Matyjaszewski, *Science* **1996**, *272*, 866-868; b) C. Granel, Ph. Dubois, R. Jérôme, P. Teyssié, *Macromolecules* **1996**, *29*, 8576-8582; c) S. A. F. Bon, F. A. C. Bergman, J. J. G. S. van Es, B. Klumperman, A. L. German, "Controlled radical polymerization: towards control of molecular weight", in *Controlled Radical Polymerization* (K. Matyjaszewski, Hrsg.), *ACS Symposium Series* **1998**, *685*, 236-255.

[80] R. E. White, M. J. Coon, *Ann. Rev. Biochem.* **1980**, *49*, 315-356; J. H. Dawson, M. Sono, *Chem. Rev.* **1987**, *87*, 1255-1276; M. Sono, M. P. Roach, E. D. Coulter, J. H. Dawson, *Chem. Rev.* **1996**, *96*, 2841-2888.

[81] H. B. Dunford, *Adv. Inorg. Biochem.* **1982**, *4*, 41-68; J. H. Dawson, *Science* **1988**, *240*, 433-439; A. M. English, G. Tsaprailis, *Adv. Inorg. Chem.* **1995**, *43*, 79-125.

[82] a) P. J. Dandliker, F. Diederich, A. Zingg, J.-P. Gisselbrecht, M. Gross, A. Louati, E. Sanford, *Helv. Chim. Acta* **1997**, *80*, 1773-1801; b) K. W. Pollak, J. W. Leon, J. M. J. Fréchet, M. Maskus, H. D. Abruña, *Chem. Mater.* **1998**, *10*, 30-38; c) D.-L. Jiang, T. Aida, *J. Am. Chem. Soc.* **1998**, *120*, 10895-10901; d) S. A. Vinogradov, L.-W. Lo, D. F. Wilson, *Chem. Eur. J.* **1999**, *5*, 1338-1347; e) U. Puapaiboon, R. T. Taylor, *Rapid. Commun. Mass Spectrom.* **1999**, *13*, 508-515; f) M. Rimura, T. Shiba, M. Yamazaki, K. Hanabusa, H. Shirai, N. Kobayashi, *J. Am. Chem. Soc.* **2001**, *123*, 5636-5642.

[83] *Übersichten*: a) B. Meunier, *Chem. Rev.* **1992**, *92*, 1411-1456; b) D. Mansuy, *Coord. Chem. Rev.* **1993**, *125*, 129-141; c) D. R. Benson, R. Valentekovich, S.-W. Tam, F. Diederich, *Helv. Chim. Acta* **1993**, *76*, 2034-2060; d) F. Bedioui, *Coord. Chem. Rev.* **1995**, *144*, 39-68; *Artikel*: e) J. P. Collman, Z. Wang, A. Straumanis, M. Quelquejeu, E. Rose, *J. Am. Chem. Soc.* **1999**, *121*, 460-461; f) J. Yang, R. Breslow, *Angew. Chem.* **2000**, *112*, 2804-2806; *Angew. Chem. Int. Ed.* **2000**, *39*, 2692-2695; g) J. T. Groves, *J. Porphyrins Phthalocyanines* **2000**, *4*, 350-352; *Übersicht*: h) W.-D. Woggon, H.-A. Wagenknecht, C. Claude, *J. Inorg. Biochem.* **2001**, *83*, 289-300.

[84] a) P. Weyermann, J.-P. Gisselbrecht, C. Boudon, F. Diederich, M. Gross, *Angew. Chem.* **1999**, *111*, 3400-3404; *Angew. Chem. Int. Ed.* **1999**, *38*, 3215-3219; b) P. Weyermann, J.-P. Gisselbrecht, C. Boudon, F. Diederich, M. Gross, *Helv. Chim. Acta* **2002**, *85*, 571-598.

[85] P. Weyermann, F. Diederich, *Helv. Chim. Acta* **2002**, *85*, 599-617.

[86] M. J. Gunter, P. Turner, *J. Mol. Catal.* **1991**, *66*, 121-141; Y. Naruta, K. Maruyama, *Tetrahedron Lett.* **1987**, *28*, 4553-4556.

[87] J. T. Groves, T. E. Nemo, R. S. Myers, *J. Am. Chem. Soc.* **1979**, *101*, 1032-1033.

[88] *Übersichten*: T. G. Traylor, *Pure Appl. Chem.* **1991**, *63*, 265-274; M. J. Gunter, P. Turner, *Coord. Chem. Rev.* **1991**, *108*, 115-161.

[89] P. A. Adams, J. Louw, *J. Chem. Soc., Perkin Trans. 2* **1995**, 1683-1690; P. R. Ortiz de Mantellano, *Curr. Opin. Chem. Biol.* **2000**, *4*, 221-227.

[90] L. L. Miller, R. G. Duan, D. C. Tully, D. A. Tomalia, *J. Am. Chem. Soc.* **1997**, *119*, 1005-1010.

[91] J.-F. Penneau, L. L. Miller, *Angew. Chem.* **1991**, *103*, 1002-1003; *Angew. Chem Int. Ed.* **1991**, *30*, 986-987; J.-F. Penneau, B. J. Stallman, P. H. Kasai, L. L. Miller, *Chem. Mater.* **1991**, *3*, 791-796; C. J. Zhong, W. S. V. Kwan, L. L. Miller, *Chem. Mater.* **1992**, *4*, 1423; *Übersicht*: L. L. Miller K. R. Mann, *Acc. Chem. Res.* **1996**, *29*, 417-423.

[92] T. D. Selby, S. C. Blackstock, *J. Am. Chem. Soc.* **1998**, *120*, 12155-12156.

[93] H.-F. Chow, I. Y.-K. Chan, P.-S. Fung, T. K.-K. Mong, M. F. Nontrum, *Tetrahedron* **2001**, *57*, 1565-1572.

[94] P. J. Dandliker, F. Diederich, M. Gross, C. B. Knobler, A. Louati, E. M. Sandford, *Angew. Chem.* **1994**, *106*, 1821-1824; *Angew. Chem. Int. Ed.* **1994**, *33*, 1739-1742; P. J. Dandliker, F. Diederich, J.-P. Gisselbrecht, A. Louati, M. Gross, *Angew. Chem.* **1996**, *107*, 2906-2909; *Angew. Chem Int. Ed.* **1996**, *34*, 2725-2728.

[95] H.-F. Chow, I. Y.-K. Chan, P.-S. Fung, T. K.-K. Mong, M. F. Nongrum, *Tetrahedron* **2001**, *57*, 1565-1572.

[96] M.-S. Choui, T. Aida, H. Luo, Y. Araki, O. Ito, *Angew. Chem.* **2003**, *115*, 4194-4197; *Angew. Chem Int. Ed.* **2003**, *42*, 2154-2157.

7. Charakterisierung und Analytik

Die zweifelsfreie Charakterisierung von Dendrimeren ist nicht zuletzt aufgrund ihrer Molekülgröße und Symmetrie ziemlich komplex und stützt sich daher stets auf mehrere Analysemethoden. Neben verschiedenen *NMR*-Techniken,[1] welche die Basis der Dendrimer-Analytik bilden, sind abgesehen von Elementaranalysen vor allem verschiedene massenspektrometrische und chromatographische Methoden, *IR*-[2] und *Raman*-Spektroskopie, *Röntgen*-Strukturanalysen sowie Elektrophorese-Techniken[3] eingesetzt worden. Zunehmende Bedeutung gewinnen auch *Röntgen-Kleinwinkel-*, *Neutronenkleinwinkel-* und *Laserlicht-*Streuexperimente sowie mikroskopische Einzelmolekül-Beobachtungen. Sofern entsprechende Bauelemente im Dendrimer vorliegen, können auch *UV-Vis-* und Fluoreszenz-Spektroskopie oder chiroptische Messmethoden einen wichtigen Beitrag zur Dendrimer-Charakterisierung leisten.

In den folgenden Abschnitten werden einige der wichtigsten analytischen Methoden[4] vorgestellt, die zur Bestimmung der chemischen Zusammensetzung, der Molekülmasse, der Morphologie, der räumlichen Gestalt und der Homogenität von Dendrimeren herangezogen werden.

7.1 Chromatographie

Zunächst seien einige chromatographische und elektrophoretische Trennmethoden erläutert, da in den meisten Fällen keine zweifelsfreie Charakterisierung ohne vorherige Aufreinigung der Dendrimer-Probe möglich ist. Unter dem Begriff Chromatographie werden physikalische Trennmethoden zusammengefasst, mit denen Substanzgemische durch eine vielfach wiederholte Gleichgewichts-Einstellung der verschiedenen Komponenten zwischen einer stationären und einer mobilen Phase aufgetrennt werden können. Im folgenden werden die chromatographischen Verfahren näher vorgestellt, die zur Lösung von Trennproblemen in der Dendrimer-Chemie herangezogen werden.

7.1.1 Flüssigchromatographie

Bei der Flüssigchromatographie transportiert die mobile Phase (*Eluent*) die gelöste Probe durch die stationäre Phase. In Abhängigkeit von der Polarität der stationären Phase werden zwei Methoden unterschieden: *Normalphasen-Chromatographie* (*NP*, engl. Normal Phase) und *Umkehrphasen-Chromatographie* (*RP*, engl. Reversed Phase). In der *NP*-Chromatographie wird eine stationäre polare Phase wie Kieselgel (SiO_2) oder Aluminiumoxid (Al_2O_3) sowie eine unpolarere mobile Phase eingesetzt.

Die Trennwirkung resultiert aus der unterschiedlich starken Wechselwirkung der verschiedenen Komponenten einer Probe mit der stationären Phase.

Bei der *NP-Chromatographie* werden unpolare Lösungsmittel (z. B. Alkane) als Eluenten eingesetzt, wobei die Polarität des Eluenten bei unzureichender Elutionskraft durch Zugabe polarerer Lösungsmittel erhöht werden kann. Polarere Probenbestandteile haben in der *NP-Chromatographie* längere Verweilzeiten, d. h. sie verlassen die Säule später, da sie länger zurückgehalten (retardiert) werden.

Auch bei der *RP-Chromatographie* wird in der Regel eine stationäre Phase auf Kieselgel-Basis verwendet. Durch Alkylierung der Hydroxyl-Gruppen erhält die stationäre Phase jedoch einen unpolaren Charakter. Zu den gebräuchlichsten Eluenten gehören polare Lösungsmittel wie Methanol, Acetonitril oder Tetrahydrofuran bzw. entsprechende Lösungsmittel-Gemische. Der Trennmechanismus in der *RP-Chromatographie* ist komplex und lässt sich am besten als Folge von Adsorptions- und Verteilungseffekten erklären.

Häufig sind die Bestandteile einer Dendrimer-Probe strukturell sehr ähnlich und unterscheiden sich nur geringfügig in ihren physikochemischen Eigenschaften. Eine gradientenweise Veränderung der Polarität des Lösungsmittels durch zunehmend verstärktes Hinzumischen eines polareren bzw. unpolareren Lösungsmittels führt in solchen Fällen oft zu einer besseren Trennung (*Gradientensäule*).

7.1.1.1 Präparative Flüssigchromatographie

Die präparative Flüssigchromatographie (*LC*, engl. *l*iquid *c*hromatography) ist eine wichtige und vergleichweise kostengünstige Methode in der Dendrimer-Chemie zur routinemäßigen Trennung der verschiedenen Komponenten von größeren Probenmengen (> 1g). Die stationäre Phase befindet sich in Säulen, deren Durchmesser und Länge von der Probenmenge und der erforderlichen Trennleistung abhängt (*Säulen-Chromatographie*). Die mobile Phase (*Eluent*), die die gelöste Probe mit den Komponenten transportiert, wird entweder durch Schwerkraft oder durch zusätzlichen Druck (*Flash*-Chromatographie) durch die Säule bewegt (**Bild 7-1**).

Die *Dünnschicht-Chromatographie* (*TLC*, engl. *T*hin-*L*ayer *C*hromatography)[5] wird in der Dendrimer-Synthese routinemäßig zur Reinheitskontrolle und zur Identifizierung einzelner Bestandteile einer Dendrimer-Probe genutzt und eignet sich zur Überwachung der säulenchromatographischen Trennung. Da bereits Chemie-Studenten der ersten Fachsemester mit dieser analytischen Technik vertraut gemacht werden, wird in diesem Zusammenhang nicht näher darauf eingegangen.

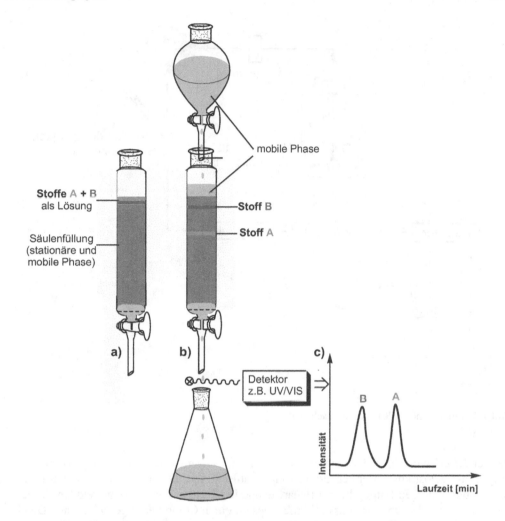

Bild 7-1 Aufbau einer säulenchromatographischen Trennung eines Probengemischs aus zwei Komponenten A und B unter Normaldruck [in Anlehnung an C. Janiak, Vorlesung Analytische Chemie I, Albert-Ludwigs-Universität Freiburg]. a) Nach Auftragen der Analytprobe; b) Die
Komponenten A und B sind bereits räumlich getrennt; c) Ausdruck der Trennung (Chromatogramm)

7.1.1.2 Hochleistungs-Flüssigkeitschromatographie

Eines der leistungsfähigsten Trennverfahren ist die Hochleistungs-Flüssigkeitschromato-
graphie (*HPLC,* engl. *high-performance liquid chromatography).*[6] Sie weist einen breiten
Anwendungsbereich auf, der auch nicht-flüchtige Substanzen wie ionische Verbindungen (z.
B. Aminosäuren, Proteine, Metall-Komplexe) oder höhermolekulare Verbindungen wie Polymere und Dendrimere[7] einschließt, die mittels Gaschromatographie nicht zu trennen sind.

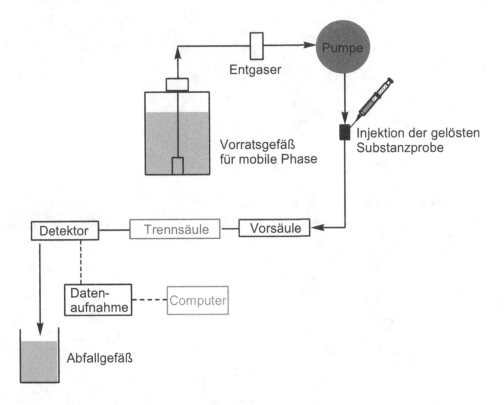

Bild 7-2 Aufbau einer HPLC-Anlage (schematisch)

Bei der *HPLC* wird die Substanzprobe in einem – mit der mobilen Phase mischbaren – Lösungsmittel gelöst und anschließend über ein Ventil injiziert. Die Trennung erfolgt auf einer chromatographischen Säule, die bei Bedarf temperiert werden kann. Die getrennten Probenbestandteile werden im Anschluss mithilfe eines an einen Computer angeschlossenen Detektors nachgewiesen (**Bild 7-2**). Die *HPLC* zeichnet sich durch eine deutlich höhere Trennleistung aus als die bereits vorgestellte klassische Säulenchromatographie (*LC*). Um dies zu erreichen, werden in der *HPLC* stationäre Phasen mit geringem Teilchendurchmesser ($d_p = 3$ bis 10 μm für analytische Trennungen) verwendet. Da diese der mobilen Phase einen hohen Widerstand entgegensetzen, sind Drücke von bis zu 400 bar erforderlich, um die mobile Phase mit akzeptablen Flussraten über die Trennsäule zu befördern.

Die *HPLC* bietet den Vorteil, nicht ausschließlich eine analytische Technik zu sein, sondern bei entsprechender Umrüstung auch auf die präparative Trennung (z. B. von Dendrimeren) angewandt werden zu können. In den letzten Jahren wurde diese Methode vermehrt zur Indentifzierung und Trennung von Dendrimeren eingesetzt, wobei die meisten der mittels dieser Technik bearbeiteten Trennprobleme bei Dendrimeren mithilfe der *RP-Chromatographie* gelöst wurden.

HPLC in der Dendrimer-Chemie: Da die Trennung in erster Linie auf der Adsorption zwischen den peripheren Gruppen des Dendrimers und der stationären Phase basiert, ist die HPLC eher für die Trennung von Dendrimeren mit terminalen Defekten oder verschiedenen Endgruppenfunktionalitäten geeignet.[8] Um die einzelnen mittels HPLC getrennten Fraktionen strukturell zu charakterisieren, können massenspektrometrische Methoden (z. B. MALDI-MS, s.u.) genutzt werden. Alle während eines divergenten Dendrimer-Aufbaus entstandenenen fehlerhaften Verbindungen zu identifizieren, ist eine der großen Herausforderungen der Dendrimer-Analytik. Moleküle mit kleineren internen Strukturdefekten (z. B. fehlende Verzweigungseinheiten, intramolekulare Ringschlüsse), die die Retentionszeit nur geringfügig beeinflussen, sind im Chromatogramm jedoch häufig nur als Schulter zu erkennen oder bleiben unter dem Hauptpeak verborgen.

Neuere Untersuchungen zeigen, dass sich die *RP-HPLC* in Kombination mit der *MALDI-TOF*-Massenspektrometrie zur präparativen Trennung und Charakterisierung von PAMAM-Dendrimeren verschiedener Generation oder unterschiedlichen peripheren Gruppen eignet.[8] Bisherige Untersuchungen deuten darauf hin, dass sich die Reinheit eines Dendrimers anhand der Chromatogramme zumindest halbquantitativ bewerten lässt.

Darüber hinaus können mithilfe der *HPLC* chirale Dendrimere (s. *Kapitel 4.2*) in ihre Enantiomere getrennt werden, wenn als stationäre Phase Kieselgel-Material verwendet wird, an dessen Oberfläche optisch aktive Substanzen gebunden sind.[9] Da die chirale stationäre Phase (CSP)[10] mit den enantiomeren Dendrimeren unterschiedlich starke Wechselwirkungen eingeht, werden sie verschieden stark retardiert, und man erhält im Idealfall zwei vollständig getrennte Peaks (Basislinien-Trennung). Erfolgreich wurde diese Trenntechnik unter anderem bei racemischen Mischungen von planar-chiralen Dendro[2.2]paracyclophanen, cycloenantiomeren Dendro[2]rotaxanen, topologisch chiralen Dendro[2]catenanen[11] sowie topologisch chiralen, dendritisch substituierten molekularen Knoten (Knotanen)[12] angewandt (*Kapitel 4.2.3*).

7.1.2 Gelpermeations-Chromatographie

Eine in der Polymer- und Dendrimer-Analytik häufig verwendete Chromatographie-Technik ist die *Größenausschluss-Chromatographie* (*SEC: Size Exclusion Chromatography*),[13] die häufig auch als *Gelpermeations-Chromatographie* (*GPC*) bezeichnet wird. Sie ist eine einfache Methode, um mit relativ geringem Aufwand an Substanz und Zeit die relative molare Masse, die Molmassenverteilung und den *Polydispersitäts-Index* (*PDI*) zu ermitteln.

Bei der *GPC* handelt es sich um eine weitere spezielle Form der *Flüssigkeits-Chromatographie*. Als stationäre Phase dienen hier poröse, polymere Gele (z. B. Polystyren-Gel), mit denen die Trennsäule gepackt wird. Die Körnung des Füllmaterials und die Größenverteilung der Poren sind wohl definiert und einheitlich. Bei der *GPC* erfolgt die Trennung der Moleküle nicht nach ihrer Affinität zum Trägermaterial, sondern nach ihrer effektiven Größe in Lösung, d. h. ihrem hydrodynamischen Volumen.

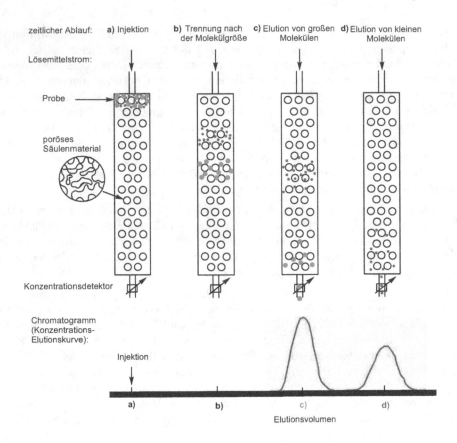

Bild 7-3 Funktionsweise einer GPC-Säule (schematisch)

Probenmoleküle, die zu groß sind, um in die Poren des – kommerziell in verschiedenen Porendimensionen erhältlichen – Trägermaterials einzudringen, werden nicht retardiert und verlassen die Trennsäule als erste. Das erforderliche *Elutionsvolumen* V_e ist entsprechend klein. Kleine Moleküle werden am stärksten zurückgehalten, da sie in alle Poren des Trägermaterials eindringen können. Probenmoleküle mittlerer Größe können teilweise in die stationäre Phase eindringen und eluieren in Abhängigkeit von ihrer Eindringtiefe in die Poren (**Bild 7-3**). Bei der *GPC* sollten keine spezifischen Wechselwirkungen zwischen den Molekülen der Dendrimer-Probe und der stationären Phase auftreten, da dies die Effizienz der Trennung nach dem Ausschlussprinzip mindern kann. Nach der Trennung fließt das Eluat durch einen konzentrationsabhängigen Detektor (z. B. *UV/VIS*-Detektor), der mit einem Computer gekoppelt ist. Man erhält ein Chromatogramm, welches in erster Näherung die jeweiligen Anteile an Molekülen der Molmasse M widerspiegelt. Wenn Makromoleküle geeigneter Molmasse und enger Molmassenverteilung zur Kalibrierung der Säule zur Verfügung stehen, kann aus den Elutionsvolumina die *relative „GPC-Molmasse"* des untersuchten Dendrimers über die Kalibrierfunktion log(M) = f(V_e) bestimmt werden.

GPC in der Dendrimer-Chemie: Da das Trennprinzip der GPC auf der unterschiedlichen Größe (hydrodynamische Volumina) der Moleküle basiert, ist die GPC ideal zur Charakterisierung unterschiedlicher Dendrimer-Generationen. Darüber hinaus kann sie auch zur Detektion von allgemeinen Verunreinigungen (z. B. restliche Monomere, Weichmacher) oder durch fehlerhaftes Dendrimer-Wachstum gebildeter Defektstrukturen dienen (z. B. Dendrimere mit geringerer Generationenzahl, oder Dimere). Die Reinheit des untersuchten Dendrimers kann aus dem Polydispersitäts-Index (M_w/M_n) qualitativ bestimmt werden. Bei der Bewertung des Polydispersitäts-Index ist zu beachten, dass sich Dendrimere mit kleineren Strukturdefekten (z. B. intramolekulare Ringschlüsse, fehlende Endgruppen) in ihrer Größe nicht wesentlich von den strukturperfekten Dendrimeren unterscheiden und deshalb die mittels GPC bestimmten Polydispersitäts-Werte nicht wesentlich beeinflussen. Maßgeblich verantwortlich für steigende Polydispersitäts-Werte mit zunehmender Dendrimer-Generation sind Verunreinigungen durch Dendrimere mit geringerer Schalenzahl sowie durch Dimere, die durch intermolekulare Cylisierungen entstehen können.[14]

Ein wesentlicher Nachteil ist, dass es sich bei der herkömmlichen GPC mit *RI*- (*R*efraction *I*ndex)Detektor um eine Relativmethode zur Molmassenbestimmung handelt. Die ermittelte relative „GPC-Molmasse" entspricht nur dann der wahren Molmasse des untersuchten Dendrimers, wenn der verwendete Größenstandard auch über ein ähnliches hydrodynamisches Volumen verfügt wie das Probenmolekül. Die in der Regel als Größenstandards verwendeten linearen Polymere sind für die Untersuchung hochverzweigter Makromoleküle jedoch häufig wenig geeignet, da das hydrodynamische Volumen nicht nur von primären, sondern auch von sekundären Strukturfaktoren wie der Molekülkonformation abhängt. So zeigen verschiedene Untersuchungen, dass dann im Falle sphärischer Dendrimere die Molmasse der Dendrimere höherer Generation aufgrund ihrer Kompaktheit (kleines hydrodynamisches Volumen) unterschätzt werden.[15] Diese Eichprobleme können mittlerweile durch Einsatz eines *MALS* (engl. *m*ulti*a*ngle *l*ight *s*cattering)-Detektors umgangen werden, da der Lichtstreudetektor das Massenmittel der Molmasse M_w jeder Fraktion absolut liefert. Der Einsatz dieses teuren Detektors setzt jedoch voraus, dass das spezifische *Brechungsindex-Inkrement* (d_n/d_c) des zu untersuchenden Dendrimers im Lösungsmittel bekannt ist.

7.2. Gel-Elektrophorese

Die Gel-Elektrophorese ist eine bevorzugte Methode in der Biochemie, um verschiedene Arten von Makromolekülen (z. B. Nukleinsäuren, Proteine) zu trennen. Auch in der Dendrimer-Chemie wird sie zur Trennung und als Methode zur Bestimmung der relativen molaren Masse sowie zur qualitativen Beurteilung der Reinheit einer Dendrimer-Probe herangezogen.

Bei der Gel-Elektrophorese wandern die in der Probe enthaltenen, geladenen Moleküle unter dem Einfluss eines elektrischen Feldes durch ein Gel, das eine ionische Pufferlösung enthält. Dabei bewegen sie sich in Richtung der entgegengesetzt geladenen Elektroden. Die Wanderungsgeschwindigkeit (*elektrophoretische Mobilität*) der einzelnen Moleküle eines Substanzgemischs durch das poröse Gel ist je nach Ladung, Molmasse und Gestalt der Moleküle verschieden. Dadurch wird ein Substanzgemisch in einzelne Fraktionen aufgetrennt, die als Banden sichtbar werden. Die *elektrophoretische Mobilität* ist ein charakteristischer Parameter für ein geladenes Molekül. Sie ist nicht nur abhängig von den genannten Molekül-Parametern und dem Trägermaterial, sondern wird auch vom verwendeten Lösemittel, von der elektrischen Feldstärke sowie der Ionenstärke und der Temperatur des verwendeten Puffersystems beeinflusst. Durch Vergleich der Wanderungsstrecke der zu untersuchenden Substanz mit der eines Molmasse-Standards, der in demselben Lauf aufgetragen wurde, lässt sich die relative elektrophoretische Mobilität und damit die *relative molare Masse* der untersuchten Substanz abschätzen.

Für die elektrophoretische Trennung von Dendrimeren wird meist Polyacrylamid-Gel verwendet, welches auf Glasplatten oder Trägerfolien aufgetragen wird (*Flachbett-, Plattengel-Elektrophorese*). Die Polyacrylamidgel-Elektrophorese wurde bereits erfolgreich zur Trennung und Quantifizierung von PAMAM-Dendrimeren mit verschiedenen Kerneinheiten, Endgruppen und Generationen eingesetzt, wobei saure oder basische Bedingungen gewählt werden konnten.[16] Als Nachteil der konventionellen Gel-Elektrophorese ist besonders der vergleichsweise hohe Zeit- und Arbeitsaufwand zu nennen.

Eine neuere biochemische Technik, die die Stärken der *Gel-Elektrophorese* und der *HPLC* kombiniert, stellt die *Kapillargel-Eektrophorese* dar. Hier wird die elektrophoretische Trennung in Kapillaren mit geringem Innendurchmesser durchgeführt. Die Anwendung der Kapillargelelektrophorese hat gegenüber der herkömmlichen *Flachbett-* und *Plattengel-Elektrophorese* den Vorteil, dass wesentlich stärkere elektrische Felder eingesetzt werden können, ohne dass es zu störenden Effekten durch Erwärmung (z. B. Verzerrung der Trennzonen aufgrund thermischer Konvektion, Austrocknen des Gels) kommt. Dadurch verringern sich die Analysezeiten. Außerdem ermöglicht die *Kapillargel-Elektrophorese* neben höheren Trennleistungen auch eine direkte Detektion in der Kapillare sowie die Automatisierung des Trennverfahrens. Aus diesem Grund erlangte die Charakterisierung mittels *Kapillargel-Elektrophorese* in den letzten Jahren immer größere Bedeutung auch für den Einsatz von Dendrimeren und deren Konjugaten in Biotechnologie, klinischer Diagnostik und pharmazeutischer Forschung.

7.3 NMR-Spektroskopie

Bis heute ist die *NMR*-Spektroskopie (engl. *Nuclear Magnetic Resonance Spectroscopy*)[17] die wichtigste analytische Methode in der Chemie, weil sie die Bestimmung der Struktur und Dynamik von Molekülen in Lösung ermöglicht. Darüber hinaus lassen sich auch intermolekulare Wechselwirkungen von Molekülen sowie Wechselwirkungen mit Lösungsmittelmolekülen untersuchen.

Anders als andere Spektroskopiearten[18] (z. B. *IR, UV*), mit denen in der Regel nur bestimmte Charakteristika oder funktionelle Gruppen eines Moleküls erfasst werden können, werden mittels *NMR*-Spektroskopie die einzelnen Atome eines Moleküls „sichtbar" gemacht. Entscheidend für die Strukturaufklärung mithilfe der *NMR*-Spektroskopie ist, dass die bei der Aufnahme eines Spektrums gemessene Resonanzfrequenz eines Atomkerns in einem realen Molekül nicht nur vom externen Magnetfeld abhängt, sondern außerdem von der elektronischen (d. h. chemischen) Umgebung des Atomkerns beeinflusst wird (*chemische Verschiebung*). Die durch kovalente Bindungen übertragene magnetische Wechselwirkung zwischen chemisch nicht äquivalenten Atomkernen führt zur Feinstruktur in den Spektren der gelösten Moleküle. Anhand dieser *skalaren (J-)Kopplung* lässt sich die kovalente Verknüpfung von Atomen nachweisen. Die Messung der dipolaren Kopplung, des *Kern-Overhauser-Effekts*

(*NOE*; engl. *Nuclear Overhauser Effect*) ist für die Bestimmung komplexerer Molekülstrukturen nützlich, da er eine Intensitätsänderung der Signale von räumlich banachbarten, aber nicht über chemische Bindungen zusammenhängenden Atomkernen bewirkt. Sofern bereits eine eindeutige Zuordnung der Resonanzen mithilfe von (*1D*)- oder (*2D*)-NMR-Messungen erfolgt ist, erlauben solche *NOESY*-Experimente eine quantitative Abstandsbestimmung von Kernen in verschiedenen Teilen des Dendrimer-Moleküls.

7.3.1 (*1D*)-NMR-spektroskopische Untersuchungen

Während die *Festkörper-NMR*-Spektroskopie[19] (s. *Abschnitt 7.6.3.2*) nur eine untergeordnete Rolle bei der Dendrimer-Charakterisierung spielt, wird die eindimensionale (*1D*-)*NMR*-Spektroskopie von Dendrimeren in Lösung noch immer als Routinemethode bei der Charakterisierung eingesetzt.

Die Synthese von Dendrimeren beinhaltet meistens die Wiederholung (Repetition, Iteration) zweier spezieller Reaktionsschritte zum Aufbau einer Generation. Deshalb muss bei Dendrimeren in der Regel zwischen gleichartigen Bausteinen oder mehrfach vorhandenen funktionellen Gruppen unterschieden werden, die nur in der Position innerhalb des Dendrimer-Gerüsts variieren. Trotz ihrer Gleichartigkeit unterscheiden diese sich doch aufgrund ihrer unterschiedlichen Lage innerhalb des Dendrimer-Gerüsts in ihrer Mikroumgebung. Bei kleineren Dendrimer-Generationen vereinfacht die Empfindlichkeit gegenüber der chemischen Umgebung die *NMR*-spektroskopische Unterscheidung zwischen identischen Gruppen in den inneren und äußeren Schalen. Bei Anwesenheit von Heteroatomen im Dendrimer-Gerüst können neben der ^1H-NMR- und der ^{13}C-NMR-Spektroskopie auch weitere *NMR*-Techniken (z. B. ^{15}N, ^{19}F, ^{29}Si, ^{31}P) zur Charakterisierung der Dendrimere herangezogen werden. Bei einem chiralen Dendrimer von *Seebach et al.* erwiesen sich die über das Dendrimer-Gerüst verteilten CF_3-Gruppen als hervorragende Sonden, da die ^{19}F-NMR-Spektren eine Unterscheidung zwischen inneren und äußeren CF_3-Gruppen erlaubten.[20]

Die Charakterisierung gelöster Dendrimere mittels routinemäßiger (*1D*)-NMR-Spektroskopie wird mit steigender Generation zunehmend schwierig. (*1D*)-*NMR*-Spektren höherer Dendrimer-Generationen können aufgrund der Vielzahl identischer Gruppen mit unterschiedlicher Mikroumgebung innerhalb des Dendrimer-Gerüsts so breite Signale zeigen, dass eine präzise Zuordnung zu den einzelnen Dendrimer-Schalen nicht mehr möglich ist. Auch Defekte im Dendrimer-Gerüst, wie fehlende Verzweigungseinheiten oder fehlende Endgruppen, lassen sich dann kaum mehr nachweisen. Deshalb lässt sich die strukturelle Perfektion eines Dendrimers höherer Generation alleine mithilfe routinemäßiger (*1D*)-*NMR*-Spektroskopie nicht eindeutig belegen. Andererseits darf das Fehlen spezieller Gruppen aufgrund der abnehmenden Sensitivität der *NMR*-Spektroskopie bei höheren Molmassen auch nicht überbewertet werden.

Auch bei der Beurteilung der Reinheit von Dendrimeren ist zu beachten, dass *NMR*-spektroskopische Untersuchungen bei Verunreinigungen von ca. < 5% an ihre Nachweisgrenze stoßen. Zur Verifizierung der strukturellen Perfektion und Reinheit von Dendrimeren sollten daher zusätzlich chromatographische Methoden wie die *Gelpermeations-Chromatographie* (*GPC, SEC; Abschnitt 7.1.2*) oder massenspektrometrische Methoden (*MALDI-MS, ESI-MS*) herangezogen werden, die im *Abschnitt 7.4* vorgestellt werden.

7.3.2 Mehrdimensionale NMR-Spektroskopie in der Dendrimer-Forschung

Wachsende Bedeutung für die Charakterisierung von Dendrimeren erlangt auch die mehrdimensionale *NMR*-Spektroskopie ((*2D*)-*NMR*, (*3D*)-*NMR*). Durch Einbeziehen einer weiteren Dimension in der (*2D*)-*NMR*-Spektroskopie können beispielsweise Resonanzfrequenzen und Spin/Spin-Kopplungsfrequenzen, die im (*1D*)-*NMR*-Spektrum a priori nicht mehr zu unterscheiden sind, auf getrennten Frequenzachsen dargestellt und somit separiert werden. In vielen Fällen wurde erst dadurch eine eindeutige Zuordnung der chemischen Verschiebungen ermöglicht. So konnten mithilfe von (*3D*)-*NMR*-Experimenten die Schalen eines POPAM-Dendrimers der dritten Generation plastisch abgebildet und eine vollständige Charakterisierung der Dendrimer-Struktur in Lösung vorgenommen werden.[21,22]

Hochaufgelöste mehrdimensionale *NMR*-Experimente können dem Dendrimer-Chemiker eine Fülle von zusätzlichen Informationen liefern, die über die Bestimmung der Molekülstruktur hinausgehen. Bei der Auswertung von (*2D*)-*NOESY* (engl. *n*uclear *o*verhauser *e*nhancement *s*pectroscopy)-Spektren können anhand der Proton-Proton-*NOE*-Wechselwirkungen Informationen zur räumlichen Beziehung zwischen Protonen in verschiedenen Teilen des Dendrimer-Gerüsts gewonnen werden. Aus diesen Informationen lässt sich gleichzeitig die vorherrschende Konformation der dendritischen Äste im verwendeten Lösungsmittel ableiten. Darüber hinaus ist eine Untersuchung der Wechselwirkungen zwischen Dendrimer und Lösungsmittel sowie des Lösungsmitteleinflusses auf die räumliche Struktur des Dendrimers möglich.[22] Damit ähnelt der Informationsgehalt solcher *NMR*-Experimente dem von Kleinwinkel-Streuexperimenten an gelösten Dendrimeren (s. *Abschnitt 7.6*).

Die mehrdimensionale *NMR*-Spektroskopie wird auch zur Aufklärung von supramolekularen Wirt/Gast-Wechselwirkungen herangezogen. So nutzten *Meijer et al.* (*1D*)- und verschiedene (*2D*)-*NMR*-Techniken [z. B. (*2D*)-*NOESY*, (*2D*)-*TOCSY* (engl. *T*otal *C*orrelation *S*pectroscopy)-NMR] zur strukturellen Charakterisierung eines stabilen Wirt/Gast-Komplexes aus Adamantylharnstoff-funktionalisiertem   *POPAM*-Dendrimer   und   Cyanobiphenyl-Gastmolekülen.[23] Gerade im Zusammenhang mit dem steigenden Interesse an Dendrimeren für medizinische Anwendungen (z. B. für „drug-delivery") spielen dendritische Wirt/Gast-Systeme und damit auch die Untersuchung der zugrundeliegenden intermolekularen Wechselwirkungen in Lösung eine immer wichtigere Rolle.

7.3.3 Diffusions-NMR-Spektroskopie

Die *Diffusions-NMR*-Spektroskopie (z. B. *PGSE*, engl. *P*ulsed *G*radient *S*pin *E*cho; *STE*, engl. *St*imulated *E*cho; *DOSY*, engl. *D*iffusion *O*rdered *S*pectroscopy) ist eine einfache und genaue Methode zur Bestimmung des Eigendiffusions-Koeffizienten eines Moleküls. Sie wird in der Dendrimer-Chemie vor allem zur Größenbestimmung gelöster Dendrimere eingesetzt, da der Eigendiffusions-Koeffizient über die *Stokes-Einstein*-Gleichung direkt mit dem hydrodynamischen Radius des Moleküls korreliert ist.[24] Obwohl eindimensionale und mehrdimensionale *Diffusions-NMR*-Experimente somit einen wichtigen Beitrag zur strukturellen Charakterisierung von Dendrimeren leisten können, fanden sie bis vor kurzem nur relativ selten Anwendung.[25,26]

Diffusions-NMR-Experimente von *Newkome et al.* zeigen, dass die Diffusionskoeffizienten – und damit die hydrodynamischen Radien – Auskunft über den Einfluss äußerer Faktoren (z. B. p*H*-Wert) auf die Größe und die Gestalt gelöster Dendrimere geben.[26] Da die räumliche

Struktur eines Dendrimers in Lösung wiederum direkt seine Materialeigenschaften beeinflusst, kann diese *NMR*-Technik auch einen wichtigen Beitrag zur Aufschlüsselung von
Struktur-Aktivitäts-Beziehungen leisten.[27]

7.3.4 Dynamische-NMR-Spektroskopie

Es ist bekannt, dass bei biologischen Makromolekülen neben der Struktur auch dynamische
Prozesse von großer Bedeutung sind, da die Funktion des Moleküls oft mit Konformationsänderungen einhergeht. Im Zuge der zunehmenden Fokussierung auf Anwendungen vor
allem im medizinischen Bereich, gewinnen Untersuchungen zur Moleküldynamik in Lösung
auch in der Dendrimer-Forschung an Bedeutung. Die Dynamik der dendritischen Äste kann
durch Messungen der ^{1}H- und ^{13}C-*Spin-Gitter-Relaxationszeiten* (T_1) erfasst werden. Voraussetzung ist die vollständige Zuordnung aller Proton- und Kohlenstoff-Resonanzen des zu
untersuchenden Dendrimers anhand von (*1D*)- und (*2D*)-*NMR*-Spektren. Da die Mobilität
eines Dendrimer-Segments proportional zu seinem T_1-Wert ist, kann dann aus dem Größen-
verlauf der Relaxationszeiten der Protonen und Kohlenstoffkerne in den einzelnen Schichten
die Mobilitätsänderung der verschiedenen Dendrimer-Segmente und damit die relative Dichteverteilung über das Dendrimer-Gerüst abgeleitet werden.[28] So zeigt beispielsweise eine
Zunahme der ^{1}H- und ^{13}C-*Spin-Gitter-Relaxationszeiten* beim Übergang von inneren zu äußeren Dendrimer-Schichten bzw. Dendrimer-Segmenten eine zunehmende Bewegungsfreiheit
an. Gleichzeitig weist dieses Verhalten auf eine Abnahme der radialen Dichteverteilung innerhalb des Dendrimer-Gerüsts vom Zentrum zur Peripherie des Dendrimers hin.[29]

7.4 Massenspektrometrie

Zum Zeitpunkt der ersten „*Kaskaden*"-Synthese 1978[30] waren die *Stossionisations*- (*EI*-;
*E*lectron *I*mpact) und *F*eld*d*esorptions- (*FD*-)Massenspektrometrie[31] die einzigen verfügba-
ren massenspektrometrischen Methoden. Die *FAB*-Massenspektrometrie ist jedoch auf relativ
niedrige Massenbereiche beschränkt und für Substanzen geringer Polarität wenig geeignet.
Erst die Entwicklung neuer, schonender Ionisationsmethoden, wie *MALDI* (engl. *M*atrix-
*A*ssisted *L*aser *D*esorption *I*onization)[32] und *ESI* (engl. *E*lectrospray *I*onization)[33] schuf
etwa ein Jahrzehnt später die notwendigen Voraussetzungen für den Beginn einer intensiven
Forschung auf dem Gebiet der Dendrimer-Chemie. In den folgenden Abschnitten sollen die
Besonderheiten dieser massenspektrometrischen Methoden und ihre Bedeutung für die
Dendrimer-Analytik verdeutlicht werden.

7.4.1 Sanfte Ionisationsmethoden: *MALDI* und *ESI*

Bei *MALDI* wird die Ionisationsenergie von einem gepulsten Laserstrahl aufgebracht. Die zu
untersuchende Substanz wird hierzu in einer Matrix (z. B. 2,5-Dihydroxybenzoesäure; 2,4,6-
Trihydroxyacetophenon) aufgelöst, die im Wellenlängenbereich des verwendeten Lasers (Nd-
YAG: 355 bzw. 266 nm Wellenlänge oder N_2-Laser: 337 nm Wellenlänge) absorbiert. Beim
Beschießen der Probe mit dem Laserstrahl nehmen die Probenmoleküle entweder direkt die

Energie auf (bei vorhandenen Chromophoren), oder es kommt erst im Anschluss an die UV-Absorption durch die Matrix zu einer Energieübertragung auf die Probenmoleküle, wodurch eine schonende Ionisierung erreicht wird.

Im Gegensatz zu *MALDI* beruht *ESI* auf dem feinen Versprühen einer Probenlösung. Die zunächst gebildeten, elektrisch geladenen Tröpfchen werden rasch desolvatisiert, so dass die einzelnen Dendrimer-Spezies als isolierte Ionen im Massenspektrum beobachtet werden können.

7.4.1.1 Untersuchung von Dendrimeren mittels MALDI- und ESI-MS

Mittels *MALDI* und *ESI* werden gewöhnlich (quasi)molekulare Ionen in Form von protonierten Dendrimeren und/oder Addukten mit Alkalimetall-Ionen erzeugt. Zu solchen Adduktbildungen kann es kommen, wenn die Dendrimer-Struktur Heteroatome enthält und die Alkalimetall-Ionen als Verunreinigung in der Dendrimer-Probe enthalten sind. Es können aber auch absichtlich Alkalimetall- oder Silbersalze zur Unterstützung der Ionisierung apolarer Dendrimere zugesetzt werden. Besonders *MALDI-TOF*-MS (engl. *M*atrix *A*ssisted *L*aser *D*esorption *T*ime-*of*-*F*light mass spectrometry) hat sich für die Dendrimer-Forschung als einfache, routinetaugliche Analysetechnik bewährt, da sie sehr geringe Probenmengen im Pico- bis Attomol-Bereich benötigt und der *FAB*-MS und auch der *ESI*-MS bei der Ionisation in hohen Massenbereichen deutlich überlegen ist. Zudem werden einfach zu interpretierende Spektren erhalten, die eindeutige Strukturinformationen liefern, da hauptsächlich einfach geladene quasimolekulare Ionen gebildet werden und Fragmentierungen kaum auftreten.

Trotz der herausragenden Rolle der *MALDI*-MS in der Dendrimer-Analytik werden auch zusätzlich moderne *ESI*-Massenspektrometer zur Synthesekontrolle, der Bestimmung der relativen Molekülmassen sowie zur Untersuchung der Reinheit und Polydispersität von Dendrimeren auch höherer Generation eingesetzt.[34]

MALDI-TOF-MS und *ESI*-MS gehören zu den wenigen analytischen Methoden, die sich zur detaillierten Untersuchung von Strukturdefekten bei Dendrimeren eignen. Wurden Defekte im Dendrimer-Gerüst nachgewiesen, ermöglichen *Tandem-MS*-Experimente (z. B. *CID*, engl. *C*ollision *I*nduced *D*issociation) gekoppelt mit *MALDI*- oder *ESI*-Ionisation eine genauere Unterscheidung verschiedener Typen von Defektstrukturen anhand charakteristischer Fragmentierungsmuster.[35] Aufgrund der hohen Empfindlichkeit und der geringen Geräte-bedingten bzw. experimentellen Fehler von typischerweise nur 0,05 % kann sogar das Fehlen einzelner Endgruppen nachgewiesen werden. *Meijer et al.* setzten *ESI*-Massenspektrometrie ein, um die Strukturdefekte der *POPAM*-[36] sowie der *PAMAM*-Dendrimere[37] eingehender zu untersuchen und zu quantifizieren. Um die Polydispersität und die Reinheit von Dendrimeren, die als prozentualer Anteil defektfreien dendritischen Materials definiert ist, quantitativ bestimmen zu können, müssen die verschiedenen Molekülspezies in der Probe nicht nur zu unterscheiden sein, sondern auch mit ähnlich hoher Effizienz ionisiert und analysiert werden. Aufgrund der Diskriminierung höherer Massen können die relativen Mengen zweier sich stark in ihrer Masse unterscheidender Spezies durch Vergleich der Peakintensitäten nicht quantitativ bestimmt werden.[38] Allerdings erlauben *MALDI-TOF*- und *ESI*-Massenspektren in der Regel zumindest eine halbquantitative Aussage zur Reinheit der untersuchten Dendrimer-Probe.

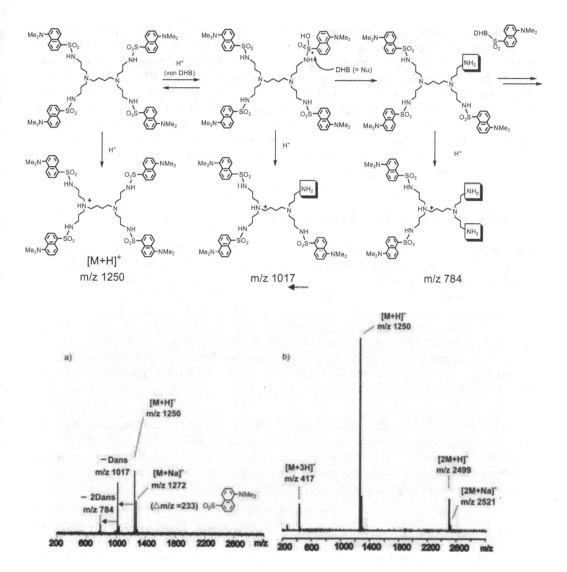

Bild 7-4 a) Das *MALDI-TOF*-Massenspektrum (Matrix: 2,5-Dihydroxybenzoesäure) täuscht eine unvollständige Funktionalisierung der peripheren primären Aminogruppen des POPAM-Dendrimers mit Dansyl-Einheiten vor; b) Das *ESI-FT-ICR*-Massenspektrum belegt jedoch die vollständige Funktionalisierung des Dendrimers

Neuere Vergleichsstudien zu den verschiedenen Ionisationstechniken am Beispiel von *POPAM*- sowie mit peripheren Sulfonamid-Einheiten ausgestatteten *POPAM*-Dendrimeren zeigen jedoch, dass beide Ionisationsmethoden eine Probenzusammensetzung vortäuschen können, die nicht der Realität entspricht.[39]

So führte die Interpretation der an einem *FT-ICR* (engl. *Fourier-Transform Ion Cyclotron Resonance*)-Massenspektrometer aufgenommenen *ESI*-MS Spektren von POPAM-Dendrimeren zu einer drastischen Überschätzung von Defekten in den Probenmolekülen (**Bild 7-4**). Die *MALDI*-TOF-Spektren der Sulfonamid-Dendrimere täuschen synthesebedingte Defektstrukturen vor, die aber in Wirklichkeit erst während des Ionisationsprozesses vorwiegend durch Reaktion der peripheren Sulfonamid-Gruppen mit der sauren Matix gebildet werden. Ein scheinbar unbefriedigendes Ergebnis sollte daher stets mithilfe einer zweiten Ionisationsmethode überprüft werden oder es sollten verschiedene *MALDI*-Matrizen verwendet werden, um eine Fehlinterpretation der Spektren auszuschließen und Gewissheit über die tatsächliche Probenzusammensetzung zu erhalten.

7.5 *Röntgen*-Kristallstrukturanalyse

Die räumliche Gestalt von Dendrimeren lässt sich nicht unmittelbar aus ihrer zweidimensionalen Strukturformel ableiten. Einen Einblick in die dreidimensionale Molekülstruktur ermöglichen jedoch *Einkristall-Röntgen-Strukturanalysen*.[40] Keine andere Methode erlaubt es, die Konformation der Strukturelemente in den einzelnen Dendrimer-Zweigen – im Kristall – derartig präzise zu bestimmen. Häufig unterbindet jedoch die Flexibilität der dendritischen Äste die Ausbildung eines regelmäßigen Kristallgitters, so dass eine *Röntgen*-Strukturanalyse von vornherein nicht möglich ist. Eine Möglichkeit, die Flexibilität der dendritischen Äste deutlich einzuschränken, bietet die Einführung Wasserstoffbrücken-Bindungen ausbildender Endgruppen. So konnte ein POPAM-Dendrimer der ersten Generation nach Einführung von Harnstoff-haltigen Endgruppen kristallisiert und *Röntgen*-kristallographisch untersucht werden.[41]

Ein weiteres Problem ist, dass Dendrimere oft als Solvate oder Clathrate, also unter Einschluss von Lösungsmittelmolekülen, kristallisieren. Kristalle dieses Typs sind häufig wenig stabil und zerfallen bei Verdunsten des Lösungsmittels rasch. Diese Eigenschaften von Dendrimeren haben zur Folge, dass bisher nur von wenigen Dendrimeren bis maximal zur zweiten Generation geeignete Einkristalle gezüchtet werden konnten.

Die *Einkristall-Röntgen-Strukturanalyse* war deshalb bislang nur von beschränktem Nutzen für die Strukturaufklärung von Dendrimeren. Bei den meisten in der Literatur zu findenden Beispielen[42a] handelt es sich um *Einkristall-Röntgen-Strukturanalysen* von starren, formstabilen Polyphenylen-Dendrimeren[42b] oder von Metallo-Dendrimeren[43] wie Polysilan-Dendrimeren.

7.6 Kleinwinkelstreuung

In den letzten Jahren ist in der Dendrimer-Forschung eine zunehmende Konzentration der Forschungsaktivitäten auf die Charakterisierung von Materialeigenschaften von Dendrimeren und deren Nutzung für technische und medizinische Anwendungen zu verzeichnen. Dabei beziehen sich viele der Anwendungsmöglichkeiten auf den Einsatz von Dendrimeren in Lösung. Im Zuge dieser Entwicklung gewinnen die *Neutronenkleinwinkel-* (*SANS*; engl. *Small-Angle Neutron Scattering*)[44] und *Röntgen-Kleinwinkelstreuung* (*SAXS*; engl. *Small-Angle X-ray Scattering*)[45] in der Dendrimer-Forschung zunehmend an Bedeutung. So können mit diesen Streutechniken Struktur, Größe und Gestalt von Molekülen in der Größenordnung von ca. 1nm bis 1μm nicht nur im festen Zustand, sondern auch in Lösung zerstörungsfrei untersucht werden. Die folgenden Abschnitte bieten einen kurzen Einblick in das Prinzip und die Leistungsfähigkeit der *SANS*- und *SAXS*-Technik.

7.6.1 Prinzip der Kleinwinkelstreuung

Beim *SAXS*-Experiment dient eine herkömmliche *Röntgen*-Röhre oder im Idealfall ein Synchroton als Strahlungsquelle. Die für *SANS*-Eperimente benötigten Neutronen werden dagegen in einer Spallationsquelle oder einem Reaktor erzeugt. Das Prinzip der Kleinwinkelstreuung basiert auf der Wechselwirkung eines einfallenden *Röntgen*- oder Neutronenstrahls der Wellenlänge λ und der Intensität I_0 mit den Streuzentren der gelösten Probenmoleküle. Im Gegensatz zur *Röntgen*-Strahlung, die an den Elektronen in den Hüllen der Atome gestreut werden, werden die Neutronen an den Atomkernen gestreut. Da ein Dendrimer-Molekül ein Ensemble von unterschiedlichen Streuzentren darstellt, wird die Streuintensität durch die Interferenz der von verschiedenen Streuzentren im Molekül ausgehenden Sekundärwellen bestimmt. Misst man mithilfe eines ortsabhängigen Detektors die Intensität der Sekundärstrahlung in Abhängigkeit vom Streuwinkel, so kann man daraus Strukturinformationen berechnen.

7.6.2 Leistungsfähigkeit der Kleinwinkelstreuung

Eine atomare Auflösung der Struktur, wie dies bei Beugungsexperimenten an Einkristallen der Fall ist, liefern weder *SANS*- noch *SAXS*-Experimente. Aus den Streudaten können aber Informationen zur mittleren räumlichen Struktur und mittleren Größe aller in der Probe enthaltenen gelösten Moleküle und deren intermolekulare Wechselwirkungen gewonnen werden. Neben dem *Gyrationsradius* R_g, der als Maß für die mittlere Größe der Teilchen dient, lassen sich auch noch andere wichtige Parameter wie das mittlere Teilchenvolumen V_P und das mittlere Molekulargewicht M_W aus der in Abhängigkeit vom Streuwinkel gemessenen Streuintensität berechnen. Solche statistischen Informationen über die gesamte Substanz sind oftmals wichtiger als das Bild eines kleinen Ausschnitts, das direkt abbildende Methoden wie die *Elektronenmikroskopie* (s. *Abschnitt 7.8*) liefern.

Allerdings sind die Kleinwinkelstreu-Techniken zur Untersuchung niedriger Dendrimer-Generationen wenig geeignet, da solche Dendrimere nur schwache Streusignale liefern und daher ein hoher Unsicherheitsfaktor gegeben ist. *SANS*- und *SAXS*-Experimente sind nicht nur kostenintensiv, sondern sie erfordern auch einen hohen Zeitaufwand und vergleichsweise große Substanzmengen (mehrere 100 mg). Für einen routinemäßigen Einsatz, beispielsweise bei der Bestimmung der molaren Masse von Dendrimeren, kommen diese Methoden daher nicht in Frage.

Eine besondere Stärke von *SANS* gegenüber *SAXS* ist das unterschiedliche Streuverhalten der Isotope gegenüber Neutronen, das für die Wasserstoff-Isotope H und D besonders stark ausgeprägt ist. Aus diesem Verhalten resultiert der eigentliche Wert der *SANS*-Technik für die Strukturanalyse an Dendrimeren. So lässt sich durch Deuterium-Markierung definierter Molekülkomponenten (z. B. der peripheren Gruppen) oder Änderung der Isotopen-Zusammensetzung des Lösungsmittels (z. B. H_2O/D_2O) der Streuanteil einer Molekülkomponente gezielt ausblenden oder verstärken, d. h. es können definierte Kontrasteinstellungen vorgenommen werden (**Bild 7-5**).

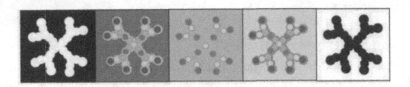

Bild 7-5 Kontrastvariation (schematisch) durch Änderung der Isotopen-Zusammensetzung des Lösungsmittels (z. B. H_2O/D_2O-Gemisch; nach *Ballauff et al.*)

Die *Kontrastvariation*[46] ist eine wichtige Experimentiertechnik in der *Neutronen-Kleinwinkelstreuung*. Sie erlaubt über die Größenbestimmung hinaus detaillierte Einblicke in die innere Struktur gelöster Dendrimere und ermöglicht sogar die Lokalisierung ausgewählter Molekülkomponenten, wenn diese zuvor gezielt mit Deuterium markiert wurden.

7.6.3 Strukturanalyse gelöster Dendrimere mit *SANS* und *SAXS*

Im Mittelpunkt des Interesses stand bislang die Gruppe der flexiblen Dendrimere, zu denen der überwiegende Teil der literaturbekannten Dendrimere gehört, darunter auch die kommerziell erhältlichen *POPAM-* und *PAMAM*-Dendrimere mit ihrem aliphatischen Grundgerüst. Wie die folgende Übersicht verdeutlicht, sind besonders in den letzten Jahren mithilfe der Kleinwinkelstreu-Techniken wichtige Erkenntnisse zum Dichteprofil, der räumlichen Struktur und den Wechselwirkungen von Dendrimeren in Lösung gewonnen worden.

7.6.3.1 Radiale Segmentdichte-Verteilung flexibler Dendrimere

Besonders die räumliche Struktur von flexiblen Dendrimeren in Lösung wurde in den letzten zwei Jahrzehnten kontrovers diskutiert. Auf der Grundlage einer Vielzahl von *SANS*-Experimenten unter Einsatz der *Kontrastvariations-Technik* scheint sich nun die einhellige Meinung durchzusetzen, dass isolierte flexible Dendrimere in gutem Lösungsmittel nicht über die ursprünglich vorhergesagte „*dichte Schale-Struktur*", sondern über eine „*dichte Kern-Struktur*"[47] verfügen. Dies bedeutet, dass bei solchen Dendrimeren die Segmentdichte ihr Maximum im Zentrum des Moleküls hat und zur Peripherie hin abfällt (vgl. **Bild 7-6**).

7.6.3.2 Verteilung der Endgruppen

Wichtig im Hinblick auf mögliche Anwendungen ist auch die Lokalisierung der Endgruppen, da die rheologischen Eigenschaften und Oberflächenaktivitäten von Dendrimeren in Lösung wesentlich davon abhängen, ob die Endgruppen über das Dendrimer-Gerüst verteilt oder in der Molekülperipherie lokalisiert sind. Mithilfe der *Kontrastvariations-Technik* gelang die Lokalisierung von Endgruppen innerhalb eines flexiblen Dendrimer-Gerüsts der vierten Generation. Um in den *SANS*-Experimenten die Endgruppen vom übrigen Dendrimer-Gerüst unterscheiden zu können, wurde durch selektive Deuterierung der Endgruppen ein hoher

Kontrast zwischen Endgruppen und innerem Dendrimer-Gerüst eingestellt. Auf diese Weise konnte nicht nur die Verteilung der Endgruppen innerhalb des Molekülgerüsts ermittelt, sondern die theoretisch vorhergesagte partielle Rückfaltung endständiger Dendrimer-Segmente bei flexiblen Dendrimeren auch experimentell eindeutig belegt werden.[48]

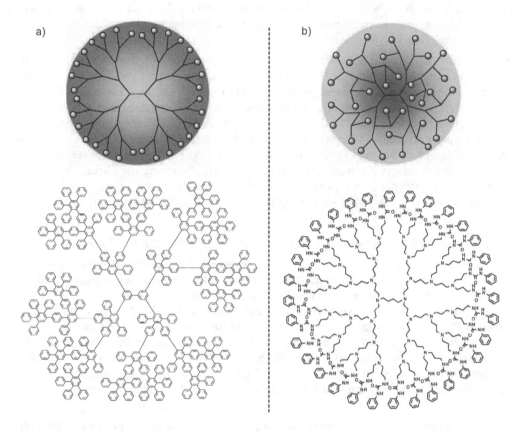

Bild 7-6 Lokalisierung der Endgruppen in a) starren, formstabilen und b) flexiblen Dendrimeren, untersucht am Beispiel von Polyphenylen-Dendrimeren und POPAM-Dendrimeren mit peripheren Phenylharnstoffgruppen (in *N,N*-Dimethylacetamid); die Grauabstufung verdeutlicht gleichzeitig den Verlauf des Dichteprofils (dunkel: höhere Dichte; hell: weniger dichte Anordnung von Atomen im Molekül). Oben: schematisch; unten: zugehöriger konkreter Dendrimer-Typ

Im Gegensatz zu den flexiblen Dendrimeren weisen solche der vierten Generation mit steifem Molekülgerüst erwartungsgemäß eine *dichte Schale-Struktur*[49] auf, in der alle Endgruppen in der Molekülperipherie lokalisiert sind (**Bild 7-6**). Dies konnte in Kontrastvariations-Experimenten zusammen mit Festkörper-*NMR*-spektroskopischen Untersuchungen an Polyphenylen-Dendrimeren gezeigt werden.[50]

Für den in *Kapitel 4.1.5.3* erwähnten Dendrimer-Typ mit Stilben-Gerüst und langkettigen Endgruppen ergab sich aufgrund von SAXS- und SANS-Untersuchungen von *Ballauff et al.* in Lösung eine Scheibchen-artig abgeflachte Molekülgestalt.[51]

NMR-spektroskopische Untersuchungen von Dendrimeren können vergleichbare Informationen liefern. So nutzten *Wooley et al. REDOR*- (engl. *Rational Echo Double-Resonance*) *Festkörper-NMR*-Experimente zur Untersuchung der Dichteverteilung und der Rückfaltung endständiger Gruppen in Poly(benzylether)-Dendrimeren der fünften Generation.[52]

Besonders für den Einsatz von Dendrimeren als *„drug-carrier"* in der Medizin wäre die Möglichkeit, das Dichteprofil von Dendrimeren in Lösung gezielt zu verändern sowie Konformationsänderungen zu induzieren, wichtig. Damit könnte sich die Chance zur Entwicklung effektiver Mechanismen für eine kontrollierte Wirkstoff-Freisetzung bieten. Die Aufdeckung möglicher Steuerungsmechanismen ist daher eine der zentralen Problemstellungen, die die Dendrimer-Forschung mithilfe von theoretischen Berechnungen, *SANS*- und *SAXS*-Experimenten und mehrdimensionalen *NMR*-Techniken zu klären hofft. Besondere Aufmerksamkeit erfährt in diesem Zusammenhang die gezielte Modifizierung der chemischen Natur, Größe und/oder Form der Endgruppen bei der Synthese und das Verhalten der verschiedenen Moleküle in Lösung in Abhängigkeit von der Lösungsmittelqualität und dem p*H*-Wert.

7.6.3.3 Intermolekulare Wechselwirkungen flexibler Dendrimere in Lösung

Auch die Analyse der effektiven Wechselwirkung zwischen flexiblen Dendrimeren in Lösung und ihre Veränderung mit zunehmender Konzentration in Lösung war Gegenstand von Simulationen, theoretischen Analysen und vereinzelten *SANS*-Untersuchungen.[53] *Ballauff, Vögtle et al.* gelang es, die effektive Wechselwirkung zwischen gelösten Teilchen direkt aus experimentellen Daten zu ermitteln.[54] Die Auswertung der Streudaten und der anschließende Vergleich mit theoretischen Modellen ergab, dass sich die untersuchten flexiblen Dendrimere der vierten Generation entsprechend ihrer fluktuierenden Struktur in Lösung wie weiche Teilchen verhalten, deren Wechselwirkung bis zur „Überlappkonzentration" (Konzentration ab beginnendem Kontakt zweier Teilchen in Lösung) durch ein *Gauß*-Potential beschrieben werden kann.

Die mittels *SANS* und *SAXS* – oftmals auch in Kombination mit Simulationen und theoretischen Analysen – gewonnenen Informationen können zu einem tiefgreifenderen Verständnis der räumlichen Struktur, Dynamik und Wechselwirkungen flexibler Dendrimere in Lösung beitragen und wichtige Informationen zur Beziehung zwischen Größe, Gestalt und innerer Zusammensetzung solcher Dendrimere liefern. Die gewonnenen Erkenntnisse sind zudem für die Aufstellung von Struktur-Reaktivitäts-Beziehungen wertvoll. Sie können dabei helfen, das Verhalten flexibler Dendrimere in Lösung und deren Eignung für bestimmte Anwendungen im Vorfeld besser abzuschätzen, und zeigen erste Ansatzpunkte für mögliche Steuerungsmechanismen auf.

7.7 Rastersonden-Mikroskopie

Dendrimere sind aufgrund ihrer kontrollierbaren Größe, Geometrie und Funktionalität zur Oberflächenmodifikation und zur Vergrößerung von (aktiven) Oberflächen von Interesse.

Eine gezielte Kontrolle der Oberflächenstruktur setzt jedoch ein Verständnis der Dendrimer/Dendrimer- und der Dendrimer/Oberflächen-Wechselwirkungen sowie Kenntnisse über die Struktur des Dendrimers im Festzustand voraus. *Rastersonden-Mikroskopie*-Methoden (*SPM*, engl. *Scanning Probe Microscopy*),[55] wie die *Rastertunnel-Mikroskopie* (*STM*, engl. *Scanning Tunneling Microscopy*)[56] und die *Kraftfeld-Mikroskopie* (*AFM*; engl. *Atomic Force Microscopy*)[57] können zur Visualisierung von Oberflächenstrukturen bis hin zur Abbildung isolierter Einzelmoleküle in diversen Umgebungen (Luft, Gas, Flüssigkeit) sowie zur Untersuchung ihrer chemischen und elektronischen Eigenschaften herangezogen werden. Das Prinzip der *SPM* basiert auf einem Abtasten der auf der Oberfläche adsorbierten Moleküle, wobei Bildauflösungen bis in den Subnanometerbereich erreicht werden können. Für die moderne Oberflächenanalytik und die Nanotechnologie ist die *Rastersonden-Mikroskopie* damit unverzichtbar geworden.

In der Dendrimer-Forschung hat die *STM* und besonders die *AFM* zunehmende Bedeutung bei der Untersuchung wichtiger Strukturparameter (z. B. Größe, Konformation, Steifigkeit) von Dendrimeren sowie der Selbstorganisation adsorbierter Dendrimere und Dendrons erlangt.[58] Die mittels *AFM* bzw. *STM* beobachteten Strukturen in Oberflächenbelegungen aus dendritischen Molekülen reichen von isolierten Einzelmolekülen über Domänenmuster („domain patterns") und selbstorganisierten Monoschichten bis hin zu komplexeren Architekturen (z. B. Nanofasern, dreidimensionale Cluster).[59]

In den folgenden Abschnitten werden die einzelnen Methoden und deren Vor- und Nachteile sowie einige Beispiele für *STM*- und *AFM*-Untersuchungen an Dendrimeren näher vorgestellt.

7.7.1 *STM* und *AFM*

Zur Präparation der Dendrimere für *STM*- oder *AFM*-Untersuchungen stehen verschiedene Methoden zur Verfügung. Eine kontrollierte Abscheidung auf festen Substraten (z. B. Glimmer, Glas, Silicium, Graphit, Gold u.a.) konnte unter anderem durch *spin-coating*[60] (gleichmäßige radiale Verteilung einer gelösten Substanz auf einer rotierenden Scheibe mittels Fliehkraft) und der Abscheidung aus schnell verdampfenden organischen Lösungsmitteln[61] erreicht werden.

Bei einem *STM*-Experiment wird die auf einem leitfähigen Substrat (z. B. *h*ochgeordneter *p*yrolytischer *G*raphit (*HOPG*)) abgeschiedene Dendrimer-Probe zeilenweise mit einer feinen leitfähigen Mikroskopierspitze (engl. tip) abgerastert. Ein piezoelektrischer Scanner bewegt hierfür je nach Messmethode entweder die Mikroskopierspitze über die Probenoberfläche oder die Probe unter der feststehenden Spitze. Die Mikroskopierspitze wird so nahe an die zu untersuchende Probenoberfläche herangebracht, dass sich die Elektronenwolken ihrer Atome „berühren". Wird zwischen der Probenoberfläche und der Mikroskopierspitze eine elektrische Spannung angelegt, so fließt nach den Regeln der Quantenmechanik ein Strom. Die Stärke dieses *Tunnelstroms* hängt von der elektronischen Struktur der Probenoberfläche sowie in exponentieller Weise von der Entfernung zwischen Spitze und Probe ab. Die Messung kann bei konstanter Abtasthöhe (*CHM*; engl. *Constant-Height-Method*) oder bei konstantem Tunnelstrom (*CCM*; engl. *Constant Current Method*) vorgenommen werden. Beim *CHM*-Verfahren kann anhand der Stärke des Tunnelstroms für jeden Rasterpunkt der Abstand der Mikroskopierspitze zur Probenoberfläche rekonstruiert werden (**Bild 7-7**). Die registrierten Werte werden von einem Computer in Falschfarbendarstellung wiedergegeben, wobei ein dreidimensionales Bild der Oberfläche erstellt wird. Beim *CCM*-Verfahren lässt sich über die Position der Spitze das dreidimensionale Bild der Oberfläche rekonstruieren. Der Kontrast in *STM*-Aufnahmen spiegelt sowohl die Topographie als auch die lokale elektronische Zustandsdichte auf einem Ausschnitt der Probenoberfläche wider.

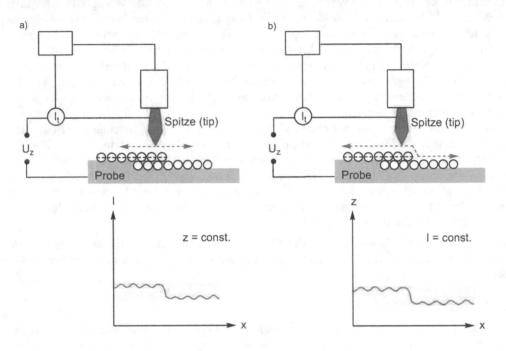

Bild 7-7 Betriebsarten der Rastertunnel-Mikroskopie. a) bei konstanter Abtastdistanz (z); b) bei konstantem Tunnelstrom (I)

Die *AFM* (engl. *A*tom *F*orce *M*icroscopy) ist zwar grundsätzlich der *STM* an Auflösung unterlegen, hat aber den Vorteil, auch isolierende Materialien als Substrate verwenden zu können. In der *AFM* werden die zwischen der Spitze und der Probenoberfläche auftretenden Kräfte detektiert. Dabei wird die Mikroskopierspitze, die auf einem elastisch biegsamen Hebelarm (engl. *Cantilever*) montiert ist, über die Probe gerastert. Die *AFM* kann im *Kontaktmodus*, der die repulsiven Kräfte nutzt, sowie im *Nicht-Kontaktmodus*, der die attraktiven Kräfte nutzt, betrieben werden. Im *Kontaktmodus* hat die Mikroskopierspitze direkten Kontakt mit der Probenoberfläche (**Bild 7-8**). Dabei wird die Spitze entweder in konstanter Höhe über die Probenoberfläche geführt (*CHM*, s. o.) oder die Probe wird bei konstanter Kraft auf den Hebelarm abgerastert (*CFM*; engl. *C*onstant *F*orce *M*ode). Beim *CHM*-Verfahren wird die dreidimensionale Abbildung der Oberflächengeometrie aus der über Laserreflektion detektierten Auslenkung des Hebelarms erstellt.

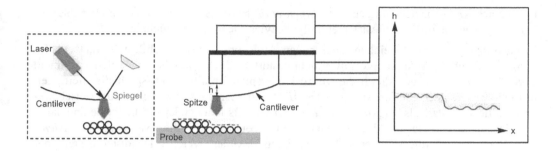

Bild 7-8 Prinzip der Kraftfeld-Mikroskopie (AFM)

Beim *CFM*-Verfahren erfolgt die Rekonstruktion auf Grundlage der Bewegung des Piezo-elements, welches die absolute Entfernung zwischen Spitze und Probe nachregelt. Im *Nicht-Kontaktmodus* wird der Hebelarm durch ein weiteres piezoelektrisches Element leicht oberhalb seiner Resonanzfrequenz in Schwingung versetzt und der Probe angenähert, ohne dass es zu einem direkten Kontakt kommt. Anziehende Kräfte – vor allem *van-der-Waals*-Wechselwirkungen – zwischen Spitze und Probenoberfläche reduzieren die Schwingungsfrequenz und die Schwingungsamplitude des Hebelarms. Diese Amplitude dient bei der Erstellung des topographischen Bildes als Maß für die Höhe des untersuchten Objekts und kann ebenfalls über Laserreflektion detektiert werden. Nach einem ähnlichen Prinzip funktioniert auch der *intermittierende Kontaktmodus (tapping mode)*. Hier sorgt eine Anregungsfrequenz leicht unterhalb der Resonanzfrequenz des Hebelarms für eine geringfügig größere Schwingungs-amplitude, so dass die Mikroskopierspitze die Probenoberfläche zeitweise berührt.

7.7.1.1 AFM-Aufnahmen von Dendrimeren

Mittels *AFM* wurden bislang unter anderem selbstorganisierte Strukturen von flüssigkristalli-nen Carbosilan-Dendrimeren auf Silicium-, Glas- und Glimmeroberflächen,[62] Alkyl-[63] und unsubstituierte[64] Polyphenylen-Dendrimere auf Graphit-, und Carbonsäure-funktionalisierte Polyphenylen-Dendrimere auf Gold-Oberflächen[65] untersucht. Systematische *AFM*-Untersuchungen wurden auch an adsorbierten PAMAM-Dendrimeren auf Glimmer-, Graphit- und Gold-Oberflächen vorgenommen, um die Molekülgröße zu bestimmen. Die anhand der *AFM*-Abbildungen von Einzelmolekülen bestimmten Durchmesser und Höhen wurden zu-dem zur Berechnung der Volumina von Dendrimeren verschiedener Generation genutzt[66]. Anhand der ermittelten Volumina ließen sich die molaren Massen sowie die Polydispersität von PAMAM-Dendrimeren verschiedener Generation abschätzen. Darüber hinaus wurde der Einfluss des Substrats und des p*H*-Werts der Lösung auf die Größe und Gestalt von PAMAM-Dendrimeren diskutiert.[60b] Bei der Bestimmung von Strukturparametern verschie-dener flexibler Dendrimere anhand von *AFM*-Bildern hat sich gezeigt, dass die Natur des verwendeten Substrats entscheidenden Einfluss auf das Ergebnis haben kann. So wurde beo-bachtet, dass sich „weiche" Dendrimere (z. B. PAMAM-Dendrimere) aufgrund ihrer hohen Flexibilität und/oder Wechselwirkungen mit dem Substrat auf Glimmer-, Gold- und Platin-Oberflächen flachmachen.[66, 67] Dadurch kommt es zu einer Unterschätzung der Höhe der Oberflächenbelegungen und zu einer Überschätzung des Durchmesser solcher Dendrimere.[68] Nach *AFM*-Untersuchungen von *Müllen et al.* tritt diese Problematik bei Oberflächen-belegungen aus starren, formresistenten Polyphenylen-Dendrimeren nicht auf.[64a, 69]

Voraussetzung für das Erreichen einer hohen Auflösung ist eine stabile Oberflächenbele-gung, die durch die Mikroskopierspitze nicht gestört wird. Da „weiche", flexible Dendrimere gegenüber Verformungen durch die Mikroskopierspitze anfällig sind, spielt die Steifigkeit des Dendrimers auch bei der Auswahl des *AFM*-Betriebsmodus eine Rolle. Theoretisch we-niger auflösungsstark als der *Kontaktmodus*, aber weitaus schonender für die Probe und daher für Dendrimere unterschiedlicher Steifigkeit geeignet, ist die Messung im *Nicht-Kontaktmodus*. Für die schonende Untersuchung flexibler, weicher Dendrimere stellt der *intermittierende Kontaktmodus* in der Regel den idealen Kompromiss dar. Er kombiniert geringe Auflagekräfte auf der Probenoberfläche mit guter Auflösung sowie mittlerer Messge-schwindigkeit und vereinigt damit die Vorteile des *Kontakt-* mit denen des *Nicht-Kontaktmodus*.

7.7.1.2 STM-Aufnahmen von Dendrimeren

Aromaten-reiche wie *Fréchet-* oder Polyphenylen-Dendrimere sind ideal für die Abbildung mittels *STM*, da die Aren-Einheiten einen hohen Kontrast im *STM* liefern. Auf einer Graphit-Oberfläche physisorbierte heptanukleare Ru(II)-Dendrimere auf Phenanthrolin- und Hexa-azatriphenylen-Basis konnten mittels *STM* in submolekularer Auflösung abgebildet wer-den.[70] Weitere *STM*-Untersuchungen galten unter anderem der Selbstorganisation von Thi-ophen-Dendrimeren[71] und Octyl-terminierten *Fréchet*-Dendrons auf Graphit-Oberflächen[72] sowie der Metallionen-initiierten Selbstorganisation von PAMAM-Dendrimeren mit periphe-ren Terpyrdin-Einheiten auf Graphit-Oberfläche.[73]

7.8 Transmissions-Elektronenmikroskopie

Die *Transmissions-Elektronenmikroskopie* (*TEM*, engl. *T*ransmission *E*lectron *M*icroscopy) ist im Prinzip universell einsetzbar und wird in der Biologie und Medizin ebenso benutzt wie in den Materialwissenschaften und der Dendrimer-Forschung. Mit moderner *TEM* können Abbildungen erzeugt werden, die Abstände im atomaren Bereich erkennen lassen.

7.8.1 TEM

In der *Transmissions-Elektronenmikroskopie* wird von einer Kathode (z. B. Wolframdraht) unter Hochspannung ein Elektronenstrahl emittiert. Die Wellenlänge dieses Elektronenstrahls hängt von der Höhe der angelegten Beschleunigungsspannung ab, die die Elektronen in Rich-tung der Anode beschleunigt. Um eine Absorption des Elektronenstrahls durch Gas-Teilchen zu verhindern, wird unter Hochvakuum gearbeitet. Leistungsstarke Elektromagneten, die wie optische Linsen wirken, dienen der Formung des Elektronenstrahls. Beim Durchtritt der E-lektronen durch die Probe, die zu diesem Zweck sehr dünn sein muß, kommt es zu inelasti-scher und elastischer Streuung an den Probenatomen. Das vergrößerte Abbild der Probe, das durch die Wechselwirkung des einfallenden Elektronenstrahls an den Probenatomen entsteht, wird auf einem Fluoreszenz-Schirm dargestellt und kann auf einem photographischen Nega-tiv oder einer CCD-Kamera aufgezeichnet werden.

7.8.1.2 TEM-Aufnahmen von Dendrimeren

Grundsätzlich sind aussagekräftige *TEM*-Abbildungen von Dendrimer-Molekülen nur dann möglich, wenn die Dendrimere gegenüber dem hochenergetischen Elektronenstrahl stabil sind. Das entscheidende Problem bei der elektronenmikroskopischen Untersuchung von Dendrimeren besteht aber in erster Linie darin, isolierte Dendrimere von der Umgebung zu unterscheiden. Je geringer nämlich die mittlere Ordnungszahl der im Dendrimer-Gerüst enthaltenen Atome ist, desto schwächer erscheint der Kontrast. Deshalb werden vor allem elektronen-reiche Metallo-Dendrimere[74] mittels *TEM* gut abgebildet. Auch bei der Untersuchung der Größe und Stabilität dendritisch-stabilisierter Palladium-, Gold- oder Silber-Nanopartikel hat sich *TEM* bewährt[75] (s. **Bild 7-9**).

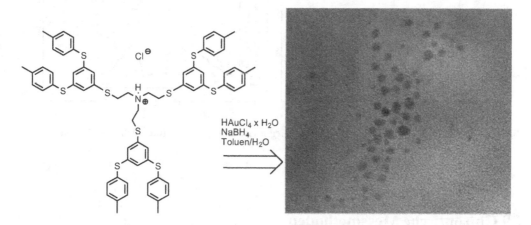

Bild 7-9 Dendritischer Phasentransfer-Katalysator nach *Vögtle et al.* (links); *TEM*-Aufnahme der dendritisch stabilisierten Gold-Nanopartikel (schwarz) nach Reduktion der Goldsalzlösung in der organischen Phase

Bei nicht Metall-haltigen Dendrimeren ist das Streuvermögen der Probe und damit der Kontrast für *TEM*-Abbildungen normalerweise nicht ausreichend. Deshalb wird in der Regel eine *Negativ-Kontrastierung* (*negative staining*) solcher Dendrimere vorgenommen, indem die Dichte des Untergrunds durch Zugabe von Elektronen stark streuenden Materialien (z. B. Uranylacetat, Osmiumtetroxid), erhöht wird (**Bild 7-10**). Nach entsprechender Kontrastierung konnten einzelne Moleküle nicht Metall-haltiger Dendrimere vorwiegend höherer Generation abgebildet[15, 76] und Gestalt und Größe der Moleküle untersucht werden. In der Regel geben *TEM*-Abbildungen die zweidimensionale Gestalt des Moleküls korrekt wieder, liefern im Gegensatz zu *AFM*-Aufnahmen aber nur wenig Infomationen über die Höhe des Moleküls. Daher werden beide Mikroskopiertechniken häufig kombiniert.

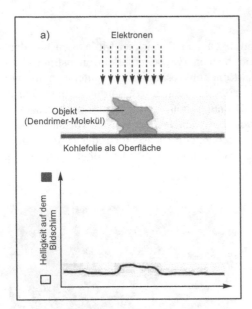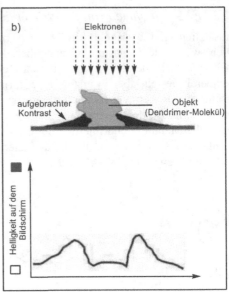

Bild 7-10   Prinzip der Negativ-Kontrastierung (*negative-staining*) von Molekülen auf Oberflächen. a) ohne Kontrast; b) Negativ-Kontrastierung

7.9 Chiroptische Messmethoden

Beim Einsatz chiroptischer Messmethoden in der Dendrimer-Forschung wird die charakterisrischtische Eigenschaft der optischen Aktivität von chiralen Dendrimeren für ihre strukturelle Charakterisierung genutzt.

Der Begriff *chiroptisch* kennzeichnet grundsätzlich solche spektroskopischen Methoden, die für beide Enantiomere einer chiralen Verbindung Meßwerte mit entgegengesetztem Vorzeichen liefern.[77] Zu den wichtigsten chiroptischen Methoden gehört die Messung der *Optischen Rotationsdispersion* (*ORD*) und des *Circulardichroismus* (*CD*).

In den folgenden Abschnitten wird zunächst auf die Grundlagen chiroptischer Messmethoden und deren Anwendung eingegangen, um im Anschluss die chiroptischen Eigenschaften dendritischer Strukturen – so weit dies möglich ist – in allgemeinen „Regeln" zusammenzufassen.

7.9.1 Optische Rotationsdispersion und Circulardichroismus

Die *Optische Rotationsdispersion* (*ORD*) oder auch *Circulare Doppelbrechung* beruht auf der unterschiedlichen Brechung von links und rechts circular polarisiertem Licht durch optisch aktive Medien.[78] Trifft linear polarisiertes Licht auf ein optisch aktives Medium, so bewegen sich die beiden circular polarisierten Teilstrahlen aufgrund ihrer verschiedenen Brechungsindizes mit unterschiedlicher Geschwindigkeit in dem optisch aktiven Medium fort.[79] Dadurch kommt es zu einer Phasenverschiebung der beiden circular polarisierten Teilstrahlen und damit zu einer Drehung der Polarisationsebene des ausfallenden Lichts um einen Winkel α. Dabei ist das Ausmaß der Drehung proportional der Differenz der Brechungsindizes für das rechts- und links-circular polarisierte Licht:

$$\alpha = (180 \cdot (\eta_l - \eta_r) \cdot l)/\lambda_0$$

(α: Drehwinkel in Grad: η_l, η_r Brechungsindices für links und rechts circular polarisiertes Licht; l: Länge des durchstrahlten Mediums; λ_0: Wellenlänge im Vakuum)

Für die konzentrationsabhängigen, in Lösung gemessenen, spezifischen Drehwerte [α] gilt:

$$[\alpha]^T_\lambda = \alpha/(l \cdot c)$$

(α: Drehwinkel in Grad: l: Schichtdicke in dm; c: Konzentration in g/ml)

Besonders bei vergleichenden chiroptischen Untersuchungen an Dendrimeren einer Serie ist zu beachten, dass zwischen den Dendrimeren in der Regel große Massenunterschiede bestehen und sich die spezifischen Drehwerte [α] mit der Konzentration der gemessenen Lösung verändern. Deshalb ist es häufig sinnvoller, anstelle des spezifischen Drehwerts [α] den auf ein Mol berechneten molaren Drehwert [Φ] zu betrachten.

$$[\Phi] = 0{,}01 \cdot [\alpha] \cdot M$$

Mißt man die Abhängigkeit des Drehwinkels α von der Wellenlänge außerhalb des Absorptionsbereiches der untersuchten optisch aktiven Substanz, erhält man einfache ORD-Kurven, die durch eine monotone Zunahme oder eine monotone Abnahme des Drehwinkels von langen zu kurzen Wellenlängen des Messlichtes charakterisiert sind. Dieses Verhalten bezeichnet man als „normale ORD".

Wird die Abhängigkeit des Drehwinkels α von der Wellenlänge hingegen im Bereich der Absorptionsbande der zu untersuchenden, optisch aktiven Substanz gemessen, beobachtet man in diesem Bereich eine Überlagerung der normalen ORD-Kurve durch einen s-förmigen Anteil. Verantwortlich für diese anomale ORD ist die Überlagerung durch Circulardichroismus-Effekte.

Anders als die ORD beruht der Circulardichroismus (CD) auf dem unterschiedlichen Absorptionsvermögen einer optisch aktiven Verbindung für die beiden circular polarisierten Teilstrahlen des eingestrahlten Lichts. Das Zusammenwirken von anomaler ORD und CD wird unter der Bezeichnung Cotton-Effekt zusammengefasst. Cotton-Effekte können deshalb sowohl durch Messung der Rotationsdispersion als auch des Circulardichroismus bestimmt werden. Bei einer ORD-Kurve wird von einem positiven Cotton-Effekt gesprochen, wenn der „Gipfel" der Kurve bei höheren Wellenlängen liegt als das „Tal" (**Bild 7-11**).

Zur Messung des Circulardichroismus wird die Differenz $\Delta\varepsilon$ der Absorption (ε) von links- und rechts-circular polarisiertem Licht bestimmt und gegen die Wellenlänge aufgetragen. Das CD-Spektrum zeigt bei bestimmten Wellenlängen entweder einen negativen ($\Delta\varepsilon < 0$) oder positiven ($\Delta\varepsilon > 0$) Cotton-Effekt. Der Circulardichroismus wird aber nicht nur durch das Vorzeichen, sondern auch durch die Parameter $\Delta\varepsilon_{max}$ ($\Delta\varepsilon$ im Maximum der Absorption), λ_{max}

(λ des Absorptionsmaximus) und durch die Kurvenform (z. B. Feinstruktur) charakterisiert (**Bild 7-11**). Welcher Anteil des linear polarisierten Lichts von der optisch aktiven Substanz absorbiert worden ist, und in welchem Umfang, ist dabei abhängig vom Molekülbau, d. h. von der Chiralität der Stereozentren in nächster Umgebung des absorbierenden Chromophors.

Ein großer Vorteil der chiroptischen Messmethoden ist, dass sie mit weniger als mg-Mengen an Substanz auskommen und diese nach der Messung (zerstörungsfrei) zurückgewonnen werden können.

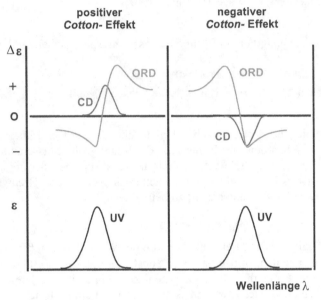

Bild 7-11   Vergleich von *ORD*- (grün) und *CD*-Banden (rot) positiver (linke Seite oben) bzw. negativer *Cotton*-Effekte (rechte Seite oben); im unteren Teil ist das zugehörige *UV/vis*-Absorptionsspektrum (schwarz) wiedergegeben. Der untersuchte Wellenlängenbereich umfasst normalerweise 180-700 nm

Wenn innerhalb des Dendrimer-Moleküls zwei (oder mehrere benachbarte) ausgeprägte Chromophore in einer chiralen Anordnung zueinander liegen, zeigt das *CD*-Spektrum zwei ineinander übergehende intensive *Cotton*-Effekte entgegengesetzten Vorzeichens.[80] Diese als *Exciton-Couplet* bezeichnete Erscheinung im *CD*-Spektrum basiert auf der Wechselwirkung zweier elektronischer Übergangsmomente in chiraler Orientierung zueinander, wie dies beispielsweise bei helikalen Strukturen der Fall ist. In solchen Fällen kann sogar die absolute Konfiguration des Moleküls (oder Supramoleküls) – mit geringsten Substanzmengen (<1 mg) – zerstörungsfrei – ermittelt werden.[11, 81]

7.9.2 Chiroptische Untersuchungen an chiralen dendritischen Strukturen

Die Beziehung zwischen der Chiralität der dendritischen Bausteine und der Chiralität des Gesamtmoleküls zu verstehen, ist von essentieller Bedeutung für die Entwicklung neuer, dendritischer Materialien, deren Eigenschaften und Funktion von ihrer Chiralität auf makroskopischer Ebene abhängen.[82] Die meisten der bislang publizierten chiroptischen Untersuchungen an verschiedenen Typen von chiralen Dendrimeren dienten daher der Aufklärung dieser Beziehung (s. *Kapitel 4.2*). Trotz der großen Zahl an Untersuchungen haben sich die chiroptischen Daten aber bislang als schwer vorhersagbar erwiesen, da sie von verschiedensten Faktoren abhängen. Solange die Analyse chiroptischer Daten jedoch keine klare Aussage zulässt, kann anders als bei einfachen chiralen Molekülen der voraussichtliche Nutzen chiroptischer Untersuchungen auch noch nicht vollständig zur strukturellen Charakterisierung chiraler Dendrimere ausgeschöpft werden. Auf Grundlage der bislang vorliegenden Untersuchungen lassen sich dennoch folgende allgemeine „Regeln" über den Zusammenhang zwischen der molekularen Chiralität der dendritischen Bausteine und der makroskopischen Chiralität des Dendrimers aufstellen. Aus einem regelkonformen bzw. anomalen Verhalten lassen sich Informationen zur konformativen Ordnung von Dendrimeren ableiten:

- *Der Beitrag einzelner chiraler Bausteine zum Gesamtdrehwert des Dendrimers bleibt bei flexiblen dendritischen Strukturen unabhängig von der Generationszahl annähernd konstant.*

Bei Dendrimeren und Dendrons, deren hochflexible Struktur durch ein dynamisches Gleichgewicht der Konformere beschrieben werden kann, kommt es also in der Regel zu keiner bemerkenswerten Aufhebung oder Verstärkung des Drehwerts durch den Einfluss der dendritischen Äste.

Ein anomales Verhalten des molaren Drehwerts in Abhängigkeit von der Generation kann grundsätzlich auf die Existenz chiraler Unterstrukturen in den Dendrimer-Zweigen hinweisen. In vielen Fällen treten solche Anomalien aber lediglich als Folge konstitutioneller Unterschiede zwischen den chiralen Bausteinen auf, die in den verschiedenen Teilen des Dendrimers einer unterschiedlichen lokalen Umgebung ausgesetzt sind. *CD*-spektroskopische Untersuchungen können häufig genauere Hinweise auf die Ursachen geben.

- *Der Gesamtdrehwert eines Dendrimer-Moleküls ergibt sich annähernd additiv aus den konstanten Beiträgen der einzelnen chiralen Bausteine des Dendrimers.*

Dies weist darauf hin, dass die gemessene molare optische Drehung durch die chiralen Bausteine hervorgerufen wird und nicht durch eine stabile konformative Anordnung des Dendrimer-Gerüsts.[83]

Zu Abweichungen von dieser „Additivitätsregel" kommt es, wenn sich der Beitrag einzelner chiraler Bausteine zum Gesamtdrehwert aufgrund konstitutioneller Unterschiede zwischen den chiralen Bausteinen mit der Generation ändert oder die konformativen Gleichgewichte der freien monomeren, chiralen Bausteine durch die Einbindung in ein Dendrimer-Gerüst signifikante Änderungen erfahren. (s. obige Regel).[84]

- *Sterische Packungseffekte können Regel 1 und 2 aufheben.*

Unter dem Einfluss der sterischen Hinderung der dendritischen Äste können die chiralen, monomeren Bausteine im Dendrimer in eine Konformation gezwungen werden, die die entsprechenden freien, monomeren Bausteine nicht einnehmen würden. Dies hat beispielsweise bei kernchiralen Dendrimeren eine Abnahme der molaren Drehwerte mit wachsender Dendrimer-Generation zur Folge.[85] Man spricht in diesem Fall von einer „Verdünnung" der optischen Aktivität als Folge der Anknüpfung inhärent achiraler Dendrimer-Zweige. Eine signifikante Beeinflussung des konformativen Gleichgewichts der chiralen monomeren Bausteine sollte sich nicht nur bei den Drehwerten, sondern auch durch Änderungen in den CD-Spektren bemerkbar machen.

- *Intramolekulare Wechselwirkungen oder Wechselwirkungen mit anderen Molekülen können Regel 1 und 2 aufheben.*

Spezifische attraktive Wechselwirkungen zwischen den Dendrimer-Bausteinen (z. B. Wasserstoffbrücken-Bindungen zwischen Aminosäure-Bausteinen) oder die Komplexierung von Metall-Ionen[86] durch geeignete funktionelle Gruppen im Dendrimer-Gerüst können die Ausbildung von chiralen Unterstrukturen begünstigen und eine Verzerrung oder Faltung der Gesamtstruktur herbeiführen. Auch Wechselwirkungen mit Lösungsmittelmolekülen können die Gesamtstruktur stark beeinflussen.

Wie die obige Aufstellung zeigt, ergeben sich durch Vergleich der molaren Drehwerte verschiedener Dendrimer-Generationen (geteilt durch die Anzahl der chiralen Bausteine im Dendrimer) mit denen der korrespondierenden, chiralen Monomere oder geeigneter Modell-Verbindungen Informationen zur konformativen Ordnung der Dendrimere.

Die Messung des *Circulardichroismus* erlaubt sogar die Aufklärung relativ kleiner struktureller Änderungen. Die CD-Spektroskopie eignet sich auch zur Lösung spezieller anwendungsrelevanter Fragestellungen. Bei der Untersuchung der Sensoreigenschaften chiraler Dendrimere wird ausgenutzt, dass die Komplexierung chiraler Gastmoleküle Änderungen in den CD-Banden des Wirt-Dendrimers induziert. Somit geben Gast-selektive chiroptische Effekte, die im Rahmen von Titrationsexperimenten mit enantiomeren Gastmolekülen beobachtet werden, Aufschluss über das Potential des chiralen Dendrimers, als enantioselektiver Sensor zu fungieren.[87]

7.10 Zusammenfassung

Die folgende Zusammenfassung gibt eine Übersicht über die Eigenschaften und speziellen Fragestellungen, die im Zusammenhang mit der Charakterisierung von Dendrimeren untersucht werden, und nennt die jeweils geeigneten Analysetechniken.

1. **Chemische Zusammensetzung**

    - Elementaranalyse (C, H, N-Analyse)
    - Massenspektrometrie: *ESI-MS*, *FAB-MS*, Aufklärung anhand der massenspektrometrischen Fragmentierungsmuster

2. Molare Masse

- Massenspektrometrie: *MALDI-MS* (auch hohe Generationen), *ESI-MS* und *FAB-MS* (niedrige Generationen); relative Methoden

- Kleinwinkelstreuung: *SANS*, *SAXS*, *SALLS* (Kleinwinkel-Laserlicht-streuung); absolute Methoden, welche die mittlere molare Masse liefern; für niedrige Generationen besteht ein großer Unsicherheitsfaktor aufgrund schwacher Streusignale

- Dampfdruck-Osmometrie

- *SEC*; relative Methode; häufiges Fehlen geeigneter Größenstandards kann zu Ungenauigkeiten führen

3. Dimensionen

Im Festzustand:

- Rastersondenmikroskopie: *AFM*, *STM* (Aren-reiche Dendrimere)

- Elektronenmikroskopie: *TEM*; Metall-reiche Dendrimere, dendritisch sta-bilisierte Nanopartikel; ansonsten Kontrastierung erforderlich

In Lösung:

- *Diffusions-NMR-Spektroskopie*

- *SEC*

- Kleinwinkelstreuung: *SAXS*, *SANS* (höhere Generationen)

- Computersimulationen

4. Strukturdefekte

- Massenspektrometrie: *ESI-MS*, *MALDI-MS*; Dendrimere mit niedrigerer Schalenzahl, Dimere, intramolekulare Ringschlüsse, fehlende Endgruppen, fehlende dendritische Äste

- *SEC* (meist in Kombination mit *MALDI-MS*); Dendrimere mit niedrigerer Schalenzahl, Dimere; nicht zur Detektion kleinerer Defekte wie fehlender Endgruppen oder intramolekularer Ringschlüsse geeignet, da sich solche Defekte nur geringfügig auf die Molekülgröße auswirken

- Kleinwinkelstreuung: *SAXS*, *SANS*; nur für höhere Dendrimer-Generationen geeignet; besonders *SANS* ist zeit- und kostenintensiv und benötigt im Vergleich zu den massenspektrometrischen Methoden große Probenmengen

5.   **Innere Gruppen und Endgruppen**

- *NMR*-Spektroskopie: ^{1}H, ^{13}C; bei Anwesenheit von Heteroatomen z. B. ^{15}N-, ^{19}F-, ^{29}Si-, ^{31}P-NMR

- *IR*-Spektroskopie

- Titration

6.   **Struktur**

- *NMR*-Spektroskopie : *^{1}H-*, *^{13}C-NMR* (*1D*-, *2D*-, *3D*-, *4D*-NMR); bei Anwesenheit von Heteroatomen z. B. ^{15}N, ^{19}F, ^{29}Si, ^{31}P

- Kleinwinkelstreuung: *SAXS*, *SANS* (höhere Generationen), räumliche Struktur in Lösung

Literaturverzeichnis und Anmerkungen zu *Kapitel 7*

„Charakterisierung und Analytik"

Übersichtsartikel sind durch ein vorgestelltes fett gedrucktes „Übersicht(en)" bzw. „Buch/Bücher" gekennzeichnet.

[1] L. J. Hobson, W. J. Feast, *Polymer* **1999**, *40*, 1279-1297.

[2] A. D. Meltzer, D. A. Tirell, A. A. Jones, P. T. Inglefield, *Macromolecules* 1992, 25, 4541.

[3] H. M. Brothers, L. T. Piehler, D. A. Tomalia, *J. Chromatogr.*, A **1998**, *814*, 233-246; b) A. Ebber, M. Vaher, J. Peterson, M. Lopp, *J. Chromatogr.* A **2002**, *949*, 351-358.

[4] *Buch*: C. Schalley (Hrsg.), *Analytical Methods in Supramolecular Chemistry*, Wiley-VCH, Weinheim **2006**

[5] *Lehrbücher*: a) L. Kraus, A. Koch, S. Hoffstetter-Kuhn, *Dünnschichtchromatographie*, Springer-Verlag, Berlin, Heidelberg 1996; b) B. Fried, J. Sherma (Hrsg.), *Practical Thin-Layer Chromatography - A Multidisciplinary Approach*; CRC Press, Boca Raton, New York, London, Tokyo 1996.

[6] *Lehrbücher*: a) S. Lindsay, *Einführung in die HPLC*, Springer-Verlag, Berlin-Heidelberg, 1996; b) G. J. Eppert, *Flüssigchromatographie, HPLC-Theorie und Praxis*, Springer-Verlag, Berlin, Heidelberg 1997; c) V. Meyer, *Praxis der Hochleistungs-Flüssigchromatographie*, Sauerländer, Frankfurt 1999.

[7] P. E. Froehling, H. A. Linssen, *Macromol. Chem. Phys.* **1998**, *199*, 1691-1695.

[8] M. T. Islam, X. Shi, L. Balogh, J. R. Baker, Jr., *Anal. Chem.* 2005, 77, 2063-2070.

[9] a) B. Ramagnoli, I. van Baal, D. W. Price, L. M. Harwood, W. Hayes, *Eur. J. Org. Chem.* **2004**, 4148-4157.

[10] O. Trapp, G. Trapp, J. Kong, U. Hahn, F. Vögtle, V. Schurig, *Chem. Eur. J.* **2002**, *8*, 3629-3634 .

[11] C. Reuter, G. Pawlitzki, U. Wörsdörfer, M. Plevoets, A. Mohry, T. Kubota, Y. Okamoto, F. Vögtle, *Eur. J. Org. Chem.* **2000**, 3059-3067.

[12] J. Recker, W. M. Müller, U. Müller, T. Kubota, Y. Okamoto, M. Nieger, F. Vögtle, *Chem. Eur. J.* **2002**, *8*, 4434-4442.

[13] a) A. M. Striegel, R. D. Plattner, J. L. Willett, *Anal. Chem.* **1999**, *71*, 978-986; b) L. Bu, W. K. Ninidez, J. W. Mays, *Macromolecules* **2000**, *33*, 4445-4452.

[14] M. T. Islam, X. Shi, L. Balogh, J. R. Baker, Jr., *Anal. Chem.* 2005, 77, 2063-2070.

[15] a) D. A. Tomalia, A. M. Naylor, W. A. Goddard, III; *Angew. Chem* **1990**, *102*, 119-157; *Angew. Chem. Int. Ed.* **1990**, *29*, 138-175; b) C. Xia, J. Fan, J. Locklin, R. C. Advincula, A. Gies, W. Nonigez, *J. Am. Chem. Soc.* **2004**, *126*, 8735-8743.

[16] A. Sharma, D. K. Mohanty, A. Desai, R. Ali, *Electrophoresis* **2003**, *24*, 2733-2739.

[17] a) *Lehrbücher*: H. Günther, *NMR-Spektroskopie*, Thieme, Stuttgart **1983**; E. Breitmaier, in *Untersuchungsmethoden in der Chemie*, H. Naumer, W. Heller (Hrsg.), Thieme, Stuttgart **1997**; H. Friebolin, *Ein- und zweidimensionale NMR-Spektroskopie*, Wiley-VCH,Weinheim **2006**; b) M. Pons (Hrsg.), *NMR in Supramolecular Chemistry*, Kluwer, Dordrecht **1999**.

[18] *Buch*: D. H. Williams, I. Fleming, *Strukturaufklärung in der organischen Chemie*, Thieme, Stuttgart **1991**.

[19] a) K. L. Wooley, C. A. Klug, K. Tasaki, J. Schaefer, *J. Am. Chem. Soc.* **1997**, *119*, 53-58; b) C. Klug, T. Kowalewski, J. Schaefer, T. Straw, K. Tasaki, K. Wooley, *Polym. Mat. Sci. Eng.* **1997**, *77*, 99-100; c) D. I. Malyararenko, R. L. Vold, G. L. Hoatsen, *Macromolecules* **2000**, *33*, 1268-1279; d) M. Wind, K. Saalwächter, U.-M. Wiesler,

K. Müllen, H. W. Spiess, *Adv. Mater.* **2001**, *13*, 752-756; e) M. Wind, K. Saalwächter, U.-M. Wiesler, K. Müllen, H. W. Spiess, *Macromolecules* **2002**, *35*, 10071-10086.

[20] G. Greiveldinger, D. Seebach, *Helv. Chim. Acta* **1998**, *81*, 1003-1022.

[21] a) S. S. Wijmenga, K. Hallenga, C. W. Hilberts, *J. Magn. Reson.* **1989**, *84*, 634-642; b) T. D. Spitzer, G. E. Martin, R. C. Crouch, J. P. Shockcor, B. T. Farmer, II, *J. Magn. Reson.* **1992**, *99*, 433-438; c) M. Chai, Y. Niu, W. J. Youngs, P. L. Rinaldi, *Macromolecules* **2000**, *33*, 5395-5398.

[22] M. Chai, Y. Niu, W. J. Youngs, P. L. Rinaldi, *J. Am. Chem. Soc.* **2001**, *123*, 4670-4678.

[23] D. Banerjee, M. A. C. Broeren, M. H. P. van Genderen, E. W. Meijer, P. L. Rinaldi, *Macromolecules* **2004**, *37*, 8313-8318.

[24] *Übersicht*: Y. Cohen, L. Avram, L. Frish, *Angew. Chem.* **2005**, *112*, 524-560; *Angew. Chem. Int. Ed.* **2005**, *44*, 520-554.

[25] a) H. Ihre, A. Hult, E. Söderlind, *J. Am. Chem. Soc.* **1996**, *118*, 6388-6395; b) C. B. Gorman, J. C. Smith, M. W. Hager, B. L. Parkhurst, H. Sierzputowska-Gracz, C. A. Haney, *J. Am. Chem. Soc.* **1999**, *121*, 9958-9966; c) J. M. Riley, S. Alkan, A. Chen, M. Shapiro, W. A. Khan, W. R. Murphy, Jr., J. E. Hanson, *Macromolecules* **2001**, *34*, 1797-1809, d) S. Hecht, N. Vladimirov, J. M. J. Fréchet, *J. Am. Chem. Soc.* **2001**, *123*, 18-25; e) A. I. Sagidullin, A. M. Muzafarov, M. A. Krykin, A. N. Ozerin, V. D. Skirda, G. M. Ignateva, *Macromolecules* **2002**, *35*, 9472-9479; f) S. W. Jeong, D. F. OBrien, G. Orädd, G. Lindblom, *Langmuir* **2002**, *18*, 1073-1076.

[26] a) G. R. Newkome, J. K. Young, G. R. Baker, R. L. Potter, L. Audoly, D. Cooper, C. D. Weis, K. Morris, C. S. J. Johnson, *Macromolecules* **1993**, *26*, 2394-2396; b) J. K. Young, G. R. Baker, G. R. Newkome, K. F. Morris, C. S. Johnson Jr., *Macromolecules* **1994**, *27*, 3464-3471.

[27] a) C. B. Gorman, J. C. Smith, M. W. Hager, B. L. Parkhurst, H. Sierzputowska-Gracz, C. A. Haney, *J. Am. Chem. Soc.* **1999**, *121*, 9958-9966; b) J. M. Riley, S. Alkan, A. Chen, M. Shapiro, W. A. Khan, W. R. Murphy, Jr., J. E. Hanson, *Macromolecules* **2001**, *34*, 1797-1809.

[28] a) Y. Tomoyose, D.-L. Jiang, R.-H. Jin, T. Aida, T. Yamashita, K. Horie, *Macromolecules* **1996**, *29*, 5236-5238; b) D.-L. Jiang, T. Aida, *Nature* **1997**, *388*, 454-456; c) D.-L. Jiang, T. Aida, *J. Am. Chem. Soc.* **1998**, *120*, 10895-10901; d) S. Hecht, J. M. J. Fréchet, *J. Am. Chem. Soc.* **1999**, *121*, 4084-4085.

[29] Beispiele zur Untersuchung der Moleküldynamik gelöster Dendrimere mithilfe von NMR-Relaxationsmessungen: **POPAM-Dendrimere**: a) J. F. G. A. Jansen, E. M. M. Brabander-van den Berg, E. W. Meijer, *Science* **1994**, *265*, 1226-1229; b) M. Chai, Y. Niu, W. J. Youngs, P. L. Rinaldi, *J. Am. Chem. Soc.* **2001**, *123*, 4670-4678; c) Y. Pan, W. T. Ford, *Macromolecules* **2000**, *33*, 3731-3738; **PAMAM-Dendrimere**: A. D. Meltzer, D. A. Tirrell, A. A. Jones, P. T. Inglefield, D. M. Hedstrand, D. A. Tomalia, *Macromolecules* **1992**, *25*, 4541-4548; **Poly-ether-Dendrimere**: a) C. B. Gorman, M. W. Hager, B. L. Parkhurst, J. C. Smith, *Macromolecules* **1998**, *31*, 815-822; b) D. L. Jiang, T. Aida, *J. Am. Chem. Soc.* **1998**, *120*, 10895-10901; c) S. Hecht, J. M. Fréchet, *J. Am. Chem. Soc.* **1999**, *121*, 4084-4085; d) H. J. van Manen, R. H. Fokkens, N. M. M. Nibbering, F. C. J. M. van Manen, R. H. Fok-kens, N. M. M. Nibbering, F. C. J. M. van Veggel, D. N. Reinhoudt, *J. Org. Chem.* **2001**, *66*, 4643-4650; **Carbosilan-Dendrimere**: K. T. Welch, S. Arévalo, J. F. C. Turner, R. Gómez, *Chem. Eur. J.* **2005**, *11*, 1217-1227.

[30] E. Buhleier, W. Wehner, F. Vögtle, *Synthesis* **1978**, 155-158.

[31] a) C. G. Juo, L. L. Shiu, C. K. F. Shen, T. Y. Luh, G. R. Her, *Rapid Commun. Mass Spectrom.* **1995**, *9*, 604-609; b) G. Coullerez, H. J. Mathieu, S. Lundmark, M. Malkoch, H. Magnusson, A. Hult, *Surf. Interface, Anal.* **2003**, *35*, 682-692.

[32] a) K. J. Wu, R. W. Odom, *Analytical Chemistry News & Features* **1998**, 456-461; b) L. J. Hobson, W. J. Feast, *Polymer* **1999**, *40*, 1279-1297; c) A. M. Striegel, R. D. Plattner, J. L. Willet, *Anal. Chem.* **1999**, *71*, 978-986; d) I. A. Mowat, R. J. Donovan, M. Bruce, W. J. Feast, N. M. Stainton, *Eur. Mass Spectrom.***1998**, *4*, 451-458; *Lehrbuch*: J. H. Gross, *Mass Spectrometry*, Springer, Berlin **2004**.

[33] *Übersicht*: H. Frey, K. Lorenz, C. Lach, *Chem. in unserer Zeit* **1996**, *2*, 75-85; *Lehrbuch:* J. H. Gross, *Mass Spectrometry*, Springer-Verlag, Berlin **2004**.

[34] **Beispiele für MALDI-TOF-MS-Untersuchungen an Dendrimeren**: a) H. S. Sahota, P. M. Lloyd, S. G. Yeates, P. J. Derrick, P. C. Taylor, D. M. Haddleton, *J. Chem. Soc., Chem. Commun.* **1994**, 2445-2446; b) T. Kawaguchi, K. L. Walker, C. L. Wilkins, J. S. Moore, *J. Am. Chem. Soc.* **1995**, *117*, 2159-2165; c) D. M. Haddleton, H. S. Sahota, P. C. Taylor, S. G. Yeates, *J. Chem. Soc., Perkin Trans. 1*, **1996**, 649-656; d) B. L. Schwartz, A. L. Rockwood, R. D.

Smith, D. A. Tomalia, R. Spindler, *Rap. Commun. Mass Spectrom.* **1995**, *9*, 1552-1555; e) J. W. Leon, M. Kawa, J. M. J. Fréchet, *J. Am. Chem. Soc.* **1996**, *118*, 8847-8859; f) G. Chessa, A. Scrivanti, R. Seraglia, P. Traldi, *Rapid Commun. Mass Spectrom.* **1998**, *12*, 1533-1537; g) P. B. Rheiner, D. Seebach, *Chem. Eur. J.* **1999**, *5*, 3221-3236; h) L. Bu, W. K. Nonidez, J. W. Mays, *Macromolecules* **2000**, *33*, 4445-4452; i) L. Zhou, D. H. Russell, M. Zhao, R. M. Crooks, *Macromolecules* **2001**, *34*, 3567-3573; j) H. Chen, M. He, X. Cao, X. Zhou, J. Pei, *Rap. Commun. Mass Spectrom.* **2004**, 18, 367-370; **Beispiele für ESI-MS-Untersuchungen an Dendrimeren**: a) G. J. Kallos, D. A. Tomalia, D. M. Hedstrand, S. Lewis, J. Zhou, *Rap. Commun. Mass Spectrom.* **1991**, *5*, 383-386; b) B. L. Schwartz, A. L. Rockwood, R. D. Smith, D. A. Tomalia, R. Spindler, *Rapid Commun. Mass Spectrom.* **1995**, *9*, 1552-1555; c) L. P. Tolic, G. A. Anderson, R. D. Smith, H. M. Brothers II, R. Spindler, D. A. Tomalia, *Int. J. Mass Spectrom.* **1997**, 165/166, 405-418; d) U. Puapaiboon, R. T. Taylor, *Rap. Commun. Mass Spectrom.* **1999**, *13*, 508-515; e) J. W. Weener, J. L. J. van Dongen, E. W. Meijer, *J. Am. Chem. Soc.* **1999**, *121*, 10346-10355; f) A. M. Striegel, R. D. Plattner, J. L. Willett, *Anal. Chem.* **1999**, 71, 978-986; g) S. Watanabe, M. Sato, S. Sakamoto, K. Yamaguchi, M. Iwamura, *J. Am. Chem. Soc.* **2000**, *122*, 12588-12589; h) Y. Rio, G. Accorsi, H. Nierengarten, J.-L. Rehspringer, B. Hönerlage, G. Kopitkovas, A. Chugreev, A. Van Dorsselaer, N. Armaroli, J.-F. Nierengarten, *New J. Chem.* **2002**, 26, 1146-1154; i) M. Luostarinen, T. Partanen, C. A. Schalley, K. Rissanen, *Synthesis* **2004**, 255-262.

[35] T. Felder, C. A. Schalley, H. Fakhrnabavi, O. Lukin, *Chem. Eur. J.* **2005**, *11*, 1-13.

[36] J. C. Hummelen, J. L. J. van Dongen, E. W. Meijer, *Chem. Eur. J.* **1997**, *3*, 1489-1493.

[37] *Übersicht*: A. W. Bosman, H. M. Janssen, E. W. Meijer, *Chem. Rev.* **1999**, *99*, 1665-1688.

[38] a) K. J. Wu, R. W. Odom, *Anal. Chem.* **1998**, *69*, 456-461; b) L. Bu, W. K. Nonidez, J. W. Mays, N. Beck, *Macromolecules* **2000**, *33*, 4445-4452.

[39] B. Baytekin, N. Werner, F. Luppertz, M. Engeser, J. Brüggemann, S. Bitter, R. Henkel, T. Felder, C. A. Schalley, *Int. Mass Spectrom.* **2006**, *249*, 138-148.

[40] P. Coppens, *Angew. Chem.* **1977**, *89*, 33-42; *Angew. Chem. Int. Ed.* **1977**, *16*, 32-40; *Lehrbücher*: a) J. Stähle in *„Untersuchungsmethoden in der Chemie; Einführung in die moderne Analytik"*, Hrsg. H. Naumer, W. Heller, Thieme, Stuttgart **1997**; b) W. Massa, *Kristallstrukturbestimmung*, Teubner, Stuttgart **1994**.

[41] W. Bosmann, M. J. Bruining, H. Kooijman, A. L. Speck, R. A. J. Janssen, E. W. Meijer, *J. Am. Chem. Soc.* **1998**, *120*, 8547-8548.

[42] a) *Röntgen*-Kristallstrukturen von Dendrimeren 2. Generation: A. Rajca, S. Janicki, *J. Org. Chem.* **1994**, *59*, 7099-7107; D. Seyferth, D. Y. Son, *Organometallics* **1994**, *13*, 2682-2690; A. Sekiguchi, M. Nanjo, C. Kabuto, H. Sakurai, *J. Am. Chem. Soc.* **1995**, *117*, 4195-4196; B. Karakaya, W. Claussen, K. Gessler, W. Saenger, A.-D. Schlüter, *J. Am. Chem. Soc.* **1997**, *119*, 3296-3301; M. Brewis, G. J. Clarkson, V. Goddard, M. Helliwell, A. M. Holder, N. B. McKeown, *Angew. Chem.* **1998**, *110*, 1185-1187; *Angew. Chem. Int. Ed.* **1998**, *38*, 1092-1094. *Röntgen*-Kristallstrukturen von Dendrimeren 1. Generation: H.-B. Mekelburger, K. Rissanen, F. Vögtle, *Chem. Ber.* **1993**, *126*, 1161-1169; J. B. Lambert, J. L. Pflug, J. M. Denari, *Organometallics* **1996**, *15*, 615-625; J. W. Kriesel, S. König, M. A. Freitas, A. G. Marshall, J. A. Leary, T. D. Tilley, *J. Am. Chem. Soc.* **1998**, *120*, 12207-12215; C. Larré, D. Bressolles, C. Turrin, B. Donnadieu, J.-P. Majoral, *J. Am. Chem. Soc.* **1998**, *120*, 13070-13082; M. Nanjo, T. Sunaga, A. Sekiguchi, E. Horn, *Inorg. Chem. Commun.* **1999**, *2*, 203-206; R. A. Gossage, E. Muñoz-Martínez, H. Frey, A. Burgath, M. Lutz, A. L. Spek, G. van Koten, *Chem. Eur. J.* **1999**, *5*, 2191-2197; D. Ranganathan, S. Kurur, R. Gillardi, I. L. Karle, *Biopolymers* **2000**, *54*, 289-295; M. Brewis, G. J. Clarkson, M. Helliwell, A. M. Holder, N. B. McKeown, *Chem. Eur. J.* **2000**, *6*, 4630-4636; S. Harder, R. Meijboom, J. R. Moss, *J. Organomet. Chem.* **2002**, *689*, 1095-1101; K. Portner, M. Nieger, F. Vögtle, *Synlett* **2004**, 1167-1170; A. A. Williams, B. S. Day, B. L. Kite, M. K. McPherson, C. Slebodnick, J. R. Morris, R. D. Grandour, *Chem. Commun.* **2005**, 5053-5055; O. Lukin, V. Gramlich, R. Kandre, I. Zhun, T. Felder, C. A. Schalley, G. Dolgonos, *J. Am. Chem. Soc.* **2006**, *128*, 8964-8974; *Röntgen*-Kristallstrukturen von Dendrimeren 0. Generation: J. L. Hoare, K. Lorenz, N. J. Hovestad, W. J. J. Smeets, A. L. Spek, A. J. Canty, H. Frey, G. van Koten, *Organometallics* **1997**, *16*, 4167-4173; A. W. Bosman, M. J. Bruining, H. Kooijman, A. L. Spek, R. A. J. Janssen, E. W. Meijer, *J. Am. Chem. Soc.* **1998**, *120*, 8547-8548; S. Leininger, P. J. Stang, *Organometallics* **1998**, *17*, 3981-3987; b) R. E. Bauer, V. Enkelmann, U. M. Wiesler, A. J. Berresheim, K. Müllen; *Chem. Eur. J.* **2002**, *8*, 3858-3864 und darin aufgeführte Zitate.

[43] *Übersicht*: a) J.-P. Majoral, A.-M. Caminade, *Chem. Rev.* **1999**, *99*, 845-880, und darin aufgeführte Zitate; b) P. I. Coupar, P. A. Jaffrés, R. E. Morris, *J. Chem. Soc. Dalton Trans.* **1999**, 2183-2187; c) H. Schumann, B. C. Wassermann, M. Frackowiak, B. Omotowa, S. Schutte, J. Velder, S. H. Mühle, W. Krause, *J. Organomet. Chem.* **2000**, *609*, 189-195.

[44] *Buch*: H. C. Benoit, J. S. Higgins, *Polymers and Neutron Scattering*, Clarendon Press, Oxford **1994**.

[45] *Bücher*: a) G. Fournet, A. Guinier, *Small-Angle Scattering of X-Rays*, Wiley, New York **1955**; b) D. L. Svergun, L. A. Feigin, *Structure Analysis by Small-Angle X-Ray Scattering and Neutron Scattering*, Plenum Press, New York **1987**; *Übersicht*: c) B. Chu, B. S. Hsiao, *Chem. Rev.* **2001**, *101*, 1727-1762.

[46] a) R. G. Kirste, H. B. Stuhrmann, *Z. Phys. Chem. NF* **1965**, *46*, 247-250; b) V. Luzatti, A. Tardieu, L. Mateu, H. B. Stuhrmann, *J. Mol. Biol.* **1976**, *101*, 115-127; c) L. A. Feigin, D. L. Svergun, *Structure Analysis by small-Angle X-Ray Scattering and Neutron Scattering*, Plenum Press, New York **1987**; d) P. Hickl, M. Ballauff, A. Jada, *Macromolecules* **1996**, *29*, 4006-4014; e) P. Hickl, M. Ballauff, *Physica A* **1997**, *235*, 238-247.

[47] R. L. Lescanec, M. Muthukumar, *Macromolecules* **1990**, *23*, 2280-2288.

[48] S. Rosenfeldt, N. Dingenouts, M. Ballauff, N. Werner, V. Vögtle, P. Lindner, *Macromolecules* **2002**, *35*, 8098-8105.

[49] Hervet, G. de Gennes, *J. Phys. Lett. (Paris)* **1983**, *44*, L351-L360.

[50] S. Rosenfeldt, N. Dingenouts, D. Pötschke, M. Ballauff, A. J. Berresheim, K. Müllen, P. Lindner, *Angew. Chem.* **2004**, *116*, 111-114; *Angew. Chem. Int. Ed.* **2004**, *43*, 109-112.

[51] S. Rosenfeldt, E. Karpuk, M. Lehmann, H. Meier, P. Lindner, L. Harnau, M. Ballauff, *ChemPhysChem* **2006**, *7*, 2097-2104.

[52] H.-M. Kao, A. D. Stefanescu, K. L. Wooley, J. Schäfer, *Macromolecules* **2000**, *33*, 6214-6216.

[53] a) B. Ramzi, R. Scherrenberg, J. Brackmann, J. Joosten, K. Mortensen, *Macromolecules* **1998**, *31*, 1621-1626; b) A. Topp, B. J. Bauer, T. J. Prosa, R. Scherrenberg, E. J. Amis, *Macromolecules* **1999**, *32*, 8923-8931; c) C. N. Likos, S. Rosenfeldt, N. Dingenouts, M. Ballauff, P. Lindner, N. Werner, F. Vögtle, *J. Chem. Phys.* **2002**, *117*, 1869–1877.

[54] C. N. Likos, S. Rosenfeldt, N. Dingenouts, M. Ballauff, P. Lindner, N. Werner, F. Vögtle, *J. Chem. Phys.* **2002**, *117*, 1869–1877.

[55] P. Samori, *J. Mater. Chem.* **2004**, *14*, 1353-1366.

[56] a) G. Binnig, H. Rohrer, C. Gerber, E. Weibel, *Phys. Rev. Lett.* **1983**, *50*, 120-123; *Buch*: b) *Scanning Tunneling Microscopy*, H.-J. Güntherodt, R. Wiesendanger (Hrsg.), Springer, Berlin **1994**.

[57] a) E. T. Yu, *Chem. Rev.* **1997**, *4*, 1017-1044; b) S. Chiang, *Chem. Rev.* **1997**, *4*, 1015-1016; c) C. M. Lieber, Y. Kim, *Adv. Mater.* **1993**, *5*, 392-394; d) G. Binnig, C. F. Quate, C. Gerber, *Phys. Rev. Lett.* **1986**, *56*, 930-933.

[58] *Übersicht*: J. Li, D. A. Tomalia in *„Dendrimers and Other Dendritic Polymers"* (Hrsg. J. M. J. Fréchet, D. A. Tomalia), Wiley-VCH, Weinheim **2001**.

[59] a) D. J. Liu, S. De Feyter, P. C. M. Grim, T. Vosch, D. Grebel-Koehler, U. M. Wiesler, A. J. Berresheim, K. Müllen, F. C. De Schryver, *Langmuir* **2002**, *18*, 8223-8230; b) D. Liu, S. De Feyter, M. Cotlet, U.-M. Wiesler, T. Weil, A. Herrmann, K. Müllen, F. C. De Schryver, *Macromolecules* **2003**, *36*, 8489-8498.

[60] a) W. T. S. Huck, F. C. J. M. van Veggel, S. S. Sheiko, M. Möller, D. N. Reinhoudt, *J. Phys. Org. Chem.* **1998**, *11*, 540-545; b) T. A. Betley, M. M. Banaszak Holl, B. G. Orr, D. R. Swanson, D. A. Tomalia, J. R. Baker, *Langmuir* **2001**, *17*, 2768-2773.

[61] M. Sano, J. Okamura, A. Ikeda, S. Shinkai, *Langmuir* **2001**, *17*, 1807-1810.

[62] S. A. Ponomarenko, N. I. Boiko, V. P. Shibaev, S. N. Magonov, *Langmuir* **2000**, *16*, 5487-5493.

[63] S. Loi, U.-M. Wiesler, H.-J. Butt, K. Müllen, *Macromolecules* **2001**, *34*, 3661-3671.

[64] D. J. Liu, H. Zhang, P. C. M. Grim, S. D. Feyter, U. M. Wiesler, A. J. Berresheim, K. Müllen, F. C. De Schryver, *Langmuir* **2002**, *18*, 2385-2391.

[65] H. Zhang, P. C. M. Grim, D. Liu, T. Vosch, S. De Feyter, U.-M. Wiesler, A. J. Berresheim, K. Müllen, C. Van Haesendonck, N. Vandamme, F. C. De Schryver, *Langmuir* **2002**, *18*, 1801-1810.

[66] J. Li, L. T. Piehler, D. Qin, J. R. Baker, D. A. Tomalia, *Langmuir* **2000**, *16*, 5613-5616.

[67] a) A. Hierlemann, J. K. Campbell, L. A. Baker, R. M. Crooks, A. J. Ricco, *J. Am. Chem. Soc.* **1998**, *120*, 5323-5324; b) H. Tokuhisa, M. Zhao, L. A. Baker, V. T. Phan, D. L. Dermody, M. E. Garcia, R. F. Peez, R. M. Crooks, T. M. Mayer, *J. Am. Chem.. Soc.* **1998**, *120*, 4492-4501.

[68] a) F. Morgenroth, C. Kübel, K. Müllen, *J. Mater. Chem.* **1997**, *7*, 1207-1211; b) A. Hierlemann, J. K. Campbell, L. A. Baker, R. M. Crooks, A. J. Ricco, *J. Am. Chem. Soc.* **1998**, *120*, 5323-5324; c) H. Zhang, P. C. M. Grim, P. Foubert, T. Vosch, P. Vanoppen, U.-M. Wiesler, A. J. Berresheim, K. Müllen, F. C. De Schryver, *Langmuir* **2000**, *16*, 9009-9014.

[69] A. C. Grimsdale, K. Müllen, *Angew. Chem.* **2005**, *117*, 5732-5772; *Angew. Chem. Int. Ed.* **2005**, *35*, 5592-5629, und darin aufgeführte Zitate.

[70] L. Latterini, G. Pourtois, C. Moucheron, R. Lazzaroni, J.-L. Brédas, A. Kirsch-de Mesmaeker, F. C. De Schryver, *Chem. Eur. J.* **2000**, *6*, 1331-1336.

[71] C. Xia, X. Fan, J. Locklin, R. C. Advincula, A. Gies, W. Nonidez, *J. Am. Chem. Soc.* **2004**, *126*, 8735-8743.

[72] L. Merz, H.-J. Güntherodt, L. J. Scherer, E. C. Constable, C. E. Housecroft, M. Neuburger, B. A. Hermann, *Chem. Eur. J.* **2005**, *11*, 2307-2318.

[73] D. J. Díaz, G. D. Storrier, S. Bernhard, K. Takada, H. D. Abruna, *Langmuir* **1999**, *15*, 7351-7354.

[74] a) S. K. Hurst, M. P. Cifuentes, M. G. Humphrey, *Organometallics* **2002**, *21*, 2353-2355; b) A. M. McDonagh, C. E. Powell, J. P. Morrall, M. P. Cifuentes, M. G. Humphrey, *Organometallics* **2003**, *22*, 1402-1413.

[75] a) R. W. J. Scott, A. K. Datye, R. M. Crooks, *J. Am. Chem. Soc.* **2003**, *125*, 3708-3709; b) M. Pittelkow, K. Moth-Poulsen, U. Boas, J. B. Christensen, *Langmuir* **2003**, *19*, 7682-7684.

[76] a) G. R. Newkome, C. N. Moorefield, G. R. Baker, M. J. Saunders, S. H. Grossman, *Angew. Chem.* **1991**, *103*, 1178-1180; *Angew. Chem. Int. Ed.* **1991**, *30*, 1178-1180; b) C. L. Jackson, H. D. Chanzy, F. P. Booy, B. J. Drake, D. A. Tomalia, B. J. Bauer, E. J. Amis, *Macromolecules* **1998**, *31*, 6259-6265.

[77] *Lehrbücher*: G. Snatzke, N. Berova, K. Nakanishi, R.W. Woody (Hrsg.), Wiley-VCH, New York **2000**; K. Nakanishi, N. Berova, R. W. Woody (Hrsg.), *Circular Dichroism – Principles and Applications*, VCH Publishers, New York, Weinheim **1994**; H. R. Christen, F. Vögtle, *Circular Dichroismus*, in *Organische Chemie, Von den Grundlagen zur Forschung*, Band II, Salle, Frankfurt am Main **1990**, S. 301-334; N. Harada, K. Nakanishi, *Circular Dichroic Spectroscopy – Exciton Coupling in Organic Stereochemistry*, Oxford University Press **1983**; S. F. Mason, *Optical Activity and Chiral Discrimination*, Reidel, Dordrecht, Nato Advances Study Institutes Series, Series C, *Vol. 48*, **1978**; E. Charney, *The Molecular Basis of Optical Activity – Optical Rotatory Dispersion and Circular Dichroism*, Wiley, New York **1979**; S. F. Mason, *Molecular optical activity & the chiral discriminations*, Cambridge University Press, London **1982**; L. D. Barron, *Molecular Light Scattering and Optical Activity*, Cambridge University Press, London **1982**; P. Crabbé, *ORD and CD in Chemistry and Biochemistry, An Introduction*, Academic Press, New York **1972**.

[78] In rechts- bzw. links-circular polarisiertem Licht beschreibt die Spitze des elektrischen Feldvektors eine Helix im bzw. gegen den Uhrzeigersinn.

[79] Linear polarisiertes Licht lässt sich als Überlagerung zweier circular polarisierter Lichtstrahlen gleicher Frequenz, Geschwindigkeit und Amplitude (Intensität), aber entgegengesetztem Uhrzeigersinn auffassen.

[80] J. Recker, D. J. Tomcik, J. R. Parquette, *J. Am. Chem. Soc.* **2000**, *122*, 10298-10307.

[81] F. Vögtle, G. Pawlitzki, in H. Takemura (Hrsg.), *Cyclophane Chemistry for the 21st Century*, Research Signpost **2002**, *37*, 661(2), 55-90.

[82] Begriffe wie makroskopische, nanoskopische und mesoskopische Chiralität sind aus Studien von *Mislow* (A. B. Buda, T. Auf der Heyde, K. Mislow, *Angew. Chem.* **1992**, *104*, 1012-1031; *Angew. Chem. Int. Ed.* **1992**, *31*, 989-1007) und *Avnir* (O. Katzenelson, H. Z. Hel-Or, D. Avnir, *Chem. Eur. J.* **1996**, *2*, 174-181) hervorgegangen und dienen der Definition der Chiralität von großen supramolekularen und makromolekularen Systemen, wie chiraler Cluster, Aggregate, Polymere oder Dendrimere.

[83] C.-O. Turrin, J. Chiffre, J.-C. Daran, D. de Montauzon, A.-M. Caminade, E. Manoury, G. Balavoine, J.-P. Majoral, *Tetrahedron* **2001**, *57*, 2521-2536.

[84] J. R. McElhanon, D. V. McGrath, *Polymer Preprints* **1997**, *38*, 278-279.

[85] M. J. Laufersweiler, J. M. Rohde, J.-L. Chaumette, D. Sarazin, J. R. Parquette, *J. Org. Chem.* **2001**, *66*, 6440-6452.

[86] B. Buschhaus, F. Hampel, S. Grimme, *Chem. Eur. J.* **2005**, *11*, 3530-3540.

[87] D. K. Smith, A. Zingg, F. Diederich, *Helv. Chim. Acta* **1999**, *82*, 1225-1241.

8. Spezielle Eigenschaften und Anwendungspotenziale

8.1 Einleitung

Es ist auch in der Dendrimer-Chemie nicht leicht, zwischen konkreten Anwendungen und vielversprechenden Zukunftsoptionen zu unterscheiden, weshalb hier beide in einem gemeinsamen Kapitel zusammengefasst sind.

Dendrimer-Moleküle zeichnen sich durch Zonen verschiedener Dichte aus. Sie vereinen, je nach Starrheit oder konformativer Beweglichkeit ihres Gerüsts, dichte und weniger dichte Areale. Sie können – mehr oder weniger große und flexible – Nischen und Hohlräume ausbilden, um Lösungsmittel aufzunehmen und als (selektive) Wirtverbindungen für Gastsubstanzen zu agieren.

Aufgrund der möglichen strukturellen Präzision und daher einheitlicheren Eigenschaften finden Dendrimere verglichen mit dendritischen Polymeren überwiegend Anwendungsinteresse im biomedizinischen Bereich. Auch weil Effekte – wie Lumineszenz – aufgrund von vielfacher Substitution verstärkt werden und hohe lokale Konzentrationen bestimmter Bauelemente und Funktionalitäten erzielt werden.

Im Folgenden werden bereits erfolgte und geplante Anwendungen der Dendrimere und dendritischen Polymere und die jeweiligen Eigenschaften, die dafür maßgebend sind, beschrieben. Einige charakteristische allgemeine Eigenschaften, auf denen die Anwendungen fußen, seien hier eingangs kurz pauschal zusammengefasst. Andere Eigenschaften konkreter Dendrimer-Familien sind in den *Kapiteln 4* bis *6* erwähnt.

Charakteristika und Eigenschaften (strukturperfekter) Dendrimere:

- Nanoarchitektur mit schalenförmigem Aufbau
- Strukturelle Präzision
- Monodispersität
- Definierte Molekülgröße, definierte Anzahl von Endgruppen
- Niedrige Viskosität in Lösung
- Hydrophilie/Lipophilie-Balance nach Design
- Formstabilität/Flexibilität-Balance nach Design
- Zugängliche Moleküloberfläche
  (bei nicht zu hoher Generation und kleinen Endgruppen)
- Vielzahl an Funktionalisierungsmöglichkeiten
- Übersichtliche Aufnahme von Gastsubstanzen
- Mehr- bis vielstufiger (iterativer) synthetischer Zugang.

Charakteristka/Eigenschaften dendritischer Polymere:

- Einfacher, preiswerter synthetischer Zugang
- Kompakte hochverzweigte Struktur mit unterschiedlichen Verzweigungsmustern
- Unregelmäßige globuläre Form, abhängig vom Verzweigungsgrad
- Polydispersität
- Strukturdefekte
- Endgruppen mit hoher chemischer Reaktivität
- Höhere Löslichkeit als analoge lineare Makromoleküle.

Anwendungen als Additive, in der Katalyse, Sensorik, medizinischen Diagnostik und andere, bei denen der derzeit vergleichsweise hohe Preis der strukturperfekten Dendrimere höherer Generationen keine so große Rolle spielt – da dort wenig Substanz oft große Wirkung verursacht – stehen derzeit im Vordergrund des Interesses. Für diese Bereiche ist allerdings eine manchmal aufwendige Anpassung der Molekülstruktur an die Erfordernisse zwingend, um bestehende Methoden, Verfahren und Eigenschaften zu übertreffen. Andererseits erlauben die unzähligen Variationsmöglichkeiten der dendritischen Strukturen (Gerüsttyp, Verzweigungs-art, Generationszahl, Nanodimension, Löslichkeit, Lipophilie-/Hydrophilie-Balance, Rigidi-tät-/Flexibilität-Balance, Konformations-Dynamik, Rückfaltung, Nischen-/Hohlraumausbildung, Gastaufnahme/-selektivität, Chiralität, Defekte usw.) und ihre Funktionalisierungsvielfalt eine solche Feinanpassung; Sie erfordert allerdings entsprechende Zeit und experimentellen Aufwand, die für einige Anwendungen noch nicht aufgebracht wurden.

8.2 Katalyse, Membrantechnik

Dendrimere Architekturen bieten – verglichen mit Polymeren – aufgrund ihrer Monodispersi-tät, Variabilität, strukturellen Regelmäßigkeit des Molekülgerüsts und einer Vielzahl von Funktionalisierungsmöglichkeiten günstige Voraussetzungen zur Fixierung von katalytisch aktiven Einheiten. Katalytische Einheiten können hierzu – wenn nötig vielfach – an der Peripherie, im Kern eines Dendrimers oder dem fokalen Punkt eines Dendrons fixiert werden. Sind die Dendrimere an der Peripherie geeignet funktionalisiert, können entsprechende Metallkomplexe direkt an der Moleküloberfläche angeheftet werden. Kern- oder auch im fokalen Punkt funktionalisierte Dendrimere schirmen hingegen das katalytisch wirksame Zentrum durch ihren schalenartigen Aufbau in gezielter Weise ab, z. B. um bei unterschiedlichen Reaktantengrößen Substratselektivität zu erzielen.[1] Die entsprechenden Begriffe *„exo-dendrale* und *endodendrale Fixierung"* von Katalysatoren wurde im Zusammenhang mit der Funktionalisierung von Carbosilan-, Polyether- und Polyester-Dendrimeren eingeführt.[2] Erfolgt die Fixierung *exodendral*, so sind die katalytischen Einheiten an den Verzweigungs-enden befestigt, bei einer *endodendralen* Fixierung ist meistens der Kern des Dendri-mers/Dendrons aktiv (**Bild 8-1**).

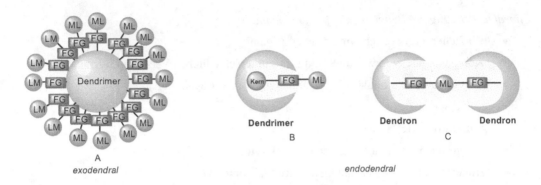

Bild 8-1 Fixierungsmöglichkeiten von katalytisch aktiven Einheiten (ML) an einem Dendrimer. A: *exodendrale* Fixierung an der Peripherie des Dendrimers; B und C: *endodendrale* Fixierung am Kern des Dendrimers/Dendrons. Das katalytische Zentrum kann z. B. ein an geeignete Funktionelle Gruppen (FG; rot gekennzeichnet) gebundenes Metallzentrum M (grün gekennzeichnet) sein; L symbolisiert zusätzliche Komplexliganden am Metallzentrum

8.2.1 Dendrimere als Träger für Katalysatoren

Konkrete Formelbeispiele einiger zu Katalyse-Zwecken hergestellten Dendrimere sind bereits in *Kapitel 4* wiedergegeben und seien hier nicht wiederholt, zumal ihre Einsatzfähigkeit lediglich geprüft, eine konkrete Labor- oder industrielle Anwendung aber derzeit nicht gegeben ist.

Die von *Müllen et al.* entwickelten sphärischen Polyphenylen-Dendrimere[3] (s. *Kapitel 4.1.5*) aggregieren wegen ihrer Starrheit nicht auf Metalloberflächen. Dadurch bleiben mehr Stellen für katalytische Wechselwirkungen frei. Verglichen mit flexiblen Polymeren, die mit demselben Metall beladen sind, ist der Zugang zu dem als Gast eingeschlossenen Metall für die Katalyse günstiger. Daher sollten sich derartige steife (formstabile) Polyphenylen-Dendrimere für die Herstellung hochaktiver Katalysatoren eignen. Außerdem ermöglicht die hohe thermische Stabilität dieser Kohlenwasserstoff-Dendrimere organische Reaktionen, die mit polymeren Katalysatoren kaum möglich wären.

Lüning konnte Dendrimere des *Fréchet*-Typs in homogener Phase mit konkav angeordneten Pyridin-Einheiten beladen. Bei der basenkatalysierten Addition von Ketenen an Alkohole und Polyole (z. B. Monosaccharide) wurde so eine bemerkenswerte Selektivität erzielt. Die funktionalisierten Dendrimer-Katalysatoren weisen im Vergleich zu den nicht-dendritischen herkömmlichen Katalysatoren eine höhere Molekularmasse auf, was eine Recyclisierung des Katalysators nach Reaktionsende *via* Nanofiltration ermöglicht. Diese Dendrimere empfehlen sich somit als Reagenzien zur selektiven Acylierung von Polyolen.[4]

Die Gruppe *van Koten* setzte ein chemisch inertes, lipophiles Carbosilan-Dendrimer-Gerüst als Trägermaterial zur Fixierung von bis zu 12 Übergangsmetallkomplex-Fragmenten ein. Die kovalent fixierten Fragmente mit Nickel als Katalyse-Zentrum beschleunigen die *Kharasch*-Addition von Polyhalogenalkanen an C-C-Doppelbindungen. Die Rückgewinnung der Dendrimere erfolgte durch Ultrafiltration.[5] Untersuchungen zur formselektiven Alken-Epoxidierung mithilfe von Poly(phenylester)-Dendrimeren (mit Mangan[III]-porphyrin-

Kern) als Katalysatoren[6,1d] ergaben, dass Dendrimere der zweiten Generation eine deutlich höhere Selektivität gegenüber terminalen Doppelbindungen zeigen als vergleichbare Mangan-komplexierte Tetraphenylporphyrine.

Diaminobutyl-Dendrimere (*DAB*-POPAM) wurden mit endständigen Diphenylphosphanyl-Gruppen funktionalisiert und als Katalysatoren bei der *Heck*-Kupplung von Brombenzen und Styren zu Stilben verwendet. Aufgrund der besseren thermischen Stabilität ergaben diese dendritischen Palladium-Katalysatoren höhere Ausbeuten als die Reaktionen mit herkömmlichen Palladium-Katalysatoren. Zudem konnte der dendritische Katalysator nach Zugabe von Diethylether durch Ausfällung vollständig zurückgewonnen werden.[7]

Generell erwiesen sich die dendritischen Katalysatoren auf Grund ihrer „effektiven Abschirmung" als wesentlich stabiler gegenüber Oxidationsprozessen als „normale" Katalysatoren.[1d]

Die Oxidation von Thiolen zu Disulfiden mithilfe von molekularem Sauerstoff kann durch Dendrimere mit einem Cobaltphthalocyanin-Kern katalysiert werden.[8, 1d] Vergleiche zeigten, dass der Katalysator der ersten Dendrimer-Generation eine höhere Aktivität aufwies als derjenige der zweiten. Dessen verminderte Katalysator-Aktivität lässt sich durch eine eingeschränkte Diffusion des Substrats in das Dendrimer erklären. Katalysatoren höherer Dendrimer-Generation zeigten hingegen auf Grund der besseren Substrataufnahme höhere Stabilität.

Carbosilan-Dendrimere mit bis zu zwölf endständigen Metallocen-Gruppen (Zirconocen-, Hafnocen- und Titanocen-) wurden für die Methylalumoxan-aktivierte Olefin-(co)polymerisation und die Silan-Polymerisation eingesetzt. Für die (Co)Polymerisation von Ethen wurde eine hohe Aktivität (5760 kg Polyethylen pro Mol Metall und Stunde) erzielt.[1a]

8.2.2 Katalytische Dendrimere für Membranreaktoren

Mit funktionalisierten Dendrimeren können die Vorteile der homogenen und heterogenen Katalyse genutzt werden. Ihre kugelförmige Architektur ermöglicht eine bessere Rückgewinnung als vergleichbare Katalysatoren auf Polymer-Trägern. Sie lassen sich entschieden leichter aus der Reaktionsmischung abtrennen, da die katalytischen Dendrimer-Moleküle größer als diejenigen des entstandenen Produkts sind. Ein Attribut, das die Dendrimere als „Nanoreaktoren" attraktiv macht.

POPAM-Dendrimere vom 1,3-Diaminopropan-Typ beispielsweise fanden Anwendung in Membranreaktoren, indem sie mit Palladiumphosphin-Komplexen beladen wurden, die als Katalysatoren für die allylische Substitution in einem kontinuierlich laufenden chemischen Membranreaktor genutzt werden. Die gute Rückgewinnung der dendritischen Katalysatorträger ist bei teuren Katalysatorkomponenten von Vorteil.[9] Sie erfolgt auch hier über Ultra- oder Nanofiltration (**Bild 8-2**).

Nanofiltrations-Membranen sind im Handel mit einem Rückhaltevermögen von beispielsweise 400 Da erhältlich. Die Einheit Dalton gilt als Maß für die Abscheidefähigkeit einer Membran. **Tabelle 8-1** gibt einen Vergleich zwischen der Abscheidefähigkeit und der Porengröße bzw. Art des eingesetzten Filtrationsverfahrens.

Tabelle 8-1 Vergleich von Filtrationsverfahren

Filtrationsverfahren	Molekularmasse [Da] bzw. [kDa]	Porengröße [µm]
Umkehrosmose	<100 Da	<0,001
Nanofiltration	100 - 1000 Da	0,001 - 0,01
Ultrafiltration	1000 - 500 Da	0,01 - 0,1
Mikrofiltration	>500 kDa	>0,1

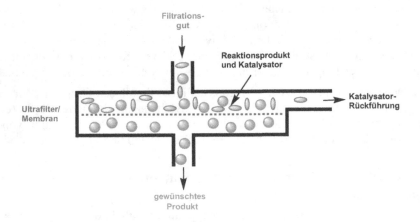

Bild 8-2 Filtrationsapparatur für Membranreaktoren (schematisch)

8.2.3 Dendrimere in der enantioselektiven Katalyse

Brunner et al. berichteten über im Kern funktionalisierte Dendrimer-Metallkatalysatoren („Dendrizyme") zum Einsatz in der enantioselektiven Katalyse.[10, 1b, 11] Optisch aktive Dendrimer-Liganden wurden z. B. zur Umsetzung von Styren in einer Cu(I)-katalysierten enantioselektiven Cyclopropanierung mit Diazoessigsäure-ethylester eingesetzt. Als Ausgangssubstanz für die Darstellung dieser Liganden wurde *L*-Asparaginsäure verwendet. Aber auch (*1S,2S*)-2-Amino-1-phenyl-1,3-propanol kann als Edukt für die Synthese optisch aktiver Dendrimer-Liganden genutzt werden.

Die aus den vorhandenen primären Aminofunktionen entstehenden Aldimin-Chelatliganden zeigten einen leichten Anstieg der Enantioselektivität. Die weitere Vergrößerung der Liganden beispielsweise mit (*1R,2S*)-Ephedrin oder (*1S,2S*)-2-(Benzylamino)-1-phenyl-1,3-propandiol führten nicht zur Steigerung der Enantiomeren-Überschüsse.[12]

Die Addition von Diethylzink an Benzaldehyd zu optisch aktiven sekundären Alkoholen konnte mithilfe von POPAM-Dendrimeren, die in der Peripherie mit chiralen Aminoalkoholen funktionalisiert waren, durchgeführt werden. Die Anzahl der Alkohol-Endgruppen wurde bis 64 erhöht. Während niedrige Generationen befriedigende Enantioselektivität ergaben, sanken diese jedoch mit höherer Generation: Die fünfte Generation zeigte keine Enantioselektivität mehr.[13] *Bolm et al.* wählten für die Addition von Diethylzink an Benzaldehyd optisch aktive dendritische Katalysatoren, die am fokalen Punkt der *Fréchet*-Dendrons mit Pyridylalkohol-Einheiten funktionalisiert sind.[14]

8.2.4 Dendrimere als Phasentransfer-Katalysatoren

Amphiphile – Moleküle, die sowohl hydrophile als auch hydrophobe Gruppen tragen – können in Wasser zu Micellen aggregieren.[15] In Analogie zu Micellen weisen auch entsprechend „designte" Dendrimer-Moleküle unterschiedliche Molekülbereiche (Kern/Oberfläche) auf. Mit Carboxylat-Gruppen terminierte Dendrimere wurden beispielsweise als „Micellanole"[16] bezeichnet, da sie einen apolaren Kern besitzen und durch die Carboxylat-Gruppen in der Peripherie in wässrigen Medien löslich sind. Funktionalisierung eines lipophilen Dendrimers mit hydrophilen Endgruppen oder Ketten führt zu Amphiphilen, die eine Aufnahme von lipophilen Gästen an der Phasengrenzfläche ermöglichen und diese dann in ein wässriges Medium transportieren können.[17, 16]

Daraus geht insgesamt hervor, dass es nicht einfach ist, jahrzehntelang optimierte existierende Katalysatoren durch wenig gezielte dendritische Modifikation entscheidend zu verbessern. Wegen der vielen Variationsmöglichkeiten (Dendrimer-Typ, Generation, Hohlraumgröße, Flexibilität, Philie-Balance, s. o.) sind hier langfristig wohl noch wesentlich spezifischere Anpassungen an die speziellen Katalysebedingungen möglich und erforderlich. Für eine erfolgreiche Vorausplanung sind die bisherigen Annäherungen an das Thema noch kaum ausreichend.

8.3 Pigmente, Klebstoffe, Additive in Chemiewerkstoffen

Neue Anwendungsgebiete erschließen sich durch Einbringen von Pigmenten in Dendrimere – beispielsweise für Tonermaterialien – und durch Zugabe als Additive in Chemiewerkstoffen.

8.3.1 Dendrimere als Additive

Xerox Corp. patentierte eine trockene Tonerverbindung, die Dendrimere als Ladungserhöhende Spezies in Form eines Additivs enthält.[18] Im Gegensatz zu früher eingesetzten flüssigen Tonern können trockene durch kontrollierten Aufbau (von Partikel bis Molekül) in Form und Größe dem jeweiligen Anwendungszweck angepasst werden. Durch den uniformen kugeligen Aufbau können solche Toner effizient und gleichmäßig auf das Papier aufgetragen werden, was für den Farbdruck wichtig ist. Toner mit Dendrimer-Additiven erfordern weniger Material als die flüssigen Vertreter.

Allgemein müssen Additive hochwirksam, in kleinen Mengen dosier- und gut mischbar mit den anderen Komponenten sein. Resultierend aus der molekularen Größe ist ein „Ausbluten" oder Ausdiffundieren der dendritischen Komponenten im Gegensatz zu niedermolekularen Substanzen erschwert.[19]

8.3.2 Dendritische Polymere für Druckerfarben

Dendritische Polymere ermöglichen im Einsatz als Additive für Druckerfarben eine gleichmäßige Haftung der Druckerfarbe auf polaren und unpolaren Folien. Die hyperverzweigten Verbindungen heften sich zunächst an die Pigmentpartikel. Bedingt durch die hohe Anzahl von funktionellen Gruppen an der Dendrimer-Moleküloberfläche sind zudem noch hinreichend viele weitere Ankergruppen vorhanden, um zusätzlich eine gute Haftung an die Folienoberfläche zu bewirken.

8.3.3 Dendritische Polymere für Lacke

Anwendungen für dendritische Polymere ergeben sich auch bei der Möbel- und Automobilherstellung in Form von Polyurethan-Lacken. Diese zeichnen sich durch Oberflächenhärte, Kratzfestigkeit, Chemikalienresistenz, Licht- und Witterungsbeständigkeit sowie hohen Glanz aus. Eine Kategorie der Polyurethan-Lacke zeigt neben besonderer Härte und Chemikalienresistenz weniger Flexibilität. Eine zweite Gruppe ließ sich flexibler einstellen, ist dafür aber weich und weniger chemikalienbeständig. Eine Synergie beider Lacktypen zu einem Prototypen mit optimalen Eigenschaften könnte der Einsatz hyperverzweigter Polyisocyanante als Vernetzungskomponente mit entsprechenden Bindemitteln ergeben.[20]

8.3.4 Dendritische Polymere als Additive in der Schaumstoff-Formulierung

Die Zugabe von hochverzweigten Polyestern hat Auswirkungen auf die Viskosität und Oberflächenspannung bei Schaumstoff-Formulierungen, was auf die Modifikation der Verzweigungsdichte und der funktionellen Endgruppen zurückgeht. In einigen Fällen wurde nach Optimierung der Struktur auch ein besseres Fließverhalten und eine raschere Aushärtung der Schaumstoff-Formulierung erreicht. Hochverzweigte (dendritische) Polymere finden auch Anwendung als Rheologie-Modifizierer, die das Verformungs- und Fließverhalten beeinflussen. Dies ist auch für die Medizin von Interesse, um Änderungen der Fließeigenschaften von Blut im Gefäßsystem zu untersuchen.[21]

8.3.5 Netzwerk-Vorstufen für Kunststoffe

Die niedrige Viskosität und hohe Molekulardichte begünstigt den Einsatz von Dendrimeren in der Dentalchemie. Auf diesem Sektor werden Materialien benötigt, die durch Photopolymerisation von Kunststoff-Zahnfüllungen bei Raumtemperatur vernetzte Polymerstrukturen mit möglichst geringem Volumenschwund bilden, um eine Spaltenbildung zwischen Füllung und Zahn zu vermeiden. Während der Photopolymerisation verringert sich bei jedem Verknüpfungsschritt der *van-der-Waals*-Abstand auf die Länge einer Kovalenzbindung und verursacht so normalerweise einen Volumenschwund. Lineare Präpolymere sind für diese Art von Verwendung zudem meist zu viskos. Dendrimere könnten in Form von „Netzwerk-

Precursoren" eingesetzt werden, wenn die Peripherie mit entsprechenden Gruppen funktionalisiert wird.[17]

8.3.6 Dendrimere als Nanokapseln für Farbstoffe und für Molekulares Prägen

Zur „molekularen Verkapselung" von Gastmolekülen synthetisierten *Reinhoudt et al.* ein wasserunlösliches POPAM-Dendrimer der fünften Generation, das insgesamt 62 tertiäre A-minogruppen enthält und dessen Peripherie mit 64 apolaren Adamantyl-Gruppen „funktionalisiert" ist (siehe *Kapitel 4.1*). Damit dieses Dendrimer (**Bild 8-3, a**) in Wasser löslich wird und anionische Gastmoleküle durch elektrostatische Wechselwirkungen anzuziehen und einzukapseln vermag, wurden die tertiären Amin-Stickstoffatome durch Zugabe von Säure (p*H* 2) protoniert. Schließlich wurden die hydrophoben Adamantyl-Gruppen durch β-Cyclodextrin supramolekular komplexiert und so eine stabile wässrige Dendrimer-Lösung erhalten. Fixierung des POPAM-Dendrimers auf eine β-Cyclodextrin(Gast)-Schicht (molekulare Druckplatte, *molecular printboard*) auf einer Glasoberfläche (**b**) wurde durch „supramolekulares Mikrokontakt-Drucken" erzielt.[22]

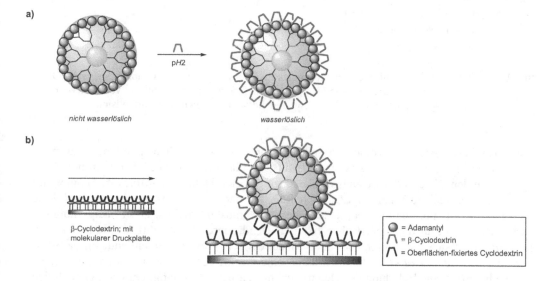

Bild 8-3   **a)** Überführung eines Adamantyl-terminierten POPAM-Dendrimers der fünften Generation in ein wasserlösliches Dendrimer durch Aufstülpen von β-Cyclodextrin (im Überschuss) auf die Adamantyl-Endgruppen (schematisch: aus Gründen der Übersichtlichkeit sind weder alle 64 Adamantyl-Reste noch alle Verzweigungen des Dendrimers gezeigt; **b)** Fixierung des Dendrimers auf einer „molekularen Druckplatte" durch „supramolekularen Austausch" eines Teils von dessen peripherem β-Cyclodextrin (rot) durch das auf der Oberfläche befindliche β-Cyclodextrin (schwarz)

Als Gastmoleküle zur Verkapselung eignen sich anionische Farbstoffe wie z. B. *Bengal Rose* und *Fluorescein*, da beide wegen ihrer sauren Gruppen wasserlöslich sind und elektrostatische Wechselwirkungen mit dem – dann protonierten – Innenraum des fixierten Dendrimers ausüben (**Bild 8-4**). Die fluoreszierenden Eigenschaften ermöglichen die Visualisierung des Oberflächen-fixierten Farbstoffmolekül-Einschlusses. Das Dendrimer fungiert so als „molekulare Schachtel" (*dendritic box*).[23]

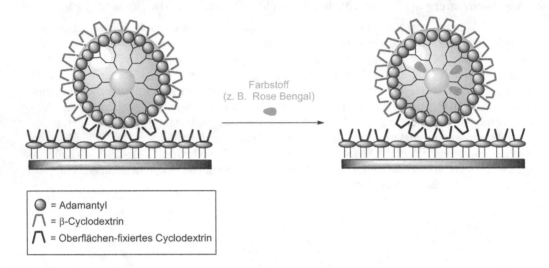

Bild 8-4   Einkapselung anionischer Farbstoffmoleküle (grün) durch das supramolekular an die Oberfläche *der molekularen Druckplatte* gebundene Dendrimer (schematisch: von 64 terminalen Adamantylgruppen sind nur 23 gezeigt und die Verästelungen sind symbolisiert)

Die oben beschriebenen Cyclodextrin-gebundenen und Oberflächen-fixierten Dendrimere konnten entsprechend durch „gekreuztes Mikro-Kontaktdrucken" mit Farbstoffmolekülen „gefüllt werden". Die in der Lösung verbliebenen gelösten Dendrimer-Moleküle konnten mit einem anderen Farbstoff aus der Lösung befüllt und dann analog fixiert werden. Auf diese Weise wurde ein alternierend bedrucktes Oberflächenmuster erhalten. Die Einkapselung der Farbstoffmoleküle in die Oberflächen-fixierten Dendrimere ist umkehrbar. Die *molekulare Schachtel* lässt sich also füllen, aber auch wieder entleeren und mit einem anderen Farbstoff neu befüllen. *Reinhoudt et al.* konnten damit eine Dendrimer-Anordnung (*array*) aufbauen, welche bei pH 2 eine Beladung des Dendrimers mit Farbstoffen ermöglicht und bei pH 9 den eingeschlossenen Farbstoff wieder freisetzt: Mithilfe einer Phosphat-Pufferlösung werden bei pH 9 die tertiären Aminogruppen der Dendrimer-Moleküle wieder deprotoniert. Erneute Zugabe einer sauren Pufferlösung protoniert die Amino-Gruppen wieder, sodass ein anderer Farbstoff in das Dendrimer eingeschlossen werden kann. Alternierend kann so zwischen einem befüllten und nicht befüllten Zustand pH-kontrolliert geschaltet werden. Dieses System könnte sich in Zukunft auch für die kontrollierte Freisetzung von Wirk- anstelle von Farbstoffen eignen.

Der irreversible Einschluss einzelner isolierter Moleküle kann deren genauere Untersuchung, zum Beispiel von Radikalen, ermöglichen.[24] Dieses Prinzip der molekularen Verkapselung hatten *Cram* und *Warmuth*[25] zur Untersuchung von molekular verkapseltem Cyclobutadien, Arinen und weiteren – in freier Form wenig stabilen – Gastmolekülen in makro-

oligocyclischen *Carceranden* genutzt.[26] Ähnliche Anwendungen, die auf einem Einschluss von Molekülen in Dendrimeren[27] basieren, sind in *Abschnitt 8.7.1* zu finden.

8.4 Dendrimere für Displays und (Opto-)Elektronik

Cambridge Display Technology berichtete über die Entwicklung organischer Displays auf Dendrimer-Basis.[28] Auf eine transparente dendritische Anode (Indium-Zinnoxid) folgen mehrere Schichten aus Licht-emittierenden und Elektronen-transportierenden Materialien (**Bild 8-5**). Diese werden auf der Gegenseite von einer Metall-Kathode abgeschlossen. Fließt Strom zwischen den Elektroden, so wird das in der Licht-emittierenden Schicht befindliche Dendrimer-Material angeregt und sendet seinerseits entsprechendes Licht aus.

Der Vorteil der Dendrimer-Displays besteht im vielseitigen Design: So erlaubt die dendritische Struktur eine unabhängige Modifikation des für die Lichtemission wichtigen Dendrimer-Kerns, der für den Ladungstransport wichtigen Verzweigungseinheiten und der für die Weiterleitungs-Prozesse zuständigen Endgruppen. Im Hinblick auf die Effizienz bieten die Dendrimere einen Weg, um kleine phosphoreszente Moleküle in Verbindungen umzuwandeln, die auch in Lösung verarbeitbar sind. Da die Endgruppen unabhängig von dem Licht-emittierenden Dendrimer-Kern abgestimmt werden können, ist es möglich, Dendrimere an diverse Prozess-Systeme anzupassen, ohne die Qualität der Lichtemission zu beeinträchtigen. Im Vergleich zu Polymer-Displays ergaben die dendritisch modifizierten *polymeren Licht-emittierenden Dioden* (*PLED*) in Displays eine deutlich höhere Helligkeit.

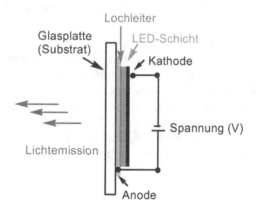

Bild 8-5 Aufbau eines PLED-Displays. Das Dendrimer befindet sich in der grün markierten Schicht

Moleküle mit stilbenoiden Chromophoren finden vermehrt Anwendung in Licht-emittierenden Dioden (LED), in der nicht-linearen Optik (NLO) und in der optischen Speicherungstechnologie. Dendrimere mit stilbenoiden Chromophoren[29] könnten hier weiterführen, da in einem Dendrimer mehr chromophore Gruppen auf engem Raum – intramolekular – zusammengebracht werden können.

Neue Materialien für die Lichtemission im blauen Spektralbereich, basierend auf Polyphenylen-Dendrimeren niederer Generation, wurden für die Anwendung als organische Lichtemittierende Dioden (OLED)[30] geprüft. Es zeigte sich, dass das Verhältnis von p-Phenylengruppen (mit hohen Fluoreszenz-Parametern) zu den 1,3,5-Triphenylbenzen-Gruppen (mit niedrigen Fluoreszenz-Parametern) die Ursache für die unterschiedlichen relativen Quantenausbeuten der Photolumineszenz sein könnte.[31] Mithilfe von Dendrimeren gelang eine Farbabstimmung von OLED. Während die ersten dendritischen OLED nur grünes Licht emittierten, wird inzwischen der Einfluss der chemischen Struktur auf die Farbe des emittierten Lichts für Dioden ausgenutzt, die Licht anderer Wellenlängen emittieren. Durch Mischen zweier Dendrimere mit unterschiedlichem Kern, aber gleicher Oberflächenstruktur, die jeweils unterschiedliches Licht emittieren, ließ sich ein Farbwechsel von ultraviolett/violett nach blau-grün erzielen. Die Lichtwellenlänge kann so ohne Beeinflussung der Emissionseffizienz und Betriebsspannung verändert werden. Ein weiterer Vorteil der Dendrimere besteht in der Feinabstimmung von elektronischen und Weiterverarbeitungs-Eigenschaften, die das Problem der Phasentrennung bei Polymer-Mischungen umgeht.[32]

8.4.1 Flüssigkristalline Dendrimere

Wie der Name schon vorgibt, paaren flüssigkristalline Materialien in besonderer Weise die Merkmale eines Kristalls mit denen einer Flüssigkeit und sind deshalb für die Display- und Speichertechnologie von Interesse. Flüssigkristalline Verbindungen bestehen meist aus stab- oder scheibenförmigen organischen Molekülen, die sich vorzugsweise parallel zueinander anordnen.[33] Eine Veränderung der Molekülanordnung durch Anlegen elektrischer Spannung führt zu einem Wandel der optischen Eigenschaften und kann für Display-Anwendungen genutzt werden.

Eine Herausforderung für neue Entwicklungen besteht darin, Materialien aus definierten Molekülen herzustellen, die sowohl die Schalteigenschaften niedermolekularer Flüssigkristalle als auch mechanische Eigenschaften von Kunststoffen/Chemiewerkstoffen vereinen. Durch ein Dendrimer-Gerüst können solche Elemente eines Flüssigkristalls zu einer größeren Moleküleinheit verbunden werden (**Bild 8-6**). Je nach Verknüpfungsart können neue flüssigkristalline Phasen entstehen. Ebenso ist denkbar, dass die Anknüpfung an ein Dendrimer bei tiefen Temperaturen die Bildung eines geordneten Kristalls verhindert und so beim Abkühlen ein glasartiger Zustand erreicht wird. Glasartige Flüssigkristalle können als optische Speichermaterialien von Nutzen sein.[34]

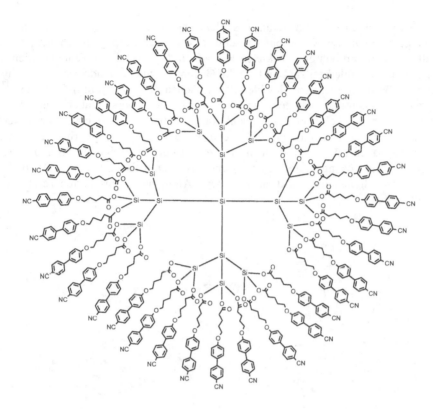

Bild 8-6 Flüssigkristallines Dendrimer (die mittleren Bindungen sind der Übersichtlichkeit halber in die Länge gezogen)

8.5 Biomimetik, Sensorik, Diagnostik (Fluoreszenz)

8.5.1 Protein-Dendrimere

Dendritische Architekturen können genutzt werden, um Proteinfaltungen nachzuahmen, da die Aminosäuren auf engem Raum „zusammengepfercht" sind. Die Synthese erlaubt es, neben den natürlichen auch unnatürliche (abiotische) Aminosäuren in solch ein „künstliches Protein" (Peptid-Dendrimer) einzubauen, was zu Materialien führt, die für die Medizin attraktiv sein können. Sind Art und Reihenfolge der Aminosäuren abgestimmt, können Peptid-Dendrimere[35] auch enzymähnliche Aktivitäten aufweisen (*Dendrizyme* s. *Abschnitt 8.2.3*).[11a] Weitere Forschungen auf diesem Sektor könnten auch zu künstlichen (synthetischen) Enzymen (*Synzyme*) führen.[11b] Keilförmige dendritische Peptidstücke wurden durch Festphasen-Synthese ausgehend von Lysin-Einheiten synthetisiert. Die so gewonnenen *M*ultiplen *A*ntigen-*P*roteine (*MAP*) enthielten zwischen zwei und acht Peptidketten und zeigten eine deutlich bessere Immunogenität als einzelne Proteine.[36]

Diederich et al. stellten ein Mimetikum des Elektronentransfer-Proteins *Cytochrom C* her. Durch divergente Synthese wurde ein wasserlösliches Eisen-Porphyrin erhalten, das einer Proteinhülle ähnlich, um den elektroaktiven Häm-Kern des Cytochroms eine kovalent ange-knüpfte dendritische Hülle besitzt (**Bild 8-7**). Im Gegensatz zu den dendritischen Porphyrinen von *Aida et al.* bestehen diese aus flexiblen dendritischen Poly(etheramid)-Einheiten.[37] Un-tersuchungen der ersten und zweiten Generation dieses Dendrimers ergaben, dass bei ausrei-chender dendritischer Abschirmung das Reduktionspotential zu positiveren Werten verscho-ben wird. Eine erhöhte Abschirmung des Metall-komplexierten Porphyrins verringert den Kontakt zur wässrigen Lösung und schwächt oder verhindert so eine Wechselwirkung zwi-schen Porphyrin und Lösungsmittel. Je umfassender die dendritische Hülle ist, desto geringer wird die Geschwindigkeit des Elektronentransfers. Ähnliche Eigenschaften zeigt auch das *Cytochrom C* selbst.[38]

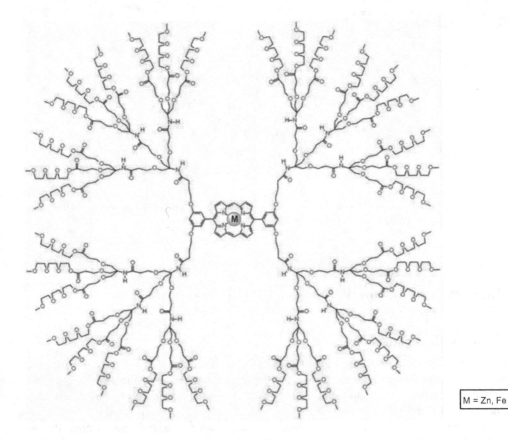

M = Zn, Fe

Bild 8-7 Dendritischer Porphyrin-Metallkomplex (nach *Diederich et al.*)

8.5.2 Glycomimetika

Glycomimetika sind synthetisch hergestellte Kohlenhydrat-Analoga, deren Struktur nach dem Vorbild von Biomolekülen simplifiziert und modifiziert wird. Anwendung finden entsprechende Wirkstoffe als Therapeutika bei chronisch entzündlichen Erkrankungen wie Rheumatismus, Dermatitis und Psoriasis (Schuppenflechte).

Für einen definierten Aufbau von „Glycoclustern" wurden Oligolysin-Dendrimere mit endständigen Kohlenhydrat-Strukturen durch Festphasen-Synthese funktionalisiert. Die Synthese erfolgte *via* Kupplung von Lysin-Molekülen. An der Peripherie sind acht Aminogruppen über ein Spacer-funktionalisiertes Sialinsäure-Derivat peptidisch fixiert (**Bild 8-8**).

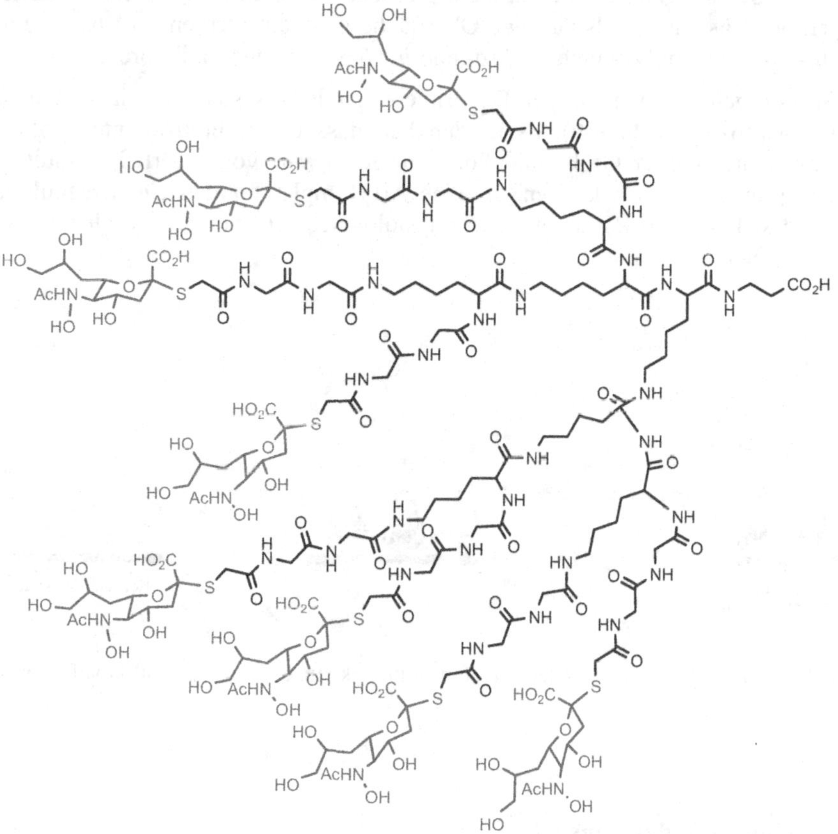

Bild 8-8 Beispiel eines Glycodendrimers

Um eine Infektion mit beispielsweise Grippevirus-Erregern zu vermeiden, muss wenigstens eine von zwei auf deren Oberfläche befindlichen Substanzen blockiert werden: Die eine ist eine Neuraminidase, ein Sialinsäure-abspaltendes Enzym, die andere ein Hemagglutinin, ein Sialinsäure-spezifisches Lektin, mit dessen Hilfe Influenza-Viren an Oligosaccharide, die

Sialinsäure auf der Oberfläche von Wirtzellen exponieren, andocken kann. Beide Verbindungen sind Voraussetzung für den Infektionsprozess.

Während Glycodendrimere das Influenza-Hemagglutinin im mikromolaren Bereich binden, blockiert ein entsprechender nicht dendritischer Wirkstoff hingegen das Sialinsäure-abspaltende Enzym lediglich in millimol-Konzentrationen.[39]

Auch zum Aufbau von nicht-kovalenten Nanopartikeln in Wasser *via* Selbstorganisation (*self assembly*) wurden Glycodendrimere, die sowohl eine selbstorganisierende Gruppe als auch eine selektiv an den Rezeptor andockende Gruppe (in der Biochemie oft als *Ligand* bezeichnet) tragen, eingesetzt. Die günstigste Nanopartikel-Größe kann dabei durch Selbstorganisation von Dendrimeren der zweiten und dritten Generation erzielt werden. Bei höheren Generationen ist die Selbstorganisation nicht mehr effizient. Entsprechende Partikel können durch Verdampfen des Lösungsmittels auf eine Oberfläche gebracht werden. In Lösung fungieren sie als nicht-kovalente, polyvalente *in vitro*- und *in vivo*-Rezeptor-Inhibitoren.

Bei der Selbstorganisation derartiger Dendrimere handelt es sich um einen dynamischen Gleichgewichtsprozess (**Bild 8-9**). Es ist denkbar, dass die nicht-kovalenten polyvalenten Liganden hinsichtlich ihrer Größe und Form in Gegenwart von natürlichen multivalenten Rezeptoren optimiert werden können, als eine Art Templat für den eigenen multivalenten Inhibitor, und sich so eine Bandbreite von physiologisch relevanten polyvalenten Wechselwirkungen eröffnet.[40]

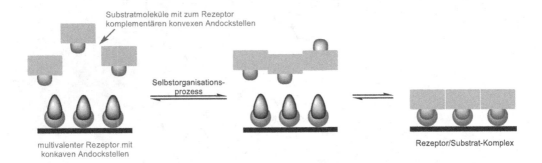

Bild 8-9 Selbstorganisation von Glycodendrimeren (grün gekennzeichnet) zu nicht-kovalenten Nano-
          partikeln

8.5.3 Dendrimere in der Sensorik

8.5.3.1 Schwingquarzwaagen mit dendritischen Sensorschichten

Das Sensorprinzip der Schwingquarzwaage (QMB = *Quartz Micro Balance*)[41] basiert auf der mikrogravimetrischen Bestimmung der spezifischen Einlagerung einer Gastverbindung (Ion, Molekül) als Analyt in einer sensitiven Schicht aus geeigneten Wirtmolekülen (Selektoren; **Bild 8-10**). Wirtsubstanzen wie z. B. Dendrimere können mit der Elektrospray-Methode als homogene Schicht auf die goldbedampfte Quarzscheibe der Schwingquarzwaage aufge-

bracht werden. Durch Anlegen einer Wechselspannung geeigneter Frequenz werden die beschichteten Schwingquarze in der Messkammer in Resonanzschwingung versetzt und verschiedenen gas- oder dampfförmigen (Analyt-)Substanzen ausgesetzt. Diese zu analysierende
Substanz gelangt über einen temperierten Stickstoffstrom, der eine definierte Konzentration
an Substanz trägt, in die Messkammer. Jeder so genannten Beaufschlagphase folgt eine Spül-
phase mit reinem Stickstoff, in der der Analyt wieder desorbieren kann. Die Frequenz der
beschichteten Quarze wird dabei stets in Abhängigkeit von der Zeit gemessen. Wird die zu
analysierende Substanz an einer der Selektorschichten absorbiert, so korreliert dies mit einer
Verringerung der Resonanzfrequenz des Schwingquarzes, dessen Betrag umkehrt proportional zur aufgebrachten Analyt-Masse ist. Die Frequenzänderung wird in ein elektronisches
Signal transformiert und analysiert. Ist die Sensorschicht für eine bestimmte chemische Verbindung aus einem Gemisch von Gastverbindungen hinreichend sensitiv und selektiv, so
lassen sich Konzentrationen einzelner Gäste aus Gemischen quantitativ ermitteln.

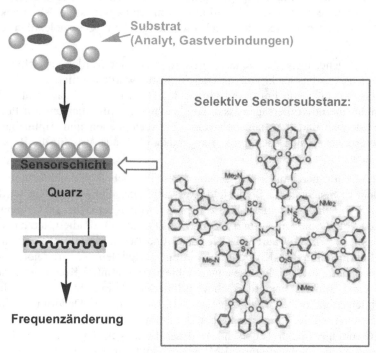

Bild 8-10 Funktionsweise der Schwingquarzwaage (links; schematisch). Rechts: Ein Dendrimer als
Gast-selektive Wirtverbindung (Selektor) zur Beschichtung des Schwingquarz-Plättchens.
Rot: Selektorschicht; grün: verschiedene Analytkomponenten

Ein Anwendungsbereich ist die Analytik von Aromastoffen in Lebensmitteln, um beispielsweise den Reifegrad von Obst oder Käsesorten zu prüfen.[42] Hierfür wurden Dendrimere
eingesetzt, die bestimmte Carbonylverbindungen wie Ketone, Aldehyde, Ester und Amide
auch in Gemischen unterscheiden können. Speziell zur Feststellung des Reifegrades von

Äpfeln ist beispielsweise die Messung der Konzentration von 2-Heptanal wichtig, die während der Reifung signifikant ansteigt.[43] Dieses Verfahren kann auch zur Qualitätskontrolle in Form einer „elektronischen Nase" für hochwertige Produkte wie z. B. Safran dienen, der in pulverisierter Form manchmal unerwünschte Beimischungen (Streckmittel) wie Kurkuma, Färberdistel oder Ringelblumen enthalten kann.

Wie oben beschrieben, eignen sich Polyphenylen-Dendrimere wegen ihrer vergleichsweise starren Architektur als Sensoren zur Detektion flüchtiger Analyte. Denn die Selektivität der Messungen im Hinblick auf einen bestimmten Analyten hängt stark von der Beschaffenheit der sensorisch aktiven (Selektor-)Oberfläche der Schwingquarzwaage ab. Unsubstituierte Polyphenylen-Dendrimere der zweiten Generation wurden auf verschiedene gasförmige Analyte wie Benzaldehyd, Nitrobenzen, Acetophenon und Fluorbenzen etc. geprüft und zeigten hohe Selektivität. Chlorierte und unsubstituierte aliphatische Kohlenwasserstoffe, Carbonylverbindungen und Alkohole, Amine dagegen werden nicht detektiert. Diese Selektivität der Polyphenylen-Dendrimere als Selektoren wird auf deren aromatisches Gerüst zurückgeführt, da dieses π-Elektronen-Donor/Acceptor-Wechselwirkungen mit Gastmolekülen eingehen kann.

Auch Polyphenylen-Dendrimere der Generationen zwei bis vier wurden als Schichtmaterial eingesetzt und deren Substrat-Selektivität untersucht. Dabei wurde deutlich, dass die Zahl der eingelagerten Gastmoleküle von Form und Größe des Dendrimers abhängt und sich in bestimmten Fällen annähernd vorhersagen lässt. Die Nachweisempfindlichkeit mit Polyphenylen-Dendrimere ist hoch und liegt beispielsweise für Acetophenon und Anilin bei 5 ppm. Diese Dendrimere zeichnen sich auch durch Langzeitstabilität aus, was für die Reproduzierbarkeit der Messungen günstig ist.[44]

Poly(phenylester)-Dendrimere mit sechs endständigen Platinchelat-Komplexeinheiten wurden als hochselektive Sensoren für Schwefeldioxid eingesetzt. Schwefeldioxid wird für die Entstehung von Smog und saurem Regen mitverantwortlich gemacht. In Gegenwart von Wasserstoffperoxid oder Sonnenlicht und Ozon wird SO_2 zu SO_3 oxidiert, letzteres reagiert spontan mit Wasser zu Schwefelsäure. Aus diesem Grund ist eine Detektion der Schwefeldioxid-Konzentration in minimalen Konzentrationen mit geeigneten Sensoren notwendig. Die an der Molekülperipherie der Dendrimere angebrachten Arylplatin(II)-Komplexe absorbieren Schwefeldioxid unter Bildung eines fünffach-koordinierten Platin-Addukts. Im Falle des im **Bild 8-11** gezeigten Metallo-Dendrimers ändert sich, nachdem das Dendrimere einer SO_2-Atmosphäre ausgesetzt wurde, sofort die Farbe: Der anfänglich farblose Komplex wird nach Addition von SO_2 orange. Spektroskopische Analysen bestätigen die hexamere Struktur des Metallo-Dendrimers: die Schwefeldioxid-Moleküle sind in den endständigen Platin-Chelatkomplexen jeweils als fünfter Ligand am Platin gebunden.[45]

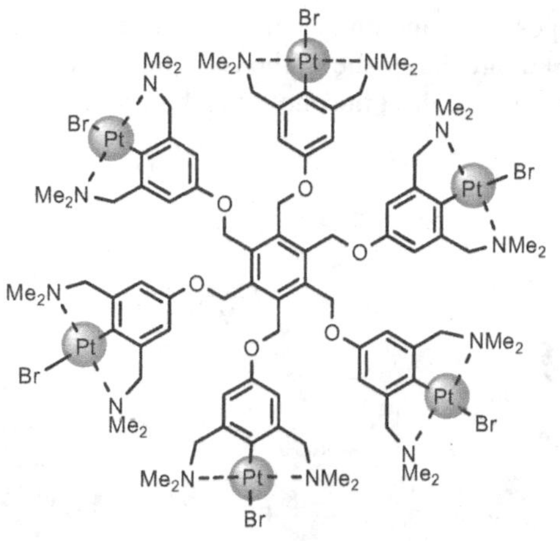

Bild 8-11   Dendrimer mit sechs endständigen Platin-Chelatkomplex-Einheiten für die SO_2-Detektion mit der Schwingquarzwaage (nach *Albrecht, Schlupp, Bargon, van Koten et al.*)

Dendritische Polymere finden Anwendung für dünne Funktionsschichten. Hochverzweigte aromatische Polyester mit polaren Endgruppen zeigen beispielsweise ein gutes Ansprechverhalten in Gasphasen- und Flüssigkeitssensoren.[46] Ein positiver Aspekt beim Einsatz solcher Sensor-Dendrimere ist die vereinfachte Recyclisierung (z. B. bei der Nanofiltration) der teuren Platin-Komplexe.[47]

8.5.3.2 Lumineszente Dendrimere als Sensormaterialien

Auf die Lumineszenz wurde bereits allgemein im *Kapitel 5* eingegangen. Lumineszente POPAM-Dendrimere verschiedener Generationen mit peripheren Dansyl-Einheiten wurden von *Balzani* und *Vögtle et al.* als Sensor-Modellsysteme hinsichtlich der prinzipiellen Eignung dendritischer Strukturen für eine Vervielfältigung von signalgebenden Gruppen (*Multi-Labeling*) untersucht.[48]

Porphyrin-Dendrimere eignen sich als Sensoren für kleine molekulare und ionische Analyte. Unsubstituierte metallfreie Porphyrine sind oft wenig wasserlöslich; gelingt es jedoch, sie in hydrophile Dendrimere einzuhüllen, so können sie in Wasser als fluoreszente p*H*-Indikatoren benutzt werden, da sie aufgrund der Protonierung der Stickstoffatome deutliche Veränderungen der Absorptions- und Emissionsbande zeigen. Photophysikalische Untersuchungen an einem Poly(esteramid)-Dendrimer der ersten Generation mit einem Tetrabenzoporphyrin-Kern und 36 Carboxylat-Endgruppen vom *Newkome*-Typ sowie einem Polyglutaminsäure-Porphyrin-Dendrimer[49] ergaben, dass in beiden Dendrimeren der p*K*s-Wert des Porphyrinkerns in den physiologischen Bereich verschoben wurde. Für weitere Studien im Hinblick auf eine „biologische Protonen-Pumpe" wurde das Polyglutaminsäure-Dendrimer künstlich in ein Phospholipid-Liposom eingebracht, welches in einer dendritischen Tetrabenzoporphyrin-Dendrimer-Lösung suspendiert wurde. Eine Änderung des p*H*-Werts der Lösung bewirkte im Polyglutaminsäure-Dendrimer keine Fluoreszenz-Antwort, während das außerhalb befindliche Tetrabenzoporphyrin-Dendrimer sofort Fluoreszenz zeigte. Werden jedoch künstlich

Protonen-Kanäle in die Liposom-Wand eingebaut, so zeigen beide übereinstimmende Reaktionen auf den p*H*-Wert. Bedingt durch die carboxylischen Gruppen und die Molekülgröße können die Porphyrin-Dendrimere die Phospholipid-Membran nicht durchdringen (vgl. **Bild 8-12**).[50]

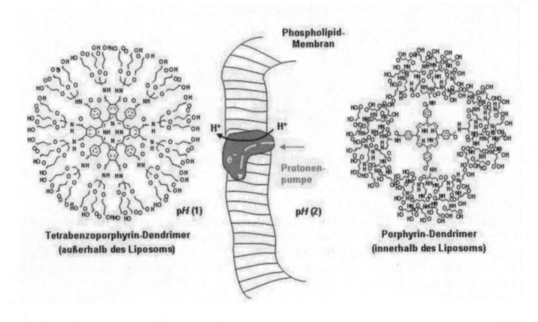

Bild 8-12 Protonen-Pumpe (schematisch)

Das Konzept der Bifunktionalisierung führte zu einem PAMAM-Dendrimer der zweiten Generation, dessen endständige Aminogruppen zum einen mit acht Anthracen-Einheiten, zum anderen mit acht Boronsäure-Einheiten bestückt wurden (**Bild 8-13**). Dieses Dendrimer konnte als Saccharid-Sensor eingesetzt werden. Die Boronsäure komplexiert das Saccharid, die Anthracen-Gruppen hingegen wirken als signalgebende Einheiten. Als Saccharid-Analyte konnten beispielsweise *D*-Glucose, *D*-Fructose und *D*-Galactose in Form eines intramolekularen 2:1-Boronsäure-Saccharid-Komplexes gebunden werden. Letzteres bewirkt einen *P*hotoinduzierten *E*lektronen*t*ransfer (*PET*), der in einer Verstärkung der Fluoreszenz-Intensität der Anthracen-Einheiten resultiert, je nach Art und Anzahl der gebundenen Saccharid-Gastmoleküle.[51]

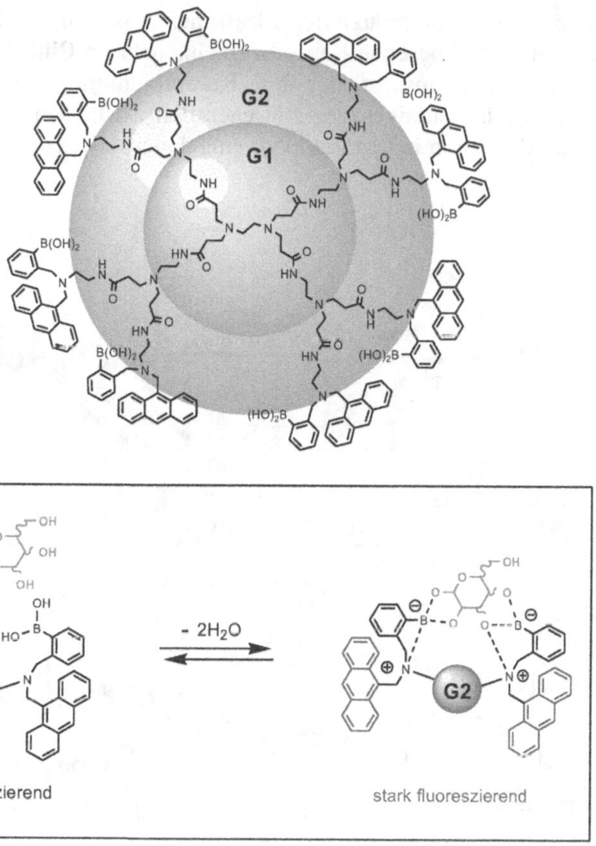

Bild 8-13 Dendritischer Zucker-Sensor auf Basis Boronsäure/Glycol-Wechselwirkung (G2 = 2. Generation; nach *Shinkai et al.*). In den eingerahmten Formeln sind der Anschaulichkeit halber lediglich zwei der acht Endgruppen gezeigt

8.5.3.3 Fluoreszierende PET- Sensoren

Das Prinzip fluoreszierender Chemosensoren besteht darin, dass zwei Komponenten, ein Ionophor (Gast-selektive Rezeptor-Verbindung; Selektor) mit einem benachbarten Fluorophor wechselwirkt. Diese beiden Komponenten sind kovalent zu einer Fluoroionophor-Einheit verbunden. In dem im folgenden **Bild 8-14** skizzierten Beispiel fungiert der Kationen-Rezeptor als Elektronendonor, der Fluorophor entsprechend als Elektronenacceptor. Wird der Fluorophor photochemisch angeregt, kommt es zu einem (*photoinduzierten*) *Elektronentransfer* (*PET*) vom HOMO zum LUMO. Dieser Prozess erlaubt also einen photoinduzierten Elektronentransfer vom HOMO des Ionophors zum HOMO des Fluorophors einhergehend mit einer Fluoreszenz-Löschung. Die Koordination eines Metall-Kations M^{2+} durch den Rezeptor bewirkt eine Erhöhung des Redoxpotenzials des Fluorophors. Die sich daraus ergebende Senkung des Energieniveaus des HOMO unter das HOMO-Niveau des Fluo-

rophors verhindert den photoinduzierten Elektronentransfer und führt zum Anstieg der Fluo-
reszintensität. Der Metall-besetzte Rezeptor (rechts oben in **Bild 8-14**) verhindert einen photoinduzierten Elektronentransport, der freie Rezeptor hingegen ermöglicht letzteren. Es ist
also eine Schaltung der Lumineszenz zwischen den Zuständen „an" und „aus" möglich, je
nachdem, ob ein Metall-Ion in den Ionophor eingelagert oder entfernt wird.[52]

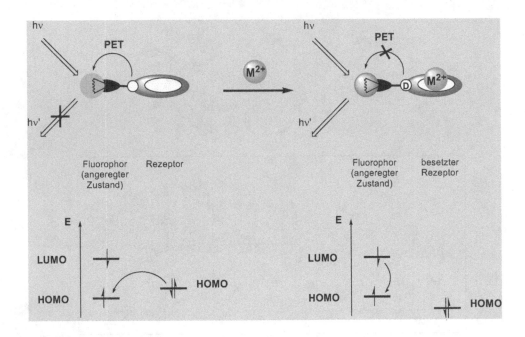

Bild **8-14**   *PET*-Sensor (schematisch; nach *de Silva et al.*) oben: Schema der Komplexbildung des
           Ligandteils des Fluoroionophors mit dem Metall-Ion. Unten: entsprechende Energieniveaux
           für den unkomplexierten (links) und M^{2+}-komplexierten Komplexliganden (rechts)

Dass signalgebende Einheiten durch zahlenmäßige Vermehrung der peripheren Fluorophore,
also „dendritisch verstärkt" werden, zeigten *Balzani, Vögtle et al.* anhand dendritischer Cyc-
lam-Verbindungen. Die Chancen dieser PET-Sensorsysteme bestehen in der Kombination von
selektiven Koordinationsstellen mit der dendritischen Architektur. Der Mechanismus ist ähnlich wie oben beschrieben, jedoch kann er durch die Einführung von dendritischen Einheiten
unterschiedlicher Generationen in das Sensorsystem beeinflusst werden. Für den Elektronentransfer (ET) spielt der Abstand der terminalen Naphthalen-Gruppen des Dendrons zum Rezeptor (Ion als Gast im Cyclam-Kern) eine wesentliche Rolle (**Bild 8-15**).[53]

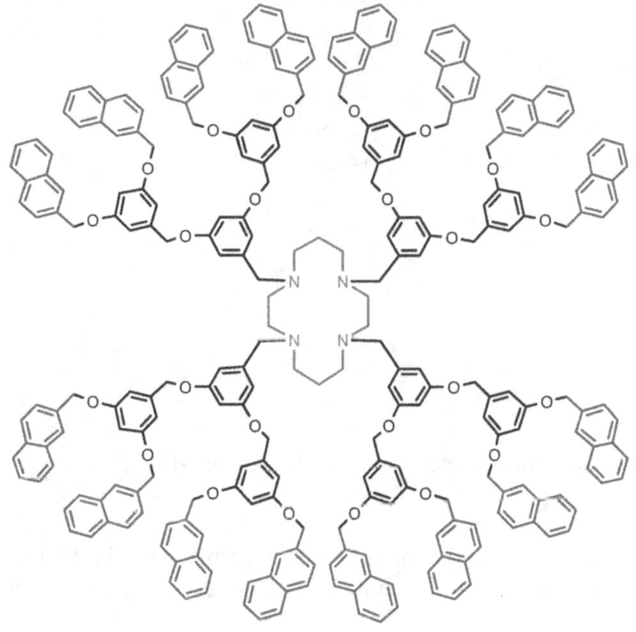

Bild 8-15 Cyclam-Dendrimer (Ionophor) mit 16 terminalen Naphthalen-Fluorophoren (nach *Balzani, Vögtle et al.)*

Aida et al. konnten ein dendritisches Zink-Porphyrin-Heptamer ($7P_{Zn}$-C_{60}) mit Fulleren terminiert als Elektronentransfer-System synthetisieren, welches sichtbares Licht für den Elektronentransfer zur Fulleren-Gruppe sammelt (*Kapitel 6.3.3.5*). Durch den Elektronentransfer von der Porphyrin-Einheit zum Fulleren kommt es zu einem ladungsgetrennten Zustand ($P_{Zn}{}^{\cdot+}$-$C_{60}{}^{\cdot-}$), dessen Lebensdauer Gegenstand der Untersuchungen war. Vergleichende Studien wurden an dendritischen Porphyrinen in monomerer, trimerer und hexamerer Form durchgeführt. Dabei wurde festgestellt, dass das Zink-Porphyrin-Heptamer ($7P_{Zn}$) nicht nur als Lichtsammelantenne fungiert, sondern auch den Rücktransport verzögert, und damit die Lebensdauer des ladungsgetrennten Zustands verlängert. Diese Ergebnisse machen dendronisierte Farbstoffmoleküle für die effiziente Umwandlung von Solarenergie in chemisches Potential attraktiv.[54]

Ein für Kalium-Ionen selektiver, dendritischer, fluoreszierender Chemosensor, der drei Kronenether-Einheiten in der Peripherie enthält, zeigte eine lineare Fluoreszenz-Verstärkung mit Anstieg der Kalium-Konzentration (in Acetonitril). Ein wichtiges Kriterium für Kalium-Chemosensoren ist deren Funktionsweise (Selektivität) in Gegenwart von größeren Mengen Natrium. Der im **Bild 8-16** vorgestellte Tris-kronenether-Sensor vermag geringste Spuren an Kalium-Ionen zu detektieren, selbst wenn in der gleichen Messlösung – wie in Körperflüssigkeiten – größere Mengen an Natrium-Ionen vorhanden sind.[55]

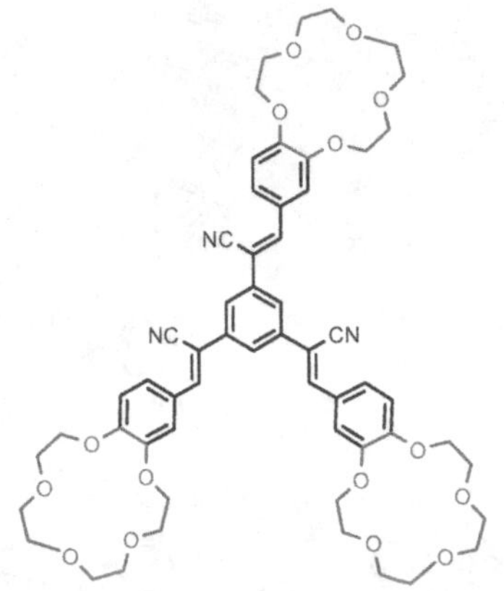

Bild 8-16 Chemosensor mit Kationen-selektiven Benzo[15]krone-5-Einheiten

Solche Kation-selektiven Sensoren könnten Anwendungen sowohl in der klinischen Analytik, beispielsweise während chirurgischer Operationen und in der Umweltanalytik finden.[56]

8.6 Dendrimere in der Medizinischen Diagnostik

Anwendungen für die Dendrimere werden im Bereich der Medizin, insbesondere in der Diagnostik gesehen.[57] Aufgrund der Möglichkeiten zur Vervielfachung spezieller Funktionalitäten an der Peripherie der Nanometer-großen Moleküle kann außer einer guten Wasserlöslichkeit eine hohe Empfindlichkeit erzielt und hierzu die Parameter in weiten Grenzen variiert und den jeweiligen Verhältnissen angepasst werden.

8.6.1 Magnetresonanz-Imaging (MRI)-Verfahren

Das *Magnetresonanz-I*maging (*MRI*)-Verfahren erlaubt es, Organe, Blutgefäße oder Gewebe im menschlichen Körper sichtbar zu machen. Dabei werden definiert inhomogene Magnetfelder erzeugt, die eine Zuordnung des Kernresonanzsignals des Körper-Hauptbestandteils Wasser zu seinem Entstehungsort erlauben, was letztlich in sichtbare Bilder umgewandelt wird. Durch Applikation (meistens Injektion) von Kontrastmitteln, die paramagnetische Metall-Ionen enthalten, wird in dem zu untersuchenden Organ die Relaxationszeit der Wasserprotonen signifikant verkürzt. Die Firma *Schering AG*, Berlin, entwickelte für dieses Verfahren das dendritische Kontrastmittel „Gadomer-24", ein aus einer Trimesinsäure-Kerneinheit bestehendes Dendrimer, in dem sich Lysin-Dendrons der zweiten Generation verzweigen und sich am Ende der Verästelungen 24 periphere Gd(III)-*cyclen*-Komplexeinheiten befinden (**Bild 8-17**). Der signifikanteste Vorteil gegenüber Polymer-gebundenen Gd-Chelatkomplexen besteht – abgesehen von der exakt einstellbaren Partikelgröße – in der geringen Toxizität, da *Gadomer-24* vollständig renal (über die Niere) ausgeschieden wird.

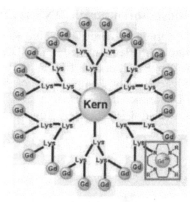

Bild 8-17 Gadomer 24 (schematisch): 24 Gadolinium-Ionen (grün) sind in 24 peripher angehefteten *cyclen*-Liganden gebunden; 18 Lysin-Einheiten bilden das dendritische Gerüst. Die Molmasse beträgt 17 kDa

Zusätzlich zeigt dieser Lysin-Dendrimer-gebundene Gadolinium-Komplex als Kontrastmittel eine höhere *in vivo*-Stabilität und damit eine längere Verweilzeit im Gewebe als vergleichsweise einfache kommerzielle Gadolinium-Verbindungen und gewährt somit eine verbesserte Visualisierung der Organe, Blutgefäße und Gewebe (**Bild 8-18**).[58]

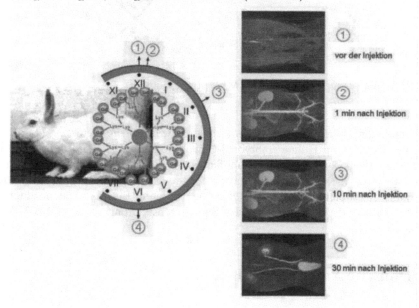

Bild 8-18 Visualisierung der Blutgefäße eines Kaninchens mit dendritischem Gadomer-Kontrastmittel (rot gekennzeichnet). Die Abbildung wurde dankenswerterweise von Herrn *Dr. H. Schmitt-Willich* (*Schering AG*, Berlin) zur Verfügung gestellt

8.6.2 DNS-Dendrimere als Biosensoren für die DNS-Hybridisierung

Der Zugang zu Nucleinsäure-Dendrimeren wird durch eine Reißverschluss-artige Aufspaltung des DNS-Doppelstrangs durch Erhitzen eingeleitet. Der Doppelstrang trennt sich durch die Wärmebewegung in die beiden Einzelstränge (Denaturierung). Auf die anschließende Aneinanderlagerung, die Hybridisierung von komplementären Sequenzen, folgt die schrittweise Quervernetzung zu DNS-Dendrimeren, die bis zu zwei Millionen Oligonucleotid-Endgruppenstränge enthalten können (**Bild 8-19**). Letztere können mit Fluoreszenz- oder radioaktiven Markern versehen werden.

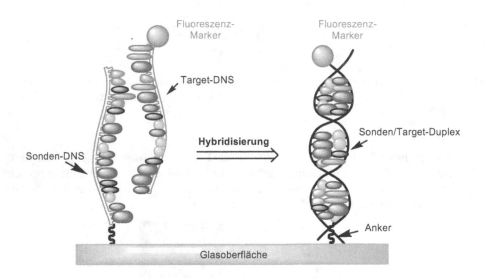

Bild 7-19 DNS-Hybridisierung mit Fluoreszenz-Marker (schematisch)

Mit der Methode der Hybridisierung lassen sich so Sonden für die Detektion von beispielsweise Oligonucleotiden im Hühnerembryonal-Gewebe oder von *Epstein-Barr*-Viren (*Pfeiffersches Drüsenfieber*) bei Transplantat-Empfängern – durch Nachweis spezifischer RNS-Stränge – erhalten. DNS-Dendrimere und entsprechende Detektionsgeräte werden mittlerweile kommerziell angeboten (Firma *Genisphere*®). Weiteren Einsatz fanden Fluoreszenzmarkierte Polynukleotid-Dendrimere bei der Signalintensivierung in der DNS-Mikrochip-Technologie.[59]

8.7 Medizinische Anwendungen

8.7.1 Dendrimere als Transportsysteme für Cytostatika

Bei der Entwicklung neuer, nebenwirkungsarmer Krebstherapeutika gewinnen dendritische *drug-delivery*-Systeme zunehmend an Bedeutung[60]. Bedingt durch eine definierte Kern-Schale Architektur[61] und einer daraus resultierenden deutlichen Trennung von Gerüst und funktionalisierter Peripherie, ist es möglich, einmal den Wirkstoff (Endorezeptor) in das Dendrimer einzubringen, oder diesen an die Peripherie anzuknüpfen (Exorezeptor). Beide Möglichkeiten bieten den Vorteil einer an den Wirkstoff angepassten Form dendritischen Transports. Durch die Endozytose wird beispielsweise eine längere Verweilzeit der Cytostatika im Blutplasma erzielt, weil Tumorblutgefäß-Systeme eine erhöhte Durchlässigkeit für Makromoleküle und einen eingeschränkten Ablauf über das Lymphsystem zeigen (*EPR-Effekt* = *E*nhanced *P*ermeability and *R*etention).[62] Das Cytostatikum kann sich so zum einen im Tumorgewebe anreichern (*passives targeting*) und zum anderen die Toxizität für das gesunde Zellgewebe verringern.

Voraussetzung für die nebenwirkungsarme Tumorbehandlung ist neben der Verkapselung die gezielte Freisetzung des Cytostatikums direkt in der Tumorzelle. Dies kann durch eine kovalente säurelabile Bindung an den Wirkstoff erreicht werden, da im Gegensatz zum gesunden Gewebe (p*H* 7,4) in Tumorzellen ein relativ niedriger p*H*-Wert von ca. 5,5 vorliegt (**Bild 8-20**).

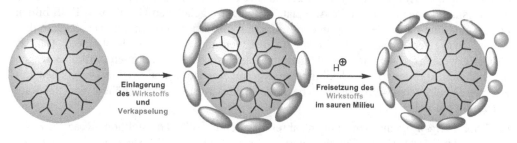

Bild 8-20 Molekulare Verkapselung eines cytostatischen Wirkstoffs im Dendrimer und Freisetzung an Orten mit saurem p*H* (nach *Haag et al.*)

Vorrausetzung für den Freisetzungsmechanismus ist die Wasserlöslichkeit des (dendritischen) Transporters. Die Peripherie der Dendrimer-Moleküle ist meist hydrophob und somit wenig wasserlöslich. Aus diesem Grund wurden Dendrimere mit umgekehrter Polarität der äußeren Schale synthetisiert. Beispielsweise können die Esterfunktionen von PAMAM-Dendrimeren verseift werden, so dass an der Oberfläche an Stelle üblicher Aminofunktionen (Ammonium bei saurem p*H*) Carboxylatgruppen erscheinen.[63] Als Cytostatika konnten beispielsweise Adriamycin und Methotrexat in – an Polyethylenglycol befestigten – PAMAM-Dendrimeren eingeschlossen werden.[63d] Dendrimere wurden auch zugleich als Nanotransporter für Cytostatika und für die simultane Überwachung der Wirkstoffaufnahme in der Tumorzelle eingesetzt. Hierzu wurden actetylierte PAMAM-Dendrimere mit einem Durchmesser von <5nm an Folsäure (als Tumorerkennungsagenz) konjugiert und dann sowohl an *Methotrexat* als Wirkstoff sowie an *Fluorescein* gekoppelt. Diese Nanopartikel wurden Mäusen mit menschlichem KB-Tumor injiziert. Im Unterschied zu Polymeren ohne Erkennungsagenz blieben die Folsäure enthaltenden Dendrimere über vier Tage im Tumorgewebe konzentriert. *Methotrexat* konnte so dosiert wirken, die anti-Tumor-Eigenschaften stiegen und die Dunkeltoxizität nahm deutlich ab, ein Ergebnis, das durch einfache Gabe des Wirkstoffs nicht erreicht werden konnte.[64]

8.7.2 Gentherapie

Im Kampf gegen Krebs und chronische Erkrankungen weckt die Gentherapie über die herkömmlichen medizinischen Methoden hinaus Hoffnungen. Man unterscheidet zwischen zwei Therapieformen. Beim *in vivo*-Verfahren wird das intakte Gen innerhalb eines Transporters (Vehikels, „Gentaxi") direkt in den erkrankten Bereich gegeben. Die *ex-vivo*-Variante dagegen injiziert dem Patienten spezifische Zellen, die ihm zuvor entnommen, gentechnisch modifiziert und vermehrt wurden. Die herkömmliche Gentherapie bedient sich des viralen Gentransfers. Vorteile dieser Methode sind hohe Effizienz und Spezifität, nachteilig ist dagegen die hohe Immunogenität, d. h. es entstehen Reaktionen mit bereits vorhandenen Antikörpern gegen Wildtyp-Viren. Neuere nichtvirale Varianten versuchen diesen Nachteil zu umgehen und die Effizienz unter gleichzeitiger Minderung der Toxizität zu steigern.

Zu diesem Zweck wurden PAMAM-Dendrimere eingesetzt, die auf Grund ihrer positiven Oberflächenladung bei höheren Generationen eine stärker kugelförmige Gestalt einnehmen. Die endständigen Aminogruppen bewirken im pH-Bereich von 7-8 eine positive Gesamtladung. Deshalb können sich stabile Assoziate mit negativ geladenen Genen bzw. DNS bilden und diese in eine Zelle oder sogar in den Zellkern transportiert werden. Die Dendrimere dienen also, wie oben erwähnt, als Vehikel für den Gentransport durch Membranen. Bemerkenswerterweise zeichnen sich gerade nicht perfekt aufgebaute Dendrimere, offenbar wegen ihrer höheren konformativen Flexibilität und geringerer sterischer Effekte (verglichen mit perfekten Dendrimeren) durch deutlich bessere Transfektions-Effizienz (höhere Transfer-Rate der DNS in die Zellen) aus.[65]

Die Firma *Qiagen* brachte vor einigen Jahren das dendritische Transfektions-Reagenz *Poly-Fect*® auf den Markt. Es handelt sich hierbei um ein „aktiviertes" PAMAM-Dendrimer. Die Aktivierung besteht in einer thermischen Behandlung, im Verlauf derer einzelne Zweige des Dendrimers abgespalten werden. (**Bild 8-21**) Unter physiologischen Bedingungen sind dessen terminale Aminogruppen positiv geladen und interagieren mit negativ geladenen Phosphat-Gruppen der Nucleinsäure. Das käufliche Reagenz vermag die DNS in eine kompakte Struktur zu verwandeln, die eine Aufnahme in die Eukaryontenzelle wesentlich erleichtert. In der Zelle puffert das *PolyFect*®-Reagenz, nachdem es mit den Endosomen fusioniert ist, maßgeblich die pH-Inhibierung der lysosomalen Nuclease (**Bild 8-22**). Dies erhöht die Stabilität des PolyFect-DNS-Komplexes und den Transport von intakter DNS in den Zellkern.[66]

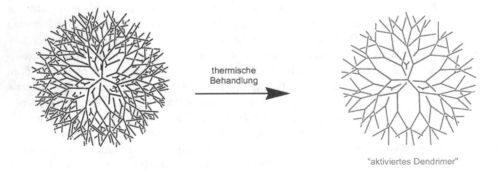

thermische
Behandlung

"aktiviertes Dendrimer"

Bild 8-21 Für den Gentransfer thermolytisch aktiviertes PAMAM-Dendrimer (schematisch)

8.7.3 Photodynamische Therapie

Bei der Photodynamischen Therapie wird Tumorgewebe in Anwesenheit von Sauerstoff Licht-induziert zerstört, nachdem in das befallene Gewebe zuvor ein Photosensibilisator injiziert wurde. Die vom Photosensibilisator absorbierte Lichtenergie führt zur Bildung von zelltoxisch wirkendem Singlett-Sauerstoff (**Bild 8-22**). Der Photosensibilisator selbst wird später wieder ausgeschieden. Er wirkt demnach ausschließlich als Katalysator. Niedermolekulare Photosensibilisatoren zeigten jedoch toxische Nebenwirkungen, die eine klinische Anwendung beeinträchtigen.

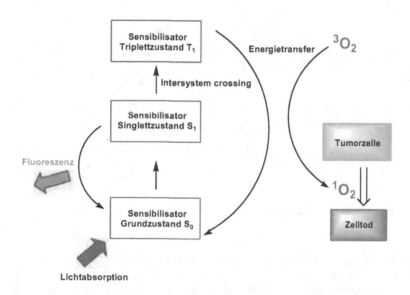

Bild 8-22 Wirkungsmechanismus von Photosensibilisatoren in der Tumorbekämpfung (schematisch)

Ein von *Aida et al.* synthetisiertes polykationisches Porphyrin-Dendrimer[67] der dritten Generation mit 32 quartären Ammonium- und 32 Carbonsäure-Gruppen zeigt im Einsatz als Photosensibilisator[68] eine signifikante Singlettsauerstoff-Toxizität gegenüber Lungenkrebszellen und gleichzeitig minimale Dunkeltoxizität (**Bild 8-23**). Dendrimer-Porphyrine können, bedingt durch ihre dendritische Architektur, absorbierte Energie über eine relativ große Distanz von der Peripherie zum Porphyrin-Kern transportieren, und sind insofern potentielle Photosensibilisatoren für die Photodynamische Therapie.

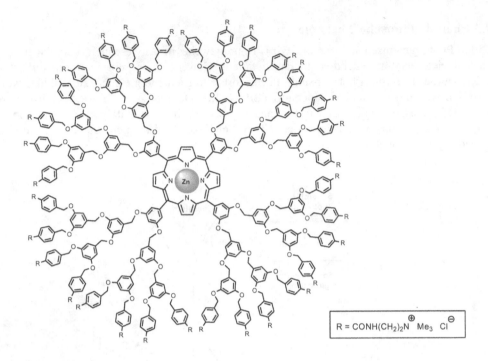

R = CONH(CH$_2$)$_2$N$^{\oplus}$ Me$_3$ Cl$^{\ominus}$

Bild 8-23 Porphyrin-Dendrimer (nach *Aida et al.*)

Tetraphenylporphyrine[69] sind hydrophobe Verbindungen und können ohne Hilfe nicht in das wasserhaltige Gewebe des menschlichen Körpers gelangen. Erst der Einbau in ein Dendrimer oder Liposom ermöglicht dies. Die Anwendung am menschlichen Körper ist noch nicht erprobt, jedoch wurden an geplatzten roten Blutkörperchen, den Erythrozyten-Schatten („Ghosts") orientierende Experimente durchgeführt. Die Blutkörperchen wurden ausgewaschen, das Tetraphenylporphyrin in die Membran der *Ghosts* eingelagert und photophysikalisch untersucht.[70]

8.7.4 Dendrimere als Präventionsmittel gegen HIV

Die Firma *Starpharma*, Australien, entwickelte ein Vaginal-Microbiocid *(VivaGel)*, das erste auf Dendrimeren basierende Pharmakon, das von der amerikanischen *Food & Drug Administration* (FDA) die offizielle Erlaubnis für klinische Prüfungen erhalten hat. Die erste klinische Phase ist erfolgreich durchlaufen; das Präparat, das keine Reizungen oder Entzündungen verursacht, soll 2008 als Präventionsmittel gegen HIV-Infektionen auf den Markt kommen.[71]

Der Wirkungsmechanismus der Substanz macht sich die polyvalenten Eigenschaften der Dendrimere zunutze. Die funktionellen Endgruppen des Dendrimers können sich wie ein „molekulares Klebeband" verhalten. Sie treten mit den auf biologischen Strukturen wie Zellmembranen oder Viren befindlichen Rezeptoren in vielfache Wechselwirkungen. Aktiver Bestandteil von *VivaGel* ist ein Polylysin-Dendrimer (s. *Kapitel 4.1.4*) der vierten Generation, an dessen Gerüst über Amid-Bindungen 32 Naphthalendisulfonat-Einheiten geknüpft sind.

Diese poly-ionische Struktur kann durch Anbindung an den gp120-Glycoprotein-Rezeptor auf der Virus-Oberfläche vor HIV-Infektionen schützen. Der normale Ablauf einer Infektion von gesunden Zellen durch HIV beginnt, wenn das gp120-Protein an der Oberfläche des Virus sich an den CD4-Rezeptor an der Oberfläche der gesunden Zelle bindet.

8.7.5 Organ- und Gewebe-Züchtung

Die Methode des *Tissue-Engineering* beruht darauf, lebende Zellen eines Organismus außerhalb des Körpers zu kultivieren, gegebenenfalls mit extrazellulären Komponenten zu kombinieren, und anschließend wieder zu implantieren. Der Vorteil solcher Implantate besteht in der Akzeptanz durch das Immunsystem, da die kultivierten Zellen als körpereigene erkannt werden und deshalb keine Abstoßungsreaktionen erfolgen. Nachteilig ist der Verlust von Funktionalitäten, weshalb bisher nur Haut gezüchtet werden konnte. Der steigende Bedarf an Gewebe beispielsweise für Brandopfer und Wartelisten bei Organ-Verpflanzungen fordert nach Alternativen und ergänzenden Maßnahmen.

Grinstaff gelang es, Bio-Dendrimere *via* divergenter Synthese mit verzweigten AB$_2$-Monomeren aufzubauen, die in der Zukunft Anwendung im klinischen Bereich finden könnten. Als Monomere wurden beispielsweise Addukte der Glykolsäure und Milchsäure oder Derivate der Adipinsäure eingesetzt.[72]

8.7.5.1 Wundheilung

In einem für die klinische Phase relevanten Tiermodell wurden unterschiedliche Aspekte der Wundheilung untersucht. Dazu wurden Polyamidoamin-Dendrimere (PAMAM) aufgebaut, zum einen mit Glucosamin-, zum anderen mit Glucosamin-6-sulfat-Resten funktionalisiert (**Bild 8-24**). Glucosamin-Dendrimere wirken als Immunomodulator, Glucosamin-6-sulfat-Dendrimere hingegen als anti-angiogenetische Substanzen.

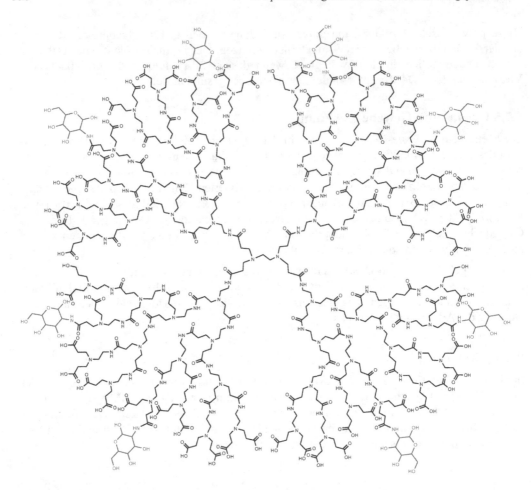

Bild 8-24 PAMAM-basiertes Glucosamin-Dendrimer (nach *Shaunak et al.*)

Kaninchen, denen beide Dendrimere nach einer Augenoperation wegen grünen Stars gemeinsam appliziert wurden, zeigten einen verbesserten Heilungsprozess sowie eine geringere Narbenbildung und eine abgeschwächte Entzündungsreaktion.[73]

S. I. Stupp berichtete über Studien an Dendrimeren zur Gel-Bildung in Knochenspalten, die Einsatzmöglichkeiten bei Knochenfrakturen bieten.[74]

8.7.6 Borneutronen-Einfangtherapie

Bei der Neutroneneinfang-Therapie (*B*oron *N*eutron *C*apture *T*herapie; BNCT) werden ^{10}B-Isotope in den Tumor eingebracht und mit Neutronen bestrahlt. Die langsamen Neutronen werden von den Bor-Isotopen eingefangen, das ^{11}Bor-Isotop zerfällt unter Freisetzung hochenergetischer α-Strahlung mit einer Reichweite von 9 μm, die ungefähr dem Durchmesser einer Zelle entspricht, so dass ausschließlich die Zelle zerstört wird, in welcher der Einfang-prozess abläuft.

Konkret bedeutet dies für den Patienten eine vorausgehende Injektion einer nicht radioakti-ven Verbindung, die das stabile ^{10}B-Isotop enthält und sich selektiv im Tumorgewebe anrei-chert. In einem zweiten Schritt wird der Erkrankte mit niedermolekularen Neutronen be-strahlt, die dann wie oben beschrieben den Tumor zerstören.

Der Einbau von ^{10}B-Isotopen in wasserlösliche Dendrimer-Gerüste mit Anknüpfungsmög-lichkeiten für Tumor-ansteuernde Liganden ist ein innovatives Prinzip für die Entwicklung Bor-reicher stabiler Verbindungen mit hoher anti-Tumor-Aktivität, nicht zuletzt auch, weil durch die Anbindung an die Dendrimere eine höhere Konzentration an ^{10}B-Isotopen in der Tumorzelle erreicht werden kann und die Dunkeltoxizität gering ist. Entsprechende Borc-luster-haltige Dendrimere für die Borneutronentherapie wurden bereits synthetisiert.[75] Wich-tig bei dieser Therapie ist es, eine möglichst hohe Konzentration an ^{10}B-Isotopen im Tumor-gewebe zu erreichen. Der Einbau von Borverbindungen in PAMAM-Dendrimere war ein vielversprechendes Konzept, jedoch zeigte sich neben der guten Immunreaktivität auch eine unerwünschte starke Anreicherung in Leber und Milz.[76] Ein Polylysin-Dendrimer mit 80 terminalen Bor-Atomen, die an Antikörperfragmente gekoppelt sind, führte zu ermutigenden Ergebnissen.[77] Um die Effizienz der Tumoransteuerung mit Antikörpern zu erhöhen, wurde ein kurzes Polypeptid, der so genannte *epidermale Wachstumsfaktor* (*EGF*; *G* von engl. growth) an ein PAMAM-Dendrimer der vierten Generation geknüpft. *In vitro* Experimente ergaben eine gewisse Selektivität für den EFG-Rezeptor bei Gehirntumoren.[78]

8.8 Dendrimere in der Nanotechnologie

Wegen ihrer unschwer exakt einstellbaren Nanometerdimension und leichten Multi-Funktionalisierbarkeit sind Dendrimer-Moleküle für die Nanotechnologie prädestiniert.

8.8.1 Photoschaltbare Dendrimere

Von *Vögtle et al.* wurde ausgehend von 1,3,5-Tris(brommethyl)benzen als Kerneinheit durch konvergente Synthese das erste Dendrimer mit intramolekular akkumulierten Azobenzen-Einheiten in der Peripherie aufgebaut (**Bild 8-25**); es zeigte erwartungsgemäß komplexe photoschaltbare Eigenschaften aufgrund von intramolekularen *E/Z*-Isomerisierungsmöglich-keiten.[79]

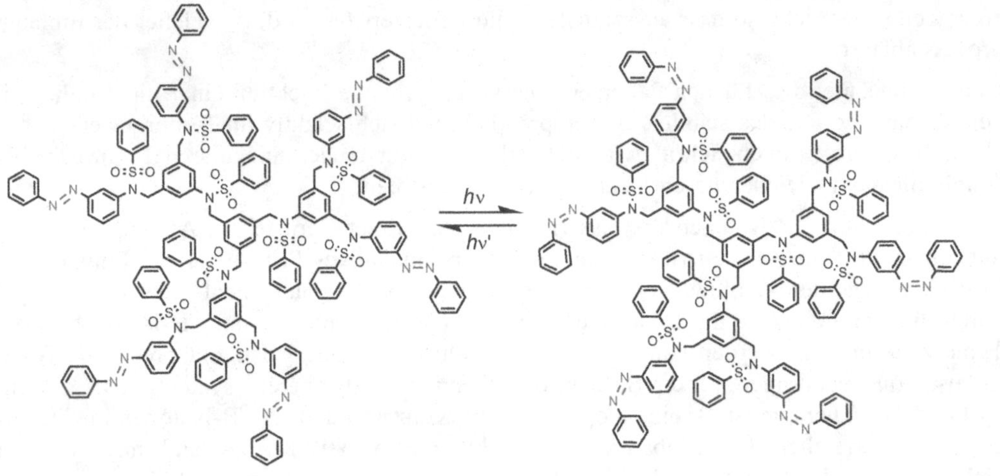

all-E   *all-Z*

Bild 8-25   Erstes photoschaltbares Dendrimer (nach *Vögtle et al.*); Zwischenstufen mit *teilweise* iso-merisierten Azogruppen sind nicht gezeigt

8.8.2 Dendrimere als Schleusen

Dendritische Moleküle können möglicherweise für nanoskalige „Schleusen" oder „Ventile" herangezogen werden. Hierzu wurden Azobenzen-Dendrons[80] mit endständigen Hydroxyl-Gruppen (**Bild 8-27**) im Innern von gut definierten Siliziumdioxid-Nanoröhren kovalent fixiert. Die Hydroxyl-Gruppen bewirken beim Sol/Gel-Prozess den Einbau der Azobenzen-Einheiten in die entstehenden SiO_2-Nanoröhren (**Bild 8-26**).[81]

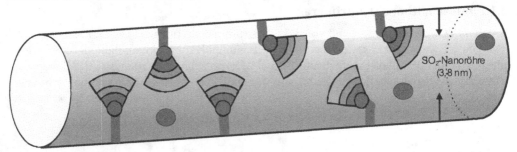

Bild 8-26 Potentielle schaltbare Nanoschleuse (schematisch), die Kegel stehen für dendritische Substi-tuenten; Azogruppen (rot) sind in *E*- (geradlinig) oder *Z*-Konfiguration (gewinkelt) symboli-siert; Gastsubstanzen sind grün gekennzeichnet (nach *Zink, De Cola, Vögtle et al.*)

Durch lichtinduzierte Konformations-Änderung der Azobenzene kann je nach Wellenlänge des Lichts vom *E*- zum *Z*- und vom *Z*- zum *E*-Konformer geschaltet werden, die einer Diffusion von Gastsubstanzen unterschiedlichen Widerstand entgegensetzen. Bei passender Größe der Dendrons (**Bild 8-27**) – in **Bild 8-26** kegelförmig angedeutet – können Ionen oder Moleküle eventuell Licht-getrieben durch die Schleuse befördert werden. Bei Vorliegen der *E*-Konfiguration würde die Wanderung von Molekülen durch die Schleuse dagegen eher sterisch gehindert.

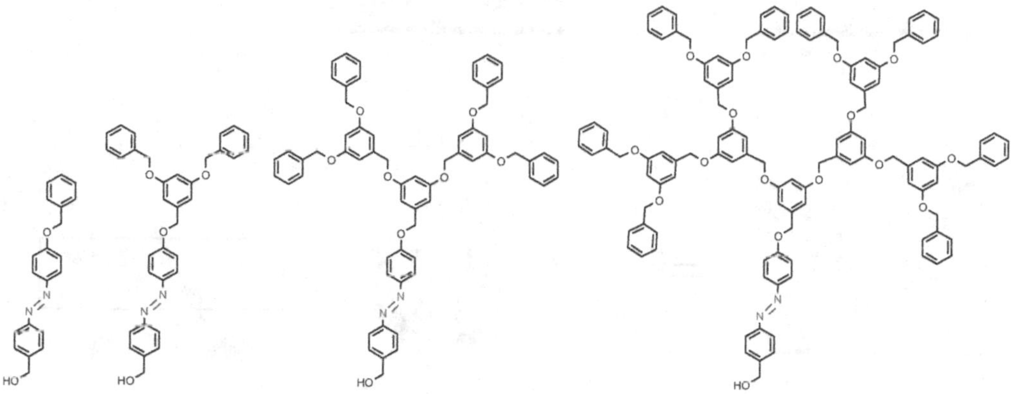

Bild 8-27   Fréchet-Dendron-substituierte Azobenzene der nullten bis dritten Generation mit -CH₂OH-Funktionalisierung (nach *Zink, De Cola, Vögtle et al.)*

8.8.3 Dendrimere als Nanoröhren

Nanoröhren gelten als vielversprechende Bausteine für eine Bandbreite von Anwendungen, zum Beispiel auf dem Gebiet der Nanoelektronik. Voraussetzung für die Synthese von Dendrimerröhren[82] ist der Einsatz von Poren-füllenden Gastverbindungen[83] als Templat. Hierzu wurden die Hohlraum-Innenwände eines definierte Poren enthaltenden (konkaven) Aluminium-Templats[84] mit einer Schicht von 3-*A*minopropyl-*di*methoxysilan (3-*APDMES*) ausgekleidet, die sich bei saurem p*H* positiv auflädt (**Bild 8-28**). Als zweite Schicht wird ein durch 96 Acetat-Endgruppen negativ geladenes *N,N*-substituiertes Hydrazin-Dendrimer der vierten Generation aufgezogen, gefolgt von Dendrimer-Schichten mit alternierenden Ladungen, z. B. aus dem gleichen Dendrimer-Gerüst, mit 96 Ammonium(salz)-Endgruppen. Die beiden gegensätzlich aufgeladenen Dendrimere wurden zuvor in Wasser von p*H* 5,5 gelöst und je Schichtlage wurde das Templat alternierend eine Stunde lang in die entsprechende Dendrimer-Lösung getaucht. Um die gewünschten freien Dendrimer-Röhren zu erhalten, wurde das anorganische Templat mit Chrom(III)oxid (in Phosphorsäure) oder mit Kaliumhydroxid-Lösung weggeätzt.

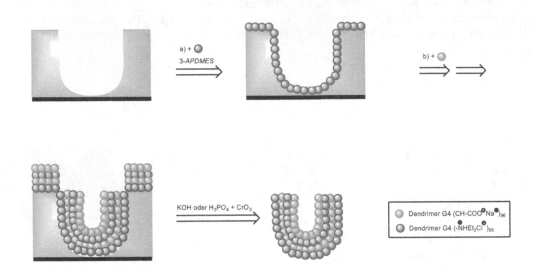

Bild 8-28   Herstellung von Dendrimer-Nanoröhren (3-*APDMES* = 3-*A*mino*p*ropyl-*d*ime*thoxysilan*);
nach *Masuda et al.* (*schematisch*)

Die Dendrimer-Röhren, die mit dieser Multi-Schichtmethode hergestellt wurden, verfügen über nur *ein* offenes Ende und dürften daher einen Gradienten ihrer mechanischen Stabilität zeigen, der angibt, dass die effektive Anzahl der Schritte zur Schichtabscheidung nahe dem Porenboden kleiner ist als sonst, da dort das abzuscheidende ionische Dendrimer schwieriger hingelangt. Für die Darstellung von uniformen Röhren müssten daher Template mit zwei Öffnungen benutzt werden.

Dendrimer-Röhren, ausgestattet mit einer Vielzahl von funktionellen Gruppen in ihrer Umgebung, könnten für diverse Anwendungen in Betracht gezogen werden. Denkbar wäre es, eine poröse Membran zu funktionalisieren, indem die Porenwände mit Dendrimeren ausgekleidet werden, die als Wirte für Gastmoleküle wirken können. Diese Architekturen könnten nützlich sein für Anwendungen im Sensorbereich oder auf dem Gebiet der analytischen Stofftrennung. Auch der Einschluss anderer Nanopartikel-Typen ist vorstellbar.

Der Aufbau organischer Nanoröhren ist auch ausgehend von Porphyrin-Dendrimeren mit gezielter Kern/Schale-Architektur möglich. **Bild 8-29** zeigt darüber hinaus, wie man dann durch „Entkernen" (Entfernen des dendritischen Molekülteils) zu kovalenten Nanoröhren gelangt. Dafür wird zunächst aus einem dendritischen Metallo-Porphyrin mit Alken-Endgruppen ein Koordinationspolymer synthetisiert. Dieses wird durch Ringschluss-Metathese an der Peripherie intra- und intermolekular zum Polymer vernetzt.

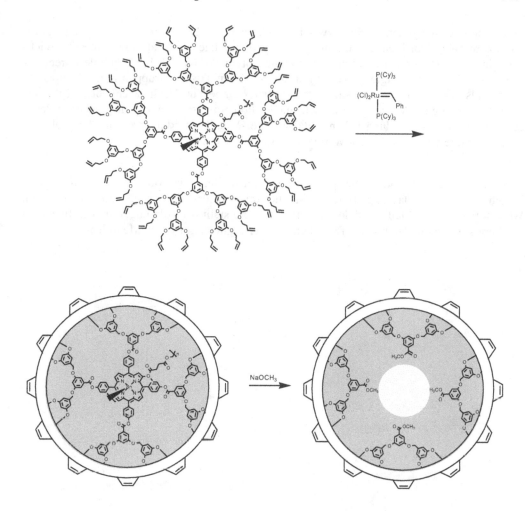

Bild 8-29 Organische Nanoröhren durch Entkernen von Polylysin-Dendrimeren (nach *Zimmerman et al.*)

Anwendung könnten solche Nanoröhren zum Beispiel aufgrund der je nach Generation des eingesetzten Dendrons modulierbaren Wanddicke der Röhren finden. Ebenso könnte der Innendurchmesser der Röhre durch Wahl passender Kerneinheiten „designt" und kontrolliert werden. Die Funktionalität des Rohräußeren und -inneren kann durch die Wahl geeigneter Edukte gesteuert werden.[85]

8.8.4 Dendritische Polymere als Template

In der Mikroelektronik besteht aufgrund der raschen Entwicklung ein Bedarf an neuen Verbindungen mit hohem Funktionspotential. Die Symbiose von hoher Speicherdichte und hoher Ansprechgeschwindigkeit für neue Mikrochips stellt Anforderungen an neue Materialien

beispielsweise für Isolierschichten zwischen Leiterbahnen. Die Verwendung von nanoporö-
sen organischen Schichten ist hier von Vorteil, weil eine Dielektrizitätskonstante < 2 erreichbar sein sollte. Dendrimere und hochverzweigte Polymere können als potentielle Porenbild-
ner wirken. Hochverzweigte Polyester mit thermolabilen Triazin-Gruppen in der Hauptkette
wurden als Templat in eine temperaturstabile Matrix eingebaut. Nach anschließender thermischer Vernetzung der Matrix unter Zersetzung des Porenbildners werden entsprechende Poren
gebildet. In einer anwendungsnahen Metall-Isolator-Metall-Anordnung konnte die Dielektrizitätskonstante von 2.7 auf einen Wert von 2.2 gesenkt werden.[86]

Die aufgezeigten Anwendungsbeispiele für Dendrimere sind zwar oft nur potentieller Natur,
jedoch spiegeln sie das Spektrum der Möglichkeiten wider, das nahezu alle Gebiete von
Werkstoffen bis zur Medizin abdeckt. Gerade letztere stellt Anforderungen und Auflagen an
die Applikationen im Hinblick auf Reinheit und Verträglichkeit für den Menschen.

Literaturverzeichnis und Anmerkungen zu *Kapitel 8*

„Spezielle Eigenschaften und Anwendungspotenziale"

Übersichtsartikel sind durch ein vorgestelltes fett gedrucktes „Übersicht(en)" bzw. *„Buch/Bücher" gekennzeichnet.*

[1] *Übersichten*: a) G. E. Oosterom, J. N. H. Reek, P. C. J. Kamer, P. W. N. M. van Leeuwen, *Angew. Chem.* **2001**, *113*, 1878-1901; *Angew. Chem. Int. Ed.* **2001**, *40*, 1828-1849; b) D. Astruc, F. Chardac, *Chem. Rev.* **2001**, *101*, 2991-3023; c) D. Astruc, F. Lu, J. R. Aranzaes, *Angew. Chem.* **2005**, *117*, 8062-8083; *Angew. Chem. Int. Ed.* **2005**, *44*, 7852-7872; d) S. Hecht, J. M. J. Fréchet, *Angew. Chem.* **2001**, *113*, 76-94; *Angew. Chem. Int. Ed.* **2001**, *40*, 74-91.

[2] M. B. Meder, I. Haller, L. H. Gade, *Dalton Trans.* **2005**, 1403-1415; A. Tuchbreiter H. Werner, L. H. Gade, *Dalton Trans.* **2005**, 1394-1402; SFB 623 der Universität Heidelberg: http://www.sfb623.uni-hd.de/

[3] F. Morgenroth, E. Reuter, K. Müllen, *Angew. Chem.* **1997**, *109*, 647-649; *Angew. Chem. Int. Ed.* **1997**, *36*, 631-634; F. Morgenroth, C. Kübel, K. Müllen, *J. Mater. Chem.* **1997**, *7* 1207-1211; F. Morgenroth, A. J. Berresheim, M. Wagner, K. Müllen, *Chem. Commun.* **1998**, 1139-1140; V. S. Iyer, K. Yoshimura, V. Enkelmann, R. Epsch, J. P. Rabe, K. Müllen, *Angew. Chem.* **1998**, *110*, 2843-2846; *Angew. Chem. Int. Ed.* **1998**, 37, 2696-2699; F. Morgenroth, K. Müllen, *Tetrahedron* **1997**, *53*, 15349-15366; U.-M. Wiesler, K. Müllen, *Chem. Commun.* **1999**, *22*, 2293-2294; *Übersicht*: U.-M. Wiesler, T. Weil, K. Müllen, *Top. Curr. Chem.* (Bandhrsg. F. Vögtle) **2001**, *212*, 1-40.

[4] U. Lüning, T. Marquardt *J. Prakt. Chem.* **1999**, *341*, 222-227.

[5] J. W. J. Knapen, A. W. van der Made, J. C. de Wilde, P. W. N. M. van Leeuwen, P. Wijkens, D. M. Grove, G. van Koten, *Nature* **1994**, *372*, 659-663.

[6] P. Bhyrappa, J. K. Young, J. S. Moore, K. S. Suslick, *J. Am. Chem. Soc.* **1996**, *118*, 5708-571; P. Bhyrappa, J. K. Young, J. S. Moore, K. S. Suslick, *J. Mol. Catal. A* **1996**, *113*, 109-116; P. Bhyrappa, G. Vaijayanthimala, K. S. Suslick, *J. Am. Chem. Soc.* **1999**, *121*, 262-263.

[7] M. T. Reetz, G. Lohmer, R. Schwickardi, *Angew. Chem.* **1997**, *109*, 1559-1562; *Angew. Chem. Int. Ed.* **1997**, *36*, 1526-1529; N. Brinkmann, D. Giebel, G. Lohmer, M. T. Reetz, U. Kragl, *J. Catal.* **1999**, *183*, 163-168.

[8] M. Kimura, Y. Sugihara, T. Muto, K. Hanabusa, H. Shirai, N. Kobayashi, *Chem. Eur. J.* **1999**, *5*, 3495-3500.

[9] U. Kragl, C. Dreisbach, *Angew. Chem.* **1996**, *108*, 684-685; *Angew. Chem. Int. Ed.* **1996**, *35*, 642-644; N. Brinkmann, D. Giebel, G. Lohmer, M.T. Reetz, U. Kragl, *J. Catalysis* **1999**, *183*, 163-168.

[10] *Übersichten*: D. Seebach, P. B. Rheiner, G. Greiveldinger, T. Butz, H. Sellner, *Top. Curr. Chem.* (Bandhrsg. F. Vögtle) **1998**, *197*, 125-164; *allgemein*: T. Ikariya, K. Murata, R. Noyori, *Org. Biomol. Chem.* **2006**, *4*, 393-406.

[11] a) H. Brunner, *J. Organomet. Chem.* **1995**, *500*, 39-46; b) *Übersicht* über „künstliche Enzyme" allgemein: R. Breslow (Hrsg.) *Artificial Enzymes*, Wiley-VCH, Chichester/Weinheim **2005**.

[12] H. Brunner, S. Altmann, *Chem. Ber.* **1994**, *127*, 2285-2296.

[13] M. S. T. H. Sanders-Hoven, J. F. G. A. Jansen, J. A. J. M. Vekemans, E. W. Meijer, *Polym. Mater. Sci. Eng.* **1995**, *210*, 180-182.

[14] C. Bolm, N. Derrien, A. Seger, *Synlett* **1996**, 387-388.

[15] *Bücher*: J.-M. Lehn, *Supramolecular Chemistry. Concepts and Perspectives*, VCH, Weinheim **1995**; J. W. Steed, J. L. Atwood, *Supramolecular Chemistry*, Wiley, Chichester **2000**; F. Vögtle, *Supramolekulare Chemie*, Teubner, Stuttgart **1989**, **1992**; *Supramolecular Chemistry*, Wiley-VCH, Chichester **1993**; J.-H. Fuhrhop, J. Köning, *Membranes and Molecular Assemblies: The Synkinetic Approach*, The Royal Society of Chemistry, Cambridge **1994**; K. Ariga, T. Kunitake, *Supramolecular Chemistry – Fundamentals and Applications*, Springer, Berlin/Heidelberg **2006**.

[16] G. R. Newkome, C. N. Moorefield, G. R. Baker, A. L. Johnson, R. K. Behera, *Angew. Chem.* **1991**, *103*, 1205-1207; *Angew. Chem. Int. Ed.* **1991**, *30*, 1176-1178; G. R. Newkome, G. R. Baker, C. N. Moorefield, M. J. Saunders, *Polym. Prepr.* **1991**, *32*, 625-626; G. R. Newkome, C. N. Moorefield **1992**, *U. S. Pat.* 5154853.

[17] *Übersicht*: H. Frey, K. Lorenz, C. Lach, *Chemie in unserer Zeit* **1996**, *30*, 75-85.

[18] F. M. Winnick, J. M. Duff, G. G. Sacripante, A. R. Davidson (Xerox Corp.), US-A 5256516 A 931026, **1993**; *Chem. Abstr.* **1994**, *120*, 90707i.

[19] www.xeroxtechnology.com

[20] www.colour-europe.de/pf_812_forschung_nano-4.htm; B. Bruchmann, *Baummoleküle im Nanomaßstab: Dendrimere für neue Drucksysteme und Autolacke.*

[21] B. Voigt, *Chemie in Dresden*, **2004**, 94-99.

[22] S. Onclin, J. Huskens, B. J. Ravoo, D. N. Reinhoudt, *Small* **2005**, *8-9*, 852-852; *Übersicht*: *Molecular Machines, Top. Curr. Chem.* (Bandhrsg. T. R. Kelly) **2005**, *262*.

[23] J. F. G. A. Jansen, E. M. M. de Brabander-van den Berg, E. Meijer, *Science*, **1994**, *266*, 1226-1229; J. F. G. A. Jansen, E. W. Meijer, *J. Am. Chem. Soc.*, **1995**, *117*, 4417-4418; siehe auch (*Übersicht*): D. J. Cram, J. M. Cram, *Container Molecules and Their Guests*, The Royal Society of Chemists, Cambridge **1994**.

[24] J. F. G. A. Jansen, R. A. J. Jansen E. M. M. de Brabander-van-den Berg, E. W. Meijer, *Adv. Mater.* **1995**, *7*, 561-564.

[25] R. Warmuth, *Angew. Chem.* **1997**, *109*, 1406-1409; *Angew. Chem. Int. Ed.* **1997**, *36*, 1347–1350; R. Warmuth, *J. Inclusion Phenom.* **2000**, *37*, 1-38, R. Warmuth, J. Yoon, *Acc. Chem. Res.* **2001**, *34*, 95–105; D. J. Cram, M. E. Tanner, R. Thomas, *Angew. Chem.* **1991**, *103*, 1048–1051; *Angew. Chem. Int. Ed.* **1991**, *30*, 1024–1027.

[26] D. J. Cram, S. Karbach, Y. H. Kim, L. Baczynskyj, G. W. Kalleymen, *J. Am. Chem. Soc.* **1985**, *107*, 2575–2576; D. J. Cram, M. E. Tanner, R. Thomas, *Angew. Chem.* **1991**, *103*, 1048-1051; *Angew. Chem. Int. Ed.* **1991**, *30*, 1024-1027.

[27] M. W. P. L. Baars, P. E. Froehling, E. W. Meijer, *Chem. Commun.* **1997**, 1959-1960.

[28] http://www.cdtltd.co.uk

[29] H. Meier, M. Lehmann, *Angew. Chem.* **1998**, *110*, 666-669; *Angew. Chem. Int. Ed.* **1998**, *37*, 643-645; H. Ma, A. K.-Y. Jen, *Adv. Mater.* **2001**, *13*, 1201-1205.

[30] D. Hertel, C. D. Müller, K. Meerholz, *Chemie in unserer Zeit* **2005**, *39*, 336-347; *Buch*: K. Müllen, U. Scherf (Hrsg.), *Organic Light-Emitting Devices, Synthesis, Properties, and Applications*, Wiley-VCH, Chichester, Weinheim **2006**.

[31] L. A. Khotina, L. S. Lepnev, N. S. Burenkova, P. M. Valetsky, A .G. Vitukhnovsky, *Journal of Luminescence*, **2004**, *110*, 232-238.

[32] J. P. J. Markham, E. B. Namdas, T. D. Anthopoulos, I. D.W. and G. J. Richards, P. L. Burn, *Appl. Phys. Lett.* **2004**, *85*, 1463-1465.

[33] *Übersichten*: F. Vögtle, *Supramolekulare Chemie*, Teubner, Stuttgart **1989**, **1991**; *Supramolecular Chemistry*, Wiley-VCH, Chichester **1993**. U. Finkenzeller, *Spektrum der Wissenschaft* **1990**, 54-62.

[34] H.-S. Kitzerow, B. Westermann, *ForschungsForum* Universität Paderborn 6-**2003**, 86-88; A. Sunder, M-F. Quincy, R. Mülhaupt, H. Frey, *Angew. Chem.* **1999**, *111*, 3107-3110; *Angew. Chem. Int. Ed.* **1999**, *38*, 2928-2930.

[35] A. Esposito, E. Delort, D. Lagnoux, F. Djojo, J.-L. Reymond, *Angew. Chem.* **2003**, *115*, 1419-1421; *Angew. Chem. Int. Ed.* **2003**, *42*, 1381-1383; E. Delort, T. Darbre, J.-L. Reymond, *J. Am. Chem. Soc.* **2004**, *126*, 15642-15643; D. Lagnoux, T. Darbre, M. L. Schmitz, J.-L. Reymond, *Chem. Eur. J.* **2005**, *11*, 3943-3950; J. Kofoed, T. Darbre, J.-L. Reymond, *Org. Biomol. Chem.* **2006**, 3268-3281.

[36] C. Rao, J. P. Tam, *J. Am. Chem. Soc* **1994**, *116*, 6975; K. Sadler, J. P. Tam, *Rev. Mol. Biotechnol.* **2002**, *90*, 195-229; vgl. auch J. P. Mitchell, K. D. Roberts, J. Langley, F. Koenten, J. N. Lambert, *Bioorg. Med. Chem. Lett.* **1999**, *9*, 2785-2788; I. van Baal, H. Malda, S. A. Synowsky, J. L. J. van Dongen, T. M. Hackeng, M. Merkx, E. W. Meijer, *Angew. Chem.* **2005**, *117*, 5180-5185; *Angew. Chem. Int. Ed.* **2005**, *44*, 5052-5057.

[37] J. P. Collman, L. Fu, A. Zingg, F. Diederich, *Chem. Commun.* **1997**, 193-194.

[38] P. J. Dandliker, F. Diederich, M. Gross, C. B. Knobel, A. Louati, E. M. Sanford, *Angew. Chem.* **1994**, *106*, 1821-1824; *Angew. Chem. Int. Ed.* **1994**, *33*, 1739-1742; P. J. Dandliker, F. Diederich, J.-P. Gisselbrecht, A. Louati, M. Gross, *Angew. Chem.* **1995**, *107*, 2906-2909; *Angew. Chem. Int. Ed.* **1995**, *34*, 2725-2728; P. Weyermann, J.-P. Gisselbrecht, C. Boudon, F. Diederich, M. Gross, *Angew. Chem.* **1999**, *111*, 3400-3404; *Angew. Chem. Int. Ed.* **1999**, *38*, 3215-3219.

[39] T. K. Lindhorst, *Chemie in unserer Zeit* **2000**, *34*, 38-52.

[40] G. Thoma, A. G. Katopodis, N. Voelcker, R. O. Duthaler, M. B. Streiff, *Angew. Chem.* **2002**, *114*, 3327-3330; *Angew. Chem. Int. Ed.* **2002**, *41*, 3195-3198.

[41] R. Schumacher, *Chemie in unserer Zeit* **1999**, *33*, 268-278.

[42] C. Heil, G. R. Windscheif, S. Braschohs, F. Flörke, J. Gläser, M. Lopez, J. Müller-Albrecht, U. Schramm, J. Bargon, F. Vögtle, *Sensors and Actuators B 61*, **1999**, 51-58; siehe auch C. Ziegler, W. Göpel, H. Hämmerle, H. Hatt, G. Jung, L. Laxhuber, H.-L. Schmidt, S. Schütz, F. Vögtle, A. Zell, *Biosensors & Bioelectronics* **1998**, *13*, 539-371; BASF AG: Method and Apparatus for the Detection of Fumigants in Air Samples, EP 0202206, 28.02.02.

[43] U. Herrmann, T. Jonischkeit, J. Bargon, U. Hahn, Q.-Y. Li, C. A. Schalley, E. Vogel, F. Vögtle, *Anal. Bioanal. Chem.* **2002**, *372*, 611-614.

[44] M. Schlupp, T. Weil, A. J. Berresheim, U. M. Wiesler, J. Bargon, K. Müllen, *Angew. Chem.* **2001**, *113*, 4124-4129; *Angew. Chem. Int. Ed.* **2001**, *40*, 4011-4015.

[45] M. Albrecht, M. Schlupp, J. Bargon, G. van Koten, *Chem. Commun.* **2001**, *18*, 1874-1875.

[46] B. Voigt, *Chemie in Dresden*, **2004**, 94-99; G. Belge, D. Beyerlein, C. Betsch, K.-J. Eichhorn, G. Gaulitz, K. Grundke, B. Voigt, *Anal. Bioanal. Chem.* **2002**, *374*, 403-411.

[47] M. Albrecht, G. van Koten, *Adv. Mater.* **1999**, *11*, 171-174; M. Albrecht, R. A. Gossage, M. Lutz, A. L. Spek, G. van Koten, *Chem. Eur. J.* **2000**, *6*, 1431-1445.

[48] V. Balzani, P. Ceroni, S. Gestermann, C. Kauffmann, M. Gorka, F. Vögtle, *J. Chem. Soc., Chem. Commun.* **2000**, 853-854; F. Vögtle, S. Gestermann, C. Kaufmann, P. Ceroni, V. Vicinelli, V. Balzani, *J. Am. Chem. Soc.* **2000**, *122*, 10398-10404.

[49] O. S. Finikova, V. V. Rozhkov, M. Cordero, S. A. Vinogradov, 3rd International Dendrimer Symposium, Berlin, September **2003**, Abstraktband S. 54-55.

[50] O. Finikova, A. Galkin, V. Rozhkov, M. Cordero, C. Hägerhäll, S. Vinogradov, *J. Am. Chem. Soc.* **2003**, *125*, 4882-4893.

[51] T. D. Janes, H. Shinmori, M. Takeuchi, S. Shinkai, *J. Chem. Soc., Chem. Commun.* **1996**, 705-706.

[52] A. P. Silva, S. A. de Silva, *J. Chem. Soc., Chem. Commun.* **1986**, 1709-1710; A. P. de Silva, H. Q. N. Gunaratne, T. Gunnlaugson, A. J. M. Huxley, C. P. McCoy, J. T. Rademacher, T. E. Rice, *Adv. Supramol. Chem.* **1997**, *4*, 1-53; A. P. de Silva, H. Q. N. Gunaratne, T. Gunnlaugson, A. J. M. Huxley, C. P. McCoy, J. T. Rademacher, T. E. Rice, *Chem. Rev.* **1997**, *97*, 1515-1566; C. S. Foote, *Acc. Chem. Res.* **1998**, *31*, 199-324; M. Sauer *Angew. Chem* **2003**, *115*, 1834-1835; *Angew. Chem. Int. Ed.* **2003**, *42*, 1790-1793.

[53] C. Saudan, V. Balzani, M. Gorka, S.-K. Lee, M. Maestri, V. Vicinelli, F. Vögtle *J. Am. Chem. Soc.* **2003**, *125*, 4424-4425; C. Saudan, V. Balzani, P. Ceroni, M. Gorka, M. Maestri, V. Vicinelli, F. Vögtle *Tetrahedron* **2003**, *59*, 3845-3852; C. Saudan, V. Balzani, M. Gorka, S.-K. Lee, J. van Heyst, M. Maestri, P. Ceroni, V. Vicinelli, F. Vögtle, *Chem. Eur. J.* **2004**, *10*, 899-905.

[54] M.-S. Choi, T. Aida, H. Luo, Y. Araki, O. Ito, *Angew. Chem.* **2003**, *115*, 4194-4197; *Angew. Chem. Int. Ed.* **2003**, *42*, 4060-4063; M.-S. Choi, T. Yamazaki, I. Yamazaki, T. Aida, *Angew. Chem.* **2004**, *116*, 152-160; *Angew. Chem. Int. Ed.* **2004**, *43*, 150-158.

[55] W.-S. Xia, R. H. Schmehl, C.-J. Li, *Eur. J. Chem.* **2000**, 387-389.

[56] A. Koller, *Appl. Fluoresc. Technol.* **1989**, *1*, 1-8; A. Mayer, S. Neuenhofer, *Angew. Chem.* **1994**, *106*, 1097-1126; *Angew. Chem. Int. Ed.* **1994**.

[57] S.-E. Stiriba, H. Frey, R. Haag, *Angew. Chem.* **2002**, *114*, 1385-1390; *Angew. Chem Int. Ed.* **2002**, *41*, 1329-1334.

[58] *Übersichten*: M. Fischer, F. Vögtle, *Angew. Chem.* **1999**, 111, 934-955; *Angew. Chem Int. Ed.* **1999**, *38*, 884-905; G. R. Newkome (Hrsg.), *Advances In Dendritic Macromolecules* **2002**, Volume *5*; C. S. Winalski, S. Shortkroff, R. V. Mulkern, E. Schneider, G. M. Rosen, *Magnetic Resonance in Medicine* **2002**, *48*, 965-972; *Contrast Agents I*, *Top. Curr. Chem.* (Bandhrsg. W. Krause), **2002**, *221*; *Contrast Agents II*, *Top. Curr. Chem.* (Bandhrsg. W. Krause), **2002**, *222*; *Contrast Agents III*, *Top. Curr. Chem.* (Bandhrsg. W. Krause), **2005**, *252*; H.-J. Weinheim, W. Ebert, B. Misselwitz, B. Radüchel, H. Schmitt-Willich, J. Platzek, *Eur. Radiol.* **1997**, *7*, 196; Kontrastmittel der *Schering AG*, Berlin, Informationen unter:

http://www.schering-diagnostics.de/phys/products/mri/info.htm

[59] S. E. Stiriba, H. Frey, R. Haag, *Angew. Chem.* **2002**, *114*, 1385-1390; *Angew. Chem Int. Ed.* **2002**, *41*, 1329-1334.

[60] *Buch*: U. Boas, J. B. Christensen, P. M. H. Heegaard, *Dendrimers in Medicine and Biotechnology*, RSC Publishing **2006**.

[61] R. Haag, *Angew. Chem.* **2004**, *116*, 280-284; *Angew. Chem Int. Ed.* **2004**, *43*, 278-282; M. Krämer, J.-F. Stumbé, H. Türk, S. Krause, A. Komp, L. Delineau, S. Prokhorova, H. Kautz, R. Haag, *Angew. Chem.* **2002**, *114*, 4426-4431; *Angew. Chem Int. Ed.* **2002**, *41*, 4252-4256; L. Fernandez, M. Gonzalez, H. Cerecetto, M. Santo, J. J. Silber, *Supramol. Chemistry* **2006**, *18*, 633-643.

[62] Y. Matsumura, H. Maeda, *Cancer Res.* **1986**, *46*, 6387-6392; H. Maeda, Y. Matsumura, *CRC Crit. Rev. Ther. Drug Carrier Syst.* **1989**, *6*, 193-210.

[63] a) C. Kojima, K. Kono, K. Maruyama, T. Takagishi, *Bioconjugate Chem.* **2000**, *11*, 910–917; b) M. Liu, K. Kono, J. M. J. Fréchet, *J. Controlled Release* **2000**, *65*, 121-131; c) R. Haag, J.-F. Stumbe, A. Sunder, H. Frey, A. Hebel, *Macromolecules* **2000**, *33*, 8158-8166; d) M. W. P. L. Baars, R. Kleppinger, M. H. J. Koch, S.-L. Yeu, E. W. Meijer, *Angew. Chem.* **2000**, *112*, 1341-1344; *Angew. Chem Int. Ed.* **2000**, *39*, 1285-1288; e) L. J. T. Twyman, A. E. Beezer, R. Esfand, M. J. Hardy, J. C. Mitchell, *Tetrahedron Lett.* **1999**, *40*, 1743-1746.

[64] J. F. Kukowska-Latallo, K. A. Candido, Z. Cao, S. S. Nigavekar, I. J. Majoros, T. P. Thomas, L. P. Balogh, M. K. Khan, J. R. Baker, Jr., *Cancer Res.* **2005**, *65*, 5317-5324.

[65] *Übersichten*: H. Stephan, H. Spies, B. Johannsen, K. Gloe, U. Hahn, F. Vögtle, *Mensch und Umwelt* **2001/2002**, 29-33; M. Weber, *Nachr. Chem.* **2000**, *48*, 18-23; R. Haag, *Angew. Chem.* **2004**, *116*, 280-284; *Angew. Chem. Int. Ed.* **2004**, *43*, 278-282.

[66] PolyFect Transfection Reagent Handbook 09/2000; J. P. Behr, *Chimia* **1997**, *51*, 34-36.

[67] N. Nishiyama, H. R. Stapert, G.-D. Zhang, D. Takasu, D.-L. Jiang, T. Nagano, T. Aida, K. Katuoka, *Bioconjugate Chem.* **2003**, *14*, 58-66.

[68] D.-L. Jiang, T. Aida, *J. Am. Chem. Soc.* **1998**, *120*, 10895-10901.

[69] *Buch*: L. Kaestner, *Tetraphenylporphyrine – Farbstoffe für die photodynamische Therapie*, Logos-Verlag, Berlin **1997**.

[70] http://www.medizin-netz.de/science/pdt.htm.

[71] B. Halford, *Chemical & Engineering News* **2005**, *13*, 30-36; http://nanotechwire.com

[72] M. W. Grinstaff, *Chem. Eur. J.* **2002**, *8*, 2839-2846.

[73] S. Shaunak, S. Thoas, E. Gianasi, A. Godwin, E. Jones, I. Teo, K. Mireskandari, P. Luthert, R. Duncan, S. Patterson, P. Khaw, S. Brocchini, *Nature Biotechnology* **2004**, *22*, 977-984.

[74] S. I. Stupp, Vortrag EURESCO-Symposium „Supramolecular Chemistry" in Obernai, Oktober **2005**.

[75] G. R. Newkome, J. N. Keith, G. R. Baker, G. H. Escamilla, C. N. Moorefield, *Angew. Chem.* **1994**, *106*, 701-703; *Angew. Chem Int. Ed.* **1994**, *33*, 666-668; J. Nemoto, J. Cai, Y. J. Yamamoto, *J. Chem. Soc., Chem. Commun.* **1994**, 577-580; D. Armspach, M. Cattalini, E. C. Constable, C. E. Housecroft, D. Philips, *Chem. Commun.* **1996**, 1823-1824; W. Yang, R. F. Barth, D. M. Adams, A. H. Soloway, *Cancer Res.* **1997**, *57*, 4333-4339.

[76] B. Qualmann, M. M. Kessels, H.-J. Musiol, W. D. Sierralta, P. W. Jungblut, L. Moroder, *Angew. Chem.* **1996**, *108*, 970-973; *Angew. Chem Int. Ed.* **1996**, *35*, 909-911.

[77] R. F. Barth, D. M. Adams, A. H. Soloway, F. Alam, M. V. Darby, *Bioconjugate Chem.* **1994**, *5*, 58-66.

[78] J. Capala, R. F. Barth, M. Bendayana, M. Lauzon, D. M. Adams, A. H. Soloway, R. A. Fenstermarker, J. Carlsson, *Bioconjugate Chem.* **1996**, *7*, 7-15.

[79] H.-B. Mekelburger, K. Rissanen, F. Vögtle, *Chem. Ber.* **1993**, *126*, 1161-1169.

[80] *Advances in Dendritic Macromolecules* (Hrsg. G. R. Newkome), Volume 5, Elsevier, Amsterdam **2002**; O. Villavicencio, D. V. McGrath 1-44; S. Wang, X. Wang, L. Li, R. C. Advincula, *J. Org. Chem.* **2004**, *69*, 9073-9084.

[81] P. Sierocki, H. Maas, P. Dragut, G. Richardt, F. Vögtle, L. De Cola, F. (A. M.) Brouwer, J. I. Zink, *J. Phys. Chem. B* **2006**, *110*, 24390-24398; EU-Projekt LIMM: Light Induced Molecular Movements, IST-2001-35503 (**2002-2005**); S. Angelos, E. Choi, F. Vögtle, L. De Cola, J. I. Zink, *J. Phys. Chem. C* **2007**, im Druck.

[82] D. H. Kim, P. Karan, P. Göring, J. Leclaire, A.-M. Caminade, J.-P. Majoral, U. Gösele, M. Steinhart, W. Knoll, *Small* **2005**, *1*, 99-102.

[83] C. R. Martin, *Science* **1994**, *266*, 1961-1966; C. R. Martin, *Acc. Chem. Res.* **1995**, *28*, 61-68.

[84] H. Masuda, K. Fukuda, *Science* **1995**, *268*, 1466-1468; H. Masuda, F. Hasegaa, S. Ono, *J. Electrochem. Soc.* **1997**, *144*, L-1340-L1342; K. Nielsch, J. Choi, K. Schwirn, R. B. Wehrspohn, U. Gösele, *Nano Lett.* **2002**, *2*, 677-680.

[85] Y. Kim, M. F. Mayer, S. C. Zimmerman, *Angew. Chem.* **2003**, *115*, 1153-1158; *Angew. Chem. Int. Ed.* **2003**, *42*, 1121-1126.

[86] M. Eigner, B. Voigt, K. Estel, J. W. Bartha, *e-polymers* **2002**, 28; B. Voigt, *Chemie in Dresden*, **2004**, 94-99.

Ausblick

Wie das Buch zeigt, sind nieder- und hochmolekulare dendritische Moleküle und vielfachverzweigte Substituenten inzwischen überall in der Chemie fachübergreifend vertreten. Viele Forschergruppen bearbeiten das Gebiet weltweit. Mehrere Dendrimer-Typen sind in verschiedenen Generationen kommerziell erhältlich. Einzelne Anwendungen werden bereits vermarktet, weitere zeichnen sich ab.

Was kann man von der Dendrimer-Chemie in Zukunft erwarten? Während sich die meisten bisherigen Dendrimere auf maximal fünf Generationen beschränken und als höchste Generationszahl nur wenig über zehn erreicht wurde, werden – langfristig – hohe Generationen im zwei- und vielleicht dreistelligen Bereich mit entsprechend zahlreichen peripheren Gruppen in reiner Form zugänglich gemacht und dank verbesserter analytischer Methoden detailliert charakterisiert werden.

Weitere Elemente des Periodensystems werden in Kern, Verzweigungen und Peripherie von Dendrimeren eingebaut werden. Dendritische Silikone hoher Reinheit scheinen noch zu fehlen. Während rein aromatische dendritische Kohlenwasserstoffe beschrieben sind, sind aliphatische C_xH_y-Dendrimere bisher kaum bekannt. Dafür werden noch effiziente unsymmetrische C-C-Knüpfungsreaktionen benötigt; ein Anreiz für grundsätzlich neue, Nebenproduktarme Synthesemethoden.

Die chemische Funktionalisierung der Dendrimere im Hinblick auf Dendron-/Cascadon-Bausteine wird Fortschritte machen, insbesondere die nicht-triviale vielfache selektive und orthogonale Funktionalisierung der Peripherie. Chemisch funktionelle – einschließlich chiraler – und physikalisch funktionale Einheiten werden vermehrt gezielt in dendritische Moleküle eingeführt werden. Die vielen strukturellen Variations- und Adaptionsmöglichkeiten haben Vor- und Nachteile: Erstere liegen in der Chance, bestimmte Eigenschaften zu optimieren; Nachteilig dabei ist der oft erforderliche Aufwand, solange nicht Erfahrungswerte und theoretische Methoden genauere Voraussagen über Struktur/Eigenschafts-Beziehungen (einschließlich Chiralität) erlauben.

Es mangelt aber auch an einfachen Standard- und preiswerten Synthesen für höhere Generationen bestimmter dendritischer Gerüste, z. B. solche, in denen Stickstoffatome für die Verzweigung zuständig sind. Supramolekular zusammengesetzte Dendrimere werden mit fortschreitenden Erkenntnissen über dynamisch-nicht-kovalente und adaptive Systeme[*] verstärkt bearbeitet werden.

Dendritische Verzweigungen, ausgehend von formtreuen Makrocyclen, deren Verästelungen ins Ringinnere (intraanular) anstatt nach außen ragen, könnten zugänglich werden.

Die gezielte Herstellung von Dendro-Isomeren und ihre exakte Analyse wecken Hoffnungen, solche großen Moleküle mit reichhaltigem „Innenleben" in Zukunft auf bestimmte Eigenschaften, wie Löslichkeit, Schmelzpunkt, Temperaturbeständigkeit hin designen zu können.

[*] J.-M. Lehn, Vortrag an der Universität Bologna am 4.12.2006: „From supramolecular chemistry to constitutional dynamic chemistry"; J.-M. Lehn, „From supramolecular chemistry towards constitutional dynamic chemistry and adaptive chemistry", *Chem. Soc. Rev.* **2007**, *36*, 151-160.

Schließlich wird angestrebt werden, genaue Reinheits- bzw. Defektangaben für einzelne Dendrimere verfügbar zu haben, so dass die Deklarierung als reines Cascadan oder hyperverzweigte Substanz mit mehr oder weniger hohem Dispersionsgrad einheitlich möglich ist.

Bei den Anwendungen könnten die Nanotechnologie, Lacke, Oberflächenbeschichtung, Katalysatoren, Filmbildung, Optoelektronik, Gelatoren, Diagnostik, im Vordergrund stehen.

Genügend Freiraum und Herausforderung also für Forschung, Entwicklung und Anwendungen auf diesem faszinierenden Gebiet. Nur neuartige molekulare und supramolekulare Architekturen werden zu grundsätzlich neuen High-Chem-Materialien führen.

Wegen der Vielfalt der Themen in der Dendrimer-Chemie und der Berührungspunkte mit anderen Disziplinen wird sie sich in Zukunft auch dadurch weiterentwickeln, dass auf Nachbargebieten Fortschritte erzielt werden und sich damit neue Türen öffnen.

Personenverzeichnis

Sachverzeichnis

Teubner Lehrbücher: einfach clever

Dirk Steinborn

Grundlagen der metallorganischen Komplexkatalyse

2007. XIII, 346 S. mit 76 Abb. Br. EUR 39,90
ISBN 978-3-8351-0088-6

Inhalt: Geschichte und Grundlagen der Katalyse - Elementarreaktionen in der metallorganischen Komplexkatalyse - Hydrierung und Hydroformylierung von Olefinen - Carbonylierung von Methanol und CO-Konvertierung - Metathese von Olefinen, Alkinen und Alkanen - Oligomerisation und Polymerisation von Olefinen und Butadien - Palladiumkatalysierte C-C-Kupplungsreaktionen - Hydrocyanierungen, -silylierungen und -aminierungen von Olefinen - Oxidation von Olefinen und C-H-Funktionalisierungen von Alkanen

Die Katalyse ist als grundlegendes Prinzip zur Überwindung der kinetischen Hemmung chemischer Reaktionen von fundamentaler Bedeutung in der Chemie und die metallorganische Komplexkatalyse ist ein Eckpfeiler der modernen Chemie. Das trifft gleichermaßen für die Grundlagen- und angewandte Forschung wie für industrielle Anwendungen zu. Ausgehend von den Prinzipien der Katalyse und den katalytisch relevanten metallorganischen Elementarschritten werden wichtige metallkomplexkatalysierte Reaktionen behandelt, wobei das mechanistische Verständnis im Vordergrund steht. Besonderer Wert wird dabei auf aktuelle Entwicklungen gelegt. Asymmetrische Synthesen finden ausführlich Berücksichtigung und an ausgewählten Beispielen werden Verbindungen zur katalytischen Wirkung von Metalloenzymen aufgezeigt.

Stand Januar 2007.
Änderungen vorbehalten.
Erhältlich im Buchhandel
oder im Verlag.

B. G. Teubner Verlag
Abraham-Lincoln-Straße 46
65189 Wiesbaden
Fax 0611.7878-400
www.teubner.de

Teubner Lehrbücher: einfach clever

Rudi Hutterer

Fit in Organik

Das Klausurtraining für
Mediziner, Pharmazeuten
und Biologen

2006. VI, 383 S. Br. EUR 29,90
ISBN 978-3-8351-0127-2

Inhalt: Multiple Choice Aufgaben mit einer richtigen Lösung - Multiple Choice Aufgaben mit mehreren richtigen Lösungen - Aufgaben mit frei zu formulierenden Antworten - Lösungen

Die Chemie ist für die Medizin- und Zahnmedizinstudenten ein Nebenfach, das sich im Allgemeinen nur geringer Beliebtheit erfreut. Umso wichtiger ist es für die Motivation der Studierenden, den Bezug der Chemie zu „ihrem" Fach herzustellen. Die vorliegenden Aufgaben beschäftigen sich daher, am Gegenstandskatalog orientiert, mit biologisch oder pharmakologisch wirksamen Verbindungen - Naturstoffen, Arzneistoffen, Pestiziden und dergleichen. Die Teile I und II des Buches enthalten Aufgaben vom Multiple-Choice-Typ, wie sie Medizinstudenten im Physikum vorgelegt bekommen. Der zugehörige Lösungsteil begnügt sich nicht mit der Nennung der richtigen Lösung, sondern diskutiert jede einzelne Antwortmöglichkeit. Dadurch kann der Studierende exakt nachvollziehen, warum eine einzelne Antwort richtig oder falsch ist. Teil III umfasst Aufgaben, bei denen Antworten frei formuliert werden sollen.

Stand Januar 2007.
Änderungen vorbehalten.
Erhältlich im Buchhandel
oder im Verlag.

B. G. Teubner Verlag
Abraham-Lincoln-Straße 46
65189 Wiesbaden
Fax 0611.7878-400
www.teubner.de

Printed in the United States
by Bookmasters

Printed in the United States
By Bookmasters